名师讲坛——PHP 开发实战权威指南

张恩民　编著

清华大学出版社

北　京

内 容 简 介

　　《PHP 开发实战权威指南》主要介绍了 PHP 5 编程的相关知识。主要内容包括 PHP 基础知识与 XHTML、PHP 环境搭建与工具、PHP 的基本语法、PHP 中的数组、PHP 面向对象编程、字符串处理与正则表达式、PHP 文件系统处理、MySQL 数据库、数据库抽象层——PDO 和 ADOdb、Cookie 和 Session、PHP 的模板技术 Smarty、PHP 图形处理及应用、PHP 与 XML、PHP 与 cURL、PHP 功能模块的开发、项目开发与设计以及 OA 管理系统开发等。

　　《PHP 开发实战权威指南》既适合作为 PHP 初中级学者的参考书，也适合作为高等院校相关专业、软件学院的教材。

　　《PHP 开发实战权威指南》光盘提供如下内容：

专业教学视频 100 集：PHP100 中文网提供的专业教学视频 100 集。

精致教学 PPT 100 讲：专业级教学 PPT 文件 100 讲。

精选源码 90 套：含近年 PHP100 论坛资源和下载区精品源码 90 套。

PHP 开发必备手册 14 本：含 PHP 开发过程中常用手册 14 本，包括最新的 PHP5.3 手册等。

美工素材 3000 多个：分为三大部分，即 Flash、特效、图标，共计 3000 多个资源和详细分类。

开发必备工具 14 种：含 14 种最新 PHP 环境搭配、开发、服务工具。

经典源码 6 套：学习中少不了研究源码，本书特意推荐了一些比较经典的 PHP 源码。

图书在版编目（CIP）数据

PHP 开发实战权威指南/张恩民编著．–北京：清华大学出版社，2012.3（2020.1 重印）
（名师讲坛）

ISBN 978-7-302-28206-8

I. ①P…　II. ①张…　III. ①PHP 语言－程序设计　IV. ①TP312

中国版本图书馆 CIP 数据核字（2012）第 030562 号

责任编辑：赵洛育　刘利民
封面设计：刘洪利
版式设计：文森时代
责任校对：姜　彦　张彩凤　张兴旺
责任印制：丛怀宇

出版发行：清华大学出版社
　　　　　网　　　址：http://www.tup.com.cn，http://www.wqbook.com
　　　　　地　　　址：北京清华大学学研大厦 A 座　　　邮　　编：100084
　　　　　社 总 机：010-62770175　　　　　　　　　　邮　　购：010-62786544
　　　　　投稿与读者服务：010-62776969，c-service@tup.tsinghua.edu.cn
　　　　　质量反馈：010-62772015，zhiliang@tup.tsinghua.edu.cn
印 装 者：北京建宏印刷有限公司
经　　销：全国新华书店
开　　本：185mm×260mm　　　　印　　张：28.5　　　字　　数：726 千字
　　　　　（附 DVD 光盘 1 张）
版　　次：2012 年 3 月第 1 版　　　　　　　　　　　印　　次：2020 年 1 月第 6 次印刷
定　　价：59.80 元

产品编号：045567-01

前　言

　　PHP 主要用于开发网站和互联网软件，它安全、简单易学、免费、跨平台、执行速度快，是各 IT 公司首选的互联网编程语言。2011 年企业调查数据显示，73.7%的企业越来越多地采用 PHP 技术，13.2%的企业很少用到 PHP 技术，13.1%的企业偶尔使用 PHP。由此可见，PHP 技术已经为大部分企业广泛应用和重视。

　　PHP 与其他互联网编程语言比较，开发优势明显。相比 Java，其部署成本更低，初学更加容易；相比.NET，其拥有更好的跨平台特性以及完美的 LAMP 开源组合应用，因此已经逐渐成为用户首选的互联网编程语言，未来发展空间巨大。另据调查显示，如今大约 60%的网站都在采用 PHP 开发，90%以上的 Web 2.0 应用是采用 PHP 技术开发完成的。全国排名前十的网站，其中有 8 家都在应用着 PHP 技术，包括腾讯、新浪、百度、淘宝、搜狐、网易等。举个最简单的例子，在百度或谷歌分别搜索 PHP、JSP、.NET 等 Web 开发语言的关键词时，会发现收录的页面数中，PHP 是最多的。这也证明了 PHP 是关注度最高、应用最广的 Web 开发语言。PHP 的就业前景极为光明，当在一些招聘求职网站上搜索就业职位的关键词，如 PHP、Java、JSP、ASP.NET 等时，会发现 PHP 的招聘比是 1∶35（35 个职位抢 1 个人），而 Java 是 30∶1（30 个人抢 1 个职位）。而且 PHP 人才起薪高提薪快，适合做自由职业者和未来创业。如果您对互联网编程语言感兴趣，并想从事这个行业，那 PHP 一定是您的首选。近年来，随着 IT 业和互联网的高速发展，企业对 Web 开发人才的需求也大量增加，业内普遍薪资也在 3000～10000 元，更高的达到年薪 10 万～20 万。这个岗位是程序员中最火的，这种严重供不应求的局面在未来几年还将愈演愈烈。

本书起源

　　目前市场上虽然已经有很多与 PHP 相关的书籍，但大部分属于翻译或收集整理类，很多资料和案例都是 PHP 早期的一些功能和语法介绍，而 PHP 5.2 和 PHP 5.3 系列中使用的语法已经有了很大的改变。部分早期的语法和代码已经被替代和抛弃，所以很不利于读者研究和学习。其次我们发现很多书籍中的操作案例如出一辙，太偏重技术的研究，在实际开发中很难遇到同类或者类似的问题，从而导致学而无用。针对这种情况，我们出版了本书。

　　本书是一本针对自学和教学为主的计算机教材，重点从编程思想和代码逻辑出发。本书的所有代码和例子演示均会介绍在新的 PHP 版本中应注意的事项和与以往版本的区别。本书还引入一些流行词、故事和实用的例子配合讲解，使读者可以将学到的知识迅速应用到自己的实际开发中，从而有一种自豪感；书中还配合一些常用的 PHP 实例让学习变得轻松，如 PHP 采集、抓取、远程获取、模拟登录等。

本书特点

　　在编著本书之前笔者花费了大量心血和精力，对每一章节需要掌握的内容和循序渐进的层次做了明确的规划，避免内容多而全，全而不精，精而不实用。为了写好本书，笔者多次找到浙江大学、交通大学的教授和学生做咨询，还对 PHP100 中文网近 20 万用户的反馈做分析。全书注重读者学习兴趣和语法的规范，配合简短、有特点和实用的例子进行讲解，对于难理解的内容配有国外比较流行的一种模式思维脑图，不会因为例子代码难理解而导致学习兴趣下降。另外，本书光盘配备动态演示电子课件和全文注释的源代码。

全书共分为以下 5 部分。

- ☑ Web 前端部分：达到可以书写标准的 DIV+CSS 页面等。
- ☑ LAMP 部分：达到灵活使用 Linux 命令配置 Apache、MySQL、PHP 等性能。
- ☑ PHP 基础部分：达到使用面向过程模式自由书写常用功能与中小系统企业网站。
- ☑ PHP 应用部分：达到灵活运用面向对象开发与二次开发中大型程序。
- ☑ PHP 项目部分：达到会使用相关工具构造程序架构、开发流程和设计方案。

本书的学习过程。

- ☑ HTML 和 PHP 基本知识的掌握（基础部分也含有非常多的实用案例）。
- ☑ 语句和函数部分的讲解（针对在开发过程中使用最频繁的函数做详解）。
- ☑ 编程模式与开发思想（书中融入了新版 PHP 中面向对象思想编程逻辑）。
- ☑ 数据库与存储（不仅对数据库功能做介绍，也对如何与 PHP 结合做了详细案例说明）。
- ☑ PHP 扩展与功能模块（当用户达到一定编程基础时，会更加侧重性能和模块的开发）。
- ☑ 综合项目和协作开发（进行项目开发的同时，更注重多人协作的重要性）。

随书光盘

为了方便读者学习，作者花费了很多心血，将过去使用过且有重要参考价值的资料加以整理，附在本书光盘中，衷心希望对广大读者朋友有所帮助。光盘内容有：

专业教学视频 100 集：PHP100 中文网提供的专业教学视频 100 集。

专业教学 PPT 100 讲：专业级教学 PPT 文件 100 讲。

精选源码 90 套：含近年 PHP100 论坛资源和下载区精品源码 90 套。

PHP 开发必备手册 14 本：含 PHP 开发过程中常用手册 14 本，包括最新的 PHP5.3 手册等。

美工素材 3000 多个：分为三大部分，即 Flash、特效、图标，共计 3000 多个资源和详细分类。

开发必备工具 14 种：含 14 种最新 PHP 环境搭配、开发、服务工具。

经典源码 6 套：学习中少不了研究源码，本书特意推荐了一些比较经典的 PHP 源码。

关于编者

张恩民，著名 PHP 网站 "PHP100 中文网" CEO，上海创恩 IT 教育教学总监，"PHP100 视频教程" 创始人，Web 讲师，PHP 高级讲师，DBA 培训讲师。6 年高端培训和教学经验，8 年 PHP 和 Web 设计经验。曾在各大高校和阿里巴巴技术峰会做过多次公开课和演讲。

参与本书编著的还有阿里巴巴（阿里云）技术主管寿晓栋，CBS（PChome）技术主管李杰，PHP100 相关 PHP 工程师袁佳伟，其他参与编写的还有冯浪、黄华、方瑜、龙凯、陆赟等。

本书将 PHP 开发与 MySQL 应用相结合，分别对 PHP 和 MySQL 做了深入浅出的分析，不仅介绍 PHP 和 MySQL 的一般概念，而且对 PHP 和 MySQL 的 Web 应用做了较全面的阐述，并且每个章节和知识点都有经典且实用的例子做演示。本书在撰写之前参考了众多 PHP 书籍和资料，经过与 PHP 业界权威人士一起多次讨论和研究。

关于服务

有关本书的问题，读者可以登录 PHP100 中文网论坛：bbs.php100.com。其他相关信息也可以访问如下网站。

新浪微博：weibo.com/haowubai

支持媒体：www.php100.com

创恩教育：www.chuangen.com

致谢

在本书的写作过程中，策划编辑刘利民先生和阿里云总裁王学集先生给予了我很大的帮助和支持，并提出了很多中肯的建议，在此表示感谢。同时，还要感谢清华大学出版社的所有编审人员为本书的出版所付出的辛勤劳动。本书的成功出版是大家共同努力的结果，谢谢你们。

另外，在本书的写作过程中，由于时间及水平上的原因，可能存在一些对 PHP 及 MySQL 认识不全面或疏漏的地方，敬请读者批评更正。

谨以最真诚的心，希望能与读者共同交流、共同成长。

张恩民

目　录

Contents

第 1 章　PHP 基础知识与 XHTML

本章将对 PHP 历史和新版 PHP 的一些特点进行简单的介绍，使读者了解 PHP 的发展趋势和当今在开发语言中的重要地位；同时也会对准备学习 PHP 的朋友做一个基本的知识补充，包括在学习 PHP 前应作好哪些准备和 XHTML 的基础知识。

1.1　PHP 的发展与特点

PHP 最初是作为一个快速、实用的工具包出现的。1994 年，为了在自己的网站上增加一个小巧而实用的访客追踪系统，Rasmus Lerdorf 编写了 PHP 的雏形程序。这是一个用 Perl 封装的简单工具。由于使用效果并不理想，Rasmus 又用 C 语言重写了这个工具。

后来，更多的人注意到这个轻巧而简便的程序，并且要求增加更多的功能。Rasmus 决定发布一个完整的版本，并将其命名为 Personal Home Page，也就是我们今天看到的 PHP 的前身。

1.1.1　PHP 语言的发展和特点

在介绍 PHP 特点之前先来看一下目前世界计算机语言使用的排名情况，如图 1-1 所示。

Position Oct 2011	Position Oct 2010	Delta in Position	Programming Language	Ratings Oct 2011	Delta Oct 2010	Status
1	1	=	Java	17.913%	-0.25%	A
2	2	=	C	17.707%	+0.53%	A
3	3	=	C++	9.072%	-0.73%	A
4	4	=	PHP	6.818%	-1.51%	A
5	6	↑	C#	6.723%	+1.76%	A
6	8	↑↑	Objective-C	6.245%	+2.54%	A
7	5	↓↓	(Visual) Basic	4.549%	-1.10%	A
8	7	↓	Python	3.944%	-0.92%	A
9	9	=	Perl	2.432%	+0.12%	A
10	11	↑	JavaScript	2.191%	+0.53%	A

图 1-1

起初 PHP 只能说是一个不太受人关注的小语言。一直到 PHP 4，新的 PHP 核心被称为 Zend（以 Zeev 和 Andi 的名字命名）引擎，于 2000 年 5 月随着新版 PHP 4 发布，PHP 才受到越来越多用户的重视。PHP 4 的性能较 PHP 3 有着显著的提高。相同的脚本在 PHP 4 中运行，最高可以有近 10 倍的性能提升。并且 Zend 提供的脚本优化器，可以把源程序转换为二进制编译代码，在提高性能的同时，也保护了程序源码不被暴露。在 PHP 4 中增加了对各种 Web 服务器（如 Apache、IIS/PWS 及 OmniHTTPd 等）的支持。此外，还增加了一些新的语言特性，如丰富的数组操作函数、完整的会话机制、对输出缓存的支持等。PHP 4 也对一些跨平台的技术提供了扩展支持，如对 Adobe PDF、SWF、Java、Microsoft.NET 等技术的支持。PHP 4 还增加了对类与对象的支持。尽管其在这方面并不完善，但还是大大改善了对面向对象程序设计的支持。PHP 4 中的 Pear 库（PHP Extension and Application Repository）就是面向对象的应用与实践的最好例证。

尽管 PHP 4 的发展是如此迅猛，但较之于其他流行的开发语言还是缺乏一些关键的功能特性，如其面向对象功能并不完善，也无法实现异常（Exception）的捕捉与处理。因此在一些特殊问题的处理上还是捉襟见肘的。2004 年 7 月，PHP 5 正式版本的发布，标志着一个全新的 PHP 时代的到来。它的核心是第二代 Zend 引擎，并引入了对全新的 PECL 模块的支持。PHP 5 的最大特点是引入了面向对象的全部机制，并且保留了向下的兼容性。程序员不必再编写缺乏功能性的类，并且能够以多种方法实现类的保护。另外，在对象的集成等方面也不再存在问题。使用 PHP 5 引进的类型提示和异常处理机制，能更有效地处理和避免错误的发生。

2010 年，PHP 发布了 PHP 5.3.x 系列（如图 1-2 所示），从整个发展角度来看，PHP 5.3.x 又有了很大的提升；从语法的规范性、面向对象的完善、空间的命名等方面来看，PHP 已经逐渐成为一门非常成熟的计算机语言，也将成为 Web 开发，甚至未来移动互联网开发中不可多得的计算机语言。

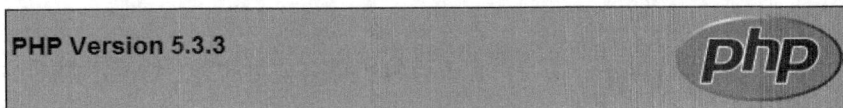

PHP Version 5.3.3

图 1-2

PHP 的特点介绍如下。

1．免费开源，自由获取

PHP 是一个免费开源的语言，用户可以自由获取最新版的 PHP 核心引擎和扩展组件，甚至可以得到 PHP 核心引擎的源代码，并根据需求部署适合的 PHP 环境。

2．移植性强，组件丰富

PHP 的扩展移植性非常强大，它甚至可以部署在用户可以想到的所有操作系统的环境上（如 Windows / Linux / Mac / Android / OS2 等）。它还拥有非常强大的组件支持功能，开发一个普通的项目几乎不再需要收集和查找，只需在 PHP 的引擎中开启即可。

3．语言简单，开发效率高

PHP 之所以在全球迅速推广开来，最重要的一个因素是它的语法简单，结构清晰，让很多没有专业编程基础的朋友都可以轻松地掌握 PHP 的编程。PHP 在编译和开发过程中既保留了传统的混编模式，也提供了 MVC 的三层架构风格，这让 PHP 在开发和部署项目时的效率非常高，而不需要太多的周边知识来完成它。

4．PHP 功能强大的函数库

PHP 拥有非常多的功能处理函数，包括强大的数组与字符串函数、目录文件函数、对不同文件类型的处理函数、支持所有数据库函数、对不同网络协议的支持等。

5. 应用范围广泛

PHP 不仅可以开发常见的 Web 模式的软件系统，还可以开发桌面应用（PHP-GTK 或 PPfrom）、命令脚本（Shell 脚本或计划任务）、手机 APP 应用（PHP for Android），并且 PHP 今后的应用范围将越来越广。

1.1.2　PHP 5.3 之后的新特性

从 PHP 4 到 PHP 5，实现了由个人开发语言到专业互联网的发展，见证了 PHP 从山寨走上正规大军的发展。PHP 6 还在酝酿中，相信 PHP 5 会作为 PHP 6 小试牛刀的场地。PHP 5.3 是 PHP 5 的一个里程碑，加入了大量新特性。在 PHP 5.3 版本之前，虽然 PHP 的功能越来越多了，但是 PHP 的语法却越来越丑陋，有时加入了新功能，而新功能又带来了新问题，为了修复问题又要加入新的语法。没有 PHP 基础的朋友也不用担心，先对 PHP 5.3 有个基本的了解，等学完后面知识再回过头来看 PHP 5.3 的新特性，你会有个全新的理解和感悟。PHP 5.3 之后的新特性主要介绍如下。

1. 首先对之前滥用的语法进行了规范

众所周知，PHP 在语言开发过程中有一个很好的容错性，导致在数组或全局变量中包含字符串时不使用引号是可以不报错的，这使很多业余的开发者因为懒惰而产生的安全问题十分严重。PHP 5.3 之所以对所有基本的语法进行了重新整理和提高写作规范，其实对 PHP 开发者来说在写作上并没有太大的影响，只是让他们变得更加专业。

2. 推出 MySQL 驱动 mysqli 以提高效率

一直以来，PHP 都是通过 MySQL 客户端连接 MySQL，而现在 MySQL 官方已经推出 PHP 版的 MySQL 客户端——mysqli，可以有效降低内存的使用并提高性能。其特点如下：

（1）编译 PHP 更方便了，不需要 libmysql，已经内置在源码中。

（2）使用 PHP 许可，避免版权问题。

（3）使用 PHP 的内存管理，支持 PHP 内存限制（memory_limit）。

（4）所有数据在内存中只有一份，之前的 libmysql 有两份。

（5）提供性能统计功能，并帮助分析瓶颈。

（6）在驱动层增加缓存机制。

3. PHP 5.3 安全和性能的提升

如 md5()提高了 10%～15%的性能；拥有更好的内存处理机制；提高了软件性能的访问；解决了 include(require)_once 重复打开的问题，之前 once 都是用静态变量实现的；用 gcc4 编译的二进制文件将更小；整体性能提高了 5%～15%。

4. 延迟静态绑定

PHP 的静态是在预编译时就固定好的，所以在继承时，父类里的 self 指的是父类，而不是子类。而 PHP 5.3 加入了新的语法 static，可以在运行时捕捉当前类。

5. 更多新特性

（1）名字空间，用来解决命名被污染。

（2）新的魔法函数__callStatic，即原来__call 的静态模式。

（3）支持变量调用静态，可以通过$someClass::$method()调用。

（4）新增日期函数 date_create_from_format。

（5）新增了类似 JavaScript 中的匿名函数和闭包。

（6）新魔法常量__DIR__，用来解决路径问题。

1.1.3 PHP 程序员应具备的知识

在开始学习 PHP 之前，先来看一个合格的 PHP 程序员今后应具备哪些知识（如图 1-3 所示），希望对接下来的学习有所帮助。

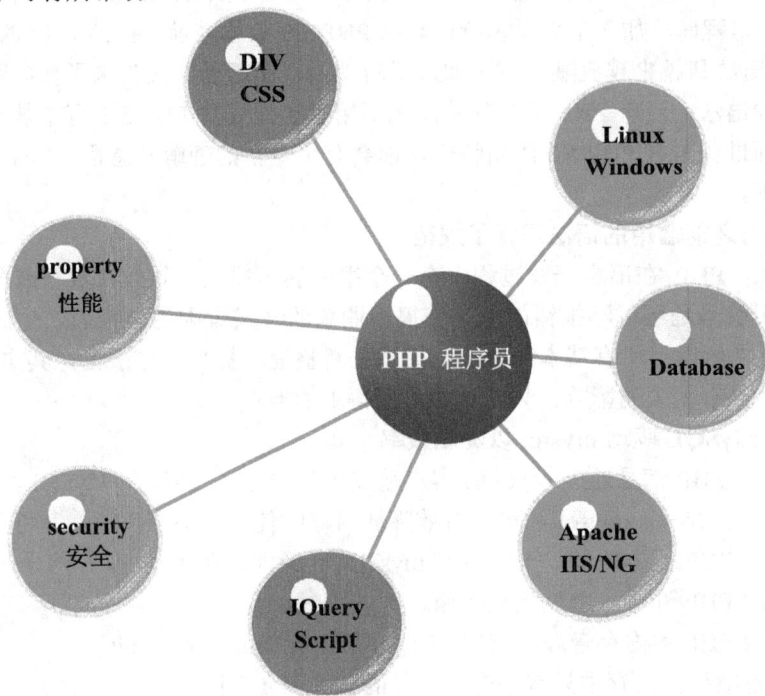

图 1-3

从广泛意义上讲，PHP 程序员仅掌握 PHP 是不够的，需要在学习 PHP 的过程中掌握更多的知识，这样才能开发出更好、更完善的软件。在前台页面设置过程中需要掌握 DIV 、CSS 、JavaScript 脚本等；在程序安全上需要掌握服务器基本的配置知识、安全过滤权限等；在程序优化和性能上需要掌握数据库的基本知识和优化等。

在开始学习本书知识之前，应做好以下准备工作：

有足够的信心和时间准备（更多的失败者是因为半途而废）。

一点数学基础（使用相对较少，PHP 更注重逻辑编程）。

一点英文基础（26 个字母认识就算及格了）。

一点网络基础（了解一些基础的网络名词，如邮件、HTTP、登录等）。

1.1.4　B/S 结构软件开发特点

B/S 网络结构模式是基于 Intranet 的需求而出现并发展的。Intranet 是应用 TCP/IP 协议建立的企事业单位内部专用网络，它采用诸如 TCP/IP、HTTP、SMTP 和 HTML 等 Internet 技术和标准，能为企事业单位内部交换信息提供服务。同时，Intranet 具有连接 Internet 的功能和防止外界入侵的安全措施。另一方面，由于数据库具有强大的数据存储和管理能力，并且能够动态地进行数据输入和输出，如果把数据库应用于 Intranet 上，不仅可以实现大量信息的网上发布，而且能够为广大用户提供动态的信息查询和数据处理服务，进而加强企事业单位内部部门之间、上级部门与下级部门之间、企事业单位员工之间、企事业单位与客户之间以及企事业单位与企事业单位之间的信息交流，降低单位的日常工作成本，提高单位的经济效益。

1．B/S 模式的模型结构

B/S 模式，即浏览器/服务器模式，是一种从传统的二层 CS 模式发展起来的新的网络结构模式，其本质是三层结构 C/S 模式。

2．B/S 模式的工作原理

在 B/S 模式中，客户端运行浏览器软件。浏览器以超文本形式向 Web 服务器提出访问数据库的要求，Web 服务器接受客户端请求后，将这个请求转化为 SQL 语法，并提交给数据库服务器，服务器得到请求后，验证其合法性，并进行数据处理，然后将处理后的结果返回给 Web 服务器，Web 服务器再一次将得到的所有结果进行转化，变成 HTML 文档形式，转发给客户端浏览器并以友好的 Web 页面形式显示出来。

3．B/S 模式的特点

（1）系统开发、维护和升级的经济性

对于大型的信息管理系统，软件开发、维护与升级的费用是非常高的，B/S 模式所具有的框架结构可以大大节省这些费用，同时，B/S 模式对前台客户机的要求并不高，可以避免盲目进行硬件升级造成的巨大浪费。

（2）B/S 模式提供了一致的用户界面

B/S 模式的应用软件都是基于 Web 浏览器的，这些浏览器的界面都很相似。对于无用户交互功能的页面，用户接触的界面都是一致的，从而可以降低软件的培训费用。

（3）B/S 模式具有很强的开放性

在 B/S 模式下，外部的用户也可以通过通用的浏览器进行访问。

（4）B/S 模式的结构易于扩展

由于 Web 的平台无关性，B/S 模式结构可以任意扩展，可以从一台服务器、几个用户的工作组级扩展成为拥有成千上万用户的大型系统。

（5）B/S 模式具有更强的信息系统集成性

在 B/S 模式下，集成了解决企事业单位各种问题的服务，而非零散的单一功能的多系统模式，因而它能提供更高的工作效率。

（6）B/S 模式提供灵活的信息交流和信息发布服务

B/S 模式借助 Internet 强大的信息发布与信息传送能力，可以有效地解决企业内部的大量不规则的信息交流。

1.1.5 PHP 与其他脚本语言的比较

主流的 Web 开发语言不仅有 PHP，还包括很多其他的语言，但它们与 PHP 之间的区别是什么，PHP 的优势和劣势又在哪里？下面从各个语言的对比中来了解，也为用户在今后的开发中应如何发挥 PHP 的优势提供更好的帮助，从而制作出优秀的产品和软件。

ASP、PHP、JSP 和.NET 是当前比较流行的 4 种 Web 网络编程语言，现在做网站大部分都是使用这几种语言之一。

（1）ASP 是基于 Windows 平台的，简单易用，但移植性不好，不能跨平台运行，国内之前大部分的网站都是使用它来开发的。但因为微软已经放弃了对 ASP 原始版本的升级，并已经全面转向了.NET 的研发，所以 ASP 已经不在用户考虑之中。

（2）PHP 是当前兴起备受推崇的一种 Web 编程语言，开源且跨平台，在欧美都比较流行，近些年在国内也很受网站开发者的欢迎。开发效率高，成本低。

（3）JSP 是 SUN 公司推出的一种网络编程语言，跨平台运行。安全性比较高，运行效率也比较快。它的开发语言基础主要是基于 Jave，所以门槛相对较高。

（4）.NET 从某种意义上说应该是 ASP 版本的升级，但是它又不完全是从 ASP 上升级来的，ASP.NET 只是微软为了抵御 SUN 公司的 JSP 在网络上的迅猛发展而推出的。

表 1-1 给出了 PHP、JSP 和.NET 三种语言的对比。

表 1-1

指标 \ 语言	PHP	JSP	.NET
操作系统	Windows/Linux/Mac/...	Windows/Linux/Mac/...	Windows
Web 服务器	Apache/Nginx/IIS	Apache/Nginx/IIS	IIS
执行效率	高	很高	高
稳定性	佳	佳	佳
开发时间	很短	长	短
学习难度	易	难	中
函数库/插件	丰富	丰富	一般
安全性	一般	好	一般
核心升级	快	一般	慢
开发工具	丰富	一般	一般
HTML 语言结合	好	差	好
开发成本	低	高	中

1.2　XHTML 基础知识

1.2.1　XHTML 基础介绍

XHTML 是 The Extensible HyperText Markup Language（可扩展超文本标识语言）的缩写。HTML 是一种基本的 Web 网页设计语言，XHTML 是一个基于 XML 的置标语言，看起来与 HTML 有些相像，只有一些小的但重要的区别，XHTML 就是一个扮演着类似 HTML 的角色的 XML，所以，本质上说，XHTML 是一个过渡技术，结合了部分 XML 的强大功能及大多数 HTML 的简单特性。

2000 年底，国际 W3C 组织（World Wide Web Consortium）公布发行了 XHTML 1.0 版本。XHTML 1.0 是一种在 HTML 4.0 基础上优化和改进的新语言，目的是基于 XML 应用。XHTML 是一种增强了的 HTML，是更严谨、更纯净的 HTML 版本。它的可扩展性和灵活性将适应未来网络应用更多的需求。XML 虽然数据转换能力强大，完全可以替代 HTML，但面对成千上万已有的基于 HTML 语言设计的网站，直接采用 XML 还为时过早。因此，在 HTML 4.0 的基础上，用 XML 的规则对其进行扩展，得到了 XHTML。所以，建立 XHTML 的目的就是实现 HTML 向 XML 的过渡。目前国际上在网站设计中推崇的 Web 标准就是基于 XHTML 的应用（即通常所说的 CSS+DIV）。

XHTML 文档的编写方式有以下两种：

（1）手工编写方式。使用"记事本"等编辑器，将文件保存为.htm 或者.html 格式即可。

（2）使用可视化编辑器编写，如 Dreamweaver、FrontPage 等。

> **提示**
>
> .html 和.htm 之间并没有本质意义的区别，.htm 只是为了满足 DOS 仅能识别 8+3 的文件名的格式而已。因为在 DOS 下文件名的命名规则只能是文件名 8 位长度，文件后缀 3 位长度。

1.2.2　XHTML 语言的语法

XHTML 语法非常简单，组成 XHTML 语法的元素只有 XHTML 标签与 XHTML 属性。

XHTML 中标签分为两种，成对出现的称之为双标签，不成对出现的称之为单标签。

格式：

双标签：<标签名>内容</标签名>

单标签：<标签名 />

代码参见示例 1-1。

示例 1-1：

```
1.    <p>段落</p>   <!-- 双标签：段落的开始标签和结束标签 -->
2.    <br />   <!-- 单标签：换行符 -->
```

在 XHTML 中，标签不是这么简单，在标签中间还有标签的属性。XHTML 属性一般都出现在 XHTML 标签中,XHTML 属性是 XHTML 标签的一部分。

格式：

双标签：<标签名 属性名="属性值" 属性名="属性值"></标签名>

单标签：<标签名 属性名="属性值" 属性名="属性值" />

代码参见示例 1-2。

示例1-2：

```
1.    <p align="center">段落</p>   <!-- 双标签：align 属性控制 p 标签中文字的对齐情况  -->
2.    <img src="a.jpg" />   <!-- 单标签：img 标签中的 src 属性用来指定插入图片的路径  -->
```

XHTML 中的语法是有自己的规范的，并且语法规范不像 HTML 中那么松散。XHTML 中的语法规范主要有以下几点：

（1）标记名称必须小写。

（2）属性名称必须小写。

（3）标记必须严格嵌套。

（4）标记必须封闭，即使是空元素的标记也必须封闭。

（5）属性值须用双引号括起来。

（6）属性值必须使用完整形式。

（7）应该区分"内容标记"与"结构标记"。

在 XHTML 中注释是用<!-- 注释内容 -->这样的符号来表示的。注释的内容不会在页面上出现，只是起解释的作用。

在 XHTML 中各个标签要各司其职并区别其与表格布局的习惯。

布局用：<div></div>。

文本用：<h1～6></h1>，<p></p>。

图片用：<img />。

列表用：<ul><ol><li><dl><dt><dd>。

数据用：<table></table>。

其他的：<form></form>、<input />、<select></select>等。

1.2.3 文件的主体结构

XHTML 文档是以<html>标签开始以及</html>标签结束的，整个文档被分成头部（head 部分）和体部（body 部分）两部分。首先来看一个 XHTML 文档的基本结构，如图 1-4 所示。

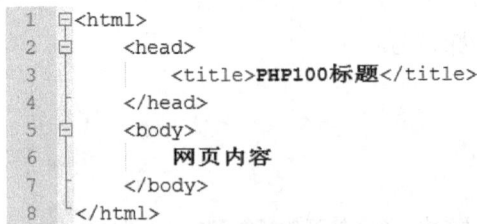

```
1   <html>
2       <head>
3          <title>PHP100标题</title>
4       </head>
5       <body>
6           网页内容
7       </body>
8   </html>
```

图 1-4

在示例中可以看到文档是以 html 标签开始以及结尾的。整个文档被<head></head>、<body></body>两组标签分成了两部分，即头部和体部。

<head>标签用于定义文档的头部，它是所有头部元素的容器。<head>中的元素可以引用脚本、指示浏览器在哪里找到样式表、提供元信息等。文档的头部描述了文档的各种属性和信息，包括文档的标题、在 Web 中的位置以及和其他文档的关系等。绝大多数文档头部包含的数据都不会真正作为内容显示给读者。<title> 定义文档的标题，它是 head 部分中唯一必需的元素。

<body>标签用来定义文档的主体。<body></body>标签包含文档的所有在客户端浏览器需要显示的内容，如文本、超链接、图像、表格和列表等。

1.2.4　XHTML 文字、图像、视频、动画的处理

META 标签是一个特殊的 HTML 标签，用于提供有关网页的信息，如作者姓名、公司名称和联系信息等。许多搜索引擎都使用 META 标签信息。例如要将 PHP100 指定为作者，则使用如示例 1-3 所示的 META 标签。

示例 1-3：

```
1.    <meta name = "author" content = "PHP100" />     <!--META 标签是单标签-->
```

META 标签还有一些特殊的用法，例如用来设置整个网站的编码格式，代码参见示例 1-4。

示例 1-4：

```
1.    <meta http-equiv="Content-Type" content="text/html; charset=utf-8" />
2.    <!--设置网页的编码格式为 UTF-8 -->
```

XHTML 中经常用来处理文字的标签如表 1-2 所示。

表 1-2

标　　签	用　　途
<h1></h1>～<h6></h6>	标题用
<p></p>	段落用
 	换行用
<pre></pre>	预先格式化标签
<i></i>、<b></b>、<u></u>、<strong></strong>、<em></em>、、	用于对文本应用各种格式，如粗体、斜体、下划线、下标、上标等
<font></font>	字体标签
<ul></ul>、<ol></ol>	列表用
<hr />	水平线标签

首先来看下<h1>～<h6>这样的标签，<h1>～<h6>是专门用来标记标题的标签。<h1>定义最大的标题，<h6>定义最小的标题。浏览器在解析标题标签时会自动在标题的前后添加空行，代码参见示例 1-5。

示例 1-5：

```
1.    <h1>PHP100 中文网</h1>
2.    <h2>PHP100 中文网</h2>
```

```
3.    <h3>PHP100 中文网</h3>
4.    <h4>PHP100 中文网</h4>
5.    <h5>PHP100 中文网</h5>
6.    <h6>PHP100 中文网</h6>
```

以上代码显示的效果如图 1-5 所示。

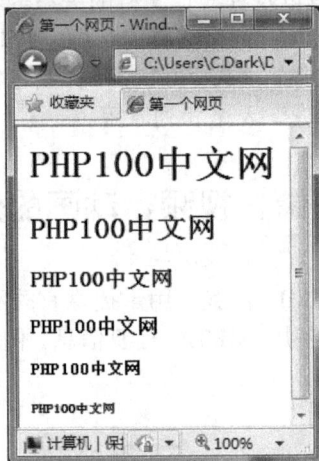

图 1-5

<p></p>标签是专门用来标记段落的标签，在<p></p>标签内的所有文字被视为一个段落，代码参见示例 1-6。

示例 1-6：

```
1.    <p>这是一个段落</p>这是段落外的内容。    <!-- <p></p>标签也会自动换行  -->
```

图 1-6 所示为以上代码的显示效果。

图 1-6

在 XHTML 中按 Enter 键不是换行，它会显示一个小空格。那么如果要换行该怎么做呢？这时就要用到 XHTML 中专门用来标记换行的标签
，代码参见示例 1-7。

示例 1-7：

```
1.    PHP100 中文网
2.    PHP100 中文网<br />
3.    PHP100 中文网
```

以上代码的运行效果如图 1-7 所示。

图 1-7

从图中可以看到在第一个"PHP100 中文网"后面按 Enter 键最终变成了一个空格，而第二个"PHP100 中文网"后面的
最终被解析成换行。

<pre></pre>标签用于显示具有预先定义格式的文本。在<pre></pre>标签中的内容不管是回车还是空格，都将直接解析成换行或者空格，代码参见示例 1-8。

示例 1-8：

```
1.   <pre>
2.   PHP100      中文网
3.   PHP100 中文网
4.   PHP100 中文网
5.   </pre>
```

效果如图 1-8 所示。

图 1-8

<i></i>用来标记文字斜体；<b></b>用来标记文字加粗；<u></u>用来标记文字下划线；<strong></strong>同样也是用来标记文字加粗的标记；<em></em>同样也是用来标记文字斜体的标记；用来标记文字下标显示；用来标记文字上标显示。

可以看到在上述描述中，<i></i>和<em></em>标记都是用来标记文字斜体的，而<b></b>和<strong></strong>都是用来标记文字粗体的，那么它们之间有哪些区别呢？首先在 HTML 4 中，i 和 b 标签都已经是不推荐使用的标签了，它们和 em 和 strong 之间最大的区别在于：对于搜索引擎来说，<em>和<strong>比<i>和<b>要重视得多。其显示的效果都是一样的。

在做一些特殊的网站时，如建材网站、化工网站，经常碰到需要数字上下标，这时便可以使用 XHTML 中的、</sup></sup>标签来控制文字的上下标，代码参见示例 1-9。

示例 1-9：

```
1.   <i>PHP100 中文网</i><br />
2.   <em>PHP100 中文网</em><br /><br />        <!--i 和 em 在显示效果上是没有差异的-->
3.   <b>PHP100 中文网</b><br />
```

```
4.    <strong>PHP100 中文网</strong><br /><br />   <!--strong 和 b 也一样  -->
5.    <u>PHP100 中文网</u><br />
6.    H<sub>2</sub>O<br />                          <!--用下标打出的水分子的化学式-->
7.    m<sup>2</sup>                                 <!--用上标打的平方米-->
```

显示效果如图 1-9 所示。

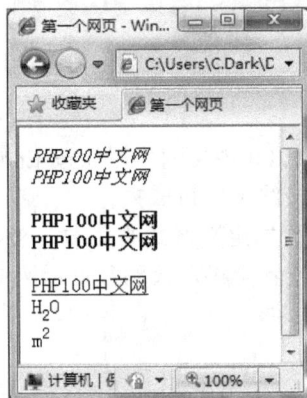

图 1-9

<font></font>标签是用来控制文字显示的样式的，如字体、颜色、大小等。font 标签中有一些属性需要了解，如 color 属性是用来控制文字颜色的，size 属性是用来控制文字大小的，face 属性是用来控制字体，代码参见示例 1-10。

示例 1-10：

```
1.    <font color="red">PHP100 中文网</font>         <!--设置字体颜色为红色-->
2.    <font size="5">PHP100 中文网</font>            <!--设置字号为 5-->
3.    <font face="宋体,黑体,楷体">PHP100 中文网</font> <!--设置字体-->
4.    <font color="#FF0000" size="4" face="宋体,黑体,楷体">PHP100 中文网</font>
5.    <!--同时设置多个属性-->
```

效果如图 1-10 所示。

图 1-10

在 font 标签中使用 color 属性设置颜色时，其属性值可以为三种：第一种是颜色的英文，如红色 red；第二种是设置 RGB 颜色，如（255,0,0）；第三种是以 RGB 颜色的十六进制形式表示，也是用得最多的一种，如#FF0000。size 属性规定文本的尺寸大小，其值为从 1 到 7 的数字，浏览器默认值是 3。而 face 属性是可以设置多个字体的，字体与字体之间用英文的"，"分隔。浏览器在解析多个字体时首先从客户端字库中找寻第一个字体，假如有则以第一个字体显示，假如没有该字体则往下找第二个字体，依次类推。当所设置的字体在客户端字库中都不存在时，浏览器则以浏览器本身的默认字体显示文字。

在 XHTML 列表中有有序列表、无序列表等，分别用<ol></ol>、<ul></ul>标签表示。列表中的列表项用<li></li>标签表示。ol 和 ul 中都有一个 type 属性，是专门用来控制有序列表和无序列表前面的列表项的，其取值如表 1-3 所示。

表 1-3

有 序 列 表		无 序 列 表	
1	默认值，列表项为阿拉伯数字	disc	默认值，实心圆
a	列表项为小写英文	circle	空心圆
A	列表项为大写英文	square	实心方块
i	列表项为小写罗马数字		
I	列表项为大写罗马数字		

代码参见示例 1-11。

示例 1-11：

```
1.   <h2>有序列表</h2>
2.   <ol type="1">                        <!--定义有序列表，type 属性控制列表项-->
3.   <li>PHP100 中文网</li>
4.   <li>PHP100 中文网</li>
5.   <li>PHP100 中文网</li>
6.   </ol>
7.   <h2>无序列表</h2>
8.   <ul type="disc">                      <!--定义无序列表，type 属性控制列表项-->
9.   <li>PHP100 中文网</li>
10.  <li>PHP100 中文网</li>
11.  <li>PHP100 中文网</li>
12.  </ul>
```

运行效果如图 1-11 所示。

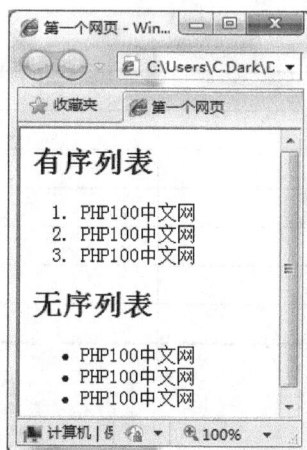

图 1-11

<hr/>标签用于在 HTML 页面中创建一条水平分隔线（horizontal rule），用于将文档分隔成各个部分。<hr/>标签的一些常用属性如表 1-4 所示。

表 1-4

属 性 名	属 性 值	作 用
align	center,left,right	控制水平线的对齐方式
noshade	noshade	控制 hr 元素显示颜色为纯色
size	像素（px）	控制水平线的高度（厚度）
width	像素（px）、百分比（%）	控制水平线的长度

代码参见示例 1-12。

示例 1-12：

1.　PHP100 中文网<hr align="center" width="80%" />PHP100 中文网

运行效果如图 1-12 所示。

图 1-12

以上是在 XHTML 中控制文字的一些常用标签。在介绍换行时提到过在 XHTML 中无论是换行还是空格，如果不在 pre 标签中，是不会被解析的。但换行可以使用
标签。如果要在文档中输入空格该怎么办呢？这时就需要用到特殊字符。在 XHTML 中特殊字符有多个，在写特殊字符时，也有固定的格式，即所有的特殊字符都是以"&"符号开始，以";"符号结束。表 1-5 列出了经常用到的一些特殊字符。

表 1-5

特 殊 字 符	效 果
&gt;	大于号（>）
&lt;	小于号（<）
&quot;	引号（"）
&reg;	注册商标（®）
&copy;	版权符（©）
&amp;	&符号

代码参见示例 1-13。

示例 1-13：

1.　><"®©&

运行效果如图 1-13 所示。

图 1-13

在 XHTML 中可以使用超链接与网络上的另一个文档建立链接。几乎可以在所有的网页中找到链接,点击链接可以从一张页面跳转到另一张页面。用来表示链接的标签为<a></a>。<a></a>标签中的常用属性有 href、target 等。href 属性用来规定链接的目标。a 标签开始标签和结束标签之间的文字被作为超链接来显示,也就是说这个链接是要链接到哪个文件。target 属性定义被链接的文档在何处显示。

target 属性中常用的值有以下 4 种。

_blank:在一个新的未命名的窗口载入文档。

_self:在相同的框架或窗口中载入目标文档。

_parent:载入父窗口或包含了超链接引用的框架集。

_top:载入包含该超链接的窗口,取代任何当前正在窗口中显示的框架。

代码参见示例 1-14。

示例 1-14:

```
1.    <a href="http://www.php100.com">PHP100 中文网</a>
2.    <a href="http://www.php100.com" target="_blank">PHP100 中文网</a>    <!--在新窗口中打开
      PHP100 网站-->
```

效果如图 1-14 所示。

图 1-14

a 标签除了可以创建普通链接以外,还可以创建邮件链接,当点击邮件链接时浏览器会打开客户端系统中默认的邮件客户端进行邮件的操作。创建邮件链接的方式为只要在 href 属性中写入"mailto:邮件地址"即可。

代码参见示例 1-15。

示例 1-15:

```
1.    <a href="mailto:admin@php100.net">admin@php100.net</a>
2.    <!-- href 属性中的内容是链接的目标,其不显示。显示的内容必须放在 a 标签之内-->
```

效果如图 1-15 所示。

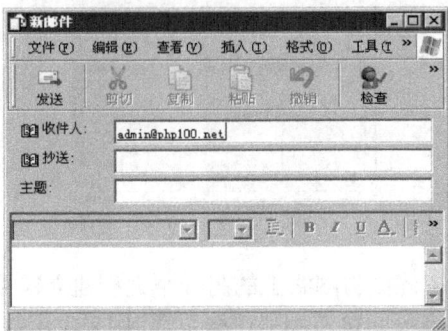

图 1-15

在 XHTML 中如果要插入图片，就要用到 img 标签。img 标签是单标签。其常用的属性如表 1-6 所示。

表 1-6

属　　性	作　　用
src	src 属性设置的是要插入图片的 URL 地址
alt	alt 属性用来为图像定义一串预备的可替换的文本。替换文本属性的值是用户定义的
width	指定图像的宽度
height	指定图像的高度

代码参见示例 1-16。

示例 1-16：

```
1.    <img src="1.jpg" width="100" height="100" />
2.    <!--载入当前文件夹下的 1.jpg 文件，并指定其高度和宽度为 100 像素-->
```

效果如图 1-16 所示。

图 1-16

1.2.5　XHTML 中表单的处理

表单是一个包含表单元素的区域。表单元素是允许用户在表单中添加的元素，如文本域、下拉列表、单选按钮、复选框等。表单使用表单标签（<form></form>）定义。form 标签中有 3 个属性是经常用到的。第一个是 action 属性，该属性是指定表单提交的地址；第二个是 method 属性，该属性是指定表单提交的方式，包括 POST 方式和 GET 方式；最后一个是 enctype 属性，规定在发送到服务器之前应该如何对表单数据进行编码，默认地，表单数据会编码为 "application/x-www-form-urlencoded"。也就是说，在发送到服务器之前，所有字符都会进行编码（空格转换为加号 "+"，特殊符号转换为 ASCII HEX 值）。当为 "multipart/form-data" 属性时，一般是在上传时传输文件用的。

表单中有很多表单元素，首先来介绍一下 input 元素。input 是一个单标签的元素，表单中大部分的元素都是用 input 来表示，只不过它们的 type 属性不同，决定了它们的类型不一样。表 1-7 中列出了表单中 input 元素最常用的属性。

表 1-7

属　　性	作　　用
type	此属性指定元素的类型。元素类型可以有多种选择，包括 text、password、checkbox、radio、submit、reset、file、hidden 和 button。默认选择为 text
name	此属性指定控件的名称。例如，如果表单中有几个文本框，则可以用名称 text1、text2 或选择的任何名称来标识它们。name 属性的作用域是在 form 元素内
value	此属性是可选属性，它指定控件的初始值。但是，如果 type 属性为 radio，则必须指定一个值
size	此属性指定控件的初始宽度。如果 type 属性为 text 或 password，则控件的大小以字符为单位。对于其他输入类型，宽度以像素为单位
maxlength	此属性用于指定可在 text 或 password 元素中输入的最大字符数
checked	此属性是 boolean 属性，指定按钮是否是打开的。当输入类型为 radio 或 checkbox 时，使用此属性

type 属性中有 text、password、checkbox、radio、submit、reset、file、hidden 和 button 等属性值，它们分别代表了一种表单中的输入元素。

text：元素是单行文本框。

password：密码框。

checkbox：复选框。

radio：单选按钮。

submit：提交按钮。

reset：重置按钮。

file：文件上传框。

hidden：隐藏域，经常用来传输一些不需要显示和不需要输入的固定值。

button：一个普通的按钮。

name 属性是非常重要的，如提交的目标页面要获取提交过来的内容就要用 name 属性中的属性值去获取，所以 name 属性是表单中需要在目标页面获取内容的这些元素的必需的属性。

当然，表单中除了 input 元素外还有其他的元素。<textarea></textarea>是多行文本框，textarea 是双标签元素。它的属性中有 3 个属性是经常用到的。第一个是刚刚提到的 name 属性；然后是用来控制文本框大小的 cols 属性和 rows 属性，cols 属性规定文本区内的可见宽度，rows 属性规定文本区内的可见高度；表单中下拉框是用<select></select>元素表示的，下拉框中具体的某一个内容则是用<option></option>表示的，下拉框的 name 属性是写在 select 元素中的，而它的值是写在 option 元素中的，代码参见示例 1-17。

示例1-17：

```
1.   <form action="" method="post">
2.       昵称：<input type="text" name="nickname" value=/><br />
3.       性别：<input type="radio" name="sex" value="男" />男 
4.   <input type="radio" name="sex" value="女" />女<br />
5.       爱好：<input type="checkbox" name="hubbly[]" value="篮球" />篮球
6.   <input type="checkbox" name="hubbly[]" value="足球" />足球
7.   <input type="checkbox" name="hubbly[]" value="其他" />其他<br />
8.       国籍：<select name="country">
9.           <option>中国</option>
10.          <option>其他</option>
11.      </select><br />
12.      说明：<textarea name="content"></textarea>
13.      <input type="submit" name="sub" value="提交" />  <input type="reset" value="重
置" />
14.  </form>
```

效果如图 1-17 所示。

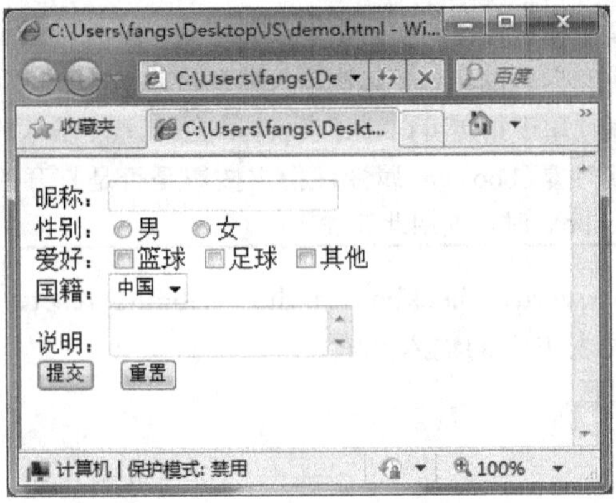

图 1-17

1.2.6　XHTML 中框架的处理

使用 XHTML 中的框架结构可以把一个浏览器窗口分割成几个小窗口，每个窗口可以显示不同的网页，每个框架中的网页相互独立。不仅可以非常方便地在浏览器中同时浏览不同的网页，还可以非常方便地完成导航的工作。如果所有的框架标签都要放在 XHTML 的文档中，该 XHTML 的文档的体部<body></body> 标签将被框架集标签<frameset> </frameset>代替，然后通过<frame/>标签定义每一个子窗体和子窗体的页面。子窗体的排序规则为从左到右、从上到下。

那么首先要做的工作就是分割一个网页。使用<frameset>标记决定如何分割框架，该标记中有 cols 和 rows 属性。使用 cols 属性表示按列分布框架，使用 rows 属性表示按行分布框架。必须使用<frame/>标记设定每个小窗口中的网页，该标记中有 src 属性为每个窗口指定该子窗体的页面载入的是哪个页面。如果框架要求比较复杂，那么可以将<frameset></frameset>标记嵌套使用，形成嵌套框架。<frameset></frameset>标记常用的属性如表 1-8 所示。

表 1-8

属　　性	说　　明
cols	用像素或者百分比来分割左右窗口，'*'表示剩余部分
rows	用像素或者百分比来分割上下窗口，'*'表示剩余部分
frameborder	指定是否显示边框。0 表示不显示，1 表示显示
border	指定框架边框的粗细
noresize	指定框架不能够调节

如果要在窗口中做链接实现当点击链接时在当前页面的其他子窗口中显示这样的效果，就要用到 frame 中的 name 属性和 a 标签中的 target 属性，只需在 target 属性中设置对应的 frame 的 name 属性中的值即可。

子窗口<frame/>是一个单标签，该标签必须放在框架集中使用，也就是说必须放在<frameset></frameset>之间，代码参见示例 1-18。

示例 1-18：

frame.html

```
1.  <!DOCTYPE html PUBLIC "-//W3C//DTD XHTML 1.0 Frameset//EN"
2.   "http://www.w3.org/TR/xhtml1/DTD/xhtml1-frameset.dtd">
3.  <html xmlns="http://www.w3.org/1999/xhtml">
4.  <head>
5.  <meta http-equiv="Content-Type" content="text/html;
6.  charset=utf-8" />
7.  <title>无标题文档</title>
8.  </head>
9.  <!--上下拆分网页-->
10. <frameset rows="80,*" cols="*">
11.  <!--引入上边的页面 top.html-->
12.  <frame src="top.html" name="topFrame" scrolling="No" noresize="noresize" id="topFrame"
     title="topFrame" />
13.  <!--左右拆分网页-->
14.  <frameset cols="80,*">
15.  <!--引入左边的页面 left.html-->
16. <frame src="left.html" name="leftFrame" scrolling="No" noresize="noresize" id="leftFrame" tit
    le="leftFrame" />
17.  <!--引入主体的页面 main.html-->
18. <frame src="main.html" name="mainFrame" id="mainFrame" title="mainFrame" />
19.  </frameset>
20. </frameset>
21. <noframes><body>
22. </body></noframes>
23. </html>
```

left.html

```
1.  <!DOCTYPE html PUBLIC "-//W3C//DTD XHTML 1.0 Transitional//EN"
2.  "http://www.w3.org/TR/xhtml1/DTD/xhtml1-transitional.dtd">
3.  <html xmlns="http://www.w3.org/1999/xhtml">
4.  <head>
5.  <meta http-equiv="Content-Type" content="text/html; charset=utf-8" />
6.  <title>无标题文档</title>
7.  </head>
8.
9.  <body>
10. <a href="http://www.baidu.com" target="mainFrame">百度</a>
11. </body>
12. </html>
```

效果如图 1-18 所示。

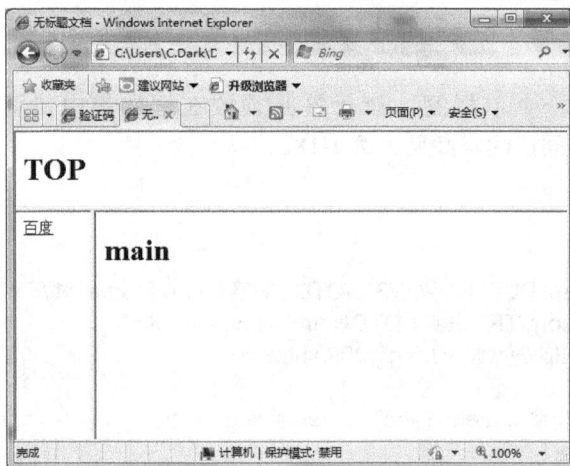

图 1-18

当点击"百度"超链接以后,则在 main 部分显示百度的页面,如图 1-19 所示。

图 1-19

1.2.7　XHTML 中表格的处理

表格在日常生活中的用途非常广泛。表格在很早以前经常被人们用来排版网页。表格排版网页的核心思想是：设计一个能满足版式要求的表格结构，将内容装入每个单元格中，间距及空格使用透明 GIF 图片或一些符号实现，最终的结构是一个复杂的表格（有时会出现多次嵌套）。显然，这样不利于设计和修改，表格本来应该用作数据显示的。

在 XHTML 中也有表格。下面来看下在 XHTML 中如何画一个表格。表格的最基本单位是单元格，然后是行或者列，最后才是表格本身。需要呈现的数据必须写在单元格内，否则在某些浏览器中将不被显示。

在 XHTML 中，表格是通过 <table></table>、<tr></tr>、<td></td> 标签来完成的。其中 <table></table> 标签定义一个表格的开始和结束；<tr></tr> 定义一个行；<td></td> 定义一个单元格。

首先来看表格中 <table> 标记中的常用属性，如表 1-9 所示。

表 1-9

属　　性	说　　明
width	表格的宽度，可以用像素或者百分比表示
height	表格的高度，可以用像素或者百分比表示
align	表格在页面的水平对齐情况
background	表格的背景图片
bgcolor	表格的背景颜色
border	表格的边框粗细（像素），可以设置为 0
bordercolor	表格的边框颜色
bordercolorlight	表格边框明亮部分的颜色
bordercolordark	表格边框昏暗部分的颜色
cellspacing	单元格之间的间距
cellpadding	表格内内容与单元格之间的间距

<tr></tr> 标签定义表格中的一个行，其常用属性如表 1-10 所示。

表 1-10

属　　性	说　　明
align	行内内容的水平对齐情况
valign	行内内容的垂直对齐情况
bgcolor	行的背景颜色
bordercolor	行的边框颜色
bordercolorlight	行的边框明亮部分的颜色
bordercolordark	行的边框昏暗部分的颜色

最后来看 <td></td> 标签中的一些常用属性，如表 1-11 所示。

表 1-11

属　　性	说　　明
width	单元格的宽度，可以用像素或者百分比表示
height	单元格的高度，可以用像素或者百分比表示
align	单元格内内容的对齐情况
background	单元格的背景图片
bgcolor	单元格的背景颜色
border	单元格的边框粗细（像素），可以设置为 0
bordercolor	单元格的边框颜色
bordercolorlight	单元格边框明亮部分的颜色
bordercolordark	单元格边框昏暗部分的颜色
colspan	单元格横向合并
rowspan	单元格纵向合并

代码参见示例 1-19。

示例 1-19：

```
1.   <!DOCTYPE html PUBLIC "-//W3C//DTD XHTML 1.0 Transitional//EN"
2.   "http://www.w3.org/TR/xhtml1/DTD/xhtml1-transitional.dtd">
3.   <html xmlns="http://www.w3.org/1999/xhtml">
4.   <head>
5.   <meta http-equiv="Content-Type" content="text/html; charset=utf-8" />
6.   <title>细线表格</title>
7.   </head>
8.
9.   <body>
10.  <table cellpadding="0" cellspacing="1" bgcolor="#000000" width="400">
11.    <tr>
12.      <td bgcolor="#FFFFFF">1</td>
13.      <td bgcolor="#FFFFFF">2</td>
14.      <td bgcolor="#FFFFFF">3</td>
15.    </tr>
16.    <tbody>
17.    <tr>
18.      <td bgcolor="#FFFFFF" align="center">4</td>
19.      <td bgcolor="#FFFFFF" align="center">5</td>
20.      <td bgcolor="#FFFFFF" align="center" rowspan="2">6</td>
21.    </tr>
22.    <tr>
23.      <td bgcolor="#FFFFFF" align="center" colspan="2">7</td>
24.    </tr>
25.    </tbody>
26.  </table>
27.  </body>
28.  </html>
```

效果如图 1-20 所示。

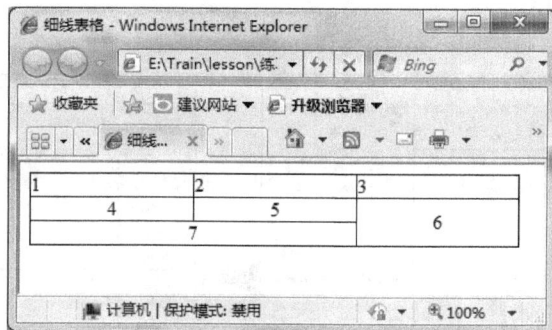

图 1-20

1.2.8　传统布局与 CSS 布局的介绍

传统布局方式只是利用了 HTML 的 table 元素所具有的零边框特性。

传统布局示意图如图 1-21 所示。

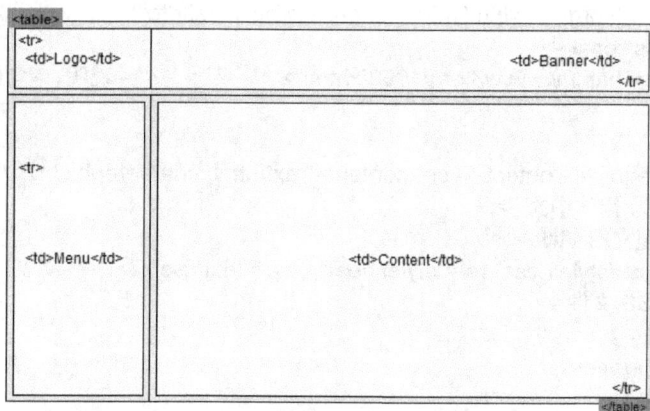

图 1-21

传统布局的缺点为：设计复杂，改版时工作量巨大；表现代码与内容混合，可读性差；不利于数据调用分析；网页文件量大，浏览器解析速度慢。

Web 标准的构成可分为三大块：

结构：用来对网页中的信息进行整理与分类，常用的技术有 HTML、XHTML、XML。

表现：用于对已经被结构化的信息进行显示上的修饰，包括版式、颜色、大小等，主要技术就是 CSS，目前版本 3.0。

行为：是指对整个文档内部的一个模型进行定义及交互行为的编写，主要技术有 JavaScript 脚本语言。

DIV+CSS 布局示意如图 1-22 所示。

*基于 Web 标准的 CSS，为什么要使用 XHTML 呢？

XHTML 是在 HTML 4 的基础上，使用 XML 规则扩展得到的，建立 XHTML 的目的就是为了实现 HTML 向 XML 的过渡。HTML 更多地被用于网页设计和表现。XHTML 的初衷就不是为了表现，而是对网页内容进行结构设计，严格地说它是面向文档结构的语言，更符合未来的发展要求。

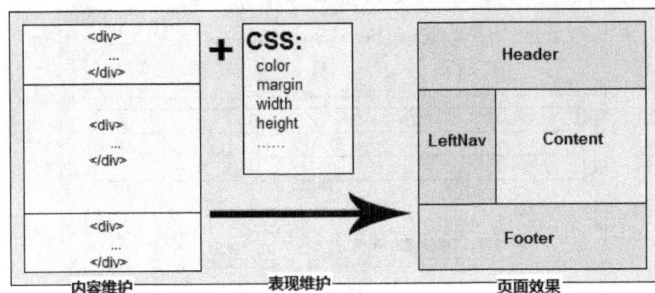

图 1-22

一个标准的 XHTML 文档，必须以 doctype 标签作为开始，doctype 用于定义文档类型。对于 XHTML 而言，可以选择 3 种不同的 XHTML 文档类型，代码参见示例 1-20。

示例 1-20：

```
1.  <!DOCTYPE html PUBLIC "-//W3C//DTD XHTML 1.0 Transitional//EN"
2.   "http://www.w3.org/TR/xhtml1/DTD/xhtml1-transitional.dtd">        <!-- 说明：该段为指定文档
    类型为 Transitional-->
3.  <html xmlns="http://www.w3.org/1999/xhtml">                <!-- 说明：该句为确定名字空间，XML
    中用到-->
4.  <head>
5.  <meta http-equiv="Content-Type" content="text/html; charset=gb2312" />  <!-- 说明：该句是声
    明编码语言为：简体中文-->
6.  <title>无标题文档</title>
7.  <link href="css/style1.css" rel="stylesheet" type="text/css" />    <!-- 说明：该 link 标记将链接
    一个外部 CSS 文件-->
8.  </head>
9.  <body>内容</body>
10. </html>
```

下面详细分析一下 3 种类型：

transitional：过渡类型。浏览器对 XHTML 的解析较为宽松（建议使用）。

strict：严格类型。文档中不允许使用任何表现样式的标识和属性。

frameset：框架页类型。网页使用框架结构时，声明此类型。

1.2.9 CSS 语法与写作规范

首先来了解集中在 XHTML 中引入 CSS 的方法。

1．行内式

代码参见示例 1-21。

示例 1-21：

```
1.  <h1 style="color:white;background-color:blue"> Hello.php100 </h1>
```

写在标签内的 style 属性中的样式称为行内式。

2．内嵌式

代码参见示例 1-22。

示例 1-22：

```
1.    <style type="text/css">
2.    h1{
3.      color:white;
4.      background-color:blue
5.      }
6.    </style>
```

写在 style 标签内的样式称为内嵌式。

3．导入式

代码参见示例 1-23。

示例 1-23：

```
1.    <style type="text/css">
2.      @import"mystyle.css";
3.    </style>
```

导入式其实是 CSS 中的语法。

4．链接式

代码参见示例 1-24。

示例 1-24：

```
1.    <link href="mystyle.css" rel="stylesheet" type="text/css" />
```

链接式中的 rel 属性必须填写，否则 XHTML 将不知道链接进来的是什么内容。

5．CSS 选择器

CSS 的代码都是由一个个选择器组成的。选择器主要选择的是 XHTML 中的元素，选择器的大括号内写的是针对该元素的 CSS 的样式。

CSS 代码的基本语法如图 1-23 所示。

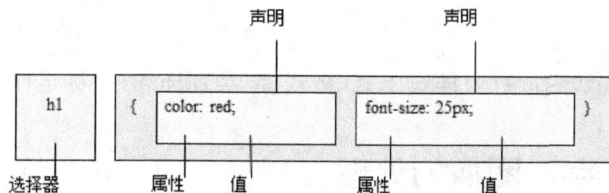

图 1-23

下面来看下 CSS 中的选择器。

（1）基本选择器

标签选择器：决定选择的是 XHTML 中的哪些标签。

类别选择器：根据类名来选择，前面"."为标记，如".classname"。

ID 选择器：根据元素 ID 来选择元素，具有唯一性。

（2）复合选择器

① "交集"选择器

div.special {......}   /*设置过 class 为 special 的 div 标签*/
div#special {......}   /*设置过 id 为 special 的 div 标签*/

② "并集"选择器

div,h1.first,p.specia {......}   /*所有的 div 标签和设置过 class 为 first 的 h1 标签和设置过
class 为 specia 的 p 标签*/

③ 后代选择器

div h1.first span.firstLetter{......}   /*div 标签中的设置过 class 为 first 的 h1 标签和设置过 class 为
firstLetter 的 span 标签*/

"*"通配符"*"选择的是所有的标签。

代码参见示例 1-25。

示例 1-25：

```
1.    <!DOCTYPE html PUBLIC "-//W3C//DTD XHTML 1.0 Transitional//EN"
2.    "http://www.w3.org/TR/xhtml1/DTD/xhtml1-transitional.dtd">
3.    <html xmlns="http://www.w3.org/1999/xhtml">
4.    <head>
5.    <meta http-equiv="Content-Type" content="text/html; charset=utf-8" />
6.    <title>无标题文档</title>
7.    <style type="text/css">
8.    * {font-size:12px;}
9.    P{color:red;}
10.   #header {color:blue; }
11.   .footer {font-size: 16px; }
12.   .ok {color:yellow; }
13.   </style>
14.   </head>
15.   <body>
16.   <p> 我是什么颜色了？ </p>
17.   <div id="header"> 我又是什么颜色了？ </div>
18.   <div class="ok"> 我长什么样？ </div>
19.   <div class="footer ok"> 我是什么颜色 多大字号？ </div>
20.   </body>
21.   </html>
```

CSS 选择器的优先级为：行内样式 > ID 样式 > 类别样式 > 标记样式。

1.2.10 CSS 文字、图像的处理

在 CSS 中提供了很多关于设置文字和图像的 CSS 属性。常用的设置文字 CSS 样式的属性如表 1-12 所示。

表 1-12

属　性	说　明	值
text-indent	文本缩进	px % cm（如果值是负数，则向左缩进-9999 表示隐藏）
text-align	文本对齐	left、right、center、justify（两端）
color	文字颜色	#FFFFFF、red、rgb（0,0,255）
font-family	文字字体	可以是一个或者一组字体名称
font-size	文字大小	可以是单位尺寸/绝对字体尺寸/字体尺寸（em）
font-weight	文字粗细	normal、bold、lighter、bolder。其中 bolder、bold 比 normal 粗，lighter 比 normal 细
text-decoration	文字修饰	underline（下划线）、line-through（删除线）、overline（上划线）
text-transform	文字大小写	capitalize（首字母）、uppercase（大）、lowercase（小）注：只对英文有效
line-height	行高	单行文本高度像素

在 CSS 中还专门提供了对背景图片的处理，主要的属性如表 1-13 所示。

表 1-13

属　性	说　明	值
background-attachment	背景固定	scroll（背景随对象滚动）、fixed（背景固定）
background-color	背景颜色	3 种颜色值
background-image	背景图像	url（图片路径）
background-position	背景定位	top、center、bottom、left、center、right x,y（用于对一张图片进行背景定位）
background-repeat	背景重复	no-repeat（不重复）、repeat-x（横向重复）、repeat-y（纵向重复）
background	全部背景	结合了上述所有的背景设置，值不分先后顺序

1.2.11　DIV 与 CSS 组合

　　DIV+CSS 是网站标准（或称"Web 标准"）中的常用术语之一，DIV+CSS 是一种网页的布局方法，该方法有别于传统的 HTML 网页设计语言中的表格（table）定位方式，可实现网页页面内容与表现相分离。XHTML 基于可扩展标记语言（XML），是一种在 HTML 基础上优化和改进的新语言，目的是基于 XML 应用与强大的数据转换能力，适应未来网络应用更多的需求。在 XHTML 网站设计标准中，不再使用表格定位技术，而是采用 DIV+CSS 的方式实现各种定位。

　　HTML 语言自 HTML 4.01 以来，不再发布新版本，原因就在于 HTML 语言正变得越来越复杂化、专用化。即标记越来越多，甚至各个浏览器生产商也开发出只适合于其特定浏览器的 HTML 标记，这显然有碍于 HTML 网页的兼容性。于是 W3C 组织进而重新从 SGML 中获取营养，随后发布了 XML。

　　XML 是一种比 HTML 更加严格的标记语言，全称是可扩展标记语言（EXtensible Markup

Language）。但是 XML 过于复杂，且当前的大部分浏览器都不完全支持 XML。于是 XHTML 语言就派上了用场，用 XHTML 语言重写后的 HTML 页面可以应用许多 XML 技术，使得网页更加容易扩展，适合自动数据交换，并且更加规整。

而 CSS 关键就在于其与脚本语言（如 JavaScript）及 XML 技术的融合，即 CSS+JavaScript+XML（实际上有一种更好的融合：XML+XSL+JavaScript）。但 XSL，即可扩展样式表语言，又相较于 CSS 过于复杂，不太容易上手。自从 CSS 出现之后，HTML 终于摆脱了杂乱无章的噩梦，开始将页面内容与样式分离。

1．DIV+CSS 布局的优点

（1）使页面载入得更快。由于将大部分页面代码写在了 CSS 当中，使得页面体积容量变得更小。相对于表格嵌套的方式，DIV+CSS 将页面独立成更多的区域，在打开页面时，逐层加载。而不像表格嵌套那样将整个页面圈在一个大表格里，使得加载速度很慢。

（2）降低流量费用。页面体积变小，浏览速度变快，这对于某些控制主机流量的网站来说是最大的优势。

（3）修改设计时更有效率。由于使用了 DIV+CSS 制作方法，在修改页面时更加容易省时。根据区域内容标记，到 CSS 中找到相应的 ID，使得修改页面时更加方便，也不会破坏页面其他部分的布局样式。

（4）保持视觉的一致性。DIV+CSS 最重要的优势之一是保持视觉的一致性。以往表格嵌套的制作方法，使得页面与页面，或者区域与区域之间的显示效果会有偏差。而使用 DIV+CSS 的制作方法，将所有页面，或所有区域统一用 CSS 文件控制，就避免了不同区域或不同页面体现出的效果偏差。

（5）更好地被搜索引擎收录。由于将大部分的 HTML 代码和内容样式写入了 CSS 文件中，这就使得网页中正文部分更为突出明显，便于被搜索引擎采集收录。

（6）对浏览者和浏览器更具亲和力。众所周知，网站做出来是给浏览者使用的，对浏览者和浏览器更具亲和力，DIV+CSS 在这方面更具优势。由于 CSS 富含丰富的样式，使页面更加灵活，它可以根据不同的浏览器，而达到显示效果的统一和不变形。

2．DIV+CSS 布局的缺点

尽管 DIV+CSS 具有一定的优势，不过现阶段 DIV+CSS 网站建设存在的问题也比较明显，主要表现在以下几个方面：

（1）对于 CSS 的高度依赖使得网页设计变得比较复杂。相对于 HTML4.0 中的表格布局（table），DIV+CSS 尽管不是高不可及，但至少要比表格定位复杂的多，即使对于网站设计高手也很容易出现问题，更不要说初学者了，这在一定程度上影响了 XHTML 网站设计语言的普及应用。

（2）CSS 文件异常将影响整个网站的正常浏览。CSS 网站制作的设计元素通常放在一个或几个外部文件中，这一个或几个文件有可能相当复杂，甚至比较庞大，如果 CSS 文件调用出现异常，那么整个网站将变得惨不忍睹。

（3）在浏览器兼容性方面问题比较突出。基于 HTML 4.0 的网页设计在 IE 4.0 之后的版本中几乎不存在浏览器兼容性问题，但 DIV+CSS 设计的网站在 IE 浏览器里正常显示的页面，到火狐浏览器（FireFox）中却可能面目全非（这也是为什么建议网络营销人员使用火狐浏览器的原因所在）。DIV+CSS 还有待于各个浏览器厂商的进一步支持。

（4）DIV+CSS 对搜索引擎优化与否取决于网页设计的专业水平而不是 DIV+CSS 本身。DIV+CSS 网页设计并不能保证网页对搜索引擎的优化，甚至不能保证一定比 HTML 网站有更简洁的代码设计，何况搜索引擎对于网页的收录和排序显然不是以是否采用表格和 CSS 定位来衡量的，这就是为什么很多传统表格布局制作的网站在搜索结果中的排序靠前，而很多使用 CSS 及 Web 标准制作的网页排名依然靠后的原因。因为对于搜索引擎而言，网站结构、内容、相关网站链接等因素始终是网站优化最重要的指标。

3．DIV 和 CSS 布局的核心技术：盒子模型

什么是 CSS 的盒子模型呢？为什么叫它是盒子？先说说在网页设计中常见的属性名：内容（content）、填充（padding）、边框（border）、边界（margin），CSS 盒子模型都具备这些属性。

可以把这些属性转移到人们日常生活中的盒子（箱子）上来理解。日常生活中所见的盒子也就是能装东西的一种箱子，也具有这些属性，所以叫它盒子模型。那么内容（content）就是盒子里装的东西；而填充（padding）就是怕盒子里装的东西（贵重的）损坏而添加的泡沫或者其他抗震的辅料；边框（border）就是盒子本身了；至于边界（margin）则说明盒子摆放时不能全部堆在一起，要留一定空隙保持通风，同时也为了方便取出。在网页设计上，内容常指文字、图片等元素，但是也可以是小盒子（DIV 嵌套），与现实生活中盒子不同的是，现实生活中的东西一般不能大于盒子，否则盒子会被撑坏的，而 CSS 盒子具有弹性，里面的东西大过盒子本身时最多把它撑大，但不会损坏；填充只有宽度属性，可以理解为生活中盒子里的抗震辅料厚度；而边框有大小和颜色之分，又可以理解为生活中所见盒子的厚度以及这个盒子是用什么颜色材料做成的；边界就是该盒子与其他东西要保留多大距离，如图 1-24 所示。

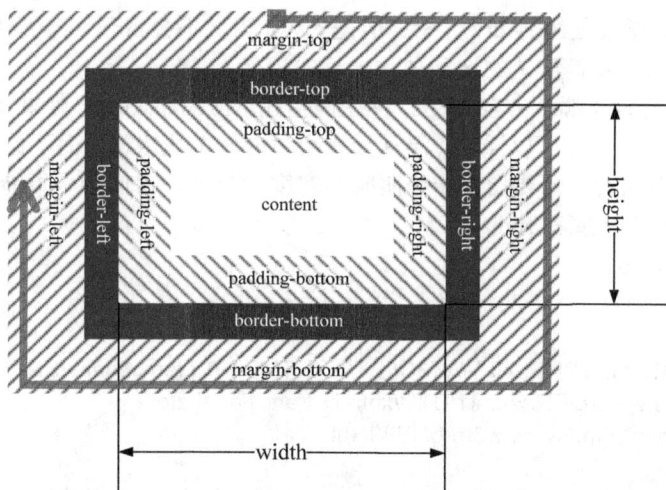

图 1-24

（1）margin 和 padding 的书写

方法是按照规定的顺序，给出 2 个、3 个或者 4 个属性值，它们的含义将有所区别，具体如下：

如果给出 2 个属性值，前者表示上下边框的属性，后者表示左右边框的属性。

如果给出 3 个属性值，前者表示上边框的属性，中间的数值表示左右边框的属性，后者表示下边框的属性。

如果给出 4 个属性值，依次表示上、右、下、左边框的属性，即顺时针排序。

margin:5px 10px;

margin:5px 10px 15px;

margin:10px 8px 5px 15px;

padding 的设置也是一样的。

（2）border 的设置

CSS 中 border（边框）的设置方法如下：

border-color：取值为 red、green 等。

border-width：取值为 1px、2px、3px 等。

border-style：取值为 dotted（点划线）、dashed（虚线）、solid（实线）、double（双重线）
等。

这种设置方式与 margin 和 padding 的设置方式相似。border 有个简写形式，简写形式只能
是同时设置 4 条边的样式如下：

border:1px   solid   #FF0000;

4．div 标记和 span 标记

div 用于标记块级元素（block），span 用于标记内联元素（inline）。

块级元素和内联元素之间的区别在于块对象默认宽度是 100%（继承自父元素），如果没有
采用 "float:left/right;" 样式，相邻的两个块对象就会分排在不同的两行上。

内联对象的宽度取决于其内部元素的宽度与 padding 样式值之和，不可直接指定其宽度与高
度（"display:block;"、"float:left/right;" 强行转换后可以定义），相邻的两个内联对象会排在
同一行上。

在日常排版中经常会使用到 div 元素。但是 div 元素又不会自己在一行上显示，这时会借助
于 float 属性去打破 div 元素默认的这种独占一行的情况。

float 属性定义元素在哪个方向浮动。以往该属性总应用于图像，使文本围绕在图像周围，
不过在 CSS 中，任何元素都可以浮动。浮动元素会生成一个块级框，而不论它本身是何种元素。

如果浮动非替换元素，则要指定一个明确的宽度；否则，它们会尽可能地窄。

float 可以设置为 left 或者 right。

代码参见示例 1-26。

示例 1-26：

```
1.   <!DOCTYPE html PUBLIC "-//W3C//DTD XHTML 1.0 Transitional//EN"
2.   "http://www.w3.org/TR/xhtml1/DTD/xhtml1-transitional.dtd">
3.   <html xmlns="http://www.w3.org/1999/xhtml">
4.   <head>
5.   <meta http-equiv="Content-Type" content="text/html; charset=utf-8" />
6.   <title>无标题文档</title>
7.   <style type="text/css">
8.   .d1{width:200px; height:200px; border:1px solid #CCC; float:left;}
9.   .d2{width:200px; height:200px; border:1px solid #CCC; float:left;}
10.  </style>
11.  </head>
12.  <body>
13.  <div class="d1"></div>
```

14.　　`<div class="d2"></div>`
15.　　`</body>`
16.　　`</html>`

效果如图 1-25 所示。

图 1-25

如果该元素后面已经不需要浮动了，那么这时可用 clear 属性去清除浮动。

语法：

clear：left right both（清除左右两边的浮动）

1.2.12　CSS 兼容的处理

CSS 兼容问题往往是做前端页面的网页设计师们最头痛的了。下面来看看如何应对 CSS 的兼容问题。首先来看几个应对 CSS 兼容问题的最基本的方法。

在 XHTML 中其实也有判断的语法，只不过它是用来判断访问的浏览器的：

`<!--[if !IE]><!-->` 除 IE 浏览器外都可识别 `<!--<![endif]-->`。

`<!--[if IE]>` 所有的 IE 浏览器可识别 `<![endif]-->`。

`<!--[if IE 6]>` 仅 IE 6 浏览器可识别 `<![endif]-->`。

写在这些标签内的 XHTML 代码都只能是单个或几个浏览器可以访问，这样可以方便针对不同的浏览器书写不同的 CSS 代码。

除了判断的方法以外，本书还罗列了下列几种方法处理兼容：

!important：IE6 不支持。

*html .a{height:80px;}：IE6 支持。

*+html .a{height:80px;}：IE7 支持。

`<meta http-equiv="x-ua-compatible" content="ie=7" />`; IE8 兼容。其中!important 是写在某个属性之后的，用来设置优先级的属性。

除了使用这些最简单的方法处理兼容，还有如下一些常见的兼容问题，如表 1-14 所示。

表 1-14

问　　题	浏　览　器	解　决　方　法
input[button | submit] 不能用 margin:0 auto; 居中	IE8	为 input 添加 width
body{overflow:hidden;}没有去掉滚动条	IE6/7	设置 html{overflow:hidden;}
hasLayout 的标签拥有高度	IE6/7	*height:0; _overflow:hidden;

问　题	浏　览　器	解　决　方　法
form>[hasLayout]元素有 margin-left 时，子元素中的 [input｜textarea] 出现 2×margin-left	IE6/7	form > [hasLayout 元素]{margin-left:宽度;} form div{*margin-left:宽度÷2;}
当 border-width 有 1 条<边 3 条时，被设置成 dotted 时，1px 的边 dotted 显示成 dashed	IE7	不在同一个元素上使用不同宽度的 dotted
当子元素有 position:relative 时，父元素设置 overflow:[hidden｜auto] 相当于给子元素设置了 position:visible;	IE6/7	给父元素设置 position:relative;
:hover 伪类不能改变有 position:absolute 的子级元素的 left/top 值	IE7	把 top/left 的值设置成除 0%外的所有百分值；或添加一个 margin-[所有方向]除 0 外的所有值，包括 0%
:focus + selector {} 选择器失效	IE8	在失效选择器后面添加一个空选择器, :focus{}
列表中混乱的浮动：在 list 中浮动图片时，图片出现溢出正常位置；或没有 list-style	IE8	用背景图片替换 list-style
th 不会自动继承上级元素的 text-align	IE8	给 th 添加 text-align:inherit;
样式（包括 link/style/@import）最多允许: 32 个	IE6-8	99.99%的情况下，不会遇到
:hover 时若 background-color 为#fff，失效	IE7	把 background-color 改成 background。或者，非#fff ‖ #ffffff
忽略">"后有注释的选择器: selector> /**/ selector{}	IE6	官方 DEMO 有误
* html	IE6	只对 IE6 有效
PNG 图片中的颜色和背景颜色的值相同，但显示不同	IE6-7	利用 pngcrush 去除图片中的 Gamma profiles
margin:0 auto; 不能让 block 元素水平居中	IE6～IE8	给 block 元素添加一个 width
使用伪类 :first-line ｜ :first-letter，属性的值中出现 !important 会使属性失效	IE8	!important 是不太友好的，尽量不要使用它
:first-letter 失效	IE6	把 :first-letter 移到离 {}最近的地方，如 h1, p:first-letter{}，而非 p:first-letter h1{}
Position:absolute 元素中，a display:block, 在非:hover 时只有文本可点击	IE6/7	给 a 添加 background，如果背景透明，使用 background:url（'任何页面中已经缓存的文件链接'），不推荐 background:url(#)[官方的解决方法]，因为会增加一个 HTTP 请求
float 列表元素不水平对齐：li 不设置 float, a 设置 display:block;float:[方向], li 不水平对齐	IE6/7	给 li 设置 display:inline 或 float:[方向]
dt, dd, li 背景失效	IE6	dt, dd, li{position:relative;}
<noscript>元素的样式在启用 JavaScript 的情况下显示了样式	IE6-8	利用 JavaScript 给<noscript>添加 display:none;

续表

问　题	浏 览 器	解 决 方 法
使用 filter 处理的透明背景图片的透明部分不可点	IE6-8	把 background:none 变成 background:url（链接），链接到本身和图片之外的任何文件
li 内元素偏离 baseline 向下拉	IE8	给 li 设置 display:inline 或 float:[方向]
列表中 li 的 list-style 不显示	IE6/7	给 li 添加 margin-left，留空间来显示（不要加在 ul 上）
图片不能垂直居中	IE6/7	添加一个空标签，并赋给"Layout"，比如 display:inline-block;
不能自定义指针样式	IE6～IE8	给指针文件设置绝对路径
背景溢出，拖动滚动条后显示正常	IE6	给父元素添加 overflow:hidden 防止溢出，并赋予 hasLayout
高度超过 height 定义的高	IE6	添加_overflow:hidden;（推荐）或者_font-size:0;
宽度超过 width 定义的宽	IE6	添加_overflow:hidden;
双倍边距	IE6	添加 display:inline 到 float 元素中
margin 负值隐藏：hasLayout 的父元素内的非 hasLayout 元素，使用负边距时，超出父元素部分不可见	IE6/7	去掉父元素的 hasLayout；或者赋 hasLayout 给子元素，并添加 position:relative;
将两个浮动元素中的某一个的文字设定为斜体，另一个元素下拉在有斜体文字元素的下面	IE6	给有斜体文字的元素添加 overflow:hidden;
3px 间隔：在 float 元素后的元素，会有 3px 间隔	IE6	因为是确切的 3px，所以用"暴力破解"吧，如_margin-left:-3px;
text-align 影响块级元素	IE6/7	整理 float，或者分开设置 text-align

1.3　本 章 小 结

本章着重介绍了 PHP 嵌入式脚本的概念、来龙去脉、特点、在网络中的应用。PHP 是免费的、嵌入式的、运行在服务器端的，发展到现在已经到了第 5 个版本 PHP 5，其功能强大、语法简洁、易于掌握，在 Web 开发中占有重要位置。而且本章还介绍了 XHTML 的语言和使用规范，对即将学习的 PHP 做准备。用户应掌握以下知识点：

（1）PHP 特点与 B/S 结构的开发模式。

（2）XHTML 的基本语法规范和 CSS 的设计基础。

（3）熟悉表单、属性框、按钮的设计。

第 2 章　PHP 环境搭建与工具

本章主要对 PHP 环境的搭建和系统的配置做一个简单的介绍，包括在 Windows 下的 WAMP 环境和 Linux 下的 LAMP 环境等，同时也会对开发 PHP 过程中用到的相关工具做一个使用说明的讲解，帮助读者快速方便地开发 PHP 项目。

2.1　PHP 环境介绍

PHP 是一个服务器脚本语言，虽然可以独立运行，但开始学习任何一门编程语言之前，都必须先搭建和熟悉开发环境。正所谓"工欲善其事，必先利其器"。进行网络程序开发，除了安装一个 PHP 程序库外，还需要安装 Web 服务器、数据库系统，以及一些扩展。PHP 能够运行在绝大多数主流的操作系统上，包括 Linux、UNIX、Windows，以及 Mac OS 等。作为一种轻便的网络编程语言，PHP 支持 Apache、IIS、Nginx 等服务器脚本。

2.1.1　WAMP 环境介绍

WAMP 环境是指 Windows + Apache + MySQL + PHP 相关环境的简称，即 Windows 操作系统、Apache 网络服务器、MySQL 数据库管理系统和 PHP 脚本。其实它的组合最早还是来源于 LAMP 组合，下节将学习关于 LAMP 的内容。Windows 给用户带来的最大便捷就是图形化操作，WAMP 环境最大的优势在于它的图形化操作与安装。尤其是在开发过程中经常会做一些组件或者配置参数的变化，如使用图形化操作将带来很多便捷性。与此同时，开发 PHP 过程中经常会用到一些相关工具，因在 Windows 多年的市场占有率，所以相关工具是比较丰富的。所以在开发和调试的过程中使用 WAMP 环境是非常有优势的。当然 WAMP 环境也不是仅适合调试开发，微软也注意到了 PHP 突飞迅猛的发展趋势，在新版的 Windows 中 PHP 也得到了很好的支持，包括微软开发的 IIS7 服务器软件，如图 2-1 所示。

图 2-1

2.1.2　LAMP 环境介绍

LAMP 环境是指 Linux+Apache+MySQL+PHP 相关环境的简称。LAMP 这个特定名词最早出现在 1998 年，是指 Linux 操作系统、Apache 网页服务器、MySQL 数据库管理系统和 PHP 脚本 4 种技术。其本身都是各自独立的软件，但是因为常被结合在一起使用，并拥有越来越高的兼容度，所以共同组成了一个强大的 Web 应用程序平台。

Linux 是一种自由和开放源码的类 UNIX 操作系统，如图 2-2 所示。目前存在着许多不同的 Linux 版本，但它们都使用了 Linux 内核，所以统称为 Linux。现在常见的 Linux 有 Ubuntu、Fedora、openSUSE、CentOS、Red Hat 和红旗 Linux 等。因为 Linux 的稳定性和高负载性，所以很多公司会选择它作为系统上线运营的正式环境。不可否认 Linux 安全性相对 Windows 更胜一筹。关于 Linux 更详细的配置和介绍将在 2.3 节做介绍。

图 2-2

2.1.3　WAMP 与 LAMP 的差异

WAMP 和 LAMP 最大差异只在于它们的操作系统。因为 Apache、PHP 和 MySQL 都是同一厂商发行的不同环境下的版本，所以差异很小。在讨论应该选择哪个环境来开发软件前应先了解它们之间的差异，这样读者就可以根据自己的喜好或需求来选择适合的环境。WAMP 和 LAMP 的差异如表 2-1 所示。

表 2-1

指标 ＼ 环境	WAMP	LAMP
配置难易度	简单	中等
图形界面	有	无（部分有）
性能与负载	中	中高
安全性	一般	很好
扩展与组件	丰富	丰富
开发工具	丰富	少
脚本调试	方便	中等
软件移植性	一般	好
区分大小写	不	是

根据表 2-1 的对比可以得出这样的结论，即在本地开发和调试的过程中可以选择 WAMP 环境，因为在 Windows 下面我们更加熟悉相关工具的使用，而且调试和解决问题也比较方便。而

部署服务器时可以选择 LAMP 环境，它可以帮助解决很多安全和性能问题，当然在 WAMP 开发过程中要注意其与 LAMP 环境的一些差异，如大小写、目录结构等。以上仅是笔者的见解，读者可以根据具体情况选择适合自己的环境。

2.2 WAMP 安装与配置

开始配置 WAMP 环境前需要准备相关软件，即 Windows 系统（本书使用的是 Windows 7 旗舰版，用户也可以选择其他 Windows 系统，建议 Windows XP SP3 以上）、Apache Windows 版本、PHP ZIP 版本和 MySQL Windows 安装版。

2.2.1 Apache 的获取与安装

Apache 是一款免费、稳定、快速的 Web 服务器。Apache 是由非营利性组织 Apache Group 开发和维护的。官方网站是 http//www.apache.org。作为世界上排名第一的 Web 服务器软件，Apache 与 PHP 的组合被喻为经典配置，如图 2-3 所示。

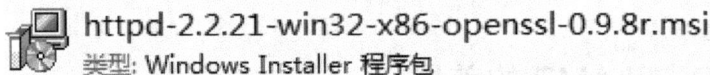

图 2-3

这里准备的是 Apache 2.2.21 for win32-x86 版本（Windows 32 位 x86 核心）。在 Windows 下安装 Apache 服务器的方法比较简单。以下方法同时适用于 Windows 2000/Windows XP/Windows 2003/Windows 7/Windows 2008 等操作系统。

（1）Apache 的安装与其他 Windows 程序安装类似，运行 httpd-2.2.21-win32-x86-openssl-0.9.8r.msi 文件后，会出现一个欢迎界面，如图 2-4 所示。

图 2-4

（2）根据提示单击 Next（下一步）按钮，进入 License Agreement 界面，如图 2-5 所示。

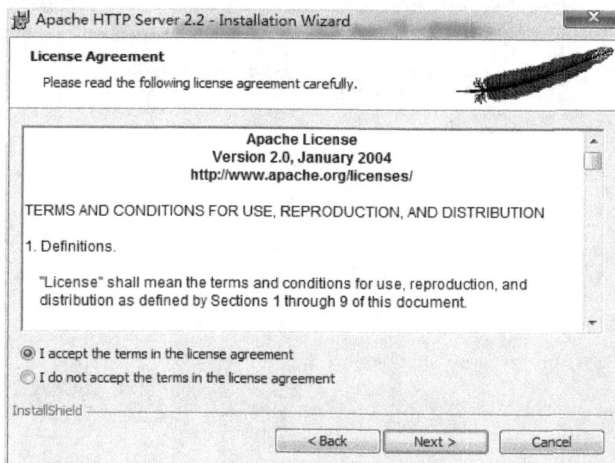

图 2-5

（3）接受 Apache 提供的使用开源协议书，并单击 Next 按钮，进入如图 2-6 所示的界面。

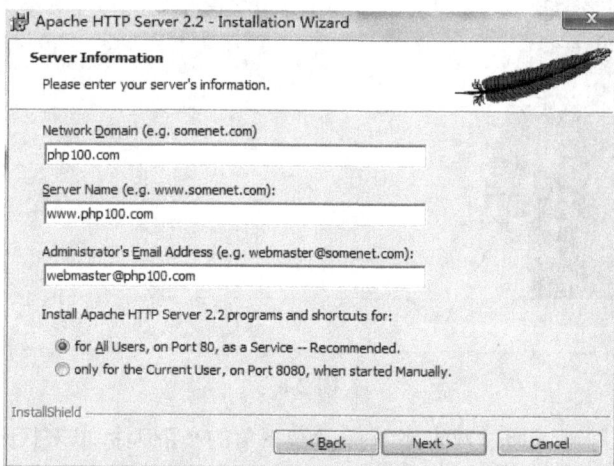

图 2-6

（4）在图 2-6 中需要对服务器进行相关设置，要求用户输入必要的服务器信息和安装选项。前 3 个文本框中依次输入的内容是网络域名（Network Domain）、主机名（Server Name）及管理员的电子邮件地址（Administrator Email Address），用户按照提示输入即可。最后一项是询问用户的安装方式，即询问用户是允许 Apache 监听 80 端口还是 8080 端口。前者是默认端口，可供 HTTP 用户访问使用；后者经常用于局域网络的访问或者本机程序的调试。这里选择默认设置 80 端口即可，然后单击 Next 按钮进行安装。

（5）系统开始复制文件到用户的系统，如图 2-7 所示。

（6）在复制文件的过程中，会跳出几个命令提示窗口，供 Apache 检测端口和安装服务使用，它会自动关闭。直到安装成功为止，如图 2-8 所示。

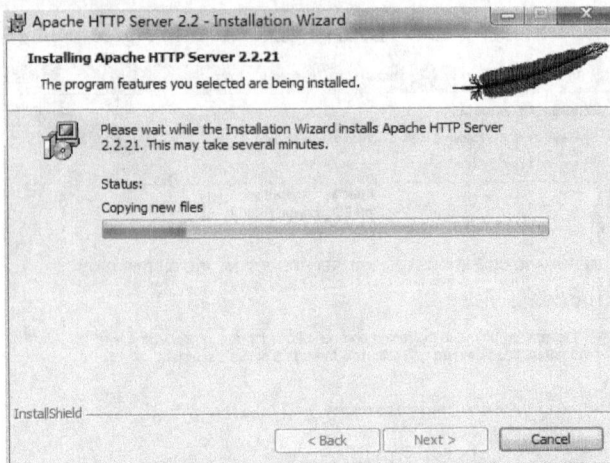

图 2-7

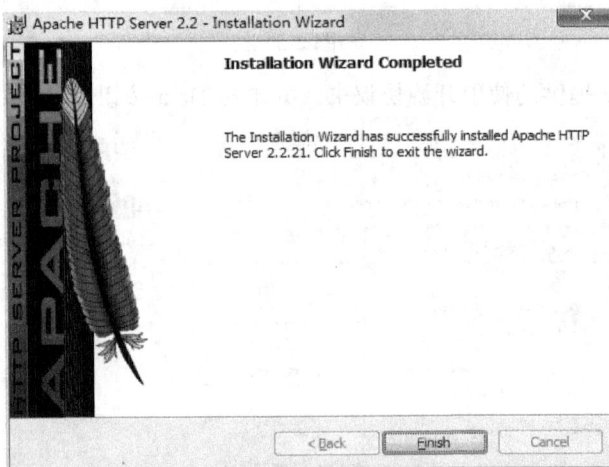

图 2-8

（7）安装成功后即可以通过双击系统托盘右下角的小羽毛标志来打开 Apache 的控制台，从而控制 Apache 的启动（start）、停止（stop）、重启（restart）等，如图 2-9 所示。

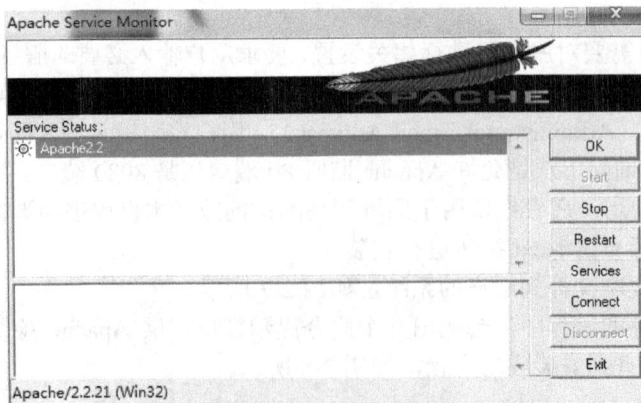

图 2-9

这时便可以在浏览器地址栏中输入 http://localhost 或者 http://127.0.0.1 来访问 Apache 提供的 Web 服务功能，如图 2-10 所示。

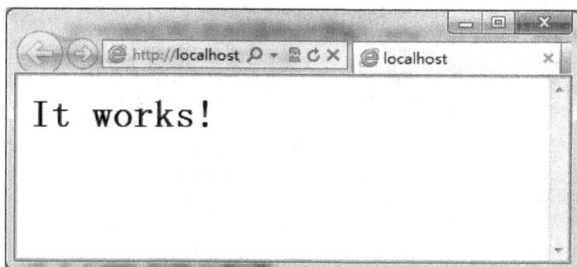

图 2-10

最后还要强调一点：虽然绝大多数情况下都可以快速顺利地成功安装 Apache，但也不排除安装失败的情况。由于操作系统版本、机器软件环境等影响，有可能在安装 Apache 的最后阶段出现错误，或者安装之后无法启动。这时应根据 Apache 给出的错误提示查找并解决出错的原因。常见的错误有找不到 Apache 服务、端口冲突等。对于找不到 Apache 服务，说明 Apache 没有成功地被安装为 Windows 服务，这时可以手工启动 Apache，也可以在命令行模式下将其注册为服务。端口冲突一般是由于安装的其他软件占用了 80 端口所致，可以通过卸载无关软件或者修改 Apache 服务端口的办法解决。如果机器安装了防火墙等软件，也有可能导致 Apache 无法打开端口而无法启动。总之，如遇到安装问题，可以通过阅读 Apache 的安装说明文档或者到 bbs.php100.com 论坛寻求解决办法。

2.2.2　PHP 的获取与安装

PHP 是个免费开源的服务器脚本，用户只需要通过访问 http://www.php.net 官方网站来获取最新的 PHP 软件即可。PHP 提供的 Windows 版本有以下几种类型。

1．编码核心

VC9 是专门为 IIS 定制的脚本，支持最新的微软组件，从而提高效率。
VC6 是为其他 Web 服务软件提供的脚本，如 Apache、Nginx。

提示

新版的 Apache 可以支持 VC9 的模式。

2．开发脚本模式

Thread Safe：执行时会进行线程（Thread）安全检查，以防止有新要求就启动线程的 CGI 执行方式而耗尽系统资源。

Non Thread Safe：在执行时不进行线程（Thread）安全检查。

本书并没有下载安装版的 PHP 软件，而是下载了 ZIP 压缩包模式的 PHP 软件，这更加有助于我们学习配置 PHP 环境的细节。笔者下载了 php-5.3.8-Win32-VC9-x86.zip 版本并解压到 C 盘的 PHP5 目录（C:\PHP5），如图 2-11 所示。

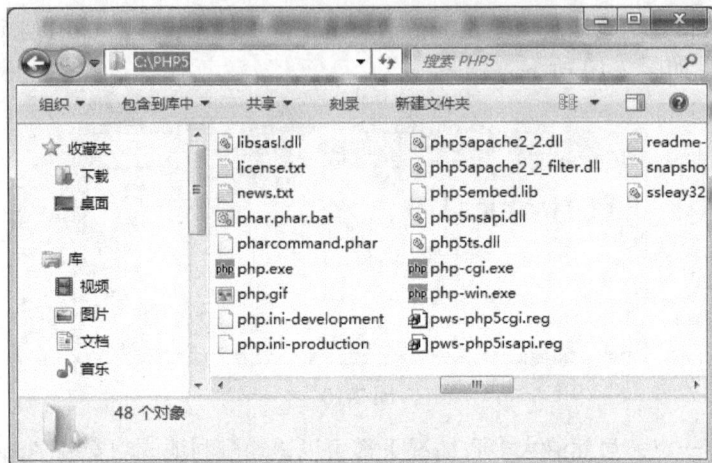

图 2-11

提示

需要将 PHP5 目录下的 php.ini-production 文件名称修改为 php.ini。

2.2.3 MySQL 的获取与安装

MySQL 是一种开放源代码的关系型数据库管理系统（RDBMS），并使用最常用的数据库管理语言——结构化查询语言（SQL）进行数据库管理。由于 MySQL 是开放源代码的，因此任何人都可以在 General Public License 的许可下下载并根据个性化的需要对其进行修改。MySQL 因为其速度快、可靠性和适应性强而备受关注。大多数人都认为在不需要事务化处理的情况下，MySQL 是管理内容最好的选择。在第 8 章中还会详细介绍数据阵的相关内容。

由于 MySQL 是开源软件，因此获取这个软件是非常简单的一件事，只需要访问 MySQL 官方网站 http://www.mysql.com/去下载一个即可。打开官网可以看到网站最下面有个 Downloads (GA)选项，选择其中的第一个选项 MySQL Server 即可跳转到下载页面，这里下载的是 mysql-5.5.18-win32.msi 版本，如图 2-12 所示。

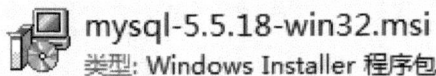

图 2-12

MySQL 的安装与其他 Windows 程序的安装类似，具体步骤如下：

（1）运行安装文件 mysql-5.5.18-win32.msi，出现欢迎界面，如图 2-13 所示。

（2）根据提示单击 Next 按钮，进入 Choose Setup Type 界面，如图 2-14 所示。

可以选择 Typical（典型安装）、Custom（定制安装）和 Complete（完整安装）安装类型。在这里笔者选择典型安装，用户也可以根据需要选择其他安装模式。选择典型安装后系统会逐一的将 MySQL 文件安装和复制到计算机当中，完成后会弹出一个介绍界面，如图 2-15 所示，只需单击 Next 按钮，即可将其关闭。

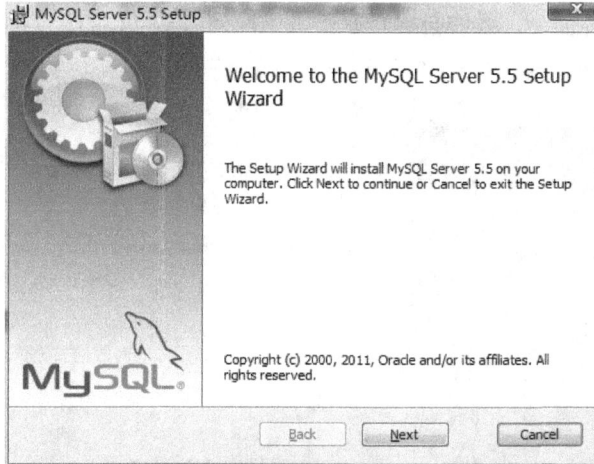

图 2-13

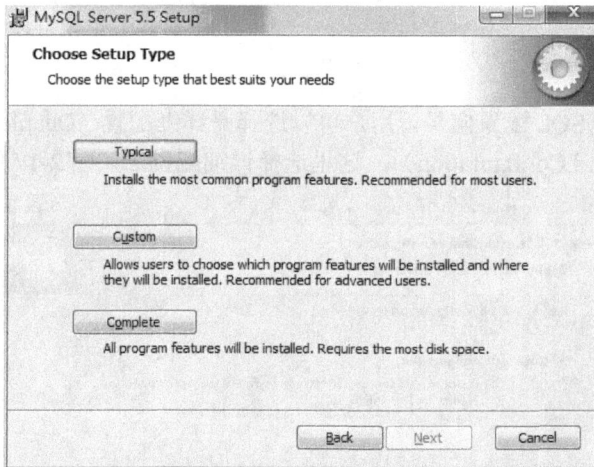

图 2-14

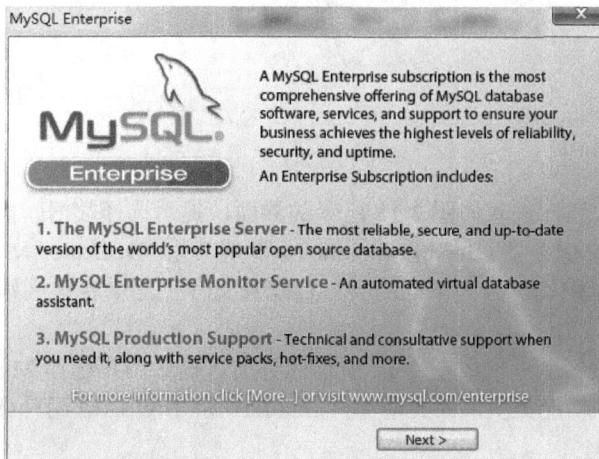

图 2-15

（3）当关闭介绍界面后，系统会提示是否马上配置 MySQL 的相关内容，这里选中 Launch the MySQL Instance Configuration Wizard 复选框，然后单击 Finish 按钮，如图 2-16 所示。

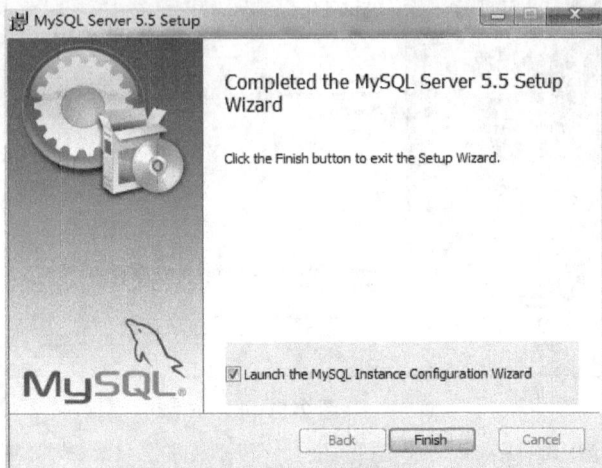

图 2-16

（4）系统打开 MySQL 配置向导，用户可以选择是详细配置（Detailed Configuration）还是默认标准配置（Standard Configuration），这里选择详细配置，如图 2-17 所示。

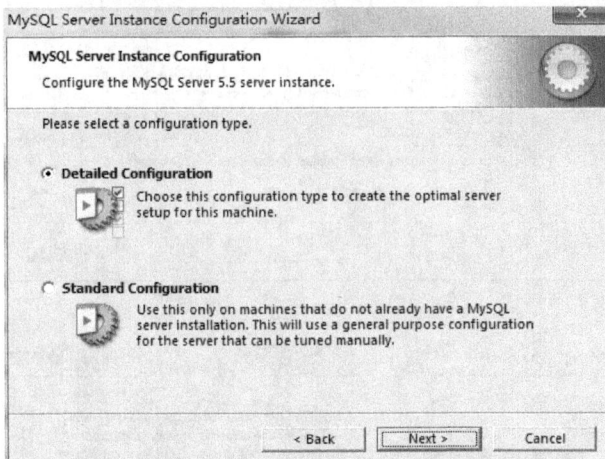

图 2-17

（5）单击 Next 按钮，进入如图 2-18 所示的界面，提示选择数据库模式，可以提供开发者（Developer Machine）、服务器（Server Machine）、专属类型（Dedicated MySQL Server Machine）模式，这里选择开发者模式，因为不同的类型在配置文件上稍微有些区别，例如负载、系统优化、启动速度等。

（6）单击 Next 按钮，进入如图 2-19 所示的界面，提示用户选择 MySQL 支持的数据库类型，这里选择第一种多功能类型，该类型支持 InnoDB 和 MyISAM 两种数据库，以方便在今后的课程中讲解与测试。

（7）单击 Next 按钮，进入如图 2-20 所示的界面，提示用户选择数据库配置与内容存储的磁盘，这里选择 C 盘。一般不建议选择系统盘存储，因为一旦系统崩溃或恢复系统时将导致数据丢失。

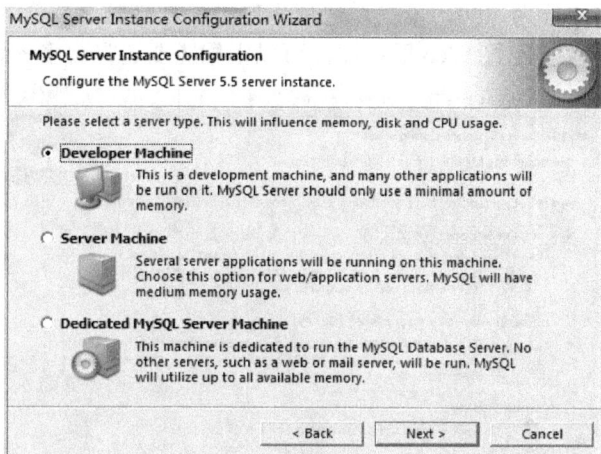

图 2-18

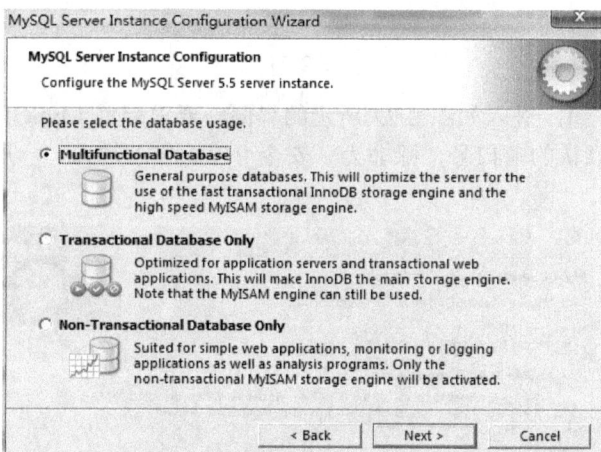

图 2-19

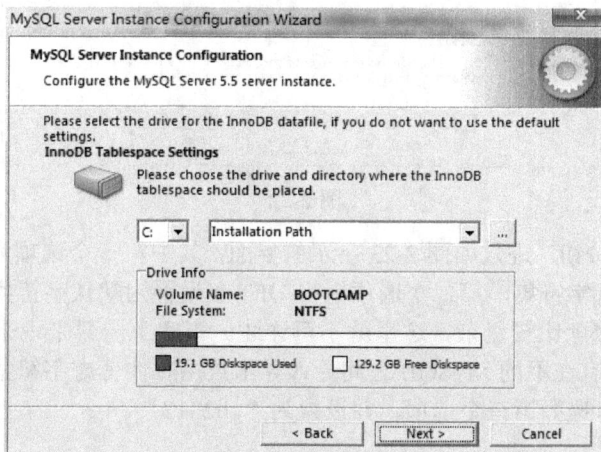

图 2-20

（8）单击 Next 按钮，进入如图 2-21 所示的界面，其中第一个选项表示最大连接数为 20，第二个选项表示最大连接数为 500，第三个选项为自定义连接数。在学习阶段一般选择连接数 20 即足够使用。如果是真正配置 Web 服务器，可以根据需要选择更多的连接。

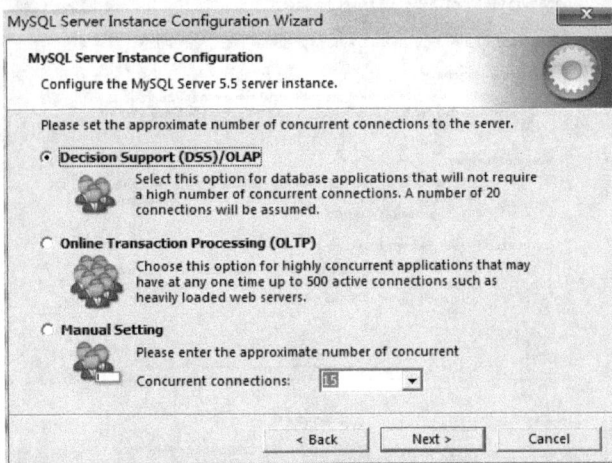

图 2-21

（9）单击 Next 按钮，进入如图 2-22 所示的界面，要求配置 MySQL 连接的端口和标准模式。3306 是 MySQL 默认的端口号，除非为了安全可以去修改端口，一般在开发过程中使用默认端口即可。

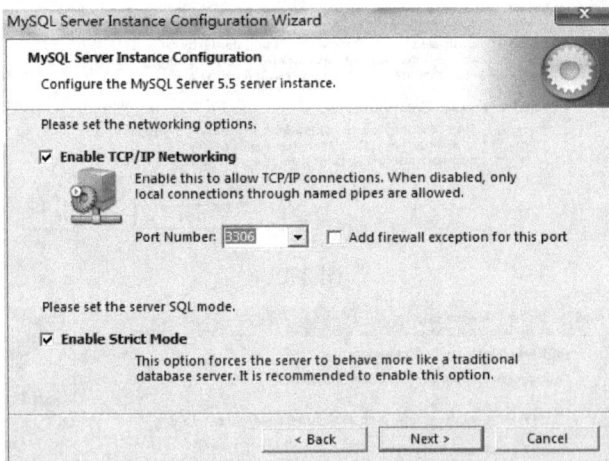

图 2-22

（10）单击 Next 按钮，进入如图 2-23 所示的界面，其中第一个选项为使用默认字符集，也就是将 Latinl 作为默认字符集，第二个选项为将 UFT-8 设置为默认字符集，第三个选项为自定义字符集。字符集的概念比较复杂，这里就不再详述。事实上一般来说采用什么样的字符集对 MySQL 影响不大，只有在不同 MySQL 之间导入导出数据时才考虑字符集是否一致的问题，否则容易导致乱码。这里选择第三个选项，并设置为"gb2312"。

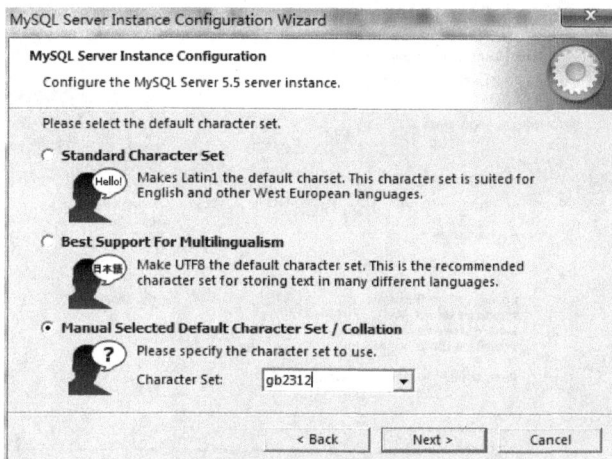

图 2-23

（11）单击 Next 按钮，进入如图 2-24 所示的界面，在这里可以选择是否将 MySQL 安装为 Windows 的服务。这里选中 Install As Windows Service 复选框，这样可以在机器启动时自动启动 MySQL 数据库服务。另外 Include Bin Directory in Windows PATH 复选框也建议选中，即将 MySQL 的 Bin 目录加入到 Windows 的环境变量中。这样做可以在命令行模式下直接运行 MySQL 命令，而无须先切换到 MySQL 安装目录的 Bin 目录下。

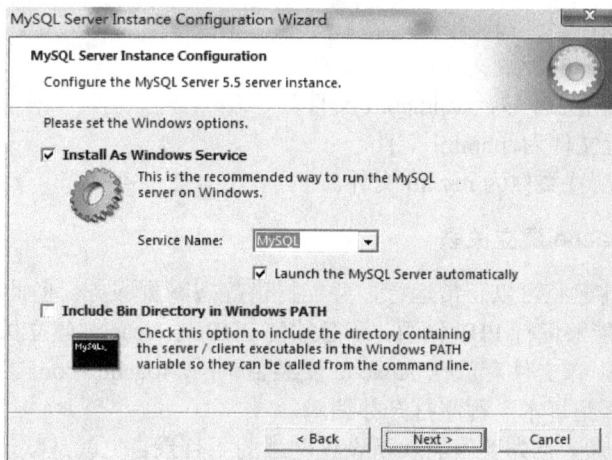

图 2-24

（12）继续单击 Next 按钮，进入安全选项设置界面。在该界面中可以设置 MySQL 数据库超级管理员的密码。MySQL 安装完毕之后默认生成一个用户名为 root 的超级管理员用户，密码为空。该用户拥有对数据库的完全控制权限，因此这个密码非常重要，一旦设置了就要务必牢记，一旦忘记很难找回。如果是在服务器上安装 MySQL，这个密码务必要设置，而且设置得越复杂越好。如果仅是在本地机器作为学习测试用，可以设置一个比较简单的密码。单击 Next 按钮，这时设置步骤完成，出现执行配置窗口，单击 Execute 按钮，开始执行配置，稍等片刻即可配置成功，如图 2-25 所示。

（13）至此所有配置工作都已顺利结束，单击 Finish 按钮即可结束配置程序。

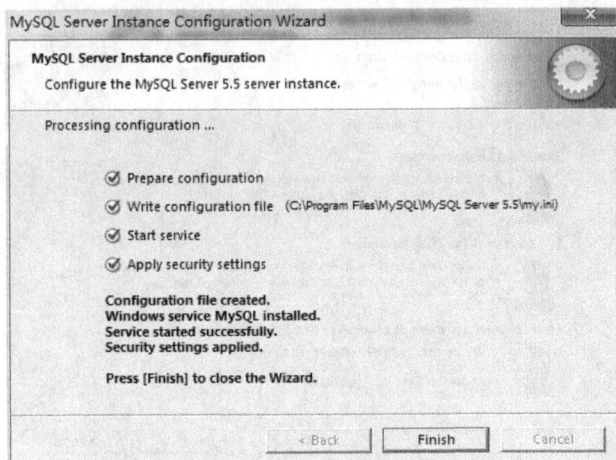

图 2-25

2.2.4　环境配置与测试

通过上面的操作，已经将 Apache、PHP、MySQL 顺利地安装和配置到了 Windows 计算机当中，但现在 Apache 还不能运行 PHP 的相关文件，PHP 也不能访问 MySQL 数据库，还需要将它们之间做一个关联操作。

首先来了解一下它们的配置文件：

Apache：默认的配置文件为 httpd.conf 文件。

PHP：默认的配置文件为 php.ini 文件。

MySQL：默认的配置文件为 my.ini 文件。

1．将 PHP 与 Apache 建立关联

虽然 Apache 目前已经可以正常运行，并能提供静态网页服务，但此时它仍无法运行 PHP 网页。要想让 Apache 能够运行 PHP 网页，还必须使 PHP 与 Apache 建立关联。首先找到 Apache 的配置文件 httpd.conf，该文件存放在 Apache 安装目录的 Apache2\conf 目录下。这是一个纯文本文件，可以直接用"记事本"程序打开并编辑。

打开 httpd.conf 之后，首先要做的就是设置网站的主目录，也就是默认情况下网页存放的位置。默认为 Apache 安装目录的 Apache2\htdocs\目录下。修改默认网站目录到 C 盘的 www 目录下，即在 httpd.conf 中找到 DocumentRoot 参数，将其值修改为 c:/www，如图 2-26 所示（要在 C 盘中建立好 www 目录）。

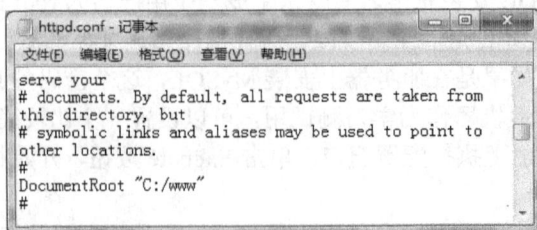

图 2-26

因为有时 Apache 是可以配置多个站点的，所以如果修改了站点目录还要修改一个权限目录，让 Apache 允许访问配置的新位置。在配置文件中找到"This should be changed to whatever you set DocumentRoot to."语句。下面有个文件路径，可以配置为与网站目录相同，也可以配置为大于当前文件夹的范围，如 C:/。

接下来配置 PHP 组件到 Apache 中并让它可以识别和解析 PHP 文件，在 Apache 的内容中的任意位置（一般在模块载入的位置）加入以下 3 条语句（如图 2-27 所示）。

加载 PHP 模块到 Apache 中：

LoadModule php5_module "c:/php5/php5apache2_2.dll"

加入识别扩展名为.php 的文件（也可以自定义扩展名）：

AddType application/x-httpd-php　.php

识别 php.ini 配置文件的位置：

PHPIniDir　"C:/php5" 或　PHPIniDir　"C:/php5/php.ini"

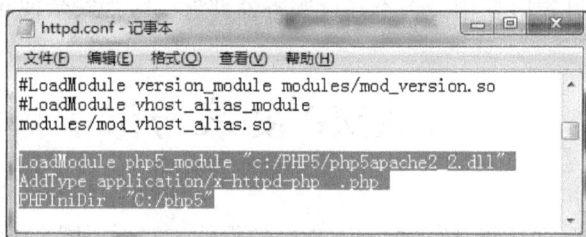

图 2-27

上面几个步骤进行完之后，保存 httpd.conf 文件，然后重新启动 Apache 使设置生效。Apache 重新启动后即完成 PHP 和 Apache 的关联。接下来写个简单的 PHP 测试文件试验一下配置是否成功。在 C:\www 目录下新建一个文件 test.php，然后用"记事本"程序打开并在文件中编辑 <?php phpinfo() ?> 并保存，最后打开浏览器输入 http://localhost/test.php，结果如图 2-28 所示。

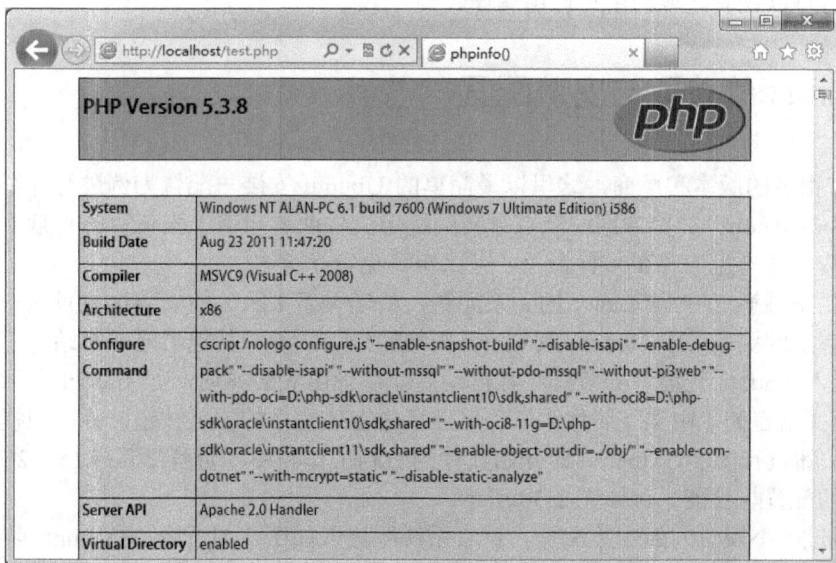

图 2-28

2. 让 PHP 支持 MySQL 数据库

这里只做个简单介绍，在第 8 章中会做一个详细的配置和开发说明。让 PHP 支持 MySQL 数据库非常简单，只需要在 PHP 的配置文件 php.ini 中找到 ";extension=php_mysql.dll" 语句并将前面的 ";"（分号）去除，然后重启 Apache 即可。再查看刚刚编写的测试文件，就会发现多了 MySQL 的支持。

3. 安装 WAMP 集成环境更加方便

因为安装的所有软件几乎都是开源软件，所以单独配置起来比较麻烦，尤其是重新安装系统后要花费很大的精力和时间在配置环境上。如果能一键安装所有软件并配置好将是一件非常完美的事情，现在网络上其实有非常多类似的相关软件，用户只需要一次安装就会自动安装好 Apache、PHP、MySQL 等，例如比较著名的 WampServer、 XAMPP、 AppServ、PHPnow。这样的集成环境比较适合开发时使用，但不建议服务器部署，因为安全性和系统性能没有保障。

2.3 LAMP 安装与配置

Linux 因为品牌众多，所以在环境配置上支持的组件也有所不同，配置也有所差异，但基本思路和核心内容是一致的。使用 Linux 搭配 LAMP 环境早些时候是一件非常痛苦的事情，无论是有经验的老程序员还是初出茅庐的新手，都会因为 Linux 在编译各类组件和脚本过程中碰到一些不可预见的冲突或脚本问题。但现在很多新版 Linux 中都加入了自动远程获取软件包的功能，这样在安装和配置一些组件时就方便很多，只要懂得一些简单的命令就可以很快配置出 LAMP 或者更复杂的环境。当然为了保证服务器更好的扩展性，很多 Linux 厂商也保留了传统的编译模式，可以让有兴趣的用户自由编译。

2.3.1 Linux 的获取与安装配置

Linux 有很多的版本和厂商，这里以最简单的 Ubuntu 安装与配置为例进行介绍。首先要到 http://www.ubuntu.com/ 的官方网站获取最新的镜像文件或者申请一张免费的光盘（2010 年以前个人可以免费申请光盘，现在只有企业才可以申请免费光盘）。

因为主要是讲解 PHP 与 Linux 的关系配置，所以关于 Linux 的安装这里只做一个简单的介绍，如果希望了解更多关于 Ubuntu 或 Linux 安装的知识，参考其他书籍或网站。

（1）放入 Ubuntu 光盘，安装程序将自动启动，弹出安装界面，如图 2-29 所示。

（2）选择语言为 "中文（简体）"，然后单击左边栏目的安装按钮，并按照提示依次单击 "下一步" 按钮进行安装，Ubuntu 即开始文件的复制工作，并可能需要等待 15～25 分钟（这取决于计算机的配置与性能），如图 2-30 所示。

（3）经过一小段时间的安装配置，重启系统即进入如图 2-31 所示的 Ubuntu 界面。其实学习 Linux 不是使用它们的桌面应用而是它的命令提示符。

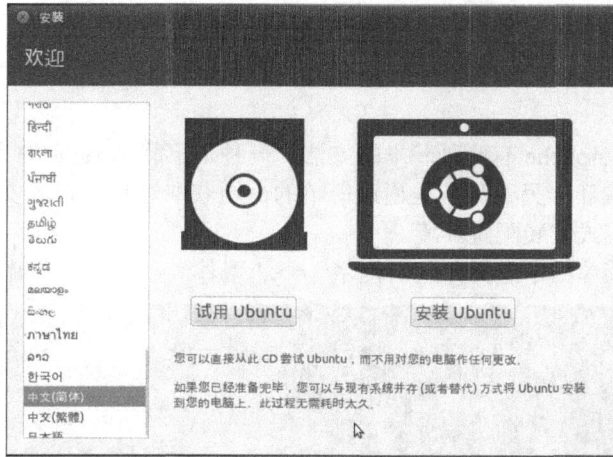

图 2-29

图 2-30

图 2-31

2.3.2　Linux 下 Apache 的安装

在 Ubuntu 下安装 Apache 有两种基本的方法，一种是下载 Apache 官方提供的 tar 压缩包模式并通过命令提示符编译，另一种就是通过简单的命令获取远程适合的安装包并自动安装。接下来使用一种简单的模式安装配置环境。

（1）在 Ubuntu 菜单栏中选择"应用程序"=>"附件"=>"终端"命令，如图 2-32 所示。

图 2-32

（2）系统打开命令提示符（终端），如图 2-33 所示。

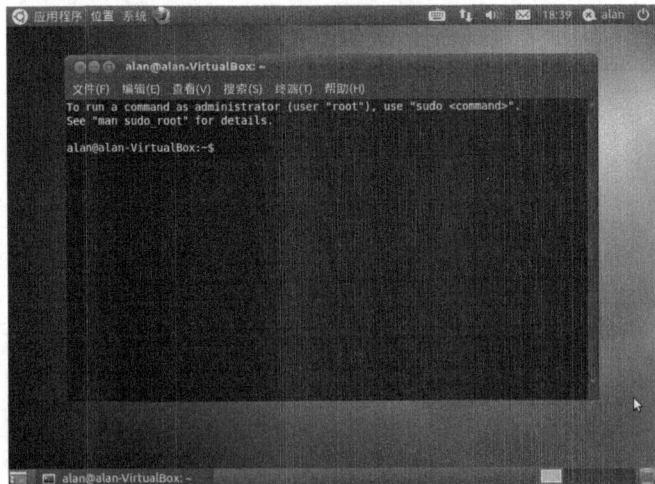

图 2-33

（3）这时只需要在命令提示符（终端）中输入需要的安装命令即可。首先来获取 Apache 并安装：

```
sudo apt-get install apache2
```

sudo 是一个提升权限的命令，放在任何命令之前。因为我们登录的用户默认为$符号也就是普通用户，需要提升为管理员权限才可以执行相关操作，所以第一次运行带有 sudo 的命令时会提示输入密码，如图 2-34 所示。

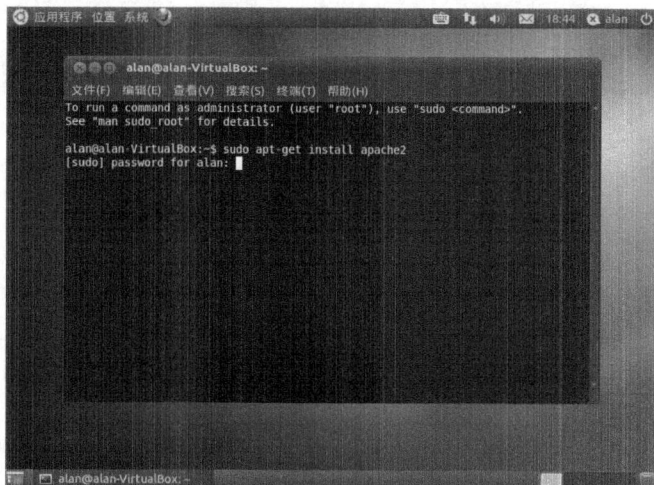

图 2-34

（4）当密码输入正确后，系统会自动检测远程软件包和本地所需的组件，并提示所安装文件占用空间大小，并让用户选择是否安装（Y/n），如图 2-35 所示。

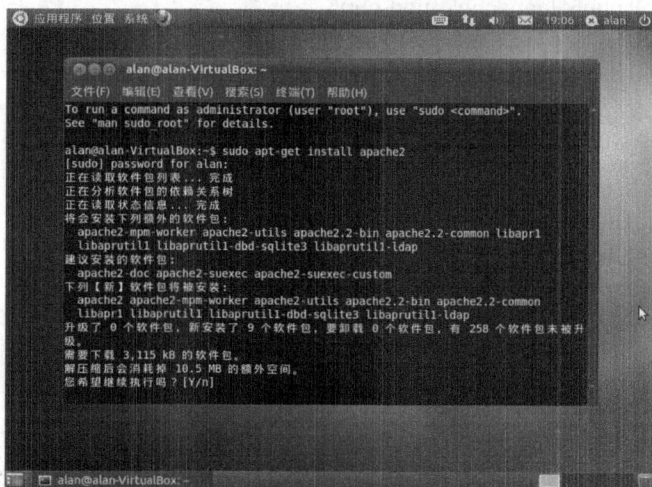

图 2-35

（5）选择 Y，接下来的事情交给系统去完成即可，等待大约几分钟后，系统会自动从最近的镜像服务器下载所需要的软件和组件并安装好。

（6）测试 Apache 是否安装成功。在浏览器地址中输入 http://localhost，并按 Enter 键，结果如图 2-36 所示。

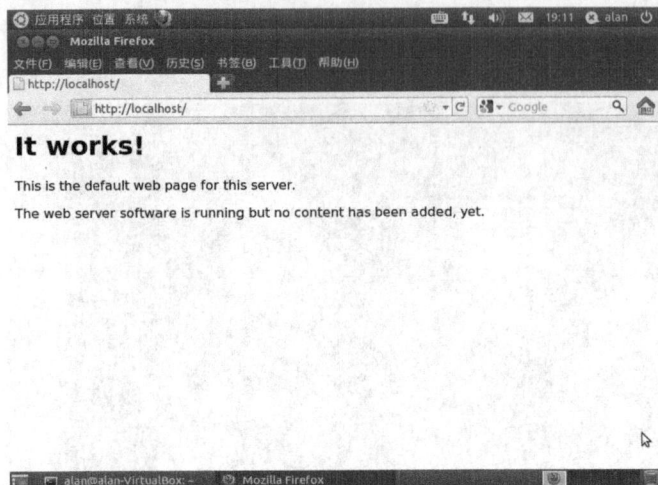

图 2-36

2.3.3　Linux 下 PHP 的安装

PHP 的安装与配置同 Apache 的安装类似，只需在命令提示符（终端）中输入：

```
sudo apt-get install php5 libapache2-mod-php5
```

系统会自动检测远程软件包和本地所需的组件，并提示所安装文件和占用空间大小，并让用户选择是否安装（Y/n），如图 2-37 所示。

图 2-37

同样道理，选择 Y 并稍作等待，PHP 即安装成功并关联到刚刚安装好的 Apache 中去，而且用户不需要做任何工作，相对 Windows 的配置更加简单。Apache 默认的网站目录在/var/www目录，用户在操作该目录时会发现没有权限，所以需要执行一个 Liunx 命令来让自己拥有对该目录的操作权限。

```
sudo chmod -R 777 /var/www        //修改 www 目录为任何用户可读写权限
```

重启 Apache 后修改才可以生效，重启 Apache 的命令为：

sudo /etc/init.d/apache2 restart

这时去/var/www 目录下面建立一个 test.php 文件，并编辑内容"<?php phpinfo() ?>"后保存，通过浏览器访问 http://localhost/test.php 结果如图 2-38 所示。

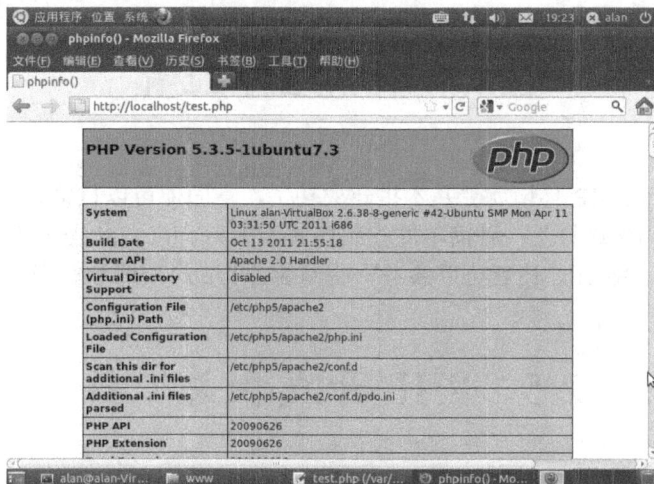

图 2-38

2.3.4　Linux 下 MySQL 的安装

MySQL 的安装也是同样的道理，在命令提示符（终端）中输入：

sudo apt-get install mysql-server

结果如图 2-39 所示，选择 Y 并稍作等待，即可完成 MySQL 的安装。

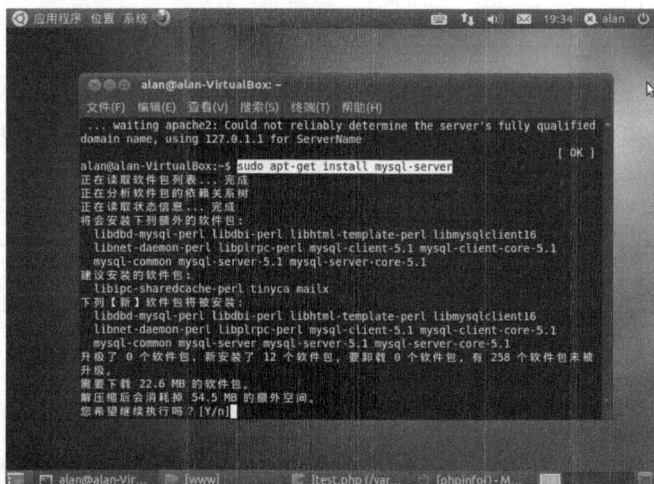

图 2-39

因为 MySQL 程序相对较大，所以需要等待时间也较长，当然，这也取决于网络带宽是否够大。下载和安装配置成功后重启 MySQL 和 Apache 即可。

重新启动 MySQL 的命令如下：

sudo /etc/init.d/mysql restart

重新启动 Apache 的命令如下：

sudo /usr/sbin/apache2ctl restart

2.4　环境组件配置

到 2.3.4 节为止 LAMP 环境就算基本搭建成功了，下面便可以直接去/var/www 目录书写和调试 PHP 程序了。当然这只是一种简单的安装模式，因为 Linux 也是一门专业的知识，如果想对 Linux 系统有深入的研究，读者可以参考一些专业的 Linux 书籍和教程，这里不再赘述。

2.5　PHP 开发相关工具

编写 PHP 代码的工具很多，常用的有网页编辑器，如 Dreamweaver、UltraEdit、editplus、Notepad++、Zend Studio、EclipsePHP studio（EPP）等，甚至可以用 Windows 自带的"记事本"程序。这些开发工具又可以分为两大类：一类是普通的编辑器，另一类是专业的开发工具 IDE。

在日常开发过程中，选择一些合适的开发工具可以提高开发效率，那究竟应该选择轻量级的普通编辑器还是选择专业的 PHP IDE，可以参照表 2-2 的对比。

表 2-2

指标 \ 工具	编 译 器	IDE
软件大小	较小	较大
语言针对性	非	是
代码提示	部分有	有
调试器	需插件	集成
函数跟踪	无	有
代码结构	无	有
大纲提要	无	有
版本控制器	需插件	集成
扩展性	好	一般
启动速度	快	慢
项目开发	一般	方便

2.5.1　开发工具介绍

1. Notepad++

Notepad++是一款非常有特色的编辑器，是开源软件，可以免费使用，其工作界面如图 2-40

所示。它不仅支持 PHP 代码的编辑，还内置支持多达 27 种语法的高亮显示（包括各种常见的源代码、脚本，能够很好地支持.nfo 文件的查看），还支持自定义语言；可自动检测文件类型，根据关键字显示节点，节点可自由折叠/打开，还可显示缩进引导线，使代码显示得很有层次感；可打开双窗口，在分窗口中又可打开多个子窗口。现在网上有很多文件编辑器，Notepad++是不可多得的一款，不论是日常使用还是手写程序代码，相信它都会给用户带来方便（免费软件）。

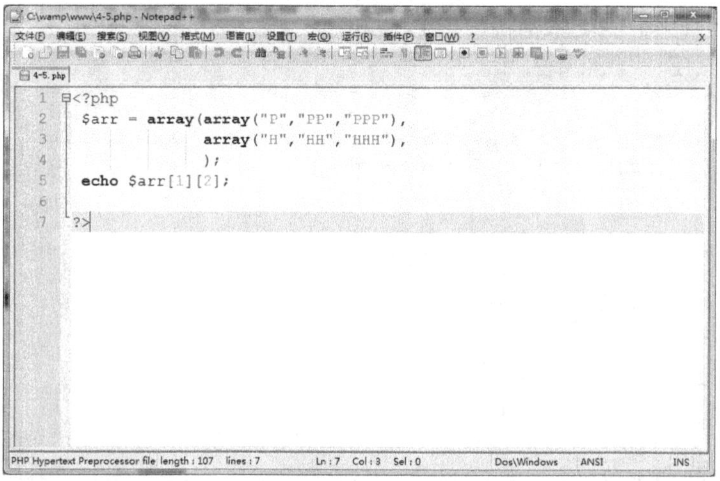

图 2-40

2．Dreamweaver

Dreamweaver 是建立 Web 站点和应用程序的专业工具，其工作界面如图 2-41 所示。它将可视布局工具、应用程序开发功能和代码编辑支持组合在一起，功能强大，使得各个层次的开发人员和设计人员都能够快速创建界面吸引人的基于标准的网站和应用程序。从对基于 CSS 的设计的领先支持到手工编码功能，Dreamweaver 提供了专业人员在一个集成、高效的环境中所需的工具。开发人员可以使用 Dreamweaver 及所选择的服务器技术来创建功能强大的 Internet 应用程序，从而使用户能连接到数据库、Web 服务和旧式系统，而且对 PHP 支持也非常好。

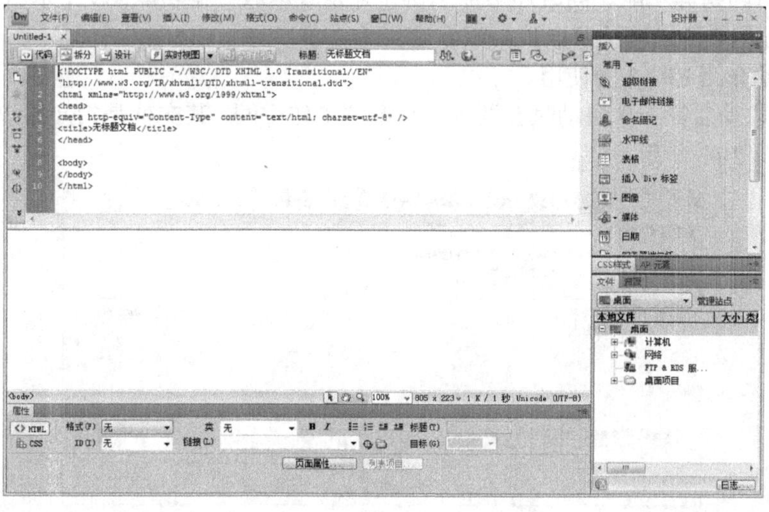

图 2-41

3. Zend Studio

Zend Studio 是 Zend Technologies 开发的 PHP 语言集成开发环境（Integrated Development Environment，IDE），其工作界面如图 2-42 所示。该工具也支持 HTML 和 JavaScript 标签，但只对 PHP 语言提供调试支持。因为是同一个公司的产品，所以提供的 Zend Framework 方面的支持比其他软件好。Zend Studio 5.5 系列后，官方推出利用 Eclipse 平台、基于 PDT 的 Zend Studio for Eclipse 6.0，并且之后的版本都构建于 Eclipse。

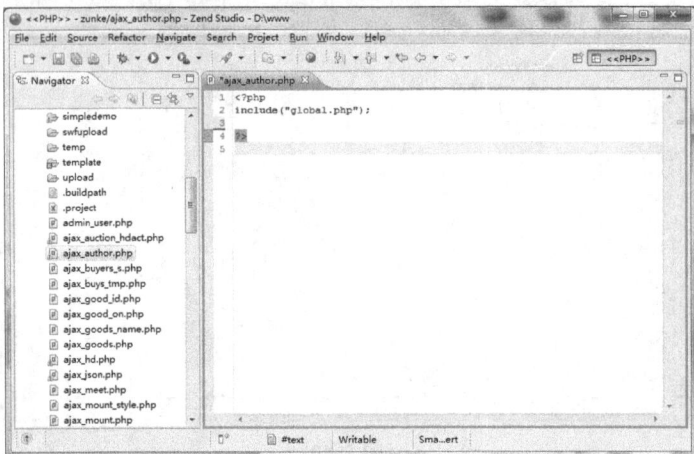

图 2-42

2.5.2　EclipsePHP Sudio

EclipsePHP Studio 简称 EPP，使用 Eclipse 核心编译而来，是针对 PHP 开发者提供的一个优秀的大型 IDE 开发软件，并且集成了 JDK 和简体中文系统，免除了安装配置的麻烦，安装完成即可使用。此编译器为 PHP 编译器，专门针对辅助 PHP 代码的开发和调试，集成了代码高亮、函数跟踪、时时纠错等功能。同时还增加了协作开发版本服务器功能 SVN 和 CVS。用户可以到 http://epp.php100.com 网站获取最新版本。

接下来简单介绍 EPP 3 的使用。

（1）安装成功后第一次启动时会要求用户配置工作空间，其实就是指向用户自己的 Apache 网站目录，如图 2-43 所示。

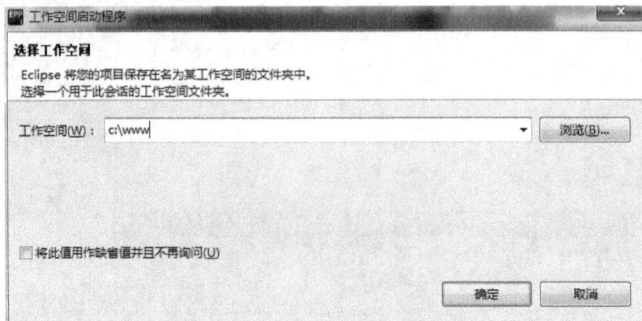

图 2-43

（2）启动成功后系统会弹出一个欢迎界面，直接关闭该界面后即可看到 EPP 3 的工作界面，如图 2-44 所示。

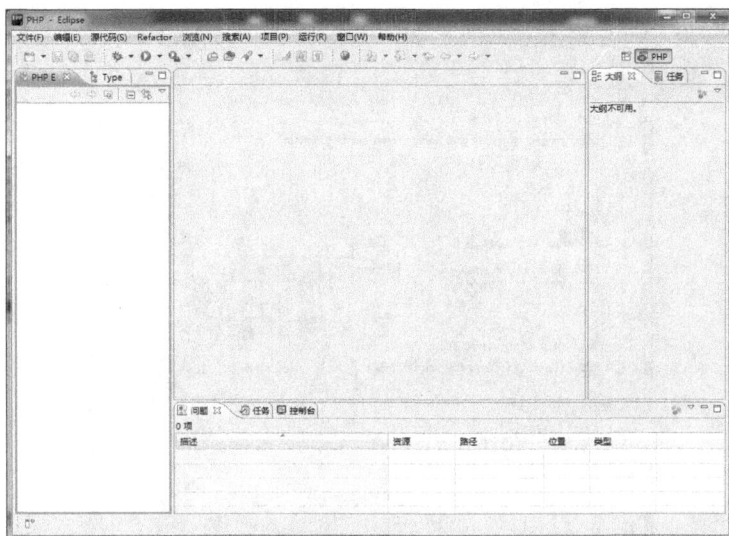

图 2-44

（3）接下来使用 EPP 创建一个新项目。首先选择"文件"→"新建"→"PHP Project"命令，如图 2-45 所示。

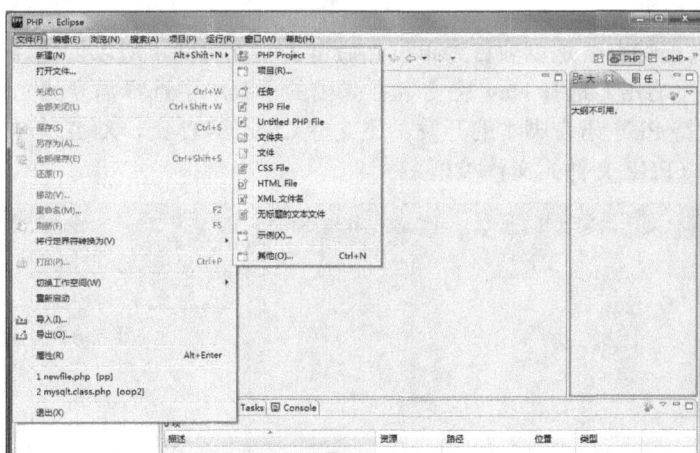

图 2-45

（4）EPP 会弹出 New PHP Project 对话框，首先输入新项目的名称（项目名称也将作为目录名称并在开发目录中一同建立），项目名称可以是任意名称但不能使用特殊字符。在 Contents 选项栏中设置是在默认工作空间新建该项目，还是自定义新的工作空间，这里按照默认设置，即在默认工作空间新建该项目。在 PHP Version（PHP 版本）选项栏选择开发适合的 PHP 版本类型，这取决于用户的脚本提示和纠错功能的准确性，因为 PHP 5.3 版本和之前的 PHP 5.2 版本差异还是很大的。其他的选项按照默认设置即可，如图 2-46 所示。

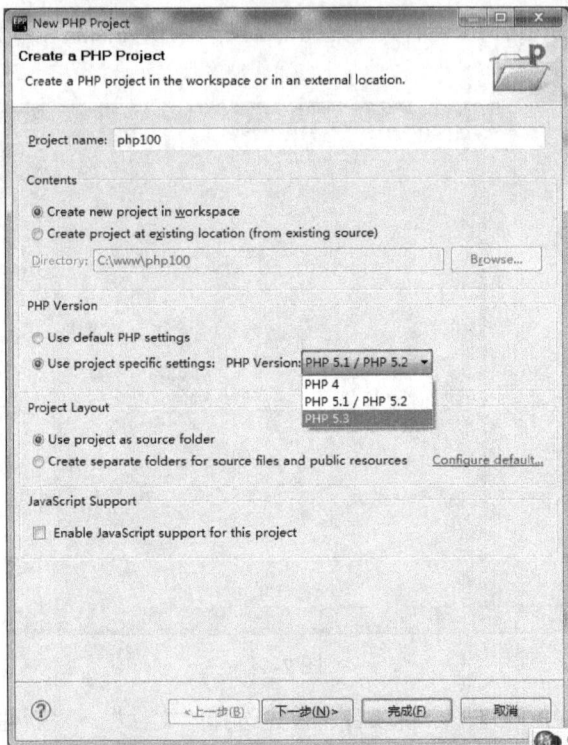

图 2-46

（5）IDE 最大的特点就是以项目为单位然后再去创建文件，所以创建好 PHP100 的项目之后可以在项目名称上右击，选择 New 命令并在弹出的子菜单中选择需要的文件类型，如图 2-47 所示。EPP 不仅支持 PHP 语言脚本的开发，还支持 CSS、HTML、XML 等常见的 Web 脚本。这里选择 PHP File（PHP 文件）文件类型。

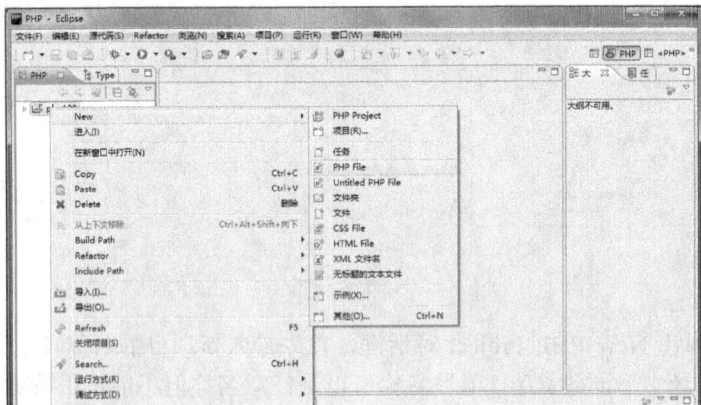

图 2-47

（6）文件创建成功后，其工作界面如图 2-48 所示，最左边的是目录和项目栏，可以在这里看到建立的所有项目和开发文件；中间部分是开发代码框，可以在这里书写 PHP 代码；右边的是大纲栏，用来显示整个程序的结构；最下面的一栏是调试信息栏，可以在书写程序的过程中查看程序脚本信息和调试信息。在书写代码的过程中，IDE 将会对程序和代码进行实时提示，帮助解决一些常见的问题和函数。

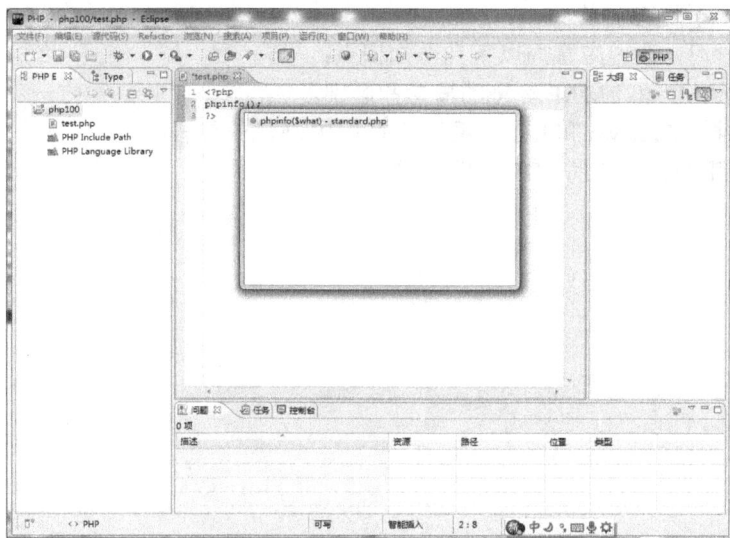

图 2-48

（7）编辑好 PHP 程序代码后，可以直接单击 IDE 上面的绿色按钮开始调试程序，结果如图 2-49 所示。

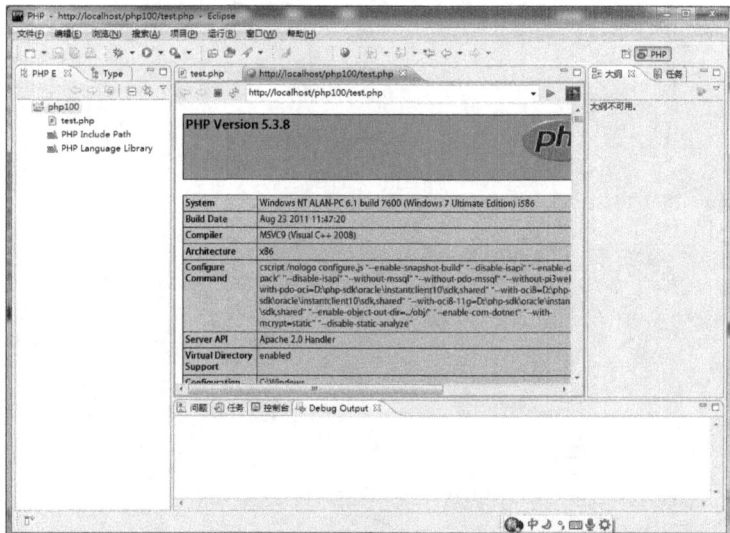

图 2-49

2.6　本章小结

本章对 Apache、PHP 和 MySQL 做了一个简单的配置介绍，包括在 Windows 和 Linux 两种环境中的部署。当然，因为章节有限，我们只能用简短的语言对基本流程做一个演示和介绍，希望读者能够在互联网中多去搜索查看一些相关的 PHP 环境知识和文章，因为 PHP 的环境可以非常灵活的架构出不同的效果。

通过本章的学习，读者应掌握以下几个知识点：

（1）了解 WAMP 和 LMAP 环境的概念和区别。

（2）熟练掌握 Windows 和 Linux 系统下的 PHP 环境的部署。

（3）学会使用两种以上的 PHP 开发工具。

第 3 章 PHP 的基本语法

前面介绍了 PHP 的基本概念，以及 PHP 开发环境的搭建。下面将具体介绍 PHP 的语法和语言结构。PHP 是一个混合型语言，它从其他语言中如 C、Shell、Perl、Java 等，获取最好的特性并且创建成一个易于使用、强大的脚本语言。

3.1 PHP 的基本语法

任何程序语言都有自己的语言风格，PHP 语言也有自己独特的风格，虽然也继承了许多 Perl 和 C 的语言特色。但经过多年的发展，PHP 已经成为一个成熟的编程语言，所以还需要认真地学习 PHP 的独特语法。PHP 一个很大的特色就是与 HTML 标签语言进行混编，这种模式是今后很长一段学习过程中所用到的格式，因此先来通过一个例子来认识一下 PHP 语言的基本格式。

首先在开发目录中新建一个 PHP 文件，参见示例 3-1。

示例 3-1：

```
1.    <html>
2.     <head>
3.      <title>语法 3-1 例</title>
4.      </head>
5.    <body>
6.    <?php                       //PHP 起始标签
7.      echo "Hello World!";       //PHP 输出 Hello World!
8.    ?>                  <!--PHP 结束标签-->
9.    </body>
10.   </html>
```

运行结果如图 3-1 所示。

图 3-1

从这个简单的示例中可以看到一些基本的语言格式，包括在 PHP 内的注释风格与 HTML 代码中的注释风格等。PHP 是一个服务器脚本程序，它所有的操作都会被在服务器端的 PHP 脚本所执行和过滤，通过浏览器查看到的源代码已经是被服务器执行过的结果，所以查看到的源文件只会有"Hello World!"和相关的 HTML 代码。下面将会对 PHP 语法做一个详细的讲解。

3.1.1 PHP 语言标记

在 PHP 中存在以下几种常见的分界符。

1．标准分界符 "<?php"和"?>"

这是 PHP 当中标准的分界符，也是 PHP 默认支持的一种分界符。在 PHP 中无须开启任何组件，系统将首先识别该类型的 PHP 分界符。

```
1.  <?php                       //PHP 起始标签
2.     echo "Hello World!";      //PHP 输出"Hello World!"
3.  ?>
```

2．短标签分界符"<?"和"?>"

这种方式是简写方式，必须在 php.ini 文件中将 short_open_tag 设置为 On（新版的 PHP 中默认设置为 Off，需要开启后才可以使用），否则编译器将不予解析。

```
1.  <?                          //PHP 起始标签
2.     echo "Hello World!";      //PHP 输出"Hello World!"
3.  ?>
```

3．脚本标签分界符 "<script language="php">"和"</script>"

这是类似于 JavaScript 风格的嵌入方式，在实际的开发过程中因为使用并不方便，容易与页面前段脚本混淆，所以很少使用。

```
1.  <script language="php">     //PHP 起始标签
2.     echo "Hello World!";      //PHP 输出"Hello World!"
3.  </script>
```

4．ASP 风格分界符 "<%"和"%>"

这是一种具有 ASP 风格的嵌入方式，必须在 php.ini 文件中设置 asp_tag 为 On，否则不能使用它作为服务器解析的 PHP 分界符（这是历史原因，当年 ASP 流行时 PHP 为了抢占市场而支持的一种模式，现在已经没有意义了）。

```
1.  <%                          //PHP 起始标签
2.     echo "Hello World!";      //PHP 输出"Hello World!"
3.  %>
```

3.1.2 PHP 语句分割符

PHP 的指令分割符是表示一条 PHP 语句结束，也可以称为结束符。在 PHP 中每写完一条 PHP 语句便使用";"（分号）进行分割并强调结束。如果是固定的语句，可以使用"}"（大括号）来进行结束分割。

```
1.  <?php
2.     $php = true;            //分号结束语句
```

```
3.    if($php){
4.        echo "真";          //分号结束语句
5.    }                       //大括号结束语句
6.    ?>
```

3.1.3　PHP 注释与语法标识符

1．注释

在 PHP 的程序中，加入注释的方法很灵活。可以使用 C 语言、C++语言或者是 UNIX 的 Shell 语言的注释方式，也可以混合使用。建议读者养成良好的注释书写习惯，这在任何语言中都是一样的。对于一段几个月前编写的程序，即使代码作者本人也可能忘记其中的关键步骤或者算法，而适当的说明和简要的注释有助人们对程序的理解。

在 PHP 中注释主要有以下几种方式：

（1）//：双斜线方式（单号注释）来源于 C++语法的注释模式。

（2）#：井号方式（单号注释）来源于 C 语言的注释模式。

（3）/* 和 */：斜线配合星号方式（多行注释），来源于 UNIX 的 shell 语言的注释方式。

```
1.    <?php
2.        echo "这是//单号注释";      //注释
3.        echo "这是 #单号注释";      #注释
4.        echo "这是/**/多行注释";    /*多行
5.                                    注释 */
6.    ?>
```

注释符将不会被解析，服务器执行脚本时也不会受影响。用户可以根据自己的习惯使用适当的注释符来对代码进行简要的说明。

2．语法标识符

PHP 中，标识符用于赋予变量、常量、函数、类或方法的名称。标识符只能由字母（所有英文字符，以及 ASCII 码值在 127～255 的所有字符）、数字或下划线组成。并且，标识符只能以字母或下划线开头。当然，在使用语法标识符时还应尽量不要与 PHP 内置关键字重名，以避免冲突。

PHP 内置关键字如表 3-1 所示。

表 3-1

and	or	xor	break	exception
class	const	as	declare	case
die	do	continue	else	default
endswitch	enddeclare	echo	endforeach	elseif
for	endwhile	endfor	exit	endif
switch	foreach	function	global	extends
interface	implements	use	return	if
protected	abstract	extends	var	new
throw	cfunction	clone	final	static
try	private	this	public	while

3.2 变 量

变量和常量是 PHP 中基本的数据存储单元，可以存储不同类型的数据。由于 PHP 是一种弱类型检查的语言，变量或常量的数据类型由程序的执行顺序决定。变量是在程序运行时，用于保存信息或数据的临时"仓库"。这些信息或数据，也就是变量的值，可以被随意改变或删除。

3.2.1 变量的声明与命名

变量的名称由一个美元符"$"开头，"$"后是一个标识符。标识符由字母、数字或下划线组成，并且不能以数字开头。另外，变量名区分大小写。

```
1.   <?php
2.      $title="php100.com";        //正确
3.      $title123="php100.com";     //正确
4.      $123title="php100.com";     //错误
5.      $_title="php100.com";       //正确
6.      $@#title="php100.com";      //错误
7.      $url="php100.com";          //我们得到一个变量 url
8.      echo $url;                  //结果：php100.com
9.      unset($url);                //删除一个变量 url
10.     echo $url;                  //结果为空
11.  ?>
```

在命名变量时其名称一般都是有意义的，而不是随意的去取名，否则不仅不规范而且也容易混淆和忘记。一般使用简单的英文单词或拼音命名，如果有多个单词或拼音组合，可以参考以下几种命名格式：

$titlekeyword：单词之间直接连接。

$title_keyword：单词之间用下划线连接。

$titleKeyword：单词之间首字母大写。

3.2.2 可变变量与引用赋值

可变变量的变量名可以动态地设置和使用。一个可变变量使用一个普通变量的值作为该可变变量的变量名。例如，$var 是一个普通变量，那么以该变量值作为变量名，也就是在$var 前面再加一个美元符号"$"，即$$var 就是一个可变变量。

```
1.   <?php
2.      $var="php";
3.      $php="php100.com";
4.      echo $var;       //输出结果 php
5.      echo $$var       //输出结果 php100.com
6.   ?>
```

上面代码中首先定义了两个变量：$var 的值是"php"，$php 的值是"php100.com"。变量 $var 前又用一个美元符号"$"表示这是一个可变变量，该可变变量名"php"就是由$var 的值给出的。也就是说，$$var 和$php 是等价的。

3.3　变　量　类　型

变量有多种数据类型，PHP 中支持的数据类型包括：布尔型、NULL 型、整型、浮点型、字符串型，以及数组、对象和资源类型。其中前 5 种数据类型也称为标量。标量是数据结构中最基本的单元，它只能存储一个数据。

3.3.1　字符串（String）

字符串是一系列字符的组合。通常使用一对单引号' '或双引号" "来定义字符串，但它们在功能上有明显的区别。双引号字符串支持变量的解析和转义字符。在解析变量时，解析器会尽可能多地取得"$"后面的字符以组成一个合法的变量名。可以用大括号把变量名括起来，以明确表明一个变量。

```
1.  <?php
2.  $title='php100';
3.  echo '$title is Website';        //结果：$title is Website
4.  echo "$title is Website";        //结果：php100 is Website
5.  echo "${title} is Website";      //结果：php100 is Website
6.  echo "{$title} is Website";      //结果：php100 is Website
7.  echo "\$title is Website";       //结果：$title is Website
8.  ?>
```

转义字符是"\"与其他字符合起来表示的一个特殊字符，通常是一些非打印字符。如果要在双引号中包含双引号就必须用反斜线进行转义（单引号不转义），具体如表 3-2 所示。

表 3-2

转　义　符	功　　能
\n	换行符号（LF）
\r	回车符（CR）
\t	水平制表符（HT）
\\	反斜线
\$	美元符
\"	双引号
\NNN	用八进制符号表示的字符（N 表示一个 0~7 的数字）
\xNN	用十六进制符号表示的字符（N 表示一个 0~9、A~F 的字符）

定义简单的字符串时，使用单引号是更加高效的处理方式。使用双引号时，PHP 将浪费一些开销处理字符转义和变量解析。因此，如果没有特别需求应使用单引号。

PHP 中还引入了另一种方便的字符串定义方法：使用定界符"<<<"来定义字符串。字符串必须包含在一组定界标识符内。

```php
1.  <?php
2.     $str = <<< EOD
3.  php100 is Website
4.  i like php100
5.  EOD;              //结束符必须顶格
6.
7.     echo <<< EOT
8.  There is some string here
9.  $str
10. EOT;              //结束符必须顶格
```

定界符"<<<"的后面紧接着的是定界标识符。标识符由字母、数字或下划线构成，并且不能以数字开始。结尾的标识符必须顶格书写，前面不能有任何其他字符。通常的错误是将结尾的定界标识符进行缩进。定界符中的字符串可以被解析，可以使用转义字符，但不必转义引号。当需要定义或输出大量的文本时，使用定界符显得尤为方便。

3.3.2　整型（integer）

整型由所有的数字构成，而且其赋值范围与 C 编译器的 long 值范围一致。在许多通用的计算机 32 位系统当中，带符号的整型数的取值范围是-2147483648～+2147483647。整型数可以用十进制、十六进制（用 0x 做前缀）和八进制（用 0 做前缀）编写，而且可以包含正整数和负整数。

```php
1.  <?php
2.     $int=12345;       //十进制
3.     $int=0xABC;       //十六进制
4.     $int=007;         //八进制
5.     $int=-23;         //十进制负数
6.  ?>
```

3.3.3　浮点型（float 或 double）

浮点型通常指实数，在 PHP 中只能以十进制数字表示。在 32 位操作系统中，浮点型数值的有效范围和 C 编译器的双精度数据类型相同，最大值为 1.8E+308。浮点数也可以使用科学计数法表示，其只是一种近似的数值，有效精度为 14 位。因此，比较两个浮点数是否相等是没有意义的。如果确需准确的比较，可以使用任意精度数学函数库 BCMath 进行操作。当一个浮点数超过了有效的精度范围时，将会溢出。此时，系统会输出"1#INF"或"-1#IND"的溢出标志。

```php
1.  <?php
2.     $ft=0.12;
3.     $ft=2.17e3;        //2.17×10³ 或者 2170
4.     $ft=31E-2;         //31×10⁻² 或者 0.31
5.     $ft=2.0E+308;      //溢出并得到结果 1#INF
6.  ?>
```

3.3.4　布尔型（boolean）

布尔型变量只有两个有效的值：TRUE 或 FALSE，即"真"或"假"。就像之前提到的，PHP 会自动根据需要转变数据类型。布尔型可能是数据类型转变时最常见的目标类型。这是因为在任何条件判断的代码（例如 if 语句、循环等）中，其他数据类型都会被转变成这种变量的类型，以便检查条件是否满足。具体转变如表 3-3 所示。另外，比较运算符也产生一个布尔型的值。

表 3-3

数 据 类 型	False	True
整型	0	所有非 0 值
浮点型	0.0	所有非 0 值
字符串	空	非空
NULL	是	否
数组	不含元素时	至少一个元素
对象	否	是
资源	否	是

3.3.5　数组（Array）

数组是 PHP 中一种重要的数据类型。一个标量只能存放一个数据，而数组可以存放多个数据。数组中可以存放任何东西：标量数据、数组、对象、资源，以及 PHP 中支持的其他语法结构（如引用等）。第 4 章我们会详细介绍数组的使用，这里仅作简要的说明。数组中的每一个数据称为一个元素。元素包括索引（键名）和键值两部分。下面通过一个示例来对数组进行简单的了解。

```php
1.   <?php
2.   $arr1 = array('A', 'B', 'C');
3.   $arr2 = array('id'=>'A', 'name'=>'B', 'php100'=>'C');
4.   echo $arr1[2];
5.   echo $arr2['id'];
6.   ?>
```

在 PHP 5 中需要使用到一个内置关键字：array；在关键字 array 后面输入键名与键值，其格式为"array(键名=>键值,…)"。生成的数组有两种形式：一是无键名的简单模式，二是有键值、键名的完整格式。

格式 1：
简单形式：array（值 1，值 2，值 3,……）
格式 2：
完整形式：array（键 1=>值 1，键 2=>值 2，键 3=>值 3,……）

无论是简单形式还是完整形式，当数组创建完成后数组变量将变成一个特殊的数组变量，而不能再使用 echo()函数直接打印输出。

3.3.6　对象（Object）

对象是一种高级的数据类型。任何事物都可以看作一个对象。一个对象由部分属性值和方法构成，属性表明对象的一种状态，方法通常是用来实现功能的。下面只通过一个例子来认识一下对象的结构和写作模式，在第 5 章将详细讲解对象和面向对象编程。

```php
1.   <?php
2.   class Phone{                      //创建一个 Phone 类
3.       public $name;                 //成员属性 name
4.       public $type;                 //成员属性 type
5.       function msg($n){             //成员方法 msg 并拥$n 参数
6.           echo "短消息:". $n;
7.       }
8.       function display(){           //构造一个成员方法 display()
9.           return "显示内容";        //返回内容
10.      }
11.  }
12.  ?>
```

3.3.7　资源类型（Resource）

资源类型是由专门的函数来建立和使用的。资源是一种特殊的数据类型，并由程序员分配（创建、使用和释放）。任何资源，在不需要时应该被及时释放。如果程序员忘记释放资源，系统将自动启用垃圾回收机制，以避免内存消耗殆尽。这往往发生在 PHP 脚本运行结束之前，只有那时，系统才确信不会操作任何资源。

例如，函数 ImageCreateFromPng()可以创建一种 PNG 的图片资源。大多数图像处理函数要想正常工作，都必须对此资源进行引用，如选择调色板、绘制图形、填充颜色以及生成图片文件等。用户无法获知某个资源的细节，它们通常包含诸如打开文件、数据库连接、图形画布区域等特殊句柄。

3.3.8　类型的强制转换与应用

在实际应用中，经常要使用不同类型的变量，以满足各种程序接口的需求，因此需要对变量进行类型识别或转换。PHP 的数据类型的转换有两种方法：直接输入目标的数据类型和通过settype()函数实现。

1．其他类型转换成整型

浮点型转换成整型时，小数点后的数将被舍弃，如果浮点型数超过了整型的取值范围，那么结果可能是 0 或者是整型的最小负数。布尔型转换成整型时，TRUE 转换为 1、FALSE 转换成 0。字符串型转换成整型时，对字符串类型从左侧的第一位开始判断，如果第一位是数字，则将读取到的数字转换为整型，如果第一位不是数字，则结果为 0。

```
1.  <?php
2.     $php=100.10;
3.     echo (int)$php;   //输出结果：100
4.     $php=true;
5.     echo (int)$php;   //输出结果：1
6.     $php="123php";
7.     echo (int)$php;    //输出结果：123
8.     $php="php123";
9.     echo (int)$php;   //输出结果：0
10. ?>
```

2．其他类型转化为字符串型

整型、浮点型转换为字符串型时，直接在数字上加引号，如 12、12.3 转换为字符串后为"12"、"12.3"。布尔型转换为字符串时，TRUE 会转换成字符串 1，FALSE 跟 NULL 转换为空字符串，不会有输出。

```
1.  <?php
2.     $php=100.1;
3.     var_dump((string)$php);            //输出结果：string(4) "100.1"
4.     $php=true;
5.     echo (string)$php;                 //输出结果：1
6.  ?>
```

3．其他类型转化为浮点型

整型直接转化为浮点型，数值不变。字符串型转换为浮点型跟字符串型转换为整型基本上是一样的，只不过是当字符串之间有小数点时，小数点会保留，如"12.3abc"转换之后为 12.3，其他形式的是一样的方法。布尔型转换为浮点型时，TRUE 会转换成浮点型 1，FALSE 跟 NULL 转换为浮点型 0。

```
1.  <?php
2.     $php="123.2php";
3.     var_dump((float)$php); //输出结果：float(123.2)
4.     $php="php123.2";
5.     var_dump((float)$php); //输出结果：(0)
6.  ?>
```

4．其他类型转化为布尔型

空字符串转换为布尔型为 FALSE，非空为 TRUE。整型跟浮点型的 0 转换为布尔型为 FALSE，其他为 TRUE。NULL 转换为布尔型后结果为 FALSE。

```
1.  <?php
2.     $php="php";
3.     var_dump((bool)$php); //输出结果：bool(true)
4.     $php=0;
5.     var_dump((bool)$php); //输出结果：bool(false)
6.  ?>
```

3.4 常　　量

常量是在程序执行期间无法改变的数据，常量的作用域是全局的。常量的命名与变量相似，只是不带美元符号"$"。一个有效的常量名由字母或者下划线开头，后面跟任意数量的字母、数字或者下划线。一般在 PHP 中常量都为大写字母而且又分为系统常量和自定义常量。

3.4.1　系统常量

与默认系统变量一样，PHP 也提供了一些默认的系统常量供用户使用。在程序中可以随时应用 PHP 的默认系统常量，但是不能任意更改这些常量的值。因为 PHP 中自带的系统常量非常多，所以这里只介绍部分常见常量以供参考。

__FILE__：默认常量，是指 PHP 程序的文件名及路径。

__LINE__：默认常量，是指 PHP 程序的行数。

__CLASS__：类的名称。

__METHOD__：类的方法名。

PHP_VERSION：内建常量，是指 PHP 程序的版本。

PHP_OS：内建常量，是指 PHP 解析器的操作系统的名称。

TRUE：是指真值（TRUE）。

FALSE：是指假指（FALSE）。

NULL：是指空值（NULL）。

E_ERROR：是指最近的错误之处。

E_WARNING：是指最近的警告之处。

E_PARSE：是指解析语法有潜在的问题之处。

E_NOTICE：是指发生不同寻常的提示，但不一定是错误处。

提示

__FILE__、__LINE__、__CLASS__、__METHOD__ 中的 __ 是指两个下划线。

3.4.2　自定义常量

在 PHP 中是通过 define()函数来定义一个常量的。

格式：

bool define (string $name, mixed $value [, bool case_$insensitive])

参数说明：

name：指定常量的名称。

value：指定常量的值。

insensitive：指定常量名称是否区分大小写。如果设置为 TRUE，则不区分大小写；如果设置为 FALSE，则区分大小写。如果没有设置该参数，则取默认值 FALSE。

```php
1.    <?php
2.    define("COLOR","red");        //定义一个常量 COLOR，值为 red
3.    echo COLOR."<br>";            //输出常量 COLOR 的值
4.    echo color."<br>";            //不能正确输出常量 COLOR 的值
5.    define("SHAPE","round",TRUE); //定义常量 SHAPE，值为 round，不区分名称大小写
6.    echo shape."<br>";           //输出常量 SHAPE 的值
7.    echo SHape;                   //输出常量 SHAPE 的值
8.    ?>
```

上面程序的运行结果如图 3-2 所示。

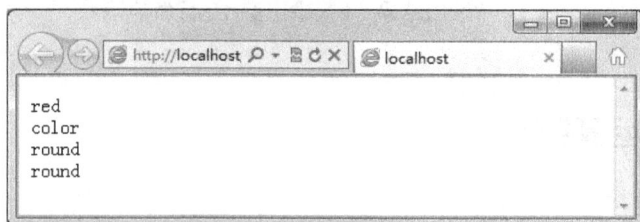

图 3-2

3.5　PHP 中的运算符

PHP 中有丰富的运算符集，它们中大部分直接来自于 C 语言。按照不同功能区分，运算符可以分为算术运算符、字符串运算符、赋值运算符、位运算符、条件运算符，以及逻辑运算符等。当各种运算符同在一个表达式中时，其运算具有一定的优先级，下面将详细介绍。

3.5.1　算术运算符

算术运算符就是用来处理四则运算的符号，这是最简单，也是最常用的符号，尤其是数字的处理，几乎都会使用到算术运算符。PHP 中的算术运算符如表 3-4 所示。

表 3-4

运　算　符	功　　能
+	加法运算
-	减法运算
*	乘法运算
/	除法运算
%	求余运算
++	递增运算（加 1）
--	递减运算（减 1）

代码参见示例 3-2。

示例 3-2：

```
1.   <?php
2.   $a=4;
3.   echo $a+2;            //输出结果：6
4.   echo $a-2;            //输出结果：2
5.   echo $a*2;            //输出结果：8
6.   echo $a/2;            //输出结果：2
7.   echo $a%2;            //输出结果：0
8.   echo $a++;            //输出结果：4，$a++在当前不出运算结果—同理
9.   echo $a;             //输出结果：5，输出刚刚第 8 行做的运算
10.  echo ++$a;           //输出结果：6，$a++直接输出运算结果—同理
11.  echo $a;             //输出结果：6，输出第 10 行做的运算
12.  ?>
```

3.5.2 字符串运算符

字符串运算符号只有一个.（点），即英文的句号。它可以将字符串连接起来，组成新字符串，也可以将字符串与数字连接，这时类型会自动转换。

代码参见示例 3-3。

示例 3-3：

```
1.   <?php
2.   $str="string php100";
3.   echo $str."Web";         //输出结果：string php100Web
4.   echo $str.123;          //输出结果：string php100123
5.   $str2="Web";
6.   echo $str.$str2;         //输出结果：string php100Web
7.   ?>
```

3.5.3 赋值运算符

赋值运算实际上是将右侧表达式的值赋给左侧变量，或者说是将原表达式的值复制到新变量中，所以改变其中一个并不影响另一个。PHP 中的赋值运算符如表 3-5 所示。

表 3-5

运 算 符	功 能	说 明
=	赋值	右侧表达式的值赋给左侧变量
+=	赋值加	左侧原变量加上右侧变量后，值赋给原变量
-=	赋值减	左侧原变量减去右侧变量后，值赋给原变量
*=	赋值乘	左侧原变量乘以右侧变量后，值赋给原变量
/=	赋值除	左侧原变量除以右侧变量后，值赋给原变量
%=	赋值取余	左侧原变量与右侧变量取余，值赋给原变量
.=	字符串赋值	左侧变量连接到右侧原变量后，值赋给原变量

代码参见示例 3-4。

示例 3-4：

```
1.    <?php
2.      $int=20;
3.      int+=10;                                    //等价于 $int=$int+10;
4.      echo $int;                                  //结果 30；
5.      $int.=70;                                   //等价于 $int=$int.70;
6.      echo $int;                                  //结果 3070
7.    ?>
```

3.5.4　位运算符

在计算机中，任何数字、字母或符号都是以二进制形式存储的。二进制数可以方便地按位进行计算，由于二进制位只由 0 或 1 组成，所以计算起来相当简便。PHP 中提供了位与、位或、位非、位异或，以及位右移和位左移等操作，如表 3-6 所示。

表 3-6

运　算　符	功　　能	说　　　　明
&	位与	两个位相同时，结果为 1，否则为 0
|	位或	两个位都是 0，结果为 0，否则为 1
~	位非	按位取反操作
^	位异或	两个位不同时，结果为 1，否则为 0
<<	位左移	操作符左边表达式的值左移右边指定的位数
>>	位右移	操作符左边表达式的值右移右边指定的位数

代码参见示例 3-5。

示例 3-5：

```
1.    <?php              //二进制              十进制
2.    $x=1021;           //1111111101         1021
3.    $y=15;             //0000001111         15
4.
5.    $z = $x & $y;      //0000001101         13          位与运算
6.    $z = $x | $y;      //1111111111         1023        位或运算
7.    $z = $x ^ $y;      //1111110010         1010        位异或运算
8.
9.    $z = $x << 1;      //11111111010        2042        位左移运算
10.   $z = $x << 2;      //111111110100       4084        位左移运算
11.   $z = $x >> 1;      //111111110         510         位右移运算
12.   $z = $x >> 2;      //11111111           255         位右移运算
13.   ?>
```

位运算是基于系统底层的运算，在 PHP 中并不常用。然而许多问题都可以简单地归结为 0 和 1 的问题，也为读者提供了解决问题的新角度。例如权限的控制就可以使用位运算方便地制作出不同用户拥有的不同权限，这在后面章节会继续介绍。

3.5.5 比较运算符

比较运算符负责条件判断、比较等操作，是程序中经常被用到的一种运算符。比较运算的结果只有两种：要么是"真"，要么是"假"。PHP 中的比较运算符如表 3-7 所示。

表 3-7

运 算 符	功 能	说 明
>	大于	运算符左边表达式值大于右边表达式值时，返回 TRUE
<	小于	运算符左边表达式值小于右边表达式值时，返回 TRUE
>=	大于等于	运算符左边表达式值大于等于右边表达式值时，返回 TRUE
<=	小于等于	运算符左边表达式值小于等于右边表达式值时，返回 TRUE
==	相等	运算符左右两边表达式的值相等时，返回 TRUE
!=	不等	运算符左右两边表达式的值不相等时，返回 TRUE
<>	不等	运算符左右两边表达式的值不相等时，返回 TRUE
===	恒等	运算符左右两边表达式的值相等并且类型一样时，返回 TRUE
!==	非恒等	运算符左右两边表达式的值不相等或者类型不一样时，返回 TRUE

代码参见示例 3-6。

示例 3-6：

```
1.  <?php
2.  $str=123;
3.  var_dump($str > 123);        //输出结果：bool(FALSE)
4.  var_dump($str == "123");     //输出结果：bool(TRUE)
5.  var_dump($str === "123");    //输出结果：bool(FALSE)
6.  var_dump($str <> 123.00);    //输出结果：bool(FALSE)
7.  var_dump($str >= 123);       //输出结果：bool(TRUE)
8.  ?>
```

在使用条件运算符"=="（两个等号）时，只关心比较对象的"值"是否相等，而不考虑它们的数据类型。实际上，"=="能够将比较对象转换为适当的类型，然后进行比较。这种松散的比较在绝大多数场合是简便有效的。如果需要严格的比较，则应该使用"==="（3 个等号）或者"！=="。

3.5.6 逻辑运算符

逻辑运算类似前面讲过的位运算的方式，但逻辑运算更侧重在程序书写和日常开发中使用，如 if、switch 语句等。PHP 提供了逻辑与、逻辑或、逻辑异或、逻辑非等逻辑运算符，如表 3-8 所示。

表 3-8

运 算 符	功 能	说 明
AND	逻辑与	当所有表达式为 TRUE 时，返回 TRUE，否则返回 FALSE
OR	逻辑或	当所有表达式为 FALSE 时，返回 FALSE，否则返回 TRUE

续表

运　算　符	功　　能	说　　明
XOR	逻辑异或	当只有一个表达式为 TRUE 时，返回 TRUE，否则返回 FALSE
&&	逻辑与	当所有表达式为 TRUE 时，返回 TRUE，否则返回 FALSE
||	逻辑或	当所有表达式为 FALSE 时，返回 FALSE，否则返回 TRUE
!	逻辑非	当表达式为 TRUE 时返回 FALSE，反之返回 TRUE

逻辑运算符在程序中主要用于 if 或者 while 控制语句。它们主要控制程序的流程，如在不同的情况下执行不同的操作或运算等。逻辑运算符的前后可以包含其他表达式，这些表达式的值将被转化为"真"或"假"，并参与到逻辑运算中。在 PHP 中，程序解释引擎对逻辑运算有一定的优化。即对于逻辑与运算，当第一个表达式的值为假时，立即返回假，同时忽略后续的表达式求值；对于逻辑或运算也是类似的，当第一个表达式的值为真时，立即返回真，并忽略后续表达式的计算。这种优化对提高程序的运行效率是有好处的。

代码参见示例 3-7。

示例 3-7：

```php
1.  <?php
2.  $a=1;
3.  $b=0;
4.  if($a && $b){        //逻辑与，返回 FALSE
5.    echo "ok1";        //不输出
6.  }
7.  if($a || $b){        //逻辑或，返回 TRUE
8.    echo "ok2";        //输出 ok2
9.  }
10. ?>
```

3.5.7　运算符的优先级

前面提到了大量的运算符，这些运算符是可以同时出现在同一个表达式中的。运算符的优先级，就是指这一系列运算符的运算次序。这种次序主要是由运算符的相关性决定的。虽然许多程序员通过实践学习了运算符的优先级，但是系统地了解优先级体系还是必要的。PHP 中运算符的优先级如表 3-9 所示。

表 3-9

优　先　级	方　　向	运　算　符	备　　注
1	左到右	()	括号
2	左到右	[]	数组
3	\	++、--	递归运算
4	\	!、~、int、float、string、array、object、@	类型
5	左到右	*、/、%	算数运算
6	左到右	+、-、.	算数和字符运算
7	左到右	<<、>>	位运算
8	\	<、<=、>、>=	比较运算

续表

优 先 级	方　向	运　算　符	备　注
9	\	==、!= 、===、!==	比较运算
10	左到右	&	位运算
11	左到右	^	位运算
12	左到右	|	位运算
13	左到右	&&	逻辑运算
14	左到右	||	逻辑运算
15	左到右	?、:	三目运算
16	右到左	+=、-=、/=、*=、.=、%=、&=、|=、^=、<<==、>>==	赋值运算
17	左到右	AND	逻辑运算
18	左到右	XOR	逻辑运算
19	左到右	OR	逻辑运算
20	左到右	,	多处

由于历史原因，虽然"！"比"=="具有更高的优先级，但在某些时候仍先运算"=="。为了避免不必要的逻辑错误，可以通过使用括号"()"来强调运算符的计算次序。

3.6　PHP 流程控制

PHP 是一种面向过程的语言。与面向对象不同，面向过程的程序通常是自上而下执行的，与程序书写的顺序基本一致。PHP 有两组基本的控制语句，分别是条件控制语句和循环控制语句，下面首先介绍条件控制语句。

3.6.1　if else 语句

if 和 else 语句共有 3 种基本结构，此外每种基本结构还可以嵌套另外两种结构，而且嵌套的层次也可以不止是一层。

1．单 if 语句结构

格式：
if（expr）{
statement
}
这种结构可以当作单纯的判断，可解释成"若某条件成立则去做什么事情"。其中的 expr 标识条件，可以使用逻辑运算、比较运算、位运算甚至字符串等来作为条件，系统会自动转换成为可用条件 TRUE 或者 FALSE。其中大括号内的 statement 代表的是代码片段，可以是程序员任意的代码或逻辑。

2．if…else…语句结构

格式：

if（expr）{
　　　statement1
}else{
　　　Statement2
}

这种结构可以理解为是与否格式，可解释成"若某条件成立则去做什么事情，不成立则去做另一件事情"。也就是说它们的逻辑中是必须要执行一次的，无论是 statement1 还是 statement2。

3．if…elseif…语句结构

格式：

if（expr）{
　　　statement1
}elseif(expr2){
　　　statement2
}elseif(expr3){
　　　…
}else{
　　　Statement4
}

这是一种梯状的条件判断逻辑，可以理解为"从一个条件开始判断，如果成立将停止执行，否则依次类推寻求下面的条件直到最后一个"。在实现逻辑判断时，很多情况不仅只有是与否的概念，这时就可以使用这样的条件语句做判断。

代码参见示例 3-8。

示例 3-8：

```
1.    <?php
2.    $d=date("D");
3.    if ($d=="Fri"){
4.    echo "Have a nice weekend!";
5.    } elseif ($d=="Sun"){
6.    echo "Have a nice Sunday!";
7.    } else {
8.    echo "Have a nice day!";
9.    }
10.   ?>
```

如果当前日期是周五，上面的代码会输出"Have a nice weekend!"，如果是周日，则输出"Have a nice Sunday!"，否则输出"Have a nice day!"，如图 3-3 所示。

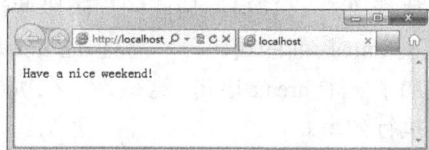

图 3-3

4．三元运算代替简单的条件语句

格式：

(expr1) ? (contents) : (contents)

三元运算符是个语句，因此其求值不是变量。很多时候使用条件语句是为了赋值操作，如果这时候需要在不同条件下赋予不同值，那么使用 if 语句将会变得非常臃肿，这时就可以选择三元运算来简化条件语句。当然不是所有时候都适合使用三元运算，例如在因不同条件而执行不同代码块的过程中。

代码参见示例 3-9。

示例 3-9：

```
1.   <?php
2.   $a=2;
3.   $b=3;
4.   echo $a>$b ? "a 大于 b" : "a 小于 b";      //输出结果：a 小于 b
5.   $a=4;                                        //重新给$a 赋值
6.   echo $a>$b ? "a 大于 b" : "a 小于 b";      //输出结果：a 大于 b
7.   ?>
```

3.6.2 switch 语句

嵌套的 if 和 else 语句可以处理多分支流程情况，但使用起来比较繁琐，而且分析也不太清晰，为此可以使用 switch 语句以避免冗长的 if...elseif...else 代码块。

格式：

switch (expr)

{

case expr1:

    statement;

    break;

case expr2:

    statement;

    break;

…

default:

    statement;

}

switch 结构体中是通过 expr 作为条件传值到内部，然后再与 case 后的条件体 expr1、expr2 依次做比较，如果条件成立将执行 "："（冒号）后面的代码段并继续向下执行。如果没有符合条件的内容，系统将自动执行 default 后面的代码段，而且 default 是可以省略的。细心的读者会注意到在每个代码段的后面添加了一个 break 语句，这是为了在执行了符合条件的代码段后跳出函数体，不再向下执行，提高执行效率。

代码参见示例 3-10。

示例3-10：

```php
1.  <?php
2.  switch (date("D")) {
3.      case "Mon":
4.      echo "今天星期一";
5.      break;
6.  case "Tue":
7.      echo "今天星期二";
8.      break;
9.  case "Wed":
10.     echo "今天星期三";
11.     break;
12. case "Thu":
13.     echo "今天星期四";
14.     break;
15. case "Fri":
16.     echo "今天星期五";
17.     break;
18. default:
19.     echo "今天放假";
20.     break;
21. }
22. ?>
```

执行结果如图 3-4 所示。

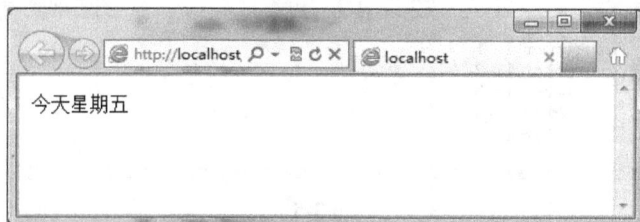

图 3-4

提示

在设计 switch 语句时，将出现几率最大的条件放在最前面，出现几率最小的条件放在最后面，提高程序的执行效率。

3.7　PHP 循环结构

在 PHP 中编写代码时，经常需要让相同的代码块运行很多次。这时就可以在代码中使用循环语句来完成该任务。PHP 的循环结构类似 C 语言中的模式，包括 while、do...while、for 语句等。

3.7.1　while 语句

格式：

while (expr){

　　statements

}

while 循环比较简单，只要指定的 expr 条件成立，则循环执行代码块。

代码参见示例 3-11。

示例 3-11：

```
1.    <?php
2.    $i=1;              //初始一个变量i
3.    while($i<=5)       //当变量i小于等于5时都执行
4.    {
5.    echo "The number is " . $i . "<br />";
6.    $i++;              //变量i递增运算
7.    }
8.    ?>
```

输出结果如图 3-5 所示。

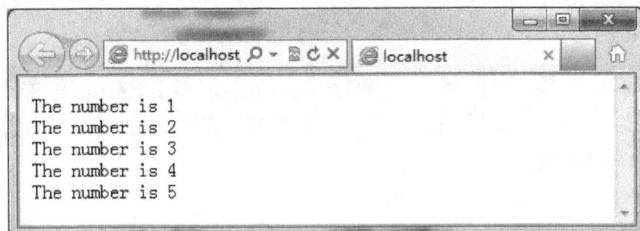

图 3-5

通过上面的程序可以看到，$i 变量的初始值为 1，其与 while 语句中的条件 "$i<=5" 做比较成立并输出第一次结果，然后执行$i++；这时$i 变量值是 2，继续与 while 语句的条件 "$i<=5" 做比较并输出结果；直到$i 增长为 6 时发现条件不成立，循环终止。

3.7.2　do…while 语句

格式：

do{

　　statements

} while (expr);

do…while 语句会至少执行一次代码，并且只要条件成立，就会重复进行循环。

代码参见示例 3-12。

示例 3-12：

```php
1.   <?php
2.   $i=1;              //初始一个变量 i
3.   do{
4.   echo "The number is " . $i . "<br />";
5.   $i++;              //变量 i 递增运算
6.   } while($i<=5);    //当变量 i 小于等于 5 时都执行
7.   ?>
```

输出结果如图 3-6 所示。

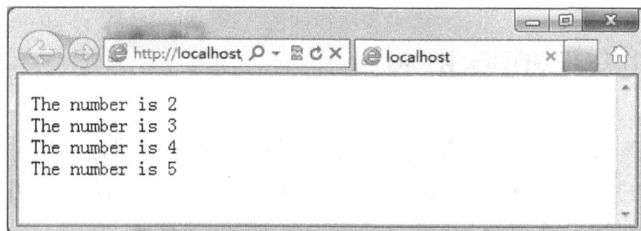

图 3-6

3.7.3　for 语句

for 语句仅有单纯的一种，没有其他变化，但同时它也是最复杂、功能最强大的循环，任何 while 循环和 do…while 循环都可以用 for 循环代替。

格式：

for (expr1；expr2；expr3){

　　statement

}

for 语句有 3 个参数。第一个参数初始化变量，第二个参数保存条件，第三个参数包含执行循环所需的增量。如果 expr1 或 expr3 参数中包括了多个变量，需要用逗号进行分隔。而条件必须计算为 true 或者 false。statement 为符合条件后执行的语句或语句体，若 statement 只有一条语句，则可以省略大括号{}。

代码参见示例 3-13。

示例 3-13：

```php
1.   <?php
2.   for ($i=1; $i<=5; $i++)            //初始值 1；小于等于 5 时；变量加 1
3.   {
4.   echo "Hello World!<br />";         //输出一次 Hello World!
5.   if($i==3){
6.   break;                             //当变量值为 3 时跳出循环
7.   }
8.   }
9.   ?>
```

输出结果如图 3-7 所示。

81

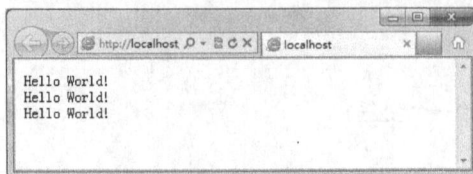

图 3-7

从示例 3-14 中，可以明显地看到，用 for 和用 while 的不同。实际应用中，若循环有初始值，且都要累加（或累减），则使用 for 循环比使用 while 循环好。

3.7.4　break 和 continue 语句

在 switch 和 for 语句的举例中都用到了 break 语句，其作用就是跳出整个 switch 或 for 语句体，执行循环体后面的语句。而 continue 经常用在 for 或 do while 循环语句中，表示跳出本次循环，继续进入下一次循环。这也是 break 和 continue 的主要区别。

代码参见示例 3-14。

示例3-14：

```
1.    <?php
2.    /* break 语句的用法  */
3.    for ($i=1; $i<=5; $i++)
4.    {
5.    if($i==3){
6.    break;                    //跳出后停止执行
7.    }
8.    echo "Hello break! $i <br />";
9.    }
10.
11.   /* continue 语句的用法  */
12.   for ($i=1; $i<=5; $i++)
13.   {
14.   if($i==3){
15.   continue;                //跳出后继续执行
16.   }
17.   echo "Hello continue! $i <br />";
18.   }
19.   ?>
```

输出结果如图 3-8 所示。

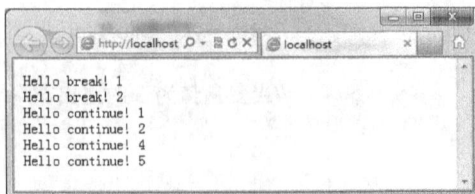

图 3-8

3.8　PHP 的函数

在程序的编写过程中往往会有一些要反复用到的功能模块，如果每次都要重复编写这些代码，不仅浪费时间，而且还会使程序变得冗长、可读性差，维护起来也很不方便。PHP 5 允许程序设计者将常用的流程或者变量等元件，组织成一个固定的格式，也就是说用户可以自行组合函数或者类。这样在编写好函数或类之后，使用时就不必关心其中的细节，拿过来直接使用即可。要做功能修改时，只需修改函数中的内容即可。

3.8.1　PHP 系统函数介绍

函数（function）是一段执行指定功能的代码。函数可以接收一组参数，并返回操作结果。函数的功能就是把一段程序打包，使得程序简单化或者要求程序完成一些特定的事情。PHP 中的系统函数就是系统自带的，也就是说可以直接使用并帮助用户完成一系列常用的功能。PHP 中的系统函数又分为字符串函数、数组函数、文件函数等，后面的章节将详细介绍。

格式：

[可选返回值] 函数名（参数，参数，……[可选参数]）

在 PHP 中还有两个特别的函数：include()和 require()。这两个函数可以说是 PHP 中最吸引人的函数。这两个函数都是文件引入函数，但在使用上又有很大的区别，也是很多公司或企业在面试时最常问到的问题。首先需要了解这两个函数都可以实现把一个文件（不一定是 PHP 文件）引入到一个 PHP 文件中，这样在使用一些公共资源时就可以很方便地统一控制。如果被引入的文件需要修改，其他所有被引入的地方都会被改变。关于这两个函数的区别可以总结为以下几点：

1．报错

include()引入文件时，如果碰到错误，会给出提示，并继续运行下边的代码；require()引入文件时，如果碰到错误，会给出提示，并停止运行下边的代码。

2．条件引用

include()是有条件包含函数，放在文件的任意位置；require()则是无条件包含函数，放在文件的头部。

3．文件引用方式

include()执行时需要引用的文件每次都要进行读取和评估；require()执行时需要引用的文件只处理一次。

代码参见示例 3-15。

示例 3-15：

```
1.    <?php
2.
```

```
3.      require("conn.php")          //引入全局文件或公共文件
4.      ……
5.
6.  ?>
7.
8.  <html>
9.      <body>
10. <?php
11.
12.     include("left.php");         //引入一个左导航
13.
14. ?>
15.     </body>
16. </html>
```

通过示例 3-15 可以看出若有包含这些指令之一的代码和可能执行多次的代码，则使用 require()效率比较高；若每次执行代码时想读取不同的文件或者有通过一组文件叠代的循环，则使用 include()可以给想要包括的文件名设置变量。

3.8.2 PHP 自定义函数基础

顾名思义，自定义函数就是需要用户自己来定义的函数（某些书中称为构造函数，指的就是自定义函数移位）。在 PHP 中自定义函数格式如下：

格式：
function funname(arg1, arg2, arg3……){
    statement
    return values
}

funname 标识函数名，其后的括号中表明了一组可以接收的参数列表；return 语句表示函数执行结束并返回执行结果，即返回值。函数的参数和返回值可以是标量，也可以是对象或资源。参数列表和 retun 通常不是必需的。PHP 5 中的函数有无返回值都允许。在函数的名称上，PHP 对于大小写的管制比较松散，可以在定义函数时写成大写的名称，而在使用时书写小写的名称（这是非常不规范的，不建议这样使用）。不过，PHP 5 对用户自定义函数名也是有一些简单的要求，具体如下：

不能与系统函数名或关键字重名。

不能以数字和特殊字符开头，只能以大小写英文字母和下划线开头。

不能在函数名中包含空格或特殊字符。

代码参见示例 3-16。

示例 3-16：

```
1.  <?php
2.  function fun($m,$n){          //定义了一个自定义函数 fun()，包括两个参数$m 和$n
3.  if($m==0 || $n==0){          //判断参数是否为 0
4.  return 0;                    //返回 0
5.  }else{                       //否则执行下面代码
```

```
6.    $a=$m*$n;                 //做平方运算
7.    return $a;                //返回平方值
8.    }                         //结束 if
9.    }                         //结束 function
10.   $p=2;
11.   $h=3;
12.   echo fun($p,$h);
13.   ?>
```

通过示例 3-16 可以看出，自定义一个函数有点类似把一段代码包含起来，并通过参数传值进去。自定义的函数体内部是一个封闭的环境，除一些全局变量和函数外，函数体内是不能直接使用外部内容的，需要通过参数逐一传递进去，而在自定义函数过程中函数本身是不被执行的，需要在第 12 行使用函数名时才会被触发。一个函数体内只能有一个 return 被执行，虽然示例 3-16 中用到两个 return，但无论任何情况都只会被执行一次。

代码参见示例 3-17。

示例 3-17：

```
1.    <?php
2.    $p=2;
3.    $h=3;
4.    echo fun($p,$h);              //执行函数，返回结果：6
5.
6.    function fun($m,$n){          //定义了一个自定义函数 fun()，包括两个参数$m 和$n
7.      if($m==0 || $n==0){        //判断参数是否为 0
8.        return 0;                //返回 0
9.      }else{                     //否则执行下面代码
10.       $a=$m*$n;                //做平方运算
11.       return $a;               //返回平方值
12.     }                         //结束 if
13.   }                           //结束 function
14.   ?>
```

在 PHP 中，函数可以在被调用之前定义，也可以在被调用之后定义，例如上面的程序。有时也可对函数的定义增加限制条件。由于 PHP 的更新速度很快，每隔一段时间都会有新的函数加入。低版本的 PHP 显然无法使用高版本 PHP 中更多的简便、实用的函数。同时，程序也需要保证在不同版本中的兼容性，可以通过函数 function_exists() 来实现。

代码参见示例 3-18。

示例 3-18：

```
1.    <?php
2.    $p=2;
3.    $h=3;
4.    echo fun($p,$h);
5.    if(!function_exists("fun")){     //判断函数 fun()是否存在
6.    function fun($m,$n){
7.    if($m==0 || $n==0){
8.    return 0;
9.    }else{
```

```
10.    $a=$m*$n;
11.    return $a;
12.    }
13.    }
14.    }
15.    ?>
```

函数 function_exists()用于检查指定的函数是否存在。通常，在 PHP 4.2.0 之前版本的系统中，不存在 file_get- contents()函数。为了程序的可移植性，可以自定义一个与之功能相同的函数。当程序移植到高版本 PHP 环境下时，解释器将忽略此自定义函数，而使用系统自带的 file_get_contents()函数。这样，无论 PHP 环境如何，程序都可以运行自如。在这种情况下，函数的定义应该在其被调用之前完成。否则，极有可能因系统无法找到该函数而使程序终止。

3.8.3 PHP 自定义函数参数

通过上面的例子可以看到，自定义函数的参数可以自由定义参数列表并且没有数量限制。但在函数使用过程中，如果为了使函数使用更加灵活而定义了较多的参数，并且这些参数仅在某些特定的范围内才会用到，就会使该函数比较臃肿（因为定义的参数列表默认情况下使用时必须补齐数量，否则无法使用函数并报错误信息）。这时可以通过动态初始化参数的方式来解决该问题。

代码参见示例 3-19。

示例 3-19：

```
1.     <?php
2.     function fun($m,$n=1,$x=2){      //定义了 3 个参数，但后面两个参数给了初始值
3.     $a=$m*$n*$x;
4.     return $a;
5.     }
6.     $p=2;
7.     echo fun($p);               //当给一个参数时：2 乘 1 乘 2。使用了初始值
8.     echo fun($p,3);             //当给两个参数时：2 乘 3 乘 2。$n 的初始值被替换为 3
9.     echo fun($p,3,3);           //当参数与函数相等时全部初始值被替换：2 乘 3 乘 3
10.    ?>
```

通过上面的例子我们可以得到一个结论：当初始值参数没有被赋值时，将使用初始值，如果对应的参数有值时，将被替换成参数值。带有初始值的参数一般放在所有参数的最后面，虽然放在前面时 PHP 也不会报错，但使用过程中是没有意义的（在 JAVA 和 C 中会报错并强制用户将带有初始值的参数后置）。

3.8.4 PHP 自定义函数引用传递

如果要实现形式参数改变时实际参数也发生相应的改变，就要使用引用传递的方式。参数的引用传递有两种方法：

（1）在函数定义时，在形式参数前面加上"&"符号。

function fun (&$varl){......}

（2）在函数调用时，在实际参数前面加上"&"符号。

function fun ($varl){......}

fun (&$var2)

如果参数$varl 的值在函数中发生改变，实际参数$var2 的值也会发生相应的改变。

代码参见示例 3-20。

示例 3-20：

```
1.   <?php
2.   function fun(&$n){          //在参数前加&
3.   $n=$n*$n;                   //$n 运算后重新赋值给$n, $n 的值被改变
4.   }
5.   $p=2;                       //原$p 为 2
6.   fun($p);                    //参数$p 的值被改变
7.   echo $p;                    //现$p 为 4
8.   ?>
```

3.8.5　PHP 自定义函数递归与嵌套

PHP 5 中的函数支持递归与嵌套。所谓递归，就是一个函数在自己的函数体内调用自身。所谓嵌套，就是一个函数在其函数体内调用其他函数。利用函数的递归可以实现无限遍历数组或类别，在有条件的情况下执行和停止。利用嵌套可以精简一些比较常用而又需要组合使用的系统函数。代码参见示例 3-21、示例 3-22。

示例 3-21：

```
1.   <?php
2.   /*这是一个阶乘递归的例子*/
3.   function fun1($n){
4.       if($n==1){
5.       return 1;
6.       }else{
7.       return $n*fun1($n-1);
8.       }
9.   }
10.  echo fun1(1)."<br>";       //没有递归
11.  echo fun1(2)."<br>";       //递归 1 次，调用本身 1 次
12.  echo fun1(3)."<br>";       //递归 2 次，调用本身 2 次
13.  echo fun1(4)."<br>";       //递归 3 次，调用本身 3 次
14.  echo fun1(5)."<br>";       //递归 4 次，调用本身 4 次
15.
16.  ?>
```

输出结果如图 3-9 所示。

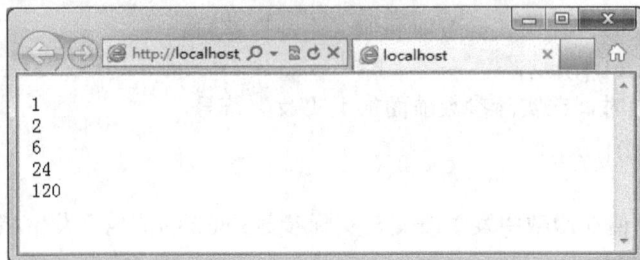

图 3-9

示例 3-22：

```
1.    <?php
2.    /*这是一个常量嵌套的例子*/
3.    function cl($n,$v){              //简化常量为 cl
4.    define($n,$v);
5.    }
6.    cl("NA","PHP100");
7.    echo NA;                        //输出结果：php100
8.    ?>
```

3.9 本 章 小 结

本章主要对 PHP 的基础语法和相关运算做了一个系统的介绍和说明。这部分内容虽然占用的篇幅不是很大，但对 PHP 学习者来讲是非常重要的。希望读者能对本章内容进行深度的学习并牢记 PHP 的基本语法和内容算法。

通过本章的学习，读者应掌握以下知识点：

（1）变量的命名有哪些要求和规范。

（2）PHP 中的数据类型有哪些，都有什么特点。

（3）PHP 常量的自定义函数、要求和特点。

（4）运算符中的++和--在变量前和变量后的不同点。

（5）可以使用 for 语句写一个 9×9 乘法表公式。

（6）使用自定义函数写一个阶乘的函数。

（7）熟悉 include()和 require()函数的功能和区别。

第4章　PHP 中的数组

本章将介绍如何使用一个重要的编程结构——数组。数组是一种基本的数据类型，PHP 中提供了丰富的数组处理函数和方法，包括排序函数、替换函数以及各种其他的处理函数。此外，数组函数还可以使用堆栈和队列等数据结构。本章将对这类内容分别进行介绍。

4.1　PHP 数组基础

一个数组，从最简单的形式来讲，是一个保存变量的变量。这很像一个城市里的一列房屋。城市拥有很多房屋，而每个房屋有一个地址。同样，每个变量（房子）在一个数组（城市）里有它自己的地址，称为索引。假设有 3 个人名分别存放在$sPerson1、$sPerson2 和$sPerson3 变量中，现在就可以在程序中使用这 3 个变量，但是这样很容易忘记哪个变量是哪个，尤其是有其他变量时。

4.1.1　什么是数组

数组提供了一种快速、方便地管理一组相关数据的方法，是 PHP 程序设计中的重要内容。数组是一组数据的集合，将数据按照一定规则组织起来，形成一个可操作的整体，是对大量数据进行有效组织和管理的手段之一。通过数组函数可以对大量性质相同的数据进行存储、排序、插入及删除等操作，从而可以有效地提高程序开发效率及改善程序的编写方式。数组的本质是存储、管理和操作一组变量。PHP 中将数组分为一维数组、二维数组和多维数组，但无论是一维还是多维，可以统一将数组分为数字索引数组和关联数组两种。每个元素由一个特殊的标识符来区分，称之为键（key），而每个键对应一个值（value），如图 4-1 所示。

元　　素	sPerson1	sPerson2	sPerson3	...
下　　标	0 ↑	1 ↑	2 ↑	3 ↑

图 4-1

4.1.2　PHP 创建数组

在 PHP 5 中创建数组需要使用到内置关键字 array，在关键字 array 后面填写你的键名与键值，其代码格式为：

array(键名=>键值,...);

生成的数组有两种形式：一是无键名的简单模式，二是有键值、键名的完整格式。下面详细了解由 array()函数生成的两种形式的数组。

（1）使用 array()函数声明简单的数组，这是一种无键名的简单形式。

格式：

简单形式：array(值 1，值 2，值 3，……)

数字索引数组，下标（键名）由数字组成，默认从 0 开始，每个数字对应数组元素在数组中的位置，不需要特别指定，PHP 会自动为数字索引数组键名赋一个整数值，然后从这个值开始自动增量，也可以指定从哪个位置开始。值 1 对应的下标就是 0，而值 2 对应的下标就是 1，依此类推。

（2）使用 array()函数声明完整的数组，这是一种键名和键值组合索引的完整形式，键名和键值之间使用符号=>（等号大于号）连接。

格式：

完整形式：array(键 1=>值 1，键 2=>值 2，键 3=>值 3，……)

关联完整形式数组，下标（键名）由数值和字符串混合的形式组成的数组。数组需要用键名来访问存储在数组中的值。

无论是简单形式还是完整形式，当数组创建完成后数组变量将变成一个特殊的数组变量，而不能再使用 echo()函数直接打印输出，而需要通过专门的数组打印函数来查看数组变量内部的值。这里介绍两个可以打印数组的函数 print_r()和 var_dump()。虽然这两个函数都可以查看并打印函数细节，但还是稍微有点区别。代码参见示例 4-1。

示例 4-1：

```php
1.    <?php
2.    $arr1 = array('A', 'B', 'C');
3.    $arr2 = array('id'=>'A', 'name'=>'B', 'php100'=>'C');
4.    print_r($arr1);
5.    print_r($arr2);
6.    var_dump($arr1);
7.    var_dump($arr1);
8.    ?>
```

打印结果如图 4-2 所示。

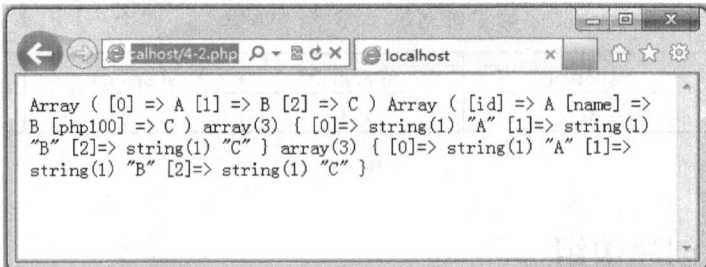

图 4-2

可能看到图 4-2 的打印结果很难阅读。其实解决办法很简单，只需要查看浏览器中的源文件即可，如图 4-3 所示。

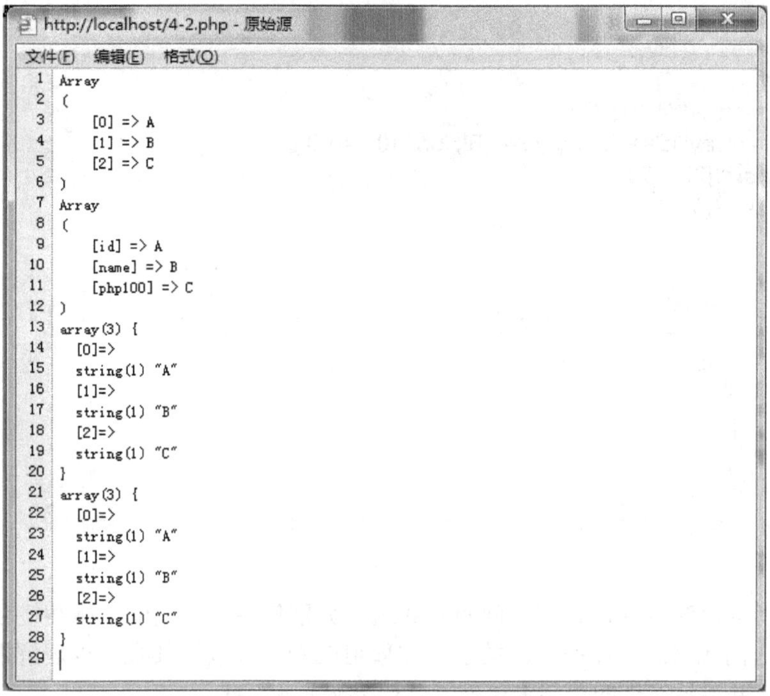

```
http://localhost/4-2.php - 原始源
文件(F)  编辑(E)  格式(O)
1  Array
2  (
3      [0] => A
4      [1] => B
5      [2] => C
6  )
7  Array
8  (
9      [id] => A
10     [name] => B
11     [php100] => C
12 )
13 array(3) {
14   [0]=>
15   string(1) "A"
16   [1]=>
17   string(1) "B"
18   [2]=>
19   string(1) "C"
20 }
21 array(3) {
22   [0]=>
23   string(1) "A"
24   [1]=>
25   string(1) "B"
26   [2]=>
27   string(1) "C"
28 }
29
```

图 4-3

通过图 4-3 可以很清楚地看到打印的数组结构。接下来介绍数组部分相关知识的显示结果时，都会使用查看源文件的格式体现，以方便阅读数组中的结构和内容。接下来继续分析上面的代码，图 4-3 中看到的第 1 行到第 12 行是 print_r()函数打印出来的结果，结构比较简单，而且清晰阅读；第 13 行到第 28 行则是 var_dump()函数打印出来的结果，它不仅显示了数组的结果，还把数据类型也打印了出来，数据结果更加详细（其实很多时候并不需要这些数据类型结果，所以在日常开发中更常使用 print_r()函数）。

通过查看简单数组和完整数组打印出来的结果，发现通过函数打印出来之后，都变成了完整形式的数组结构。在简单模式的数组形式中因为没有键名，系统自动给数组中的键值增加了下标（键），而已经拥有了键的完整数组将直接打印出原始的键。因此，在实际开发过程中，可以根据不同的需要给数组赋键名或者省略键名。

4.1.3　一维数组和多维数组

接下来分析一维数组、二维数组及多维数组的关系。什么是一维数组呢？本章前面内容中看到的数组都可以称为一维数组，一维数组可以想象成一个线性的结构，在一个线性的基础上，可以通过刻度或者具体的一个标志来实现确定位置，如示例 4-1 中，一个值对应一个键（下标），所以只需要知道键（下标）就可以访问到具体的值。数组变量访问具体的其中一个元素值时有自己特殊的用法。

格式：

数组变量[键名/下标];

代码参见示例 4-2。

示例 4-2：

```php
1.    <?php
2.    $arr1 = array('A', 'B', 'C');
3.    $arr2 = array('id'=>'A', 'name'=>'B', 'php100'=>'C');
4.    echo $arr1[2];
5.    echo $arr2['id'];
6.    ?>
```

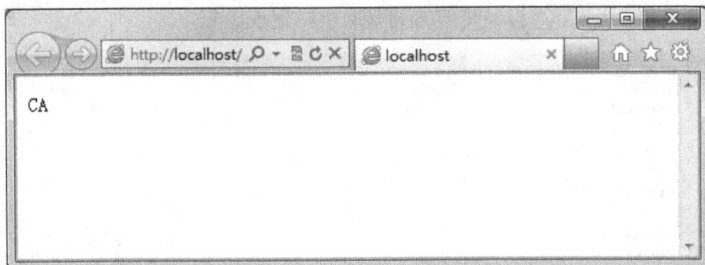

图 4-4

细心的读者可以注意到，我们访问两个数组时分别使用了它们的下标和键名，而且都可以正确地访问到它们代表的具体的值。关于二维数组或者多维数组其实可以理解为数组中包含了数组类型的值，并通过同样的思路去访问。代码参见示例 4-3。

示例 4-3：

```php
1.    <?php
2.    $arr = array(array("P","PP","PPP"),array("H","HH","HHH") );
3.     echo $arr[1][2];
4.    ?>
```

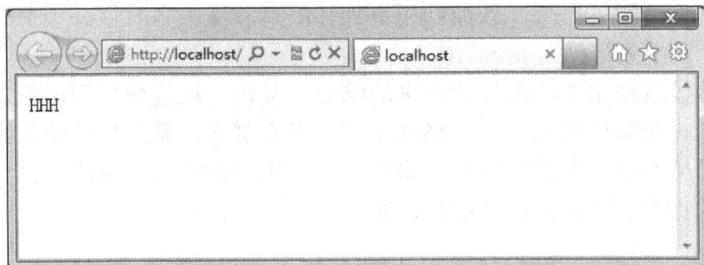

图 4-5

通过访问$arr[1][2]得到值 HHH，这对于初次了解二维数组的读者来讲可能有些困难，不过没有关系，把刚才的数组放到表 4-1 中，相信就可以很容易地看清楚数组的访问结构。

表 4-1

	0	1	2
0	P	PP	PPP
1	H	HH	HHH

参照表 4-1，我们把行（x）理解成外数组的值，把列（y）理解成内数组的值。通过平面需

要两个坐标确定一个位置的原理，可以看到 HHH 的 x 坐标为 1 而 y 的坐标为 2，这样就可以通过$arr[1][2]访问到 HHH 了。通过这个例子，读者可以深入体会到数组的值若还是数组类型，那么就是一个多维数组，我们可以通过一层一层的去访问。有个更简单的访问和记忆模式，即几维数组就有几个[]（中括号）。这里只是对一维数组和多维数组的基本思路做了一个简单的阐述。在实际应用中还需要一些函数来配合以完成更多的工作。接下来将学习一些数组函数，然后再来看看数组的一些相关功能。

4.1.4　数组函数的介绍

常用数组函数如表 4-2 所示。

表 4-2

函 数 名	函数功能概述
array()	新建一个数组
array_combine()	创建一个数组，用一个数组的值作为其键名，另一个数组的值作为其值
array_count_values()	统计数组中所有的值出现的次数
array_fill()	用给定的值填充数组
array_flip()	交换数组中的键和值
array_keys()	返回数组中所有的键名
array_pad()	用值将数组填补到指定长度
array_product()	计算数组中所有值的乘积
array_rand()	从数组中随机取出一个或多个单元
array_shift()	将数组开头的单元移出数组
array_pop()	将数组最后一个单元移出数组
array_unshift()	在数组开头插入一个或多个单元
array_push()	将一个或多个单元压入数组的末尾（入栈）
array_slice()	从数组中取出一段
array_sum()	计算数组中所有值的和
array_unique()	移除数组中重复的值
array_values()	返回数组中所有的值
assort()	对数组进行排序并保持索引关系
arsort()	对数组进行逆向排序并保持索引关系
ksort()	按键名的正序对数组进行排序
krsort()	按键名的倒序对数组进行排序
sort()	按键值的正序对数组进行排序
rsort()	按键值的倒序对数组进行排序
count()	计算数组中的单元数目或对象中的属性个数
current()	返回数组中的当前单元
each()	返回数组中当前的键／值对并将数组指针向前移动一位
list()	把数组中的值赋给一些变量

续表

函　数　名	函数功能概述
end()	将数组的内部指针指向最后一个单元
in_array()	检查数组中是否存在某个值
next()	将数组中的内部指针向前移动一位
prev()	将数组的内部指针倒回一位
range()	建立一个包含指定范围单元的数组
reset()	将数组的内部指针指向第一个单元
shuffle()	将数组打乱
print_r()	打印关于变量的易于理解的信息
var_dump()	打印变量的相关信息

通过表 4-2 可以看到，PHP 中提供了非常多的数组函数。实际上，PHP 提供的数组操作函数多达 110 个，而表 4-2 中只是列出了一些较为常用的函数。在实际应用中，每一个学习者只需掌握极为常用的函数，其他大多数函数没必要去死记硬背。一种比较好的学习方法是将所有的函数浏览一遍，并大体记住其功能，等在编程中遇见相似的问题时，可以通过查找 PHP 函数手册找到相应的用法，并将其应用到程序当中即可。

1．判断变量是否是数组

在实际应用过程中经常要对某些变量进行判断，检查是否是数组或者其他类型，内置函数 is_array()可以用来完成这个工作。

格式：

Boolean is_array(mixed $var);

代码参见示例 4-4。

示例 4-4：

```php
1.    <?php
2.    $arr = array('A', 'B', 'C');
3.    echo is_array($arr) ? '是数组' : '不是数组';
4.    //因为 is_array()返回的结果应该是布尔值，这里是 TRUE，所以得到的结果应该是：是数组
5.    ?>
```

2．在数组头添加元素

array_unshift()函数用于在数组头添加元素，所有已有的数值键都会相应的修改，以反映出其在数组中的新位置，但是关联键不受影响。

格式：

int array_unshift (array &$array , mixed $var [, mixed $...])

代码参见示例 4-5。

示例 4-5：

```php
1.    <?php
2.        $state = array("shanghai","beijing");
3.        print_r($state);
```

```
4.        array_unshift($state,"shanxi","shandong");
5.        print_r($state);
6.    ?>
```

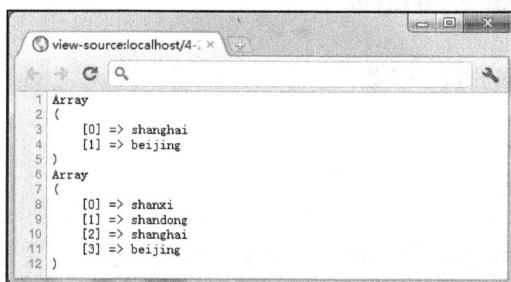

图 4-6

3．从数组头删除元素

array_shift()用于将数组的第一个单元移出并作为结果返回，将数组的长度减 1 并将所有其他单元向前移动一位。所有的数字键名将改为从 0 开始计数，文字键名不变。如果数组为空（或者不是数组），则返回 NULL。

格式：

mixed array_shift (array &$array)

参数说明：

array：必需。规定输入的数组参数。

代码参见示例 4-6。

示例 4-6：

```
1.    <?php
2.        $state = array("shanghai","beijing","shanxi","shandong");
3.        array_shift($state);
4.        print_r($state);
5.    ?>
```

代码分析：

array_shift() 函数删除数组中的第一个元素，并返回被删除元素的值。

注释：如果键是数字的，所有元素都将获得新的键，从 0 开始，并以 1 递增。

上面的例子删除$state 数组中的第一元素"shanghai"，结果如图 4-7 所示。

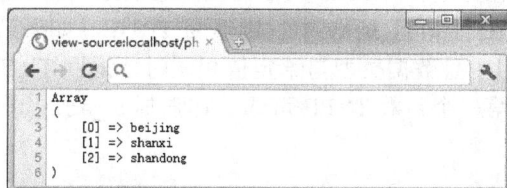

图 4-7

4．从数组尾删除元素

array_pop()弹出并返回 array 数组的最后一个单元，并将数组 array 的长度减1。如果 array

为空（或者不是数组）将返回 NULL。

格式：

mixed array_pop (array &$array)

参数说明：

array：必需。规定输入的数组参数。

代码参见示例 4-7。

示例 4-7：

```
1.    <?php
2.     $state = array("shanghai","beijing","shanxi","shandong");
3.     array_pop($state);
4.     print_r($state);
5.    ?>
```

代码分析：

array_pop() 函数删除数组中的最后一个元素。

上面的例子删除$state 数组中的最后一个元素 shangdong，结果如图 4-8 所示。

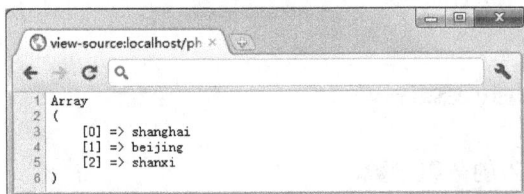

图 4-8

5．判断数组内值

in_array()函数用于在数组中搜索一个特定值，如果找到该值则返回 TRUE，否则返回 FALSE。该函数常用来判断数组中是否存在某个值。

格式：

bool in_array (value,array,type)

参数说明：

value：必需。规定要在数组中搜索的值。

array：必需。规定要搜索的数组。

type：可选。如果设置该参数为 true，则检查搜索的数据与数组的值的类型是否相同。

如果给定的值 value 存在于数组 array 中，则返回 TRUE。如果第三个参数设置为 TRUE，函数只有在元素存在于数组中且数据类型与给定值相同时才返回 TRUE。如果没有在数组中找到参数，函数返回 FALSE。第三个参数 TYPE 可选，它强制 in_array()在搜索时考虑类型。

代码参见示例 4-8。

示例 4-8：

```
1.    <?php
2.        $str = "jQuery";
3.        $lanauange = array("PHP100","JSP","ASP","HTML","jQuery");
4.        if(in_array($str,$lanauange)){
```

```
5.        echo "存在";
6.     }else{
7.        echo "不存在";
8.     }
9.  ?>
```

代码分析：

在代码片段中，由于第 2 行字符串$str 的值在相应的数组$lanauange 中能找到，结果如图 4-9 所示。

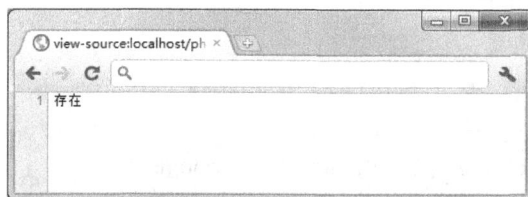

图 4-9

6．获取数组键

array_keys()函数返回包含数组中所有键名的一个新数组。如果提供了第二个参数，则只返回键值为该值的键名。如果第三个参数指定为 TRUE，则 PHP 会使用全等比较（===）来严格检查键值的数据类型。

格式：

array array_keys (array $input [, mixed $search_value [, bool $strict]])

参数说明：

array：必需。规定输入的数组。

value：可选。指定值的索引（键）。

strict：可选。与 value 参数一起使用。可能的值 TRUE，根据类型返回带有指定值的键名；FALSE，为默认值，表示不依赖类型。

代码参见示例 4-9。

示例 4-9：

```
1.  <?php
2.  $arr=array("a"=>"php100","b"=>"baidu","c"=>"google");
3.  $key = array_keys($arr);
4.  print_r($key);
5.  ?>
```

代码分析：

该函数是把数组中所有的键名取出来重新组合成一个新的数组，结果如图 4-10 所示。

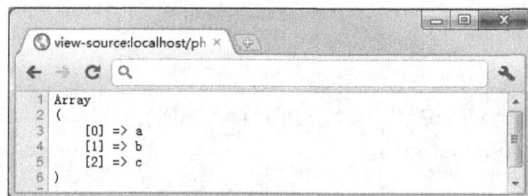

图 4-10

7．获取数组值

array_values() 函数返回一个包含给定数组中所有键值的数组，但不保留键名。该函数并不是很常用，但在某些情况下可以帮助我们解决一些关键问题。

格式：

array array_values (array $input)

参数说明：

array：必需。规定给定的数组。

代码参见示例 4-10。

示例 4-10：

```php
1.    <?php
2.    $arr=array("a"=>"php100","b"=>"baidu","c"=>"google");
3.    $key = array_values($arr);
4.    print_r($key);
5.    ?>
```

该函数返回数组中的所有键值，并由数字索引成一个新的数组，原键名不再输出，结果如图 4-11 所示。

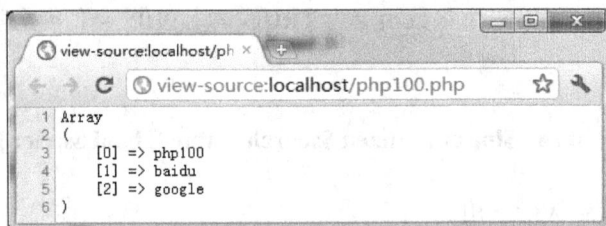

```
Array
(
    [0] => php100
    [1] => baidu
    [2] => google
)
```

图 4-11

8．移除数组中重复的值

array_unique() 函数移除数组中重复的值，并返回结果数组。当几个数组元素的值相等时，只保留第一个元素，其他的元素被删除。返回的数组中键名不变，常用来过滤一些无用的重复数据。该函数先将值作为字符串排序，然后对每个值只保留第一个遇到的键名，接着忽略所有后面的键名。这并不意味着在未排序的数组中同一个值的第一个出现的键名会被保留。

格式：

array array_unique (array $array)

参数说明：

array：必需。规定输入的数组。

代码参见示例 4-11。

示例 4-11：

```php
1.    <?php
2.        $arr=array("a"=>"PHP","b"=>"100","c"=>"PHP");
3.        print_r(array_unique($arr));
4.    ?>
```

结果如图 4-12 所示。

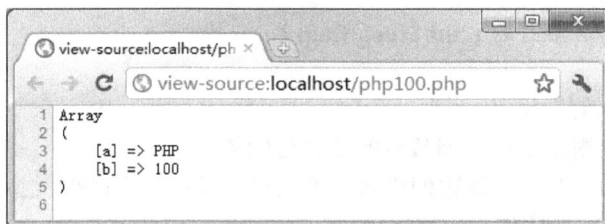

图 4-12

9. 数组元素求和

array_sum() 函数返回数组中所有值的总和。如果所有值都是整型，则返回一个整型值。如果其中有一个或多个值是浮点型，则返回浮点型。PHP 4.2.1 之后的版本修改了传入的数组本身，将其中的字符串值转换成数值（大多数情况下都转换成了零，根据具体情况而制定）。

格式：

number array_sum (array $array)

参数说明：

array：必需。规定输入的数组。

代码参见示例 4-12。

示例 4-12：

```php
1.   <?php
2.       $sum = array('0'=>'5','1'=>'10','2'=>'15','3'=>'20');
3.       echo "sum(a) = " . array_sum($sum) . "\n";
4.       $sum = array('0'=>'1.1','1'=>'2.1','2'=>'3.1','3'=>'4.1');
5.       echo "sum(b) = " .array_sum($sum) ."\n";
6.   ?>
```

结果如图 4-13 所示。

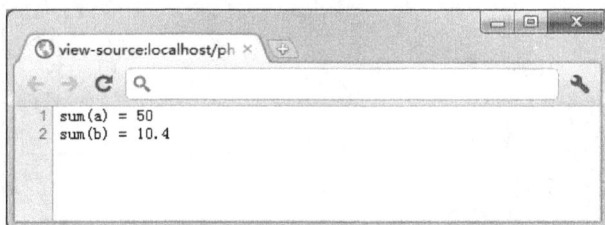

图 4-13

10. 数组键与值的排序

PHP 中拥有 4 个基本的数组排序函数，分别为 sort()、rsort()、ksort()、krsort()函数，分别对应的排序功能为数组值正序、值倒序、键正序、键倒序。使用起来都比较简单，因为它们是无返回值的地址模式函数，因此只需要把需要排序的数组变量放到函数的指定参数中即可。

格式：

bool sort (array &$array [, int $sort_flags])

bool rsort (array &$array [, int $sort_flags])

bool ksort (array &$array [, int $sort_flags])

bool krsort (array &$array [, int $sort_flags])

参数说明：

array：必需。输入的数组。

sort_flags：可选。规定如何排列数组的值。可能的值：

SORT_REGULAR：默认。以它们原来的类型进行处理（不改变类型）。

SORT_NUMERIC：把值作为数字来处理。

SORT_STRING：把值作为字符串来处理。

SORT_LOCALE_STRING：把值作为字符串来处理，基于本地设置。

代码参见示例 4-13。

示例 4-13：

```php
1.    <?php
2.        $arr=array("C"=>10,"A"=>2,"B"=>20);
3.        sort($arr);              //值正序
4.        print_r($arr);
5.        $arr=array("C"=>10,"A"=>2,"B"=>20);
6.        rsort($arr);             //值倒序
7.        print_r($arr);
8.        $arr=array("C"=>10,"A"=>2,"B"=>20);
9.        ksort($arr);             //键正序
10.       print_r($arr);
11.       $arr=array("C"=>10,"A"=>2,"B"=>20);
12.       krsort($arr);            //键倒序
13.       print_r($arr);
14.   ?>
```

结果如图 4-14 所示。

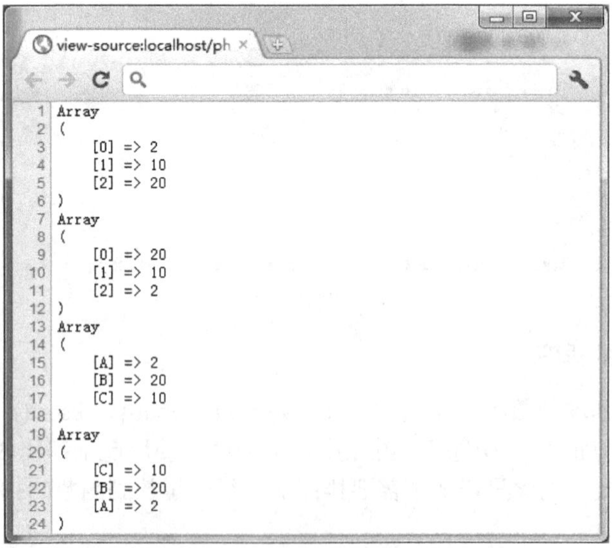

图 4-14

4.1.5　遍历数组

在实际开发和应用过程中，经常需要遍历（读取数组中所有值）数组并获得各个键或值（或者同时获得键和值）。PHP 为此提供了一些函数来满足需求，许多函数不仅能获取当前指针位置的键和值，还能将指针移向下一个适当的位置。

1. 使用 list()、each() 函数和 while 语句循环遍历数组

（1）each() 函数

each() 函数可以返回一个数组中当前元素的键和值，并将数组指针向前移动一位。它常被用在一个循环中，遍历一个数组。

> **提示**
>
> 如果内部指针越过了数组的末端，则 each() 函数返回 FALSE。

格式：

array each (array &$array)

代码参见示例 4-14。

示例 4-14：

```
1.  <?php
2.      $arr=array("name"=>"PHP100","age"=>"20","sex"=>"1");
3.      for($i=0;$i<count($arr);$i++){
4.      $kav=each($arr);
5.      echo $kav['key']."=>".$kav['value']."<br/>";
6.      }
7.  ?>
```

代码分析：

上述程序中，首先定义了一个数组 $arr，并且为其赋值。值得注意的是它的下标是由字符串组成的非数字索引数组，而且毫无规律，所以不能用递增的数字作为下标来输出，循环输出遇到了难题。但是使用了 each() 函数后，可以获得该数组的下标以及下标对应的值，因此就可以动态循环输出每一个元素的下标和值。each($arr) 中当前元素的下标和值都存放到另外一个数组 $kav 中，然后将数组指针指到下一个元素，并且 $kav 数组的下标分别为 key 和 value。这样只需要调用 $kav["key"] 和 $kav["value"] 即可获得数组 $kav 当前元素的下标和值。输出这两个值后当前循环结束，执行下一次循环，这样又输出了下一个元素的值。依此类推，整个数组都被动态循环输出了。结果如图 4-15 所示。

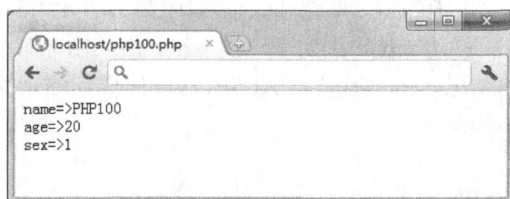

图 4-15

（2）list()函数

list()函数并不是真正的函数，而是 PHP 的语言结构。list()函数用一步操作给一组变量进行赋值，即把数组中的值赋给一些变量。list()函数仅能用于数字索引的数组并假定数字索引从 0 开始。list()函数和其他函数在使用上有很大区别，并不是直接接收一个数组作为参数，而是通过"="运算符以赋值的方式，将数组中每个元素的值，对应地赋给 list()函数中的每个参数。list()函数又将它的每个参数转换为直接可以在脚本中使用的变量。

格式：

void list (mixed $varname , mixed $...)

代码参见示例 4-15。

示例 4-15：

```php
1.    <?php
2.        $info = array('coffee', 'brown', 'caffeine');
3.        list($arr[0], $arr[1], $arr[2]) = $info;
4.        print_r($arr);
5.    ?>
```

代码分析：

上述代码声明一个索引数组$info，然后将数组中所有的元素转为变量，然后打印出$arr 数组，list()函数从最右边一个参数开始赋值。如果使用单纯的变量，不用担心这一点。但是如果使用了具有索引的数组，通常期望得到的结果和在 list()函数中写的一样，即是从左到右的，但实际上却是以相反顺序赋值的，结果如图 4-16 所示。

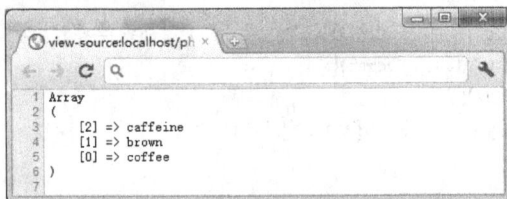

图 4-16

（3）while 语句

通过前面介绍的 each()和 list()函数的使用，就不难理解如何使用 while 语句循环遍历数组了。

格式：

while (list($key,$value) = each($arr)){

　　循环体；

}

在 while 语句的每次循环中，each()函数将当前数组元素中的键，赋给 list()函数中的第一个参数变量$key，并将当前数组元素中的值，赋给 list()函数中第二个元素$value，并且 each()函数执行后还会把数组内部的指针向后移动一位，因此下一次 while 语句循环时，将会得到该数组中下一个元素的键/值对。直到数组的结尾，each()返回 FALSE，while 语句停止循环，结束数组的遍历。

代码参见示例 4-16。

示例 4-16：

```php
1.    <?php
```

```
2.      $info = array("name"=>"php100","age"=>"20","sex"=>"nv");
3.      while(list($key,$value)=each($info)){
4.      echo "$key:$value<br/>";
5.          }
6.  ?>
```

代码分析：

先是声明一个数组$info，然后在使用 while 语句遍历之后，each()函数已经将传入数组参数内部的指针指向了数组的末端。当再次使用 while 语句遍历同一个数组时，数组指针已经在数组的末端，each()函数直接返回 FALSE，while 语句不会再执行循环。除非在 while 语句执行之前先调用一下 reset()函数，重新将数组指针指向第一个元素，结果如图 4-17 所示。

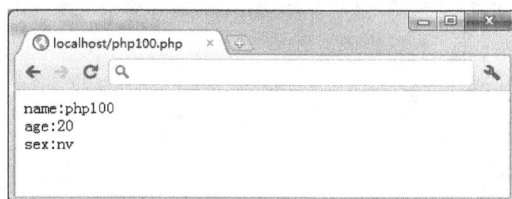

图 4-17

2. 使用 foreach 语句遍历数组

由于 while 语句遍历数组时有很多的局限性，所以在实际开发中很少使用。PHP 4 之后引入了 foreach 语句，这是 PHP 中专门为遍历数组而设计的语句，其与 Perl 以及其他语言很相似，是一种遍历数组的简单方法。使用 foreach 语句遍历数组时与数组的下标无关，不管是否是连续的数字索引数组，还是以字符串为下标的关联数组，都可以用 foreach 遍历。foreach 只能用于数组，当试图将其用于其他数据类型或者一个未初始化的变量时会产生错误。foreach 语句有两种语法格式，一种是无键名的简单模式，另一种则是有键名、键值的完整模式。

第一种语法格式为：

foreach($arr as $value){

　　循环体

}

第二种语法格式为：

foreach ($arr　as　$key=>$value){

　　循环体

}

第一种格式遍历给定的数组变量$arr。每次循环中，当前元素的值被赋给$value（$value 可以是任意变量），并且把数组内部的指针向后移动一步，在下一次循环中将会得到该数组的下一个元素，直到数组的结尾才停止循环，结束整个数组遍历过程。

代码参见示例 4-17。

示例4-17：

```
1.  <?php
2.      $info = array("A"=>"php","B"=>"100","C"=>"com");
3.      foreach($info as $value){              //无键名模式
4.      echo $value."<br>";
```

```
5.          }
6.          echo "<hr>";
7.          foreach($info as $id=>$value){        //有键名、键值模式
8.              echo $id."---".$value."<br>";
9.          }
10.    ?>
```

在上面的代码中，声明了一个一维的关联数组$info，指定了字符串索引下标。使用 foreach 语句的第二种格式遍历数组$info，遍历到每个元素时都把元素赋给变量$value，同时把元素的下标赋给变量$id，并在 foreach 语句循环体中输出"键---值"，如图 4-18 所示。

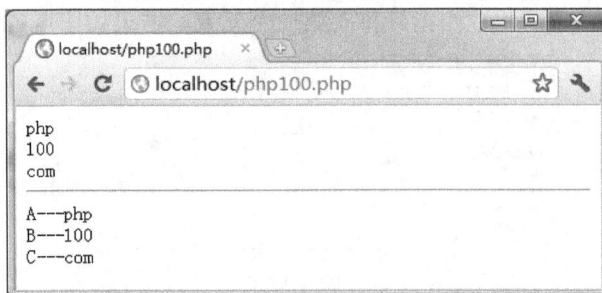

图 4-18

4.2 PHP 系统全局数组

从 PHP 4.1.0 开始，PHP 提供了一套附加的预定义数组，这些数组变量包含了来自 Web 服务器、客户端、运行环境和用户输入的数据，如表 4-3 所示。这些数组非常特别，它们在全局范围内自动生效，因此通常被称为自动全局变量或者超级全局变量。在 PHP 中，用户不能自定义超级全局变量，所以在自定义变量时，应避免和预定全局变量同名。

表 4-3

预定义数组	功 能 概 述
$_SERVER	变量由 Web 服务器设定或者直接与当前脚本的执行环境相关联
$_ENV	执行环境提交至脚本的变量
$_GET	通过 URL 参数传递给当前脚本的变量的数组
$_POST	通过 HTTP POST 方法传递给当前脚本的变量的数组
$_REQUEST	由于 $_REQUEST 中的变量通过 GET、POST 和 Cookie 输入机制传递给脚本文件，因此可以被远程用户篡改而并不可信
$_FILES	通过 HTTP POST 方式传递已上传文件项目组成的数组
$_COOKIE	通过 HTTP Cookies 方式传递给当前脚本的变量的数组
$_SESSION	当前注册给脚本会话的变量
$GLOBALS	包含一个引用，指向每个当前脚本的全局范围内有效的变量。该数组的键名为全局变量的名称

4.2.1　服务器数组$_SERVER

$_SERVER 是一个包含诸如头信息、路径、脚本等信息的数组，如表 4-4 所示。数组的实体由 Web 创建，并不能保证所有的服务器都能产生所有的信息，服务器可能忽略一些信息，或者产生一些其他的新信息，这是自动全局变量，在所有的脚本中都有效，在函数或对象的方法中不需要用 global 关键字访问它。

表 4-4

预定义数组	功 能 概 述
$_SERVER['PHP_SELF']	当前正在执行脚本的文件名，与 document root 相关
$_SERVER['argv']	传递给该脚本的参数
$_SERVER['GATEWAY_INTERFACE']	服务器使用的 CGI 规范的版本，例如 CGI/1.1
$_SERVER['SERVER_NAME']	当前运行脚本所在服务器主机的名称
$_SERVER['SERVER_SOFTWARE']	服务器标识的字串，在响应请求时的头部中给出
$_SERVER['SERVER_PROTOCOL']	请求页面时通信协议的名称和版本
$_SERVER['REQUEST_METHOD']	访问页面时的请求方法
$_SERVER['QUERY_STRING']	查询（QUERY）的字符串
$_SERVER['DOCUMENT_ROOT']	当前运行脚本所在的文档根目录
$_SERVER['HTTP_ACCEPT']	当前请求的 ACCEPT: 头部的内容
$_SERVER['HTTP_ACCEPT_CHARSET']	当前请求的 ACCEPT-CHARSET: 头部的内容
$_SERVER['HTTP_ACCEPT_ENCODING']	当前请求的 ACCEPT-ENCODING: 头部的内容
$_SERVER['HTTP_ACCEPT_LANGUAGE']	当前请求的 ACCEPT-LANGUAGE: 头部的内容
$_SERVER['HTTP_CONNECTION']	当前请求的 CONNECTION: 头部的内容
$_SERVER['HTTP_HOST']	当前请求的 HOST: 头部的内容
$_SERVER['HTTP_REFERER']	链接到当前页面的前一页面的 URL 地址
$_SERVER['HTTP_USER_AGENT']	当前请求的 USER_AGENT: 头部的内容
$_SERVER['HTTPS']	通过 HTTPS 访问，设为一个非空值（ON），否则返回 OFF
$_SERVER['REMOTE_ADDR']	正在浏览当前页面用户的 IP 地址
$_SERVER['REMOTE_HOST']	正在浏览当前页面用户的主机名
$_SERVER['REMOTE_PORT']	用户连接到服务器时所使用的端口
$_SERVER['SCRIPT_FILENAME']	当前执行脚本的绝对路径名
$_SERVER['SERVER_ADMIN']	管理员信息
$_SERVER['SERVER_PORT']	服务器所使用的端口
$_SERVER['SERVER_SIGNATURE']	包含服务器版本和虚拟主机名的字符串
$_SERVER['PATH_TRANSLATED']	当前脚本所在系统（不是文档根目录）的基本路径
$_SERVER['SCRIPT_NAME']	包含当前脚本的路径。在页面需要指向自己时很有用
$_SERVER['REQUEST_URL']	访问此页面所需的 URL，例如/index.html
$_SERVER['PHP_AUTH_USER']	当 PHP 运行在 Apache 模式下，并且正在使用 HTTP 认证功能时，该变量便是用户输入的用户名
$_SERVER['PHP_AUTH_PW']	当 PHP 运行在 Apache 模式下，并且正在使用 HTTP 认证功能时，该变量便是用户输入的密码
$_SERVER['AUTH_TYPE']	当 PHP 运行在 Apache 模式下，并且正在使用 HTTP 认证功能时，该变量便是认证的类型

4.2.2　环境数组$_ENV

$_ENV 数组中的内容是在 PHP 解析器运行时，从 PHP 所在服务器中的环境变量转变为 PHP 全局变量的。它们中的许多都是由 PHP 所运行的系统决定，完整的列表是不可能的，需要查看 PHP 所在服务器的系统文档。和$_SERVER 一样，这也是自动全局变量，在所有的脚本中都有效，在函数或对象的方法中不需要使用 global 关键字访问。

4.2.3　HTTP 数组$_GET

$_GET 数组也是超全局数组，是通过 HTTP GET 方法传递的变量组成的数组。它属于外部变量，即在服务器页面中通过$_GET 超级全局数组获取 URL 或表单的 GET 方式传递过来的参数。

> **提示**
>
> 通过 HTTP GET 方法传递的变量长度为 8164 字节，不同的浏览器还稍有差异。

代码参见示例 4-18。

示例 4-18：

在浏览器地址栏中输入：

http://www.php100.com/index.php?action=10&user=admin&tid=11&page=21

在 index.php 中可以这样来访问 GET 的值：

```
1.   <?php
2.       /*请参考上述 URL 地址*/
3.       echo $_GET['action']; //在$_GET 中使用下标 action 输出的结果为 10
4.       echo $_GET['user'];       //在$_GET 中使用下标 user 输出的结果为 admin
5.       echo $_GET['tid'];        //在$_GET 中使用下标 tid 输出的结果为 11
6.       echo $_GET['page'];       //在$_GET 中使用下标 page 输出的结果为 21
7.   ?>
```

4.2.4　HTTP 数组$_POST

$_POST 数组也是全局变量数组，是通过 HTTP POST 方法传递的变量组成的数组，也是自动全局变量，在所有的脚本中都生效，在函数或对象方法中也不需要使用 global 关键字访问。$_POST 和$_GET 数组都可以保存表单提交的变量，两者之间最大的区别就是：

（1）GET 是用来从服务器上获得数据，而 POST 是用来向服务器上传递数据。

（2）GET 将表单中的数据按照 variable=value 的形式，添加到 action 所指向的 URL 后面，并且两者使用"?"连接，而各个变量之间使用"&"连接；POST 是将表单中的数据放在 form 的数据体中，按照变量和值相对应的方式，传递到 action 所指向的 URL。

（3）GET 是不安全的，因为在传输过程中，数据被放在请求的 URL 中，而现有的很多服务器、代理服务器或者用户代理都会将请求 URL 记录到日志文件中，然后放在某个地方，这样就可能会有一些隐私的信息被第三方看到。另外，用户也可以在浏览器上直接看到提交的数据，一些系统内部消息将会一同显示在用户面前。POST 的所有操作对用户来说都是不可见的。

（4）GET 传输的数据量小，这主要是因为受 URL 长度限制；而 POST 可以传输大量的数据，所以在上传文件时只能使用 POST（当然还有一个原因，将在后面提到）。

（5）GET 限制 form 表单的数据集的值必须为 ASCII 字符，而 POST 支持整个 ISO10646 字符集。

（6）GET 是 form 表单的默认方法。

4.2.5　HTTP 数组$_REQUEST

此关联数组包含$_GET、$_POST 和$_COOKIE 中的全部内容。如果表单中有一个输入域的名称为 user="admin"，表单就是用 POST 方法提交的，则 admin 文本输入框的数据保存在$_POST['admin']中；如果表单是通过 GET 方法提交的，数据将保存在$_GET['admin']中。不管是 POST 还是 GET 方法提交的所有数据，都可以通过$_REQUEST['admin']获得。但$_REQUEST 的速度比较慢，不建议使用。

4.2.6　文件数组$_FILES

在使用表单的文件上传框上传文件时，必须使用 POST 提交。但在服务器文件中，并不能通过$_POST 超级全局数组获取到表单中文件上传框的内容，而$_FILES 超级全局数组是表单通过 POST 方法传递的已上传文件项目组成的数组。$_FILES 是一个二维数组，包含 5 个子数组，具体内容将在 7.4 节文件上传处理章节中重点讲解。

4.2.7　cookie 数组$_COOKIE

$_COOKIE 超全局数组是经 HTTP Cookies 方法提交至脚本的变量。这些 cookies 是由以前执行的 PHP 脚本通过 setCookie()函数设置到客户端浏览器中的，当 PHP 脚本从客户浏览器中提取一个 cookie 后，将自动把它转变成一个变量，可以通过$_COOKIE 和 cookie 名来存取指定的 cookie 值。具体内容将在第 10 章重点讲解。

4.2.8　session 数组$_SESSION

在 PHP 5 中，会话控制是在服务器端使用 session 追踪用户。当服务器页面中使用 session_start()函数开启 session 后，就可以使用$_SESSION 数组注册全局变量。具体内容将在第 10 章重点讲解。

4.2.9　全局数组 $GLOBALS

$GLOBALS 是由所有已定义的全局变量组成的数组，变量名就是该数组的索引。$GLOBALS 也是一个自动全局变量，在所有的脚本中都有效，在函数和对象的方法中不需要使用 global 关键字访问。

4.3　本 章 小 结

本章主要介绍了 PHP 数组的多种声明方式、多种数组的遍历形式、PHP 系统全局数组以及各种处理数组的函数，其中包括排序、统计数组元素、替换函数等。数组是通过很多灵活方式对数据（甚至不必是相同类型的数据）进行分组以便访问它们，它们可以用作简单的编号数组，也可以是更加灵活的有序映射，在其中通过键（key）访问值。在 Web 开发中，数组的作用不可或缺，不论是否基于 Web，在所能想象的各种应用程序中都不乏数组的身影。另外，PHP 数组的功能非常强大，不仅声明和遍历比较灵活，数组处理函数也具有强大、灵活和高效的特点。

通过本章的学习，读者应掌握以下知识点：

（1）创建一个简单、标准数组。

（2）灵活应用 PHP 中数组的打印函数 var_dump/print_r。

（3）能对数组按键和值进行排序、求元素的和等。

（4）灵活应用遍历数组的方法——foreach 语句。

（5）利用自定义函数，写一个无限变量数组元素的值的函数（可遍历多维数组）。

第 5 章　PHP 面向对象编程

为什么要在项目开发中使用面向对象编程？作为一名研发人员或者一个研发团队，在工作中经常会碰到以下几种情况：

（1）各种各样复杂的需求。

（2）同一个需求来回地改动，而且同期可能还不是一个人去做。

（3）一个项目会在不同时期由不同开发水平的同事去维护和扩展。

……

所以在工作中，一定要注意程序的易读性、易维护性和易扩展性，这在实际工作中会提升研发人员的工作效率、节省时间成本。面向对象编程的合理使用可以更容易地解决以上问题。使用面向对象编程是为了让我们工作更舒服，而不是为了使用面向对象编程而使用，这一点一定要明确。

严格地讲，PHP 并不是一个真正的面向对象的语言，而是一个混合型语言，用户可以使用面向对象编程，也可以使用面向过程编程。在一些事务处理和小型项目中，面向过程编程还是值得推荐的，因为在性能、开发效率、维护成本等方面会优于面向对象编程；在一些大中型项目中，推荐在 PHP 中使用真正的面向对象编程去声明类，而且在项目中只使用对象和类。

另外还需要注意一个事情，不要把面向对象编程单纯当作一种方法去使用，面向对象编程是一种思想，它符合人类看待事物的一般规律，因此应将其当作一种解决问题的思路去理解。

5.1　面向对象的基础知识

5.1.1　什么是面向对象编程

面向对象编程（Object Oriented Programming，OOP）是一种计算机编程架构。OOP 的一条基本原则是计算机程序是由单个能够起到子程序作用的单元或对象组合而成。OOP 达到了软件工程的三个目标：重用性、灵活性和扩展性。为了实现整体运算，每个对象都能够接收信息、处理数据和向其他对象发送信息。传统结构化编程是一种线性的过程执行步骤，因此程序结构和设计逻辑难以适应软件生产自动化的要求，软件的扩展和复用能力很差。而采用面向对象编程是把传统的功能模块化，每个模块拥有自己的独立功能并各尽其职，有时不同模块之间还可以相互组合并实现更强大的功能。这就是面向对象编程的基本思路，它不仅可以让程序有更多的扩展性和维护性，而且还有更强的重用性，使在处理相同或类似事务时不必重复构造代码，只需要把不同的功能模块相互组合即可。

面向对象编程的三大基本要素是：继承、封装、多态。

> **提示**
>
> PHP 5.3 中的面向对象有比较大的完善，在内置关键字和函数方面有了很大的改进，并对很多之前没有规范的语法进行了修正与规范。

5.1.2　PHP 中类和对象介绍

类是面向对象编程中的基本单位，它是具有相同属性和功能方法的集合。在类里拥有两个基本的元素：成员属性和成员方法。

简单点的理解就是，一个类就是一个 class 中的所有内容，成员属性就是类中的变量和常量，注意是直接在 class 下面的变量和常量，而不是在 function 程序体中的变量。function 是成员方法，在面向过程编程里称 function 为函数，在面向对象编程里我们称其为方法。

代码参见示例 5-1。

示例 5-1：

```php
1.    <?php
2.    class animal{
3.            public $name ='动物';
4.            function getInfo()
5.            {
6.                    return $this->name;
7.            }
8.    }
9.    ?>
```

在这段程序体中，animal 是一个类，$name 是这个类的一个属性，getInfo()是一个方法。

对象是类的实例，对象拥有该类的所有属性和方法。因此对象建立在类基础上，类是产生对象的基本单位。

这个地方可能不太好理解，讲的通俗一点，就是类在大多数实际使用中必须先实例化才能工作。为什么说是大多数情况，因为可以通过类的静态方法等方式直接调用类中的功能，这个将在后文介绍。一般情况下，类必须先实例化才能工作，国内很多研发人员也称类的实例化为 new 一下这个类，代码参见示例 5-2。

示例 5-2：

```php
1.    <?php
2.    class animal{
3.            public $name ='动物';
4.            function getInfo() {
5.                    return $this->name;
6.            }
7.    }
8.    $animal = new animal();
9.    ?>
```

这段程序体中，$animal 就是一个对象，当然它和类名 animal 可以是不一样的。

　　类和对象的关系为：类的实例化结果就是对象，而对一类对象的抽象就是类，类与对象的关系就如模具和铸件的关系。

　　再深入讨论一下。如果把动物当作一个类，实例化这个类，叫做 pig，那么 pig 就是这个类的一个实例化对象，而不是 animal 这个对象，动物类里有许多属性，包括动物称呼、颜色、年龄等，动物又可以叫、跑，这就是他的功能，那么实例化出来的 pig 对象就具备了这个动物类里的属性和方法，可以叫、跑。其实无论是动物的属性还是功能，在没有组装在一起前，我们不能称它为动物，而是零部件。这些零部件生产的过程就是写类的过程。把这些零部件（属性、方法）制造好并通过"组装"变成需要的 pig 动物，就是对象实例化的过程。从这个例子大家可能看出类决定着对象的功能和属性，对象只是类变成产品以后对应的名称，代码参见示例 5-3。

示例 5-3：

```php
1.   <?php
2.   class animal{
3.       public $name = ' ';
4.       public $color = ' ';
5.       public $age = ' ';
6.       function getInfo() {
7.           return $this->name;
8.       }
9.   }
10.  $pig = new animal();
11.  ?>
```

　　以上代码已经建立了一个基本的类和对象，类的基本格式就是这样，其中 class、function、var 这些定义时用到的词是 PHP 中内置的关键字，在关键字 class 后面输入类名并以大括号形式包括起类里的代码片段（成员属性、成员方法）。抽象出来的基本格式就是：

格式：
class　类名　{
　　　成员属性；
　　　成员方法；
}

成员属性有点类似面向过程编程中的变量或常量，但使用和定义上又有所区别。

成员方法基本类似面向过程编程中的自定义函数（构造函数），但在类里我们称为成员方法，其使用和功能上比自定义函数有所增强。

／提示

　　（1）类名不可与内置关键字或函数重名。（2）类名只能以英文大小字母或_（下划线）开头。（3）类名如果是多个单词的组合，建议从第二个单词开始首字母大写，这个称为驼峰写法，是目前互联网研发中最常见的规范格式。

　　接下来将示例 5.3 中代码完善一下注释，分析为什么要这么写，并通过分析来看看类中的成员属性和成员方法是如何实现和构造的，代码参见示例 5-4。

示例 5-4：

```php
1.   <?php
```

```
2.    class animal { //创建一个 animal 类
3.        public $name ='';        //成员属性$name
4.        public $color = '';        //成员属性 color
5.        public $age = '';          //成员属性 age
6.        // 构造一个没有参数的方法 getInfo()，作用是返回成员属性$name
7.        function getInfo() {
8.            return $this->name;
9.        }
10.   }
11.   $pig = new animal();
12.   ?>
```

代码分析：

首先利用 class 创建了一个 animal 的 PHP 类，然后在里面分别声明$name、$age/$color 属性。在声明属性时用到了一个关键字 public（旧版的 PHP 中使用的是 var 关键字，但在 PHP 5 中已经开始逐渐抛弃 var 而改用 public），它主要用来声明成员的使用范围和封装的作用，在封装的相关介绍中将详细地介绍 public 及与它相近的关键字。在这里只要记住声明成员属性时必须要有关键字描述，就像这里用到的 public。其实这里的成员属性就是一个变量，当然今后可能还会碰到其他类型的成员属性，如常量等。

代码参见示例 5-5。

示例 5-5：

```
1.    function getInfo() {
2.        $this->name;
3.    }
```

示例 5-5 这种写法读者应该比较熟悉，它就是自定义函数，只是写在类中而已，我们给了它新的名称叫成员方法。类中的方法拥有自定义函数的所有功能，如定义参数、定义参数初始值、值引用模式、参数引用模式等。示例 5-5 中的$this 在后面会详细介绍，它表示这个实例本身。

看到这里读者可能会想类不过是一些代码和功能的集合而已。可以这样理解，但在实际操作和使用过程中要复杂得多，这里只是通过一个小的案例介绍一下类中的成员属性和成员方法是什么。接下来我们就要了解类的功能。

在 PHP 中把类转变成对象的过程叫做对象实例化。在对象实例化过程中需要用到关键字 new 来触发我们的类，如图 5-1 所示。

PHP类 —— 实例化 —— 对象

图 5-1

格式：

对象变量名 ＝ new 类名 [(参数，参数 ，参数…)];

提示

（1）对象实例化过程中的参数是可选的，除非类中必须要有初始参数。（2）一个类可以实例化多个对象。

接下来再对示例 5-4 中的代码做进一步完善和分析，代码参见示例 5-6。

示例 5-6：

```php
1.  <?php
2.  class animal {
3.        public $name = '';
4.        public $color = '';
5.        public $age = '';
6.        function getInfo() {
7.            return $this->name;
8.        }
9.        function setInfo($name) {
10.           return $this->$name;
11.       }
12. }
13. $pig = new animal();         //实例化 animal 类，对象名为$pig
14. $pig -> setInfo ('猪');       //传入参数$name，那么成员属性$name 现在的值就是"猪"
15. $name = $pig ->getInfo();    //将$ pig 对象的 getInfo()方法返回的值，赋给变量$name
16. echo $name;                  //输出这个变量，屏幕显示"猪"
17. ?>
```

代码分析：

利用 new 关键字对 animal 类进行实例化操作，同时将类的功能赋值给$pig 对象。这时$pig 拥有了 animal 类的所有属性和功能。在后面的代码操作中，只需要使用$pig 就可以调用 animal 类的所有内容了。从这个过程可以看出，其实对象是对类的功能具体化和有实际操作意义的转换的一个过程。在这个过程中我们还要明白一个简单的原理，虽然实例化后是$pig 代表了原 animal 的内容，但对象会在计算机内存中单独开辟一块内存来存储类的所有功能。实际操作过程中对$pig 所有的操作，如赋值、运算、调用都不会影响到原来的类。

5.1.3　PHP 对象的应用和$this 关键字

前面介绍了可以通过"对象→成员"的方式访问对象中的成员。这是在对象的外部去访问对象中成员的形式，那么如果想在对象的内部，让对象里的方法访问本对象的属性，或是对象中的方法去调用本对象的其他方法时，该如何处理呢？因为对象里面的所有的成员都要用对象来调用，包括对象的内部成员之间的调用，所以在 PHP 中提供了一个本对象的引用$this，每个对象里面都有一个对象的引用$this 来代表这个对象，完成对象内部成员的调用。this 的本意就是"这个"。如果在示例 5-7 中实例化 3 个实例对象$pig、$crow、$shark，这 3 个对象中就各自存在一个$this，分别代表对象$pig、$crow、$shark。

$this 就是对象内部代表这个对象的引用，在对象内部和调用本对象的成员和对象外部调用对象的成员所使用的方式是一样的。

格式：

$this->属性

$this->name;

$this->color;

$this->age;

$this->方法

$this->getInfo();

修改一下示例 5-6，让每个动物都有自己的称呼、颜色、年龄，代码参见示例 5-7。

示例 5-7：

```php
1.    <?php
2.    class animal {
3.        public $name ='';
4.        public $color = '';
5.        public $age = '';
6.        function getInfo() {
7.            return $this->name;
8.        }
9.        function setInfo($name) {
10.           $this->name = $name;
11.       }
12.   }
13.   $pig = new animal();          //实例化 animal 类，对象名为$pig
14.   $crow = new animal();         //实例化 animal 类，对象名为$crow
15.   $shark = new animal();        //实例化 animal 类，对象名为$shark
16.
17.   $pig->setInfo ('猪');         //传入参数$name，那么成员属性$name 现在的值就是"猪"
18.   $name = $pig->getInfo();      //将$pig 对象的 getInfo()方法返回的值，赋给变量$name
19.   echo $name;                   //输出这个变量，屏幕显示"猪"
20.
21.   $crow->setInfo ('乌鸦');      //传入参数$name，那么成员属性$name 现在的值就是"乌鸦"
22.   $name = $crow ->getInfo();    //将$crow 对象的 getInfo()方法返回的值，赋值给变量$name
23.   echo $name;                   //输出这个变量，屏幕显示"乌鸦"
24.
25.   $shark->setInfo ('鲨鱼');     //传入参数$name，那么成员属性$name 现在的值就是"鲨鱼"
26.   $name = $shark ->getInfo();   //将$shark 对象的 getInfo()方法返回的值，赋给变量$name
27.   echo $name;                   //输出这个变量，屏幕显示"鲨鱼"
28.   ?>
```

5.1.4 构造方法与析构方法

1. 构造方法

大多数类都有一种称为构造方法的特殊方法。当创建一个对象时，它将自动调用构造方法，也就是使用 new 关键字来实例化对象时自动调用构造方法。构造方法的声明与其他操作的声明一样，只是其名称必须是__construct()。这是 PHP 5 中的变化，在以前的版本中，构造方法的名称必须与类名相同，这在 PHP 5 中仍然可以用，但现在已经很少有人用了。这样做的好处是可以使构造方法独立于类名，当类名发生改变时不需要修改相应的构造方法名称。为了向下兼容，如果一个类中没有名为__construct()的方法，PHP 将搜索一个 PHP 4 中的写法，即与类名同名的构造方法。

格式：

function__construct([参数]) {... ...}

在一个类中只能声明一个构造方法，而且在每次创建对象时都会调用一次构造方法，不能主动的调用这个方法，所以通常用它执行一些有用的初始化任务，如对成员属性在创建对象时赋初值，代码参见示例 5-8。

示例 5-8：

```php
1.   <?php
2.   class animal {
3.       public $name ='';         //成员属性$name
4.       public $color = '';        //成员属性 color
5.       public $age = '';          //成员属性 size
6.
7.       function __construct($name, $color, $age) {
8.           //通过构造方法传进来的$name 给成员属性$this->name 赋初值
9.           $this->name = $name;
10.          //通过构造方法传进来的$color 给成员属性$this-> color 赋初值
11.          $this->color= $color;
12.          //通过构造方法传进来的$age 给成员属性$this-> size 赋初值
13.          $this->age = $age;
14.      }
15.      function getInfo() {
16.          echo '动物的名字叫做' . $this->name .'，动物的颜色是'. $this->color .',动物的年龄是'. $this->age. '.';
17.      }
18.  }
19.
20.  //通过构造方法创建一个对象$animal,分别传入 3 个不同的实参，即名字、颜色和年龄
21.  $ianimal = new animal('猪', '白色', '1 岁')
22.  $ianimal->getInfo();
23.  ?>
```

输出结果为：动物的名字叫做猪，动物的颜色是白色，动物的年龄是 1 岁。

2．析构方法

与构造方法相对的就是析构方法。析构方法是 PHP 5 新添加的内容，在 PHP 4 中没有析构方法。

析构方法允许在销毁一个类之前执行一些操作或完成一些功能，如关闭文件、释放结果集等。析构方法会在到某个对象的所有引用都被删除或者当对象被显式销毁时执行，也就是对象在内存中被销毁前调用析构方法。与构造方法的名称类似，一个类的析构方法名称必须是 __destruct( )。析构方法不能带有任何参数。

格式：

function __destruct () {... ...}

代码参见示例 5-9。

示例 5-9：

```php
1.   <?php
2.   class animal {
3.       public $name ='';     //成员属性$name
```

```
4.        public $color = '';        //成员属性 color
5.        public $age = '';          //成员属性 age
6.
7.        function __construct($name, $color, $age) {
8.              //通过构造方法传进来的$name 给成员属性$this->name 赋初值
9.              $this->name = $name;
10.             //通过构造方法传进来的$color 给成员属性$this-> color 赋初值
11.             $this->color= $color;
12.             //通过构造方法传进来的$age 给成员属性$this-> age 赋初值
13.             $this-> age = $age;
14.       }
15.       function getInfo() {
16.             echo '动物的名字叫做'. $this->$name . ', 动物的颜色是'. $this->color . ',动物的年
龄是'. $this->age .'.';
17.       }
18.
19.       //这是一个析构方法，在对象销毁前调用
20.       function __destruct() {
21.             echo "再见".$this->name.";
22.       }
23. }
24.
25. // 通过构造方法创建一个对象$ianimal，分别传入 3 个不同的实参，即称呼、颜色和年龄
26. $pig = new animal('猪', '白色', '1 岁')
27. $pig->getInfo();
28. ?>
```

输出结果为：动物的名字叫做猪，动物的颜色是白色，动物的年龄是 1 岁。

5.2 类的继承和重载

5.2.1 类的继承

　　继承作为面向对象的三个重要特性的一个方面，在面向对象的领域有着极其重要的作用，所有面向对象的语言都支持继承。继承是 PHP 5 面向对象程序设计的重要特性之一，它是指建立一个新的派生类，从一个或多个先前定义的类中继承数据和函数，而且可以重新定义或加进新数据和函数，从而建立了类的层次或等级。简单地说，继承是子类自动共享父类的数据结构和方法的机制，这是类之间的一种关系。在定义和实现一个类时，可以在一个已经存在的类的基础之上进行，把这个已经存在的类所定义的内容作为自己的内容，并加入若干新的内容。

　　假如现在已经有一个"动物"类了，该类中有 3 个成员属性"称呼、颜色和年龄"以及一个成员方法"获得基本信息"。如果现在程序需要一个鸟的类，因为鸟也是动物，所以鸟也有成员属性"称呼、颜色和年龄"以及成员方法"获得基本信息"，这时就可以让鸟这个类来继承动物这个类。继承之后，鸟类就会把动物类中的所有属性都继承过来，就不用再重新声明这些成员属性和方法了。因为鸟类中还有鸟自有的属性，如翅膀和飞，所以在鸟类中除了有继承

自动物类的属性和方法之外，还要加上鸟特有的属性和方法，这样一个鸟类就声明完成了。继承也可以叫做"扩展"，从上面的描述可以看出，鸟类对动物类进行了扩展，是在动物类中原有 3 个属性和一个方法的基础上加上一个属性和一个方法扩展出来一个新的动物类。

通过继承机制，可以利用已有的数据类型来定义新的数据类型。所定义的新的数据类型不仅拥有新定义的成员，而且还同时拥有旧的成员。我们称已存在的用来派生新类的类为基类，又称为父类以及超类。由已存在的类派生出的新类称为派生类，又称为子类。

在软件开发中，类的继承性使所建立的软件具有开放性、可扩充性，这是信息组织与分类的行之有效的方法，它简化了对象、类的创建工作量，增加了代码的可重用性。采用继承性，提供了类的规范的等级结构。通过类的继承关系，使公共的特性能够共享，提高了软件的重用性。

在 C++语言中，一个派生类可以从一个基类派生，也可以从多个基类派生。从一个基类派生的继承称为单继承；从多个基类派生的继承称为多继承。

但是在 PHP 和 Java 语言中没有多继承，只有单继承，也就是说，一个类只能直接从一个类中继承数据。单继承的示例可参见示例 5-10。

示例 5-10：

```php
1.  <?php
2.  // 下面是 animal 类的抽象，定义 animal 类作为父类
3.  class animal {
4.      public $name ='';           //成员属性$name
5.      public $color = '';          //成员属性 color
6.      public $age = '';            //成员属性 age
7.
8.      function __construct($name, $color, $age) {
9.          //通过构造方法传进来的$name 给成员属性$this->name 赋初值
10.         $this->name = $name;
11.         //通过构造方法传进来的$color 给成员属性$this-> color 赋初值
12.         $this->color= $color;
13.         //通过构造方法传进来的$age 给成员属性$this-> age 赋初值
14.         $this-> age = $age;
15.     }
16.     function getInfo() {
17.         echo '动物的名字叫做'. $this->$name .',动物的颜色是'. $this->color .',动物的年龄是'. $this->age .'.';
18.     }
19. }
20.
21. //定义一个 bird 类，使用 extends 关键字来继承 animal 类，作为 animal 的子类
22. class bird extends animal {
23.     var $wing; //bird 类的自有属性$wing
        bird 类的的自有方法 fly()
24.
25.     function fly () {
26.         echo "我可以飞翔";
27.     }
28. }
29. ?>
```

在上面的代码中，bird 类通过使用 extends 关键字继承了 animal 类中的所有成员属性和成员方法，并扩展了一个成员属性 wing 和一个方法 fly()。现在子类 bird 中和使用这个类实例化的对象都具有 name、color、age 和 wing 属性，具有 getInfo()和 fly()方法。

通过上面类继承的使用，减少了对象、类创建时所需的工作量，增加了代码的可重用性。但是仅仅从上面这个例子上，可以感觉"可重用性"以及其他的继承性所带来的影响并不是特别明显，但是深入地去想一下，动物有很多种，比如上面的鸟，还有其他的，例如鱼、鸡、鸭等。

每个类都定义了一种"动物"，都具有共同的属性和方法，这其中会有很大的工作量，所以这些属性和方法直接从"bird"类里面继承过来就会方便很多。

5.2.2　类的重载

在学习 PHP 语言时会发现，PHP 中的方法是不能重载的，所谓的方法重载就是定义相同的方法名，通过"参数的个数"不同或"参数的类型"不同，来访问相同方法名的不同方法。但是因为 PHP 是弱类型的语言，所以在方法的参数中本身就可以接收不同类型的数据，又因为 PHP 的方法可以接收不定个数的参数，所以通过传递不同个数的参数调用不同方法名的不同方法也是不成立的。所以在 PHP 中没有方法重载。不能重载也就是在项目中不能定义相同方法名的方法。另外，因为 PHP 没有名字空间的概念，在同一个页面和被包含的页面中不能定义相同名称的方法，也不能定义和 PHP 提供的方法重名，当然在同一个类中也不能定义相同名称的方法。

这里所指的重载新的方法所指的就是子类覆盖父类已有的方法。那为什么要这么做呢？父类的方法不是可以继承过来直接用吗？但有一些情况是必须要覆盖的，如前面提到过的例子中，animal 类中有一个 getInfo()方法，所有继承 animal 类的子类都具有方法。但是 animal 类中的 getInfo()方法获得的是 animal 类中的属性，而 bird 类对 animal 类进行了扩展，又扩展出了几个新的属性，如果使用继承过来的 getInfo()获得基本信息，只能获得从 animal 类继承过来的那些属性，新扩展的那些属性使用继承过来的 getInfo()方法就无法获取，有的人就会问了，在 bird 子类中再定义一个新的方法用于获得基本信息不就行了吗？一定不要这么做，从抽象的角度来讲，一个"鸟"不能有两种"获得基本信息"的方法，就算定义了两个不同的 animal 方法，可以实现想要的功能，被继承过来的 getInfo()方法可能就没有机会用到了，而且因为是继承过来的也无法删除。这时就要用到覆盖了。

虽然说在 PHP 中不能定义同名的方法，但是在父子关系的两个类中，可以在子类中定义和父类同名的方法，这样就把父类中继承过来的方法覆盖掉了，代码参见示例 5-11。

示例 5-11：

```php
1.   <?php
2.   // 下面是 animal 类的抽象，定义 animal 类作为父类
3.   class animal {
4.       public $name ='';       //成员属性$name
5.       public $color = '';      //成员属性 color
6.       public $age = '';        //成员属性 age
7.
8.       function __construct($name, $color, $age) {
9.           //通过构造方法传进来的$name 给成员属性$this->name 赋初值
10.          $this->name = $name;
11.          //通过构造方法传进来的$color 给成员属性$this-> color 赋初值
```

```
12.              $this->color= $color;
13.              //通过构造方法传进来的$age 给成员属性$this-> age 赋初值
14.              $this-> age = $age;
15.          }
16.      function getInfo() {
17.              echo '动物的名字叫做' . $this->$name . ', 动物的颜色是' . $this->color . ',动物的年
龄是' . $this->age . '.';
18.          }
19.
20.   }
21.
22.  //定义 bird 类, 使用 extends 关键字来继承 animal 类, 作为 animal 类的子类
23.  class bird extends animal {
24.      var $wing; //bird 类的自有属性$wing
25.
26.      function getInfo() {
27.              echo '动物的名字叫做' . $this->$name . ', 动物的颜色是' . $this->color . ', 动物的年
龄是' . $this->age . ', 动物有  . $this->wing. '翅膀'.';
28.          }
29.
30.  //这个 bird 类的自有方法 fly()
31.      function fly () {
32.              echo "我可以飞翔";
33.          }
34.  }
35.  ?>
```

上面的例子中, 就在 bird 子类中覆盖了继承自父类的 getInfo()方法, 从而实现了对 "方法" 扩展。

但是, 这样做虽然解决了上面说的问题, 但是在实际开发中, 一个方法不可能就一条代码或是几条代码, 如 animal 类中的 getInfo()方法就有 100 条代码, 如果想对该方法覆盖保留原有的功能并加上其他功能, 就要把原有的 100 条代码重写一次, 再加上扩展的几条代码。而有的情况, 父类中的方法是看不见原代码的, 这时该怎么去重写原有的代码呢? 我们也有解决的办法, 就是在子类的这个方法中可以调用到父类中被覆盖的方法, 也就是把被覆盖的方法原有的功能拿过来再加上其他功能。

可以通过两种方法实现在子类的方法中调用父类被覆盖的方法: 一种是使用父类的 "类名::" 来调用父类中被覆盖的方法; 一种是使用 "parent::" 的方式来调用父类中被覆盖的方法。

这两种覆盖方法请参见示例 5-12。

示例 5-12:

```
1.   <?php
2.   class bird extends animal {
3.       var $wing; //bird 类的自有属性$wing
4.       //bird 类的自有方法 fly()
5.       function fly () {
6.              echo "我可以飞翔";
7.       }
8.       //使用 getInfo()方法获得自己所有的属性, 该方法覆盖了父类的同名方法
9.       function getInfo() {
```

```
10.        //使用父类的"类名::"来调用父类中被覆盖的方法
11.        //animal:: getInfo ();
12.        //或者使用"parent::"的方式来调用父类中被覆盖的方法
13.        parent:: getInfo ();
14.        echo '动物有  . $this->wing. '翅膀'.';
15.      }
16.
17.  }
18.  ?>
```

现在用两种方式都可以访问到父类中被覆盖的方法，那么选哪种方式最好呢？用户可能会发现自己写的代码访问了父类的变量和函数。如果子类非常精练或者父类非常专业化时尤其是这样。不要用代码中父类文字上的名字，应该用特殊的名字 parent，它指的就是子类在 extends 声明中所指的父类的名字。这样做可以避免在多个地方使用父类的名字。如果继承需要在实现的过程中修改，只要简单地修改类中 extends 声明的部分。

同样，构造方法在子类中如果没有声明，也可以使用父类中的构造方法。如果子类中重新定义了一个构造方法，也会覆盖掉父类中的构造方法。如果想使用新的构造方法为所有属性赋值，也可以用同样的方式。

5.3 类 的 封 装

5.3.1 设置封装 public、protected、private

封装性是面向对象编程中的三大特性之一，封装性就是把对象的属性和服务结合成一个独立的相同单位，并尽可能隐蔽对象的内部细节。封装性包含两个含义：一是把对象的全部属性和全部服务结合在一起，形成一个不可分割的独立单位（即对象）；二是信息隐蔽，即尽可能隐蔽对象的内部细节，对外形成一个边界（或者说形成一道屏障），只保留有限的对外接口使之与外部发生联系。

封装的原则在软件上的反映是：要求使对象以外的部分不能随意存取对象的内部数据（属性），从而有效地避免了外部错误对它的"交叉感染"，使软件错误能够局部化，大大减少查错和排错的难度。

下面举个实例来具体说明。假如某个人的对象中有年龄和工资等属性，像这样个人隐私的属性是不想让其他人随意就能获得到的。如果不使用封装，那么别人想知道就能得到，但是如果封装之后，别人就没有办法获得封装的属性。

再比如，个人电脑都有一个密码，不想让其他人随意登录。还有就是像人这个对象，身高和年龄的属性只能是自己来增长，不可以让别人随意的赋值等。

可以使用 private 关键字来对属性和方法进行封装。

例如原来的成员如下：

```
var $name;                    //声明动物的称呼
var $color;                   //声明动物的颜色
var $age;                     //声明动物的年龄
```

function getInfo(){… … .}

改成封装形式后如下：

private $name;	//把动物的称呼使用 private 关键字进行封装
private $ color;	//把动物的颜色使用 private 关键字进行封装
private $age;	//把动物的年龄使用 private 关键字进行封装
private function getInfo (){… … .}	//把获得基本信息的方法使用 private 关键字进行封装

通过 private 就可以把人的成员（成员属性和成员方法）封装上了。封装上的成员就不能被类的外部代码直接访问了，只有对象内部自己可以访问。例如，示例 5-13 在运行时就会产生错误。

示例 5-13：

```php
1.   <?php
2.   class animal {
3.        private $name ='';     //成员属性$name
4.        private $color = '';    //成员属性$color
5.        private $age = '';      //成员属性$age
6.
7.        function __construct($name, $color, $age) {
8.             //通过构造方法传进来的$name 给成员属性$this->name 赋初值
9.             $this->name = $name;
10.            //通过构造方法传进来的$color 给成员属性$this-> color 赋初值
11.            $this->color= $color;
12.            //通过构造方法传进来的$age 给成员属性$this-> age 赋初值
13.            $this-> age = $age;
14.        }
15.        function getInfo() {
16.             echo '动物的名字叫做' . $this->$name .'，动物的颜色是' . $this->color .',动物的年
      龄是' . $this->age .'.';
17.        }
18.        private function fly() {
19.             echo "我可以飞翔";
20.        }
21.   }
22.   //试图去打印私有的属性，结果会发生错误
23.   $crow = new animal('乌鸦', '黑色', '1 岁')
24.   echo $crow ->name."<br>";
25.   echo $crow ->sex."<br>";
26.   echo $crow ->age."<br>"
27.   ?>
```

输出结果为：

Fatal error: Cannot access private property animal::$name

Fatal error: Cannot access private property animal::$sex

Fatal error: Cannot access private property animal::$age

Fatal error: Call to private method Person:: fly () from context ''

从上面的实例可以看到，私有的成员是不能被外部访问的，因为私有成员只能在本对象内部自己访问，如$crow 对象自己想把它的私有属性说出去，在 fly()方法中访问了私有属性，这样是可以的（没有加任何访问控制，默认为 public，任何地方都可以访问）。

类型的访问修饰符允许开发人员对类成员的访问进行限制，这是 PHP 5 的新特性，但却是 OOP

语言的一个好的特性。而且大多数 OOP 语言都已支持此特性。PHP 5 支持如下 3 种访问修饰符：

（1）public。公有修饰符，类中的成员将没有访问限制，所有的外部成员都可以访问（读和写）这个类成员（包括成员属性和成员方法）。在 PHP 5 之前的所有版本中，PHP 中类的成员都是 public 的，而且在 PHP 5 中，如果类的成员没有指定成员访问修饰符，将被视为 public。

例如：

```
public $name;
public function getInfo(){};
```

（2）private。私有修改符，被定义为 private 的成员，对于同一个类里的所有成员是可见的，即是没有访问限制；但对于该类的外部代码是不允许进行改变甚至读操作，对于该类的子类也不能访问。

例如：

```
private $name = 'A';              //属性
private function getInfo(){}      //函数
```

（3）protected。保护成员修饰符，被修饰为 protected 的成员不能被该类的外部代码访问。但是对于该类的子类有访问权限，可以进行属性、方法的读及写操作。

例如：

```
protected $name;
protected function getInfo (){};
```

面向对象成员的属性权限如表 5-1 所示。

表 5-1

描　　述	public	protected	private
同一个类中	√	√	√
类的子类中	√	√	
所有的外部成员	√		

相关实例可参见示例 5-14 和示例 5-15。

示例 5-14：

```
1.    <?php
2.    /**
3.     *定义类 MyClass
4.     */
5.    class MyClass {
6.        public $public = 'Public';              //定义公共属性$public
7.        protected $protected = 'Protected';     //定义保护属性$protected
8.        private $private = 'Private';           //定义私有属性$private
9.        function printHello() {                 //输出 3 个成员属性
10.           echo $this->public;
11.           echo $this->protected;
12.           echo $this->private;
13.       }
14.   }
15.   $obj = new MyClass();                        //实例化当前类
16.   echo $obj->public;                           //输出$public
17.   echo $obj->protected;                        //出错，保护属性的不可直接使用
```

```php
18.    echo $obj->private;                          //出错，私有属性的不可直接使用
19.    $obj->printHello();                          //输出 3 个成员属性
20.
21.    /**
22.     *定义类 MyClass2
23.     */
24.    class MyClass2 extends MyClass {              //继承 MyClass 类
25.        //可以重定义公共属性和保护属性，但是私有属性不可以重定义
26.        protected $protected = 'Protected2';
27.        function printHello() {
28.            echo $this->public;
29.            echo $this->protected;
30.            echo $this->private;
31.        }
32.    }
33.    $obj2 = new MyClass2();
34.    echo $obj->public;                           //输出$public
35.    echo $obj2->private;                         //未定义
36.    echo $obj2->protected;                       //出错
37.    $obj2->printHello();                         //只显示公共属性和保护属性，不显示私有属性
38.    ?>
```

示例 5-15：

```php
1.    <?php
2.    /**
3.     *定义类 MyClass
4.     */
5.    class MyClass {
6.        //初始化函数必须要用公共属性
7.        public function __construct() { }
8.        //定义一个公共属性方法
9.        public function MyPublic() { }
10.       //定义一个保护属性方法
11.       protected function MyProtected() { }
12.       //定义一个私有属性方法
13.       private function MyPrivate() { }
14.       //不写，默认为公共属性方法
15.       function Foo() {
16.           $this->MyPublic();
17.           $this->MyProtected();
18.           $this->MyPrivate();
19.       }
20.    }
21.    $myclass = new MyClass;
22.    $myclass->MyPublic();          //可以使用
23.    $myclass->MyProtected();       //出错
24.    $myclass->MyPrivate();         //出错
25.    $myclass->Foo();               //3 个方法都可以调用
26.    /**
```

123

```
27.     *定义类 MyClass2
28.     */
29.     class MyClass2 extends MyClass {
30.         // This is public
31.         function Foo2() {
32.             $this->MyPublic();
33.             $this->MyProtected();
34.             $this->MyPrivate(); // Fatal Error
35.         }
36.     }
37.     $myclass2 = new MyClass2;
38.     $myclass2->MyPublic(); //可以使用
39.     $myclass2->Foo2();       //公共属性方法和保护属性方法是可以使用的，私有的是不可以访问的
40.     ?>
```

5.3.2　__set()、__get()、__isset()和__unset()

一般来说，总是把类的属性定义为 private，这更符合现实的逻辑。但是，对属性的读取和赋值操作是非常频繁的，因此在 PHP 5 中，预定义了__get()和__set()方法来获取和赋值其属性，__isset()方法来检查属性，__unset()方法来删除属性。

__set()和__get()这两个方法不是默认存在的，需要手工添加到类中，可以按示例 5-16 的方式来添加这两个方法，当然也可以按个人的风格来添加。

示例 5-16：

```
1.     //__get()方法用来获取私有属性
2.     private function __get($property_name) {
3.     if(isset($this->$property_name)) {
4.         return($this->$property_name);
5.     } else {
6.         return(NULL);
7.     }
8.     }
9.     //__set()方法用来设置私有属性
10.    private function __set($property_name, $value) {
11.    $this->$property_name = $value;
12.    }
```

1.　__get()方法

__get()方法用来获取私有成员属性值，有一个参数，参数传入要获取的成员属性的名称，返回获取的属性值。该方法不用我们手工去调用，因为我们也可以把这个方法做成私有的方法，是在直接获取私有属性时对象自动调用的。因为私有属性已经被封装上了，是不能直接获取值的（如"echo $animal->name"这样直接获取是错误的），但是如果在类中加上了这个方法，在使用"echo $animal->name"这样的语句直接获取值时就会自动调用__get($property_name)方法，将属性 name 传给参数$property_name，通过该方法的内部执行，返回我们传入的私有属性的值。如果成员属性不封装成私有的，对象本身就不会去自动调用这个方法。

2. __set()方法

　　__set()方法用来为私有成员属性设置值，有两个参数，第一个参数为要设置值的属性名，第二个参数是要给属性设置的值，没有返回值。这个方法同样不用我们手工去调用，它也可以做成私有的，是在直接设置私有属性值时自动调用的。同样，私有属性已经被封装上了，如果没有__set()这个方法，是不允许的，比如：$this->name="猪"，这样会出错，但是如果在类中加上了__set($property_name, $value)方法，在直接给私有属性赋值时，就会自动调用它，把属性如 name 传给$property_name，把要赋的值"猪"传给$value，从而达到赋值的目的。如果成员属性不封装成私有的，对象本身就不会去自动调用这个方法。为了不传入非法的值，还可以在这个方法给做一下判断，代码参见示例 5-17。

示例 5-17：

```php
1.   <?php
2.   class animal {
3.         //下面是成员属性，都是封装的私有成员
4.         private $name;      //动物的称呼
5.         private $color;     //动物的颜色
6.         private $age;       //动物的年龄
7.         //__get()方法用来获取私有属性
8.         private function __get($property_name) {
9.              echo "在直接获取私有属性值的时候，自动调用了这个__get()方法<br>";
10.         if(isset($this->$property_name)) {
11.              return($this->$property_name);
12.         } else {
13.              return(NULL);
14.         }
15.   }
16.         //__set()方法用来设置私有属性
17.         private function __set($property_name, $value) {
18.              echo "在直接设置私有属性值的时候，自动调用了这个__set()方法为私有属性赋值";
19.              $this->$property_name = $value;
20.         }
21.   }
22.   $pig =new animal ();
23.   //直接为私有属性赋值的操作，会自动调用__set()方法进行赋值
24.   $pig ->name="猪";
25.   $pig ->color="白色";
26.   $pig ->age="1 岁";
27.   //直接获取私有属性的值，会自动调用__get()方法，返回成员属性的值
28.   echo "称呼：".$ pig ->name."<br>";
29.   echo "颜色：".$ pig ->sex."<br>";
30.   echo "年龄：".$ pig ->age."<br>";
31.   ?>
```

程序执行结果如下：

在直接设置私有属性值的时候，自动调用了这个__set()方法为私有属性赋值
在直接设置私有属性值的时候，自动调用了这个__set()方法为私有属性赋值
在直接设置私有属性值的时候，自动调用了这个__set()方法为私有属性赋值
在直接获取私有属性值的时候，自动调用了这个__get()方法

称呼：猪
在直接获取私有属性值的时候，自动调用了这个__get()方法
颜色：白色
在直接获取私有属性值的时候，自动调用了这个__get()方法
年龄：1 岁

以上代码如果不加上__get()和__set()方法，程序就会出错，因为不能在类的外部操作私有成员，上面的代码是通过自动调用__get()和__set()方法来帮助我们直接存取封装的私有成员的。

3．__isset()方法

在学习__isset()方法之前先来看一下 isset()函数的应用。isset()是测定变量是否设定用的函数，传入一个变量作为参数，如果传入的变量存在则返回 TRUE，否则返回 FALSE。那么如果在一个对象外面使用 isset()函数去测定对象中的成员是否被设定时，可不可以用它呢？分两种情况，如果对象中的成员是公有的，就可以使用这个函数来测定成员属性；如果是私有的成员属性，这个函数就不起作用了，原因就是因为私有的被封装了，在外部不可见。那么是否可以在对象的外部使用 isset()函数来测定私有成员属性是否被设定了呢？可以，只要在类中加上一个__isset()方法即可。当在类外部使用 isset()函数来测定对象中的私有成员是否被设定时，就会自动调用类中的__isset()方法帮我们完成这样的操作。__isset()方法也可以做成私有的，只需要在类中加示例 5-18 中的代码即可。

示例 5-18：

```
1.    private function __isset($nm) {
2.        echo "当在类外部使用 isset()函数测定私有成员$nm 时，自动调用<br>";
3.        return isset($this->$nm);
4.    }
```

4．__unset()方法

在学习__unset()方法之前，先来看一下 unset()函数的应用。unset()函数的作用是删除指定的变量且返回 TRUE，参数为要删除的变量。那么如果在一个对象外部去删除对象内部的成员属性时，用 unset()函数可不可以呢？也是分两种情况，如果一个对象中的成员属性是公有的，就可以使用这个函数在对象外面删除对象的公有属性；如果对象的成员属性是私有的，使用这个函数就没有权限去删除。但同样，如果在一个对象中加上__unset()方法，就可以在对象的外部去删除对象的私有成员属性。在对象中加上__unset()方法后，在对象外部使用 unset()函数删除对象内部的私有成员属性时，就会自动调用__unset()方法来帮我们删除对象内部的私有成员属性。该方法也可以在类的内部定义成私有的，只需在对象中加入示例 5-19 中的代码即可。

示例 5-19：

```
1.    private function __unset($nm) {
2.        echo "当在类外部使用 unset()函数来删除私有成员时自动调用<br>";
3.        unset($this->$nm);
4.    }
```

下面来看一个完整的实例，如示例 5-20 所示。

示例 5-20：

```
1.    <?php
```

```
2.      class animal {
3.          //下面是成员属性，都是封装的私有成员
4.          private $name;    //动物的称呼
5.          private $color;   //动物的颜色
6.          private $age;     //动物的年龄
7.          //__get()方法用来获取私有属性
8.          private function __get($property_name) {
9.                  echo "在直接获取私有属性值的时候，自动调用了这个__get()方法<br>";
10.                     if(isset($this->$property_name)) {
11.                         return($this->$property_name);
12.                     } else {
13.                         return(NULL);
14.                     }
15.         }
16.         //__set()方法用来设置私有属性
17.         private function __set($property_name, $value) {
18.             echo "在直接设置私有属性值的时候，自动调用了这个__set()方法为私有属性赋值";
19.             $this->$property_name = $value;
20.         }
21.         //__isset()方法
22.         private function __isset($nm) {
23.             echo "isset()函数测定私有成员时，自动调用<br>";
24.             return isset($this->$nm);
25.         }
26.         //__unset()方法
27.         private function __unset($nm) {
28.             echo "当在类外部使用 unset()函数来删除私有成员时自动调用<br>";
29.             unset($this->$nm);
30.         }
31.     }
32.     $pig = new animal ();
33.     $pig->name="this is an animal name";
34.     //在使用 isset()函数测定私有成员时，自动调用__isset()方法帮我们完成，返回结果为 TURE
35.     echo var_dump(isset($pig ->name))."<br>";
36.     echo $ pig ->name."<br>";
37.     //在使用 unset()函数删除私有成员时，自动调用__unset()方法帮我们完成，删除 name 私有属性
38.     unset($pig ->name);
39.     //已经被删除了，所以这行不会有输出
40.     echo $pig ->name;
41.  ?>
```

输出结果为：

在直接设置私有属性值的时候，自动调用了这个__set()方法为私有属性赋值 isset()函数测定私有成员时，自动调用

bool(true)

在直接获取私有属性值的时候，自动调用了这个__get()方法

this is an animal name

当在类外部使用 unset()函数来删除私有成员时自动调用的在直接获取私有属性值的时候，自动调用了这个__get()方法 isset()函数测定私有成员时，自动调用。

5.4　常用关键字

5.4.1　static 关键字

static 关键字用来在类中描述成员属性和成员方法是静态的。静态的成员好处是什么呢？前面我们声明了 animal 类，在 animal 类中如果加上一个"动物性别"的属性，这样用 animal 类实例化出几百个或者更多个实例对象，每个对象中就都有"动物性别"的属性了，如果所有实例化对象的动物性别都是雄性，那么每个对象中就都有一个动物性别是"雄性"的属性，而其他属性是不同的。如果我们把"动物性别"的属性做成静态的成员，这样该属性在内存中就只有一个，而让这几百个或更多的对象共用这一个属性。static 成员能够限制外部的访问，因为 static 成员是属于类的，不属于任何对象实例，是在类第一次被加载时分配的空间，其他类是无法访问的，只对类的实例共享，能在一定程度上对类成员形成保护。

下面从内存的角度来分析。内存从逻辑上被分为 4 段，如表 5-2 所示。其中对象是放在"堆内存"中，对象的引用被放到了"栈内存"中，而静态成员则放到了"初始化静态段"，是在类第一次被加载时放入的，可以让堆内存中的每个对象所共享。

表 5-2

栈　内　存		堆　内　存		静　态　内　存	
ig	0x9000	$name	0x9000		
		$color	0x9000		
$crow	0x8000	$name	0x8000	性别	雄性
		$color	0x8000		
$shark	0x7000	$name	0x8000		
		$color	0x8000		

类的静态变量，非常类似全局变量，能够被所有类的实例共享。类的静态方法也是一样的，类似于全局函数。

代码参见示例 5-21。

示例 5-21：

```php
1.  <?php
2.  class animal {
3.      //下面是动物的性别属性
4.      public static $sex = "雄性";
5.      //这是静态成员方法
6.      public static function getInfo() {
7.          echo "动物是雄性的";
8.      }
9.  }
```

```
10.    //输出静态属性
11.    echo animal::$ sex;
12.    //访问静态方法
13.    animal:: getInfo ();
14.    //重新给静态属性赋值
15.    animal::$sex ="雄性";
16.    echo animal::$ sex;
17.    ?>
```

因为静态成员是在类第一次加载时就创建的，所以在类的外部不需要对象而使用类名就可以访问到静态成员。前面说过，静态成员被这个类的每个实例对象所共享，那么我们使用对象可不可以访问类中的静态成员呢？静态的成员不是在每个对象内部存在的，但是每个对象都可以共享，所以如果使用对象访问成员，就会出现"没有这个属性定义"的提示，即使用对象访问不到静态成员的，在其他的面向对象的语言中，如 Java 是可以使用对象的方式访问静态成员的。如果 PHP 中可以使用对象访问静态成员，也尽量不要去使用，因为静态成员在做项目时的目的就是使用类名去访问。

类中的静态方法只能访问类的静态的属性，类中的静态方法是不能访问类的非静态成员的。原因很简单，我们要想在本类的方法中访问本类的其他成员，需要使用$this 这个引用，而$this这个引用指针是代表调用此方法的对象，而静态的方法是不用对象调用的，而是使用类名来访问，所以根本就没有对象存在，也就没有$this 这个引用了，所以就不能访问类中的非静态成员。又因为类中的静态成员是可以不用对象来访问的，所以类中的静态方法只能访问类的静态的属性。因为$this 不存在，在静态方法中访问其他静态成员时使用的是一个特殊的类 self。self 和$this相似，只不过 self 是代表这个静态方法所在的类。所以在静态方法中，可以使用这个方法所在的类的"类名"，也可以使用 self 来访问其他静态成员。如果没有特殊情况，我们通常使用后者，即"self::成员属性"的方式，代码参见示例 5-22。

示例 5-22：

```
1.    <?php
2.    class animal {
3.        //下面是静态成员属性
4.        public static $sex = "雄性";
5.        //这是静态成员方法，通过 self 访问其他静态成员
6.        public static function getInfo() {
7.            echo "动物是".self::$sex;
8.        }
9.    }
10.    //访问静态方法
11.    animal:: getInfo ();
12.    ?>
```

在非静态方法中可不可以访问静态成员呢？当然也是可以的，但是也不能使用$this 引用，也要使用类名或"self::成员属性"的形式。

5.4.2　final 关键字

final 关键字只能用来定义类和方法，不能用来定义成员属性，因为 final 是常量的意思。在

PHP 中定义常量使用的是 define()函数，所以不能使用 final 来定义成员属性。

使用 final 关键字标记的类不能被继承，如下面的代码：

```
1.   final class animal {
2.   … …
3.   }
4.   class bird extends animal {
5.   … …
6.   }
7.
```

会出现以下错误：

```
1.   Fatal error: Class bird may not inherit from final class (animal)
```

使用 final 关键字标记的方法也不能被子类覆盖，如下面的代码：

```
1.   class animal {
2.   final function getInfo(){ }
3.   }
4.   class bird extends animal {
5.   function getInfo (){ }
6.   }
7.
```

会出现以下错误：

```
1.   Fatal error: Cannot override final method animal:: bird ()
```

5.4.3　self 关键字

首先要明确一点，self 是指向类本身，也就是 self 关键字是不指向任何已经实例化的对象。self 一般用来指向类中的静态变量，代码参见示例 5-23。

示例 5-23：

```
1.   <?php
2.       class animal {
3.           //定义属性，包括一个静态变量
4.           private static $firstCry = 0;    //叫声
5.           private $lastCry;
6.           //构造方法
7.           function __construct() {
8.               $this->lastCry = ++self::$ firstCry;
9.               //使用 self 关键字来调用静态变量时必须使用::（域运算符号）
10.          }
11.          function printLastCry() {
12.              var_dump( $this->lastCount );
13.          }
14.      }
15.      //实例化对象
16.      $bird = new animal ();
17.      $bird -> printLastCry ();
```

```
18.        //输出 1
19. ?>
```

这里只要注意两个地方，第 6 行和第 11 行。在第 4 行定义了一个静态变量$firstCry，并且初始值为 0，在 8 行调用这个值时，使用的是 self 关键字，并且中间使用 "::" 来连接。那么这时调用的就是类自己定义的静态变量$firstCry，我们的静态变量与下面对象的实例无关，它只跟类有关，当调用类本身的属性时，就无法使用 this 来引用，可以使用 PHP self 关键字来引用，因为 self 是指向类本身，与任何对象实例无关。换句话说，假如类里面拥有静态成员属性，也必须使用 self 来调用。

5.4.4　const 关键字

const 是一个定义常量的关键字，在 PHP 中定义常量使用的是 define()函数，但是在类中定义常量使用的是 const 关键字，类似于 C 中的#define。如果在程序中改变了它的值，那么会出现错误。用 const 修饰的成员属性的访问方式和 static 修饰的成员属性的访问的方式差不多，也是使用 "类名"，或在方法中使用 self 关键字。但是不用使用 "$" 符号，也不能使用对象来访问，代码参见示例 5-24。

示例 5-24：

```
1.  <?php
2.  class MyClass {
3.      //定义一个常量 constant
4.      const constant = 'constant value';
5.      function showConstant() {
6.          echo self::constant . "\n";            //使用 self 访问，不要加 "$"
7.      }
8.  }
9.  echo MyClass::constant . "\n";                  //使用类名来访问，也不加 "$"
10. $class = new MyClass();
11. $class->showConstant();
12. //echo $class::constant;是不允许的
13. ?>
```

5.4.5　__toString()描述

我们前面说过，在类中声明的方法名以 "__" 开始的方法（PHP 给我们提供的），都是在某一时刻不同情况下自动调用执行的方法。__toString()方法也是一样自动被调用的，是在直接输出对象引用时自动调用的。前面我们讲过对象引用是一个指针，如$pig = new animal ()中，$pig 就是一个引用，我们不能使用 echo 直接输出$pig，这样会输出 Catchable fatal error: Object of class animal could not be converted to string 这样的错误。如果在类中定义了__toString()方法，在直接输出对象引用时，就不会产生错误，而是自动调用__toString()方法，输出__toString()方法中返回的字符，所以__toString()方法一定要有个返回值（return 语句如示例 5-25 所示）。

示例 5-25：

```php
1.  <?php
2.  //Declare a simple class
3.  class TestClass {
4.      public $foo;
5.      public function __construct($foo) {
6.          $this->foo = $foo;
7.      }
8.      //定义一个__toString 方法，返加一个成员属性$foo
9.      public function __toString() {
10.         return $this->foo;
11.     }
12. }
13. $class = new TestClass('Hello');
14. //直接输出对象
15. echo $class;
16. ?>
```

输出结果为：

```
1.  Hello
```

5.4.6 __clone()克隆

有时需要在一个项目中使用两个或多个一样的对象，如果使用 new 关键字重新创建对象并赋值相同的属性，会比较繁琐而且也容易出错。所以要根据一个对象完全克隆出一个一模一样的对象，是非常有必要的，而且克隆以后，两个对象互不干扰。

在 PHP 5 中使用 clone 关键字克隆对象，代码参见示例 5-26。

示例 5-26：

```php
1.  <?php
2.  class animal {
3.      //下面是动物的成员属性
4.      public $name ='';     //成员属性$name
5.      public $color = '';    //成员属性 color
6.      public $age = '';      //成员属性 size
7.      //定义一个构造方法，参数为$name、$color 和$age
8.      function __construct($name, $color, $age) {
9.          //通过构造方法传进来的$name 给成员属性$this->name 赋初值
10.         $this->name = $name;
11.         //通过构造方法传进来的$color 给成员属性$this-> color 赋初值
12.         $this->color= $color;
13.         //通过构造方法传进来的$age 给成员属性$this-> size 赋初值
14.         $this->age = $age;
15.     }
16.     function getInfo() {
17.         echo '动物的名字叫做'. $this->$name .', 动物的颜色是'. $this->color .',动物的年龄是'. $this->age. '.';
```

```
18.        }
19.    }
20.    $pig = new animal ("猪", "白色", '1 岁');
21.    // 使用 clone 克隆新对象 pig2, 和$pig 对象具有相同的属性和方法
22.    $pig2 = clone $pig;
23.    $pig2->getInfo ();
24.    ?>
```

PHP 5 中定义了一个特殊的方法 __clone(), 是在对象克隆时自动调用的方法。用 __clone()方法将建立一个与原对象拥有相同属性和方法的对象，如果想在克隆后改变原对象的内容，需要在 __clone()中重写原本的属性和方法。__clone()方法可以没有参数，它自动包含$this 和$that 两个指针，$this 指向复本，而$that 指向原本，代码参见示例 5-27。

示例 5-27:

```
1.    <?php
2.    class animal {
3.        //下面是动物的成员属性
4.        public $name ='';    // 成员属性$name
5.        public $color = '';   // 成员属性$color
6.        public $age = '';    // 成员属性$size
7.        //定义一个构造方法，参数为$name、$color 和$age
8.        function __construct($name, $color, $age) {
9.            //通过构造方法传进来的$name 给成员属性$this->name 赋初值
10.           $this->name = $name;
11.           //通过构造方法传进来的$color 给成员属性$this-> color 赋初值
12.           $this->color= $color;
13.           //通过构造方法传进来的$age 给成员属性$this-> size 赋初值
14.           $this->age = $age;
15.       }
16.       function getInfo() {
17.           echo '动物的名字叫做' . $this->$name .'，动物的颜色是'. $this->color .',动物的年龄是'. $this->age. '.';
18.       }
19.       //对象克隆时自动调用的方法， 如果想在克隆后改变原对象的内容，需要在 __clone()中重写原本的属性和方法
20.       function __clone() {
21.           //$this 指的复本 pig2, 而$that 是指向原本 pig, 这样就在本方法中改变了复本的属性
22.           $this->name = "假的$that->name";
23.           $this->age = '2 岁';
24.       }
25.   }
26.   $pig = new animal ("猪", "白色",  '1 岁');
27.   //使用 clone 克隆新对象 pig2, 和$pig 对象具有相同的属性和方法
28.   $pig2 =clone $pig;
29.   $pig ->getInfo();
30.   $pig2->getInfo();
31.   ?>
```

输出结果为：

动物的名字叫做猪，动物的颜色是白色，动物的年龄是 1 岁；

动物的名字叫假的猪，动物的颜色是白色，动物的年龄是 2 岁；

5.4.7   __call() 吸错

在程序开发中，如果在使用对象调用对象内部方法时，调用的方法不存在，那么程序就会出错并自动退出。那么可不可以在程序调用对象内部不存在的方法时，提示调用的方法及使用的参数不存在，但程序还可以继续执行？这时就要使用在调用不存在的方法时自动调用的方法 __call()，代码参见示例 5-28。

示例 5-28：

```
1.    <?php
2.        //这是一个测试的类，里面没有属性和方法
3.        class Test {
4.        }
5.        //产生一个 Test 类的对象
6.        $test=new Test();
7.        //调用对象中不存在的方法
8.        $test->demo("one",  "two",  "three");
9.        //程序不会执行到这里
10.       echo "this is a test<br>";
11.   ?>
```

上例出现如下错误，程序退出：

Fatal error: Call to undefined method Test::demo()

下面加上__call()方法，该方法有两个参数，第一个参数为在调用不存在的方法的过程中，自动调用__call()方法时，把这个不存在的方法名传给第一个参数；第二个参数则是把这个方法的多个参数以数组的形式传进来，代码参见示例 5-29。

示例 5-29：

```
1.    <?php
2.    //这是一个测试的类，里面没有属性和方法
3.    class Test {
4.        //调用不存在的方法时自动调用的方法，第一个参数为方法名，第二个参数为数组参数
5.        function __call($function_name,  $args) {
6.            print "你所调用的函数：$function_name(参数：";
7.            print_r($args);
8.            print ")不存在！<br>\n";
9.        }
10.   }
11.   //产生一个 Test 类的对象
12.   $test = new Test();
13.   //调用对象中不存在的方法
14.   $test->demo("one",  "two",  "three");
15.   //程序不会退出，可以执行到这里
16.   echo "this is a test<br>";
17.   ?>
```

输出结果为：

你所调用的函数：demo(参数：Array ([0] => one [1] => two [2] => three))不存在！

this is a test.

5.4.8　__autoload() 自动加载

很多开发者在写面向对象的应用程序时，对每个类的定义建立一个 PHP 源文件，这样做一个很大的烦恼是不得不在每个脚本（每个类一个文件）开头写一个长长的包含文件的列表。在软件开发系统中，不可能把所有的类都写在一个 PHP 文件中，当在一个 PHP 文件中需要调用另一个文件中声明的类时，就需要通过 include 把该文件引入。不过有时在文件众多的项目中，要一一将所需类的文件都 include 进来，是一个很让人头疼的事，所以我们能不能在用到什么类时，再把该类所在的 PHP 文件导入呢？这就是我们这里要讲的自动加载类。

在 PHP 5 中，可以定义一个 __autoload()函数，它会在试图使用尚未被定义的类时自动调用。通过调用此函数，脚本引擎在 PHP 出错失败前有了最后一个机会加载所需的类。__autoload()函数接收的一个参数，就是用户想加载的类的类名，所以开发项目时，在组织定义类的文件名时，需要按照一定的规则，最好以类名为中心，也可以加上统一的前缀或后缀形成文件名，如 xxx_classname.php、classname_xxx.php 就是 classname.php 等。

示例 5-30 尝试分别从 MyClass1.php 和 MyClass2.php 文件中加载 MyClass1 和 MyClass2 类。

示例 5-30：

```php
1.  <?php
2.      function __autoload($classname) {
3.          require_once $classname . '.php';
4.      }
5.      //MyClass1 类不存在自动调用__autoload()函数，传入参数 MyClass1
6.      $obj = new MyClass1();
7.      //MyClass2 类不存在自动调用__autoload()函数，传入参数 MyClass2
8.      $obj2 = new MyClass2();
9.  ?>
```

5.5　本 章 小 结

本章对面向对象编程进行了比较详细的总结和描述，包括面向对象的基本使用思路和语法，并使用面向对象编程改造了之前我们所学过的其他类型的例子，让程序变的更加有重用性和扩展性。

通过本章的学习，读者应能掌握以下知识点：

（1）会创建一个 PHP 类、抽象类、接口。

（2）熟悉面向对象中的继承、封装、多态等功能。

（3）熟悉掌握面向对象中的常用关键字和函数。

（4）能理解面向对象编程的原理和结构。

第6章　字符串处理与正则表达式

　　字符串也是 PHP 中重要的数据类型之一。在 Web 应用中，很多情况下需要对字符串进行处理和分析，通常这将涉及字符串的格式化、字符串的连接与分割、字符串的比较、查找等一系列操作。

　　正则表达式（Regular Expression，缩写为 regexp、regex 或 regxp），又称常态表达式、正规化表示法或正规表示法，是指一个用来描述或者匹配一系列符合某个语法规则的字符串的单个字符串。在很多文本编辑器或其他工具里，正则表达式通常被用来检索或替换那些符合某个模式的文本内容，许多程序语言都支持利用正则表达式进行字符串操作。

　　PHP 同时使用两套正则表达式规则，一套是由电气和电子工程协会（IEEE）制定的 POSIX Extended 1003.2 兼容正则（事实上 PHP 对此标准的支持并不完善），另一套来自 PORE（Perl Compatible Regular Expression）库提供的 PERL 兼容正则，这是个开放源代码的软件。

6.1　字符串的处理介绍

6.1.1　字符串的处理方式

　　在 PHP 中，提供了大量的字符串操作函数，功能强大，使用也比较简单。但对一些比较复杂的字符串操作，则需要借助 PHP 所支持的正则表达式来实现。如果字符串处理函数和正则表达式都可以实现字符串操作，建议使用字符串处理函数来完成，因为字符串处理函数要比正则表达式效率高。但在处理比较复杂的字符串时，只有通过正则表达来完成。

6.1.2　字符串类型的特点

　　在每天的编程工作中，处理、调整、控制字符串是很重要的，一般也认为这是所有编程语言的基础。不同与其他语言，PHP 没有那么麻烦地使用数据类型来处理字符串。在 Web 开发中，程序员大部分的工作都是在操作字符串，所以字符串的处理也是体现程序员编程能力的一种方式。在 PHP 语言中，其他类型的数据一般都可以直接应用于字符串操作函数，自动转换成字符串类型进行处理。

6.2　常用字符串函数解析

　　在 Web 编程中，字符串是使用最频繁的数据类型之一。此外 PHP 不是一门弱类型化语言，因此很多数据都可以作为字符串来方便处理。字符串操作是编程中极为常用的操作，从简单的打印，到复杂的正则，每一个处理的对象都是字符串。

在 PHP 中，常用的字符串函数如表 6-1 所示。

表 6-1

函 数 名	函数功能概述
echo	输出字符串
print	输出一个或多个字符串
print_r	打印关于变量的易于理解的信息
die	输出一条消息，并退出当前脚本
explode	使用一个字符串分割另一个字符串
implode	把数组元素组合为一个字符串
htmlspecialchars	把一些预定义的字符转换为 HTML 实体
htmlentities	把字符转换为 HTML 实体
md5	用 MD5 算法对字符串进行加密
md5_file	计算文件的 MD5 散列
sha1	用 SHA-1 算法对字符串进行加密
sha1_file	计算文件的 SHA-1 散列
nl2br	在字符串中的每个新行(\n)之前插入 HTML 换行符( )
str_repeat	把字符串重复指定的次数
str_replace	使用一个字符串替换字符串中的另一些字符
str_shuffle	随机地打乱字符串中的所有字符
str_split	把字符串分割到数组中
strip_tags	过滤掉字符串中的 PHP 和 HTML 标记
strlen	获取字符串长度
strtolower	将字符串转化为小写
strtoupper	将字符串转化为大写
strtr	转换指定字符
substr_count	计算字符串出现的次数
substr_replace	把字符串的一部分替换为另一个字符串
Substr	截取字符串的一部分，编码转换（纯字节截取，即英文截取）
iconv_substr	截取字符串的一部分，常用来截取中文字符
ltrim	从字符串左侧删除空格或其他预定义字符
rtrim	从字符串的末端开始删除空格或其他预定义字符
trim	去除字符串首尾处的空格（或者其他字符）
ucfirst	把字符串中的首字符转换为大写
ucwords	把字符串中每个单词的首字符转换为大写
wordwrap	按照指定长度对字符串进行折行处理

PHP 开发者提供了非常多的字符串处理函数，表 6-1 中只是列出了一些较为常用的函数。在实际开发过程中，每一个学者都不可能掌握 PHP 提供的所有字符串处理函数，只要掌握一些极为常用的函数即可。如果读者想了解更多字符串处理函数，请结合 PHP 官方提供的手册深入学习。

6.2.1　字符串的输出函数 echo()

在 PHP 中提供了多个字符串的输出函数，其中 echo()函数是使用最多的函数，主要原因是它的效率要比其他输出函数的效率高。

echo()可以输出一个或多个字符串，实际上 echo()并不是一个函数，它只是一种语言结构。另外，如果想给 echo()传递多个参数，那么就不能使用小括号，否则就会发生解析错误。

格式：

void echo (string $arg1 [, string $...])

代码参见示例 6-1。

示例 6-1：

```
1.    <?php
2.    $str = "Hello World";
3.    echo $str;
4.    ?>
```

通过使用 echo()函数，在页面上清晰地输出了字符串的内容，如图 6-1 所示。

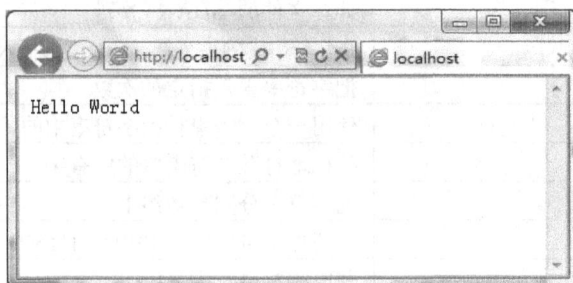

图 6-1

6.2.2　程序报错后终止继续运行的函数 die()

该函数是 exit()函数的别名，die()函数输出一条消息，并退出当前脚本。如果参数是一个字符串，则该函数会在退出前输出它，如果参数是一个整数，这个值会被用作退出状态。退出状态的值在 0～254 之间。退出状态 255 由 PHP 保留，不会被使用。状态 0 用于成功地终止程序。

格式：

void die (string status)

代码参见示例 6-2。

示例 6-2：

```
1.    <?php
2.    $conn =@mysql_connect("localhsot","root","")or die("数据库连接失败！");
3.    ?>
```

如果 mysql_connect()函数中的参数完全正确，整个页面返回为空；如果有一个条件不符合，则返回结果如图 6-2 所示，即显示的内容为 die()括号中的内容，并终止整个脚本语言的执行。

图 6-2

6.2.3　打印函数 print_r()

这个函数我们曾在第 4 章多次使用过，因此不会感觉陌生。print_r()函数用于显示关于一个变量的易于理解的信息。如果给出的是变量 string、integer 或 float 类型，将打印变量值本身。如果给出的变量是 array，将会按照一定格式显示键和元素。

格式：

bool print_r (mixed $expression [, bool $return])

代码参见示例 6-3。

示例 6-3：

```
1.   <?php
2.   $arr = array('0'=>'PHP', '1'=>array('0'=>'P','1'=>'H','2'=>'P'));
3.   print_r($arr);
4.   ?>
```

在使用该函数后，返回该数组中的所有键值，并返回一个由数字索引成的新二维数组，如图 6-3 所示。

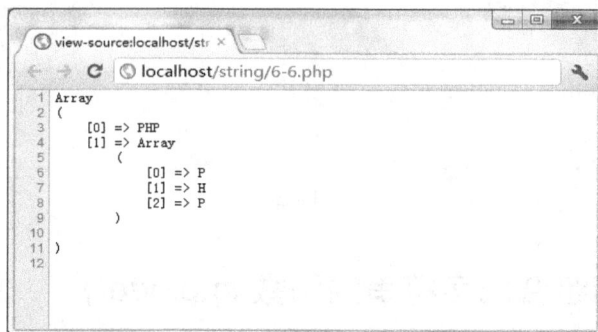

图 6-3

6.2.4　字符串分割函数 explode()

在使用该函数分割字符串后，返回结果是一个数组，新数组中的每一个元素都是原字符串中的子元素，它被 separator 作为边界点分割出来。如果设置了 limit 参数，则返回的数组包含最多 limit 个元素，而最后那个元素将包含字符串的剩余部分。如果 separator 为空字符串（""），explode()将返回 FALSE。如果 separator 所包含的值在字符串中找不到，那么 exolode()将返回包含字符串单个元素的数组。

> **提示**
>
> 如果 limit 参数是负数，则返回除了最后的-limit 个元素外的所有元素。此特性是 PHP5.1.0 中新增的。

格式：

array explode (string $separator , string $string [, int $limit])

参数说明：

$str：可选。规定数组元素之间放置的内容。默认是 ""（空字符串）。

代码参见示例 6-4。

示例 6-4：

```
1.  <?php
2.  $str = "PHP,JSP,JAVA,C++,HTML";
3.  print_r(explode(",",$str));
4.  ?>
```

上面脚本语言中首先定义一个字符串$str，然后使用 explode()函数分割字符串$str，其返回值是一个由原字符串的子元素组成的一个数组，并且由阿拉伯数字作为数组的索引值，如图 6-4 所示。

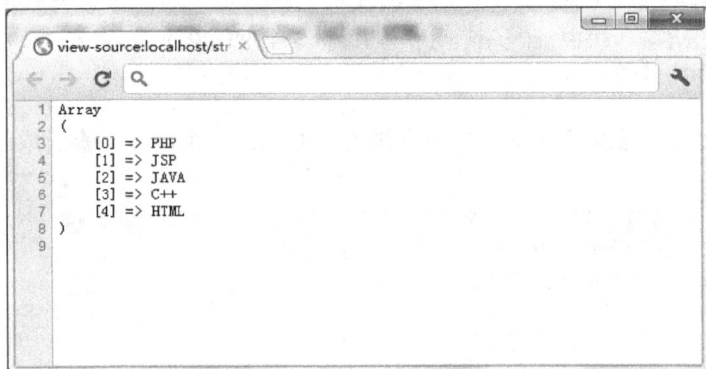

```
1  Array
2  (
3      [0] => PHP
4      [1] => JSP
5      [2] => JAVA
6      [3] => C++
7      [4] => HTML
8  )
9
```

图 6-4

6.2.5 数组元素组合成字符串的函数 implode()

implode()函数用于将数组的每一个元素通过自定义的分界符组合成字符串。

格式：

string implode (string $str , array $arr)

参数说明：

$str：可选。规定数组元素之间放置的内容。默认是 ""（空字符串）。

$arr：必需。要结合为字符串的数组。

代码参见示例 6-5。

示例 6-5：

```php
1.   <?php
2.   $arr = array('Hello','World!','Beautiful','Day!');
3.   echo implode(" ",$arr);
4.   ?>
```

上面 PHP 脚本语言中，首先声明一个数组$arr，然后使用 implode()函数将数组的每一个元素进行合并。此函数正好与 explode()相反，返回值为一个由数组元素组成的字符串，因此得到如图 6-5 所示的结果。

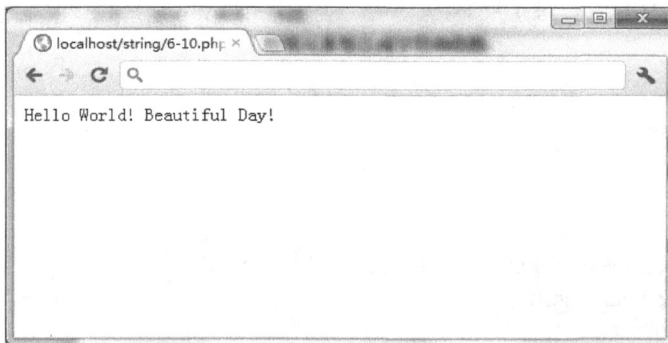

图 6-5

6.2.6　预定义字符串转换为 HTML 实体的函数 htmlspecialchars()

htmlspecialchars()函数用于把一些预定义的字符转换为 HTML 实体。如果不希望浏览器直接输出 HTML 标记时，就需要将 HTML 标记中的特殊字符转换为 HTML 实体，例如将 "<" 转换为 "<"，将 ">" 转换为 ">"。这样的话 HTML 的标记浏览器就不会去解析，而是将 HTML 文本在浏览器中原样输出。因此在 PHP 中提供了函数 htmlspecialchars()来处理一些 HTML 标记。下面来了解下该函数都能转换哪些字符："&"（and 符号）转换为 "&"；"""（双引号）转换为 """；"'"（单引号）转换为 "'"；"<"（小于号）转换为 "⁢"；">"（大于号）转换为 ">"。

格式：

string htmlspecialchars (string $string [, int $quote_style=ENT_COMPAT [, string $charset [, bool $double_encode=true]]])

参数说明：

$string：必需。规定要转换的字符串。

$charset：可选。规定如何编码单引号和双引号。

ENT_COMPAT：默认值，表示仅编码双引号。

ENT_QUOTES：编码双引号和单引号。

ENT_NOQUOTES：不编码任何引号。

$double_encode：可选。字符串值，规定要使用的字符集。

ISO-8859-1：默认值西欧。

ISO-8859-15：西欧（增加 Euro 符号以及法语、芬兰语字母）。

UTF-8：ASCII 兼容多字节 8 位 Unicode。

cp866：DOS 专用 Cyrillic 字符集。

cp1251：Windows 专用 Cyrillic 字符集。

cp1252：Windows 专用西欧字符集。

KOI8-R：俄语。

GB2312：简体中文，国家标准字符集。

BIG5：繁体中文。

BIG5-HKSCS：BIG5 香港扩展。

Shift_JIS：日语。

EUC-JP：日语。

代码参见示例 6-6。

示例 6-6：

```
1.    <?php
2.    $str = "<strong>PHP100.COM</strong>";
3.    echo htmlspecialchars($str);
4.    ?>
```

运行结果如图 6-6 所示。

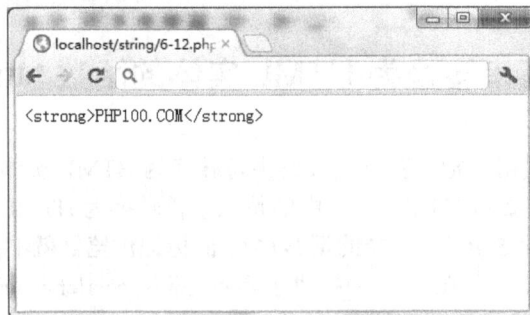

图 6-6

6.2.7 过滤 PHP 和 HTML 标记函数 strip_tags()

过滤 PHP 和 HTML 标记函数 strip_tags()与函数 htmlspecialchars()正好相反，此函数是将浏览器中要输出代码中的 HTML 标记过滤掉输出。

格式：

string strip_tags (string $str [, string $allowable_tags])

参数说明：

$str：必需。规定要检查的字符串。

$allowable_tags：可选。规定允许的标签。这些标签不会被删除。

代码参见示例 6-7。

示例 6-7：

```
1.   <?php
2.   $str = "<font color='red'>PHP</font>+<em>Apache</em>+<b>Mysql</b>";
3.   echo strip_tags($str);
4.   echo "<br/>";
5.   echo strip_tags($str,"<font>");
6.   echo "<br/>";
7.   echo strip_tags($str,"<font><em><b>")
8.   ?>
```

上面 PHP 脚本语言中，第一次使用 strip_tags()函数时，没有输入第二个参数，所以就删除了所有 HTML 标记；第二次使用 strip_tags ()函数时，第二个参数为<font>标签，因此其他 HTML 标记将被全部删除；第三次使用 strip_tags()函数时，在第二个参数中包括 3 个参数，因此最后的结果是 3 个样式全部保留，如图 6-7 所示。

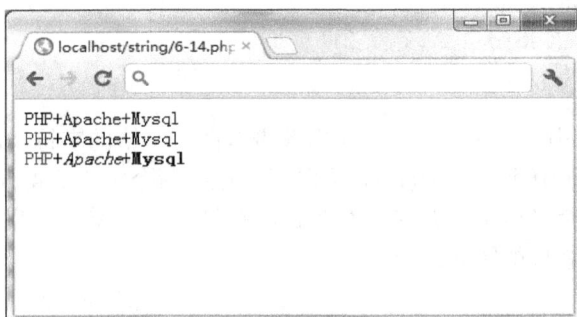

图 6-7

6.2.8　去除字符串首尾连续空格的函数

空格也是一个有效的字符，在字符串中也会占据一个位置。用户在表单中输入数据时，经常在无意中多输入一些无意义的空格。因此在用户登录时，会由于多输入的空格导致服务器端查找不到用户的存在，从而登录失败。因此 PHP 脚本在接收通过表单传递过来的数据时，首先处理的就是字符串中多余的空格，或者一些没有意义的字符。在 PHP 中可以用 ltrim()、rtrim()、trim()函数来完成这项工作。这 3 个函数的语法格式相同，但作用有所不同。

格式：

string ltrim (string $str [, string $charlist])　　　//将字符串左边的空格去除
string rtrim (string $str [, string $charlist])　　　//将字符串右边的空格去除
string trim (string $str [, string $charlist])　　　//将字符串两边的空格都去除

参数说明：

$str：必需。规定要转换的字符串。

$charlist：可选。规定从字符串中删除哪些字符。如果未设置该参数，则全部删除以下字符：

"\0"：ASCII 0，NULL。

"\t"：ASCII 9，制表符。

"\n"：ASCII 10，新行。

"\x0B"：ASCII 11，垂直制表符。

"\r"：ASCII 13，回车。

" "：ASCII 32，空格。

这 3 个函数分别用于从字符串不同方向删除空格，处理后的结果都会以新字符串的形式返回，不会在原字符串上修改。

此外，还可以使用 ".." 符号指定需要去除的一个范围，例如"0..9"或"a..z"表示去掉 ASCII 码值中的数字和小写字母。

代码参见示例 6-8。

示例 6-8：

```
1.    <?php
2.    $str="  PHP100   ";
3.    echo strlen($str);
4.    echo strlen(ltrim($str));
5.    echo strlen(rtrim($str));
6.    echo strlen(trim($str));
7.    ?>
```

上面 PHP 脚本语言中，首先声明一个左右各带有两个空格的字符串，字符串的总长度为 10 位。其次，在第 4 行代码中执行 ltrim()后，去除了左边的两个空格后得到的结果为 8 位。在第 5 行代码中去除右边两个空格后得到的结果为 8 位，在第 6 行去除字符串两边所有的空格后，得到的结果为 6 位。最终结果如图 6-8 所示。

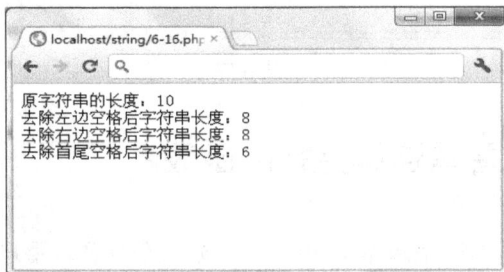

图 6-8

6.2.9　将换行符替换成 HTML 的换行符
的函数 nl2br()

函数 nl2br()在浏览器中输出的字符只能通过 HTML 的 "<br/>" 标记换行，而很多人习惯使用 "\n" 作为换行符号，但浏览器不识别这个字符串的换行符，所以即使有多行文本，在浏览器中显示时也有一行。nl2br()函数就是在字符串的每个新行 "\n" 之前插入 HTML 换行符 "<br/>"。

格式：

string nl2br (string $string [,bool $is_xhtml=true])

参数说明：

$string：必需。规定要检查的字符串。

代码参见示例 6-9。

示例 6-9：

```
1.  <?php
2.  echo nl2br("PHP100.COM \n PHP100.NET");
3.  ?>
```

运行结果如图 6-9 所示。

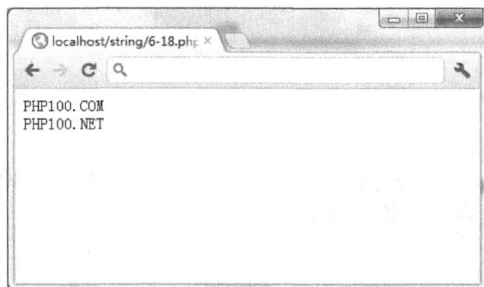

图 6-9

6.2.10　加密函数 md5()

黑客攻击已成为网络管理者的心病。有统计数据表明，70%的攻击来自内部，因此必须采取相应的防范措施遏制系统内部的攻击。防止内部攻击的重要性还在于内部人员对数据的存储位置、信息重要性非常了解，这使得内部攻击更容易奏效。攻击者盗用合法用户的身份信息，以仿冒的身份与他人进行通信。所以在用户注册时应该先将密码加密后再添加到数据库中，这样就可以防止内部攻击者直接查询数据库中的授权表盗用合法用户的身份信息。

md5() 函数计算字符串的 MD5 散列，此函数使用 RSA 数据安全，包括 MD5 报文摘译算法。如果成功，则返回所计算的 MD5 散列，得到一个 32 位的十六进制字符串。如果失败，则返回 FALSE。

格式：

string md5 (string $str [,bool $raw_output = false])

参数说明：

$str：必需。规定要计算的字符串。

$raw_output：可选。规定十六进制或二进制输出格式：

TRUE：原始 16 位二进制格式。

FALSE：默认。32 位十六进制格式。

注释：该参数是 PHP 5.0 中添加的。

代码参见示例 6-10、示例 6-11。

示例 6-10：

```
1.  <?php
2.  echo md5("PHP100.COM");
3.  ?>
```

上面 PHP 脚本语言中，首先声明一个字符串，然后使用 md5()函数对该字符串进行加密，加密后得到的结果是一个 32 位的十六进制字符串。因此得到的结果如图 6-10 所示。

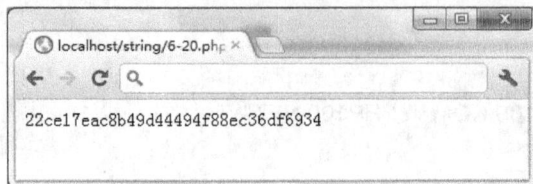

图 6-10

示例 6-11：

```
1.    <?php
2.    $password = "Hello World";
3.    if(md5($password) == "b10a8db164e0754105b7a99be72e3fe5"){
4.        echo "密码一致，恭喜您登录成功!";
5.    }
6.    ?>
```

md5()函数不仅可以对字符串加密，还可以用在登录界面判断用户输入的密码是否与数据库中读取出来的数据一致。如果相等，返回 TRUE，否则返回 FALSE，因此得到如图 6-11 所示的结果。

图 6-11

6.2.11　加密函数 sha1()

sha1()函数与 md5()函数类似，同样也是一种字符串加密函数，区别在于算法不一致，此函数加密后是一个 40 位的十六进制字符串。该函数使用美国 Secure Hash 算法，始终把消息当成一个位（bit）字符串来处理。本文中，一个字（Word）是 32 位，而一个字节（Byte）是 8 位。例如，字符串"abc"可以被转换成一个位字符串 01100001011000100110011，也可以被表示成十六进制字符串 0x616263。sha1()函数计算字符串的 SHA-1 散列，如果执行成功，则返回所计算的 SHA-1 散列，如果失败，则返回 FALSE。

格式：

string sha1 (string $str [,bool $raw_output = false])

参数说明：

$str：必需。规定要计算的字符串。

$raw_output：可选。规定十六进制或二进制输出格式：

TRUE：原始 20 位二进制格式。

FALSE：默认。40 位十六进制字符串。

注释：该参数是 PHP 5.0 中添加的。

代码参见示例 6-12。

```
1.    <?php
2.    $str = "PHP100.COM";
3.    echo sha1($str);
4.    ?>
```

上面 PHP 脚本语言中，首先声明一个字符串，然后使用 sha1()函数对该字符串进行加密，加密后得到的结果是一个 40 位的十六进制字符串。同时 sha1()函数，也有同示例 6-11 相同的用法，语法结构和其完全一致，因此得到的结果如图 6-12 所示。

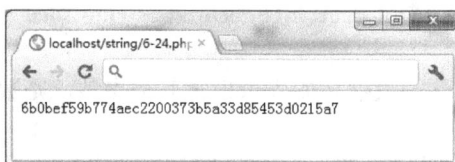

图 6-12

6.2.12　字符串替换函数 str_replace()

在 Web 编程中，字符串替换是一种极为常用的操作，如要过滤掉用户提交的不文明的词语、过滤掉字符串中包含的危险脚本、替换掉某些关键字等。下面我们便一起来看下字符串替换函数 str_replace()的用法。

格式：

mixed str_replace (mixed $search , mixed $replace , mixed $subject [, int &$count])

参数说明：

$search：必需。规定要查找的值。

$replace：必需。规定要替换的值。

$subject：必需。规定被搜索的字符串。

$count：可选。一个变量，对替换数进行计数。

代码参见示例 6-13。

```
1.    <?php
2.    $str = "baidu.com";
3.    echo str_replace("baidu","php100",$str);
4.    ?>
```

上述 PHP 脚本语言中，首先声明一个字符串$str，然后使用 str_replact()函数对该字符串中的内容进行替换操作，最终得到的结果如图 6-13 所示。

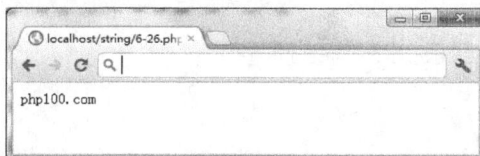

图 6-13

6.2.13　数字分组格式化函数 number_format()

世界上许多国家的货币都有不同的货币格式、数字格式和时间格式惯例。针对特定的本地化环境，正确地格式化和显示货币是本地化的一个重要部分。例如，在电子商城中，要将用户以任意格式输入的商品价格数字，转换为统一的标准货币格式。number_format()函数通过千分位来格式化数字。

格式：

string number_format (float $number, int $decimals, string $dec_point, string $thousands_sep)

参数说明：

$number：必需。要格式化的数字。如果未设置其他参数，则数字会被格式化为不带小数点且以逗号（,）作为分隔符。

$decimals：可选。规定多少个小数。如果设置了该参数，则使用点号（.）作为小数点来格式化数字。

$dec_point：可选。规定用作小数点的字符串。

$thousands_sep：可选。规定用作千位分隔符的字符串。仅使用该参数的第一个字符，例如 "xyz" 仅输出 "x"。

注释：如果设置了该参数，那么所有其他参数都是必需的。

代码参见示例 6-14。

示例 6-14：

```
1.    <?php
2.    $number = "1234567890";
3.    echo number_format($number);
4.    echo "<br/>";
5.    echo number_format($number,2);
6.    echo "<br/>";
7.    echo number_format($number,2,",",".");
8.    ?>
```

该函数返回格式化后的数字，前面也详细介绍了函数中的参数。上述 PHP 脚本语言中，首先声明一个字符串$number，然后使用 number_format()函数对字符串进行格式化，格式化后第一次输出时，函数里不带任何参数（代码第 3 行），输出的结果是千分位分割的字符串；在第 2 次输出时，函数内容带有一个参数 2（代码第 5 行），因此输出的结果仍然是以千分位分割的字符串，与第一次输出的结果区别在与第二次得到的结果保留了两位小数；最后一次输出时，函数内部存在所有参数（代码第 7 行），那么这次与前两次输出有什么差异呢？请看如图 6-14 所示的结果。

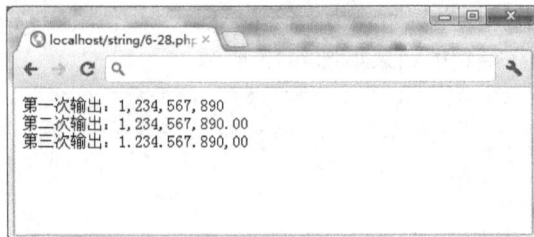

图 6-14

6.2.14　字符串分割函数 str_split()

str_split()函数将一个字符串以一定长度为单位分割成多段，并返回由各段组成的数组。str_split()函数不是以某个字符串为分割依据，而是以一定的长度为分割依据。该函数与 explode()函数最大的区别在于，前者不需要使用固定的分界符，而是以用户设定的单位长度作为分界符，如果可选参数未定义，该函数默认按 1 位分割。而后者在示例 6-4 中已详细介绍到，该函数需要在字符串中找到特定的分界符。

格式：

array str_split (string $string [, int $split_length=1])

参数说明：

$string：必需。规定要分割的字符串。

$split_length：可选。规定每个数组元素的长度。默认是 1。

代码参见示例 6-15。

示例 6-15：

```php
1.  <?php
2.  $str = "Hello World";
3.  $arr1 = str_split($str);
4.  $arr2 = str_split($str,3);
5.  print_r($arr1);
6.  print_r($arr2);
7.  ?>
```

在本程序中，首先声明了一个字符串，然后使用 str_split()函数对该字符串进行分割。在第一次分割时，第二个可选参数未给出，则默认按 1 位分割，得到数组$arr1；在第二次使用该函数分割字符串时，第二个可选参数给出了固定值 3，所以在分割时，以 3 位为一个单位进行分割，得到另一个数组$arr2，结果如图 6-15 所示。

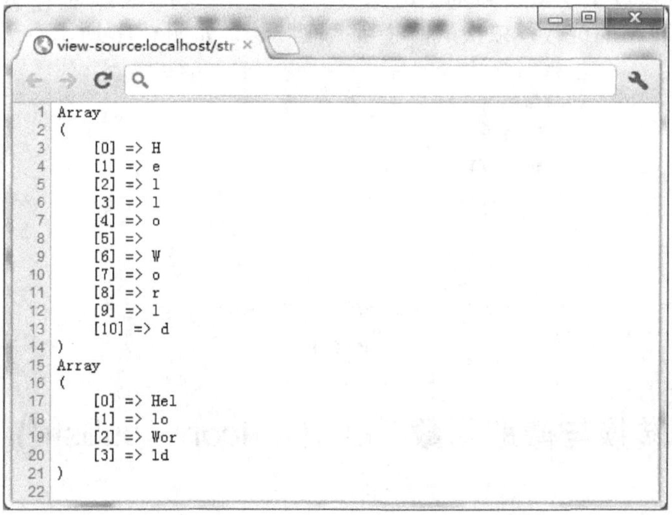

```
Array
(
    [0] => H
    [1] => e
    [2] => l
    [3] => l
    [4] => o
    [5] =>
    [6] => W
    [7] => o
    [8] => r
    [9] => l
    [10] => d
)
Array
(
    [0] => Hel
    [1] => lo
    [2] => Wor
    [3] => ld
)
```

图 6-15

6.2.15　字符串截取函数 substr()

函数 substr()允许访问一个字符串给定起点和终点的子字符串。该函数常用在截取英文字符中，会慎用此函数来截取中文字符，否则会得到意想不到的结果。6.2.16 节将讲解专门截取中文字符的函数。

格式：

string substr (string $string , int $start [, int $length])

参数说明：

$string：必需。规定要返回其中一部分的字符串。

$start：必需。规定在字符串的何处开始：

正数：在字符串的指定位置开始。

负数：在字符串结尾的指定位置开始。

0：在字符串中的第一个字符处开始。

$length：可选。规定要返回的字符串长度。默认是直到字符串的结尾：

正数：从 start 参数所在位置返回。

负数：从字符串末端返回。

提示

> 如果 start 是负数且 length 小于等于 start，则 length 为 0。

代码参见示例 6-16。

示例 6-16：

```
1.    <?php
2.    echo substr("WWW.PHP100.COM",4);
3.    ?>
```

上面 PHP 脚本语言中，使用 substr()函数对字符串"WWW.PHP100.COM"进行截取，第二个参数为截取该字符串的位数，依次从前往后截取，结果如图 6-16 所示。

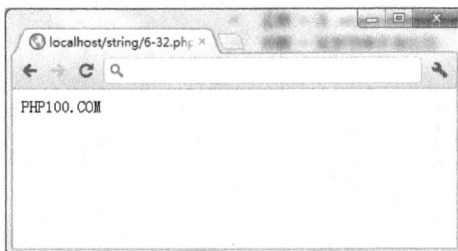

图 6-16

6.2.16　编码转换与截取函数 iconv()、iconv_substr()

在 Web 编程中，难免在读取数据时，由于编码不统一而出现各种各样的乱码，iconv()可以帮我们解决这一难题；在示例 6-16 中，如果字符串中含有中文编码的字符，由于在截取的位数不准确的情况下会出现无法识别的乱码，因此 PHP 提供了函数 iconv_substr()，可以帮我们解决这一问题。

格式：

string　iconv (string $in_charset,string $out_charset,string $str)

string iconv_substr (string $str ， int $offset [, int $length=0 [, string $charset=ini_set ("iconv.internal_encoding")]])

代码参见示例 6-17。

示例 6-17：

```
1.  <?php
2.  $str = "我是一名 PHP 程序员";
3.  echo iconv("GBK","UTF-8",$str);
4.  echo iconv_substr($str,"2","2",'GBK');
5.  ?>
```

上述 PHP 脚本语言中，首先声明一个字符串变量为$str，默认编码为 GBK（第 3 行），现在使用 iconv()函数将 GBK 编码的字符串转换成 UTF-8 编码后输出，得到的结果是一个 GBK 编码的字符串"我是一名 PHP 程序员"。iconv_substr()函数主要是用来截取中文编码字符串，由于 substr()函数用于纯英文字节截取，在截取中文编码时会出现乱码，因此在 PHP 中为我们提供了该函数，该函数内部的参数有 4 个，第一个参数是要截取的字符串，第二个参数是从字符串的第几位开始截取（一位等于一个中文编码的汉字），第三个参数为要截取字符串的长度，截取的长度是由起始位算起，往后数几位，上述程序中第二个参数和第三个参数为2，则在截取字符串时，应该是以字符串变量$str 中的"一"为起始值，截取字符串的长度就是 2 个字符，第四个参数是要截取字符串的编码，因此执行上述程序（第 4 行）得到的结果如图 6-17 所示。

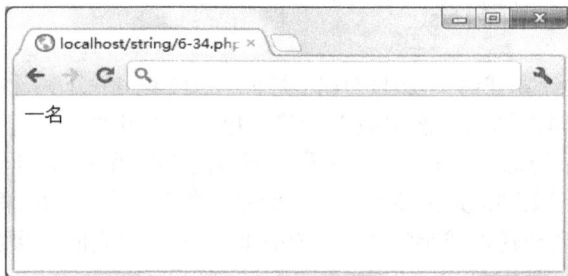

图 6-17

6.3　日期函数的介绍

时间和日期函数用来取得服务器的时间和日期，以及对时间和日期类型的数据进行各种处理，以满足程序的要求。在编程中经常要用到时间函数，如信息发布时要记录发布的时间、用户注册时要记录注册的时间，以及用户进行默认操作的时间等。因此 PHP 5.0 提供了一些常用的时间和日期函数。

6.3.1 UNIX 时间戳和获取当前的时间

世界总是千奇百怪的，要让那些不一致的方面都满足编程环境的严格限制，确实是一件乏味的事情，在处理时间和日期时，这些问题显得尤为突出。如在计算时间时，当前时间为"2011年 11 月 11 日 11 时 11 分 11 秒"，在这个时间的基础上加上 30 天会得到一个什么样的结果呢？推算起来可能比较复杂，因为除了时间进位以外，还涉及到不同月份天数可能不同（可能 28 天、29 天、30 天、31 天），所以使用简单的数组运算是无法解决的。因此，在 PHP 中为我们提供一个非常符合实际的名词"UNIX 时间戳（timestamp）"，那什么又叫时间戳呢？UNIX 时间戳是指从 UNIX 纪元（格林威治时间 1970 年 1 月 1 日 00 时 00 分 00 秒）开始到当前时间为止相隔的秒数。可想而知这是一个庞大的整数，如果我们使用 UNIX 时间戳，那么在第一个时间的基础上加上一定的秒数，得到的就是第二个时间的 UNIX 时间戳。然后用 PHP 相关的函数把这个时间戳转换成普通时间格式显示即可，因此上面的问题迎刃而解。

PHP 中提供了 time() 和 mktime() 两个函数来处理时间戳，前者用于获取当前的时间戳，后者用来获取特定日期和时间对应的时间戳（在 PHP 5.3 中已被淘汰）。

格式：

int time (void)

下面我们来一起看下上面的日期是怎么计算出来的？代码参见示例 6-18。

示例 6-18：

```
1.    <?php
2.    $time = strtotime("2011-11-11 11:11:11");
3.    $last = $time+(30*24*60*60);
4.    echo date("Y-m-d H:i:s",$last);
5.    ?>
```

在上面的陈述中，要计算在时间 2011 年 11 月 11 日 11 时 11 分 11 秒的基础上加上 30 天后，会得到什么样的结果。如果单纯的使用数学计算，也能计算出结果，不过比较复杂。现在我们就用 PHP 中的时间戳来计算这个时间，首先我们要做的工作就是把时间格式的字符串转换成时间戳的时间$time，然后计算 30 天的秒数加上时间戳，得到一个新的时间戳，最后使用 date() 函数将时间戳格式的时间重新转换成字符串格式的时间。最终得到的结果如图 6-18 所示。

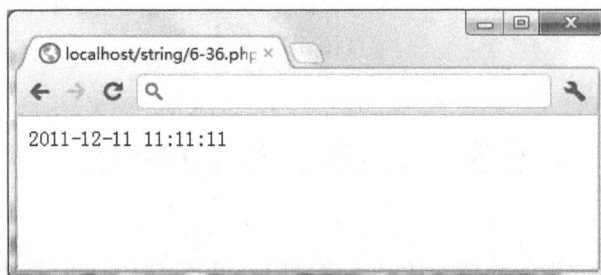

图 6-18

6.3.2　时间和日期函数的介绍

PHP 5 中提供了多种获取时间和日期的函数，除了通过 time() 函数获取当前的 UNIX 时间戳外，还可以调用 getdate() 函数确定当前的时间等。

常用的时间和日期函数如表 6-2 所示。

表 6-2

函　数　名	函数功能概述
date	格式化一个本地时间与日期
mktime	取得一个日期的 UNIX 时间戳（在 PHP 5.3 中已被淘汰）
time	返回当前的 UNIX 时间戳
microtime	返回当前的 UNIX 时间戳和微秒数
localtime	取得本地时间
date_default_timezone_get	取得一个脚本中所有日期与时间函数所使用的默认时区
date_default_timezone_set	设定用于一个脚本中所有日期与时间函数的默认时区
date_sunrise	返回给定的日期与地点的日出时间
date_sunset	返回给定的日期与地点的日落时间
getdate	取得日期 / 时间信息

通过表 6-2 可以看到，PHP 提供了数十个函数来实现各种时间与日期操作。其中不乏很有趣的函数，如返回某给定日期与地点的日出/日落时间，不过这其中部分函数并没有很大的使用价值。我们只需要熟练掌握其中几个重点函数的用法，即可实现大多数函数常见的应用。下面选择一些常用的函数进行介绍。

1．将时间戳转换成用户日期和时间格式

getdate() 函数接收一个时间戳，并返回一个由其各部分组成的关联数组。如果不给出 UNIX 格式的时间戳，则此函数返回的各个部分基于当前日期和时间。

格式：

array getdate ([int $timestamp])

该函数总共会返回 11 个数组元素，具体如表 6-3 所示。

表 6-3

键　名	说　　明	返　回　值
seconds	秒的数字表示	0～59
minutes	分钟的数字表示	0～59
hours	小时的数字表示	0～23
mon	月份的数字表示	1～12
month	月份的完整文本表示	如 July
year	4 位数字表示的完整年份	如 1999 或 2020
0	从 UNIX 纪元开始至今的秒数，和 time() 函数的返回值以及用于 date() 函数的值类似	系统相关，典型值为从 -2147483648～2147483647
weekday	星期几的完整文本表示	Sunday～Saturday

示例 6-19 是该函数的例子：时间戳为 1172350253（2007 年 2 月 4 日，20：50：53）。将其传给 getdate()，查看各数组元素。

示例 6-19：

```
1.   Array(
2.   [seconds] => 53
3.   [minutes] => 50
4.   [hours] => 15
5.   [mday] => 24
6.   [wday] => 6
7.   [mon] => 2
8.   [year] =>2007
9.   [yday] =>54
10.  [weekday] => Saturday
11.  [month] => February
12.  [0] => 1172350253
13.  )
```

2．将 UNIX 时间戳时间转换成字符串日期时间

date()函数用于将一个 UNIX 时间戳格式转换成指定的时间/日期格式。示例 6-19 中讲到 getdate()函数可以获取详细的时间信息，但是很多时候并不需要取得如此具体的时间信息，而是将 UNIX 时间戳所代表的时间按照某种容易识别的格式输出来，这就需要用到 date()函数。

格式：

string date (string $format [, int $timestamp])

该函数直接返回一个字符串。这个字符串就是一个指定格式的日期时间。参数 format 是一个字符串，用来指定输出的时间格式。可选参数 timestamp 是要处理的时间的 UNIX 时间戳，如果参数为空，那么默认值为当前时间的 UNIX 时间戳。

下面我们着重学习使用 format 参数。format 参数必须由指定的字符构成，不同的字符代表不同的特殊含义，如表 6-4 所示。

表 6-4

format 字符	说　　明	返　回　值
d	月份中的第几天，有前导零的 2 位数字	01～31
D	星期中的第几天，文本表示，3 个字母	Mon～Sun
j	月份中的第几天，没有前导零	1～31
1（小写的 L）	星期几，完整的文本格式	Sunday～Saturday
N	ISO-8601 格式数字表示的星期中的第几天（PHP 5.1 中新加的）	1（表示星期一）～7（表示星期天）
w	星期中的第几天，数字表示	0（表示星期天）～6（表示星期6）
z	年份中的第几天	0～365
W	ISO-8601 格式年份中的第几周，每周从星期一开始	如 10（当前的第 10 周）
F	月份，完整的文本格式	January～December
m	数字表示的月份，有前导零的两位数字	01～12

format 字符	说　　明	返　回　值
M	3 个字母缩写表示的月份	Jan～Dec
n	数字表示的月份，没有前导零	1～12
t	给定月份所应有的天数	28～31
L	是否为闰年	如果是闰年为 1，否则为 0
Y	4 位数字完整表示的年份	如 1999
y	2 位数字表示的年份	如 99
a	小写的上午和下午值	am 或 pm
A	大写的上午和下午值	AM 或 PM
B	Swatch Internet 标准时	000～999
g	小时，12 小时格式，没有前导零	1～12
G	小时，24 小时格式，没有前导零	0～23
h	小时，12 小时格式，有前导零	01～12
H	小时，24 小时格式，有前导零	00～23
i	有前导零的分钟数	00～59
s	秒数，有前导零	00～59
e	时区标识（PHP 5.1 中新加的）	如 UTC、GMT
I	是否为夏令时	如果是夏令时为 1，否则为 0
O	与格林威治时间相差的小时数	如+0200
T	本机所在的时区	如 EST、MDT 等

表 6-4 中列出了绝大多数的 format 的参数，个别不常用的没有列出。

代码参见示例 6-20。

示例 6-20：

```php
1.   <?php
2.   $tm = time(); //获取当前时间戳
3.   //使用不同的格式化字符串测试输出效果
4.   echo date("Y-M-D H:I:S A",$tm)."<br/>";
5.   echo date("y-m-d h-i-s a",$tm)."<br/>";
6.   echo date("y 年 m 月 d 日[1] H 点 i 分 s 秒",$tm)."<br/>";
7.   echo date("F,d,y 1",$tm)."<br/>";
8.   echo date("Y-M-D H:I:S",$tm)."<br/>";
9.   echo date("y-m-d h:i:s",$tm)."<br/>";
10.  echo date("所在地区: T,与格林威治时间相差: O 小时",$tm);
11.  ?>
```

上面 PHP 脚本语言中，date()函数常用的 format 参数均在表 6-4 中，可对照该表查看如图 6-19 所示的程序执行结果。

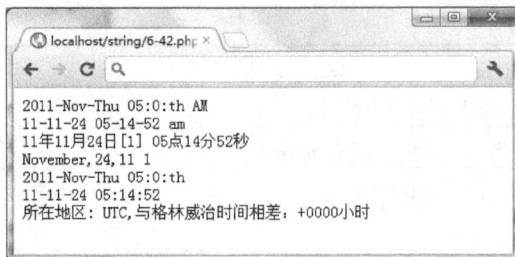

图 6-19

6.3.3 修改 PHP 的默认时区

每个地区都有自己的本地时间，在网络和无线通信的世界里，时间的转换问题格外突出，全球分为 24 个时区，每个时区都有自己的本地时间。

PHP 的默认时区是 UTC 时间，而北京正好位于该时区的东八区，领先 UTC 时区 8 个小时，所以在 PHP 中使用 time()函数等获取的当前时间总是不正确，总是和当前时间相差 8 小时。如果想要显示正确的北京时间，就需要修改配置文件中默认的时区，可以通过以下两种方式完成：

（1）修改 PHP 配置文件 php.ini 文件中的 date.timezone 值。

（2）可以使用 PHP 官方提供的专门设置时区的函数 date_default_timezone_set。

下面我们来看 date_default_timezone_set 函数的具体用法。

格式：

bool date_default_timezone_set (string $timezone_identifier)

参数说明：

timezone_identifier：必需。时区标识符，如 UTC、Etc/GMT-8 或 PRC。

代码参见示例 6-21。

示例 6-21：

```
1.    <?php
2.        date_default_timezone_set("ETC/GMT-8");        //设置时区为中华人民共和国时区
3.        echo date("Y-m-d H:i:s",time());               //打印出当前时间
4.    ?>
```

上述 PHP 脚本语言的运行结果如图 6-20 所示。其中第一行显示的时候为 PHP 默认时区的时间，第二行则为重新设置时区或修改配置文件后得到的时间，很明显北京时间正好和 PHP 默认时间相差 8 小时。

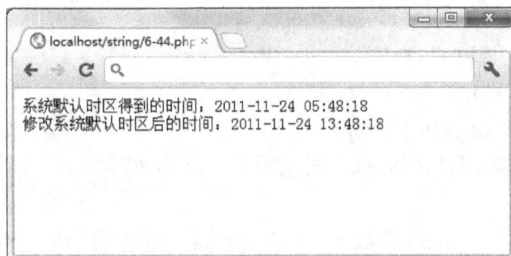

图 6-20

6.4　正则表达式

作为程序员，我们往往基于一些既定规则来构建应用程序，这些规则与信息的分类、解析、存储和显示有关。本章主要讲解一门新的语法规则——正则表达式。作为一名刚接触 PHP 的读者来说，或许感觉正则表达式有点枯燥，还会有一种深不可测的感觉。其实正则表达式就是描述字符排列模式的一种自定义的语法规则，在 PHP 提供的系列函数中，使用这种规则对字符串进行匹配、查找、替换及分割等操作，其应用非常广泛。例如常见的使用正则表达式去验证用户在表单中提交的用户名、密码、E-mail 地址、身份证号码、电话号码及个人主页等是否合法，如果合法，则插入到数据库中，返回注册成功等字样，否则提示提交的数据中有非法字符、注册失败等。正则表达式并不是 PHP 自己的产物，在很多领域都会见到它的作用，除了在 Perl、C# 及 Java 语言中应用外，在 B/S 架构软件开发中，Linux 操作系统、前台 JavaScrit 脚本、后台脚本 PHP 以及 MYSQL 数据库中都可以使用正则表达式。使用正则表达式的优点是：只要熟练应用正则表达式，而且匹配的目标是纯文本，那么相比于写分析器来说，正则表达式可以更快速的完成工作；还有在捕获字符串的能力上，正则表达式也可以很好的完成工作，如截取 URL 的域名或者其他的内容等。世界万物均不是完美的，正则表达式也有相应的缺点，主要体现在以下几个方面：

（1）正则表达式只适合匹配文本字面，不适合匹配文本意义。匹配 URL，E-mail 这种纯文本的字符就很好，但如果匹配多少范围到多少范围的数字，并且这个范围很复杂的话，用正则表达式就很麻烦。或者匹配 HTML，这个是经常遇到的，写一个复杂的匹配 HTML 的正则表达式很麻烦，不如使用针对特定意义的处理器来处理（如写语法分析器、dom 分析器等）。

（2）容易引起性能问题。像 "."、"*" 等匹配符号很容易造成大量的回溯，使性能有很大的下降，所以编写好的正则表达式要对正则引擎执行方式有很清楚的理解才可以。

（3）正则表达式的替换功能较差，甚至没有基本的截取字符串或者把首字母改变大小写的功能，这对于 URL 重写引擎有时是致命的影响。

6.4.1　正则表达式简介

什么是正则表达式呢？简单地说，正则表达式是一种可以用于模式匹配和替换的强大工具。在几乎所有的基于 UNIX/Linux 系统的软件工具中都能找到正则表达式的痕迹，例如 Perl 或 PHP 脚本语言。此外，JavaScript 这种客户端的脚本语言也提供了对正则表达式的支持，现在正则表达式已经成为了一个通用的概念和工具，被各类技术人员广泛使用。

正则表达式也称为模式表达式，自身具有一套非常完整的、可以编写模式的语法体系，提供了一种灵活且直观的字符串处理方法。正则表达式通过构建特定的模式，与输入的字符串信息比较从而实现字符串的匹配、查找、替换及分割等操作。下面我们一起来看一个正则表达式的小实例，代码参见示例 6-22。

示例 6-22：

```
1.   "/^https?\:\/\/(\w+){3}\.(\w+)\.(\w+)/"     //匹配 http://www.baidu.com
2.   "/^[1-9]\[0-9xX]/"                          //一种简单的匹配身份证号码的正则代码
```

3.	"/^0([1,8]+){1,2}\-[2-9](\d+){5,6}/"	//匹配中国大陆的座机电话号码

或许第一次看到这样的程序会大吃一惊，千万别被这密密麻麻类似乱码的字符串吓到，其实这也是按照正则表达式的语法规则构建的模式，它们是由普通的字符串和一些具有特殊功能的字符组成的字符串，而且要将这些字符串放到指定的正则表达式函数中才能得到想要的结果。正则表达式的函数具体如表 6-5 所示。

表 6-5

函　数　名	函数功能概述
preg_match()	执行一个正则表达式匹配
preg_match_all()	进行全局正则表达式匹配
preg_replace()	执行正则表达式的搜索和替换
preg_split()	用正则表达式分割字符串
preg_grep()	返回匹配模式的数组条目

6.4.2　正则表达式的语法规则

一个完整的正则表达式的语法规则由 3 部分组成：元字符、定界符和原子。在网页中任何 HTML 有效的连接标签，都可以用正则表达式模式匹配。

1．原子

原子是正则表达式的最基本的组成单位，而且在每个模式中最少要包含一个原子。原子包括所有的大小写字母、所有数字、所有标点符号以及其他的一些字符，例如，a～z、A～Z、0～9、双引号""、单引号'"等。

2．定界符

在服务器脚本语言中，一般使用与 Perl 兼容的正则表达式，即通常正则表达式都放置在"/"和"/"之间但定界符也不仅局限于"/"，除了字母、数字和正斜杠"\"以外的任何字符都可以作为定界符。

3．元字符

所谓元字符就是用于构建正则表达式的具有特殊含义的字符，例如"*"、"+"、"？"等。如果要在正则表达式中包含元字符本身，使其失去特殊的含义，则必须在前面加上"\"进行转义。正则表达式中的元字符，如表 6-6 所示。

表 6-6

函　数　名	函数功能概述
\s	匹配任意一个空白字符，等价于[\f\n\r\t\v]
\S	匹配除空白字符以外的任何一个字符，等价于[^\f\n\r\t\v]
\w	匹配任意一个数字、字母或下划线，等价于[0-9A-Za-z_]
*	匹配 0 次、1 次或多次其前的原子
+	匹配 1 次或多次其前的原子

函 数 名	函数功能概述
?	匹配 0 次或 1 次其前的原子
.	匹配除了换行符外的任意一个字符
|	匹配两个或多个分支选择
{m}	匹配前一个内容，重复次数为 m 次
{m,}	匹配前一个内容，重复次数大于等于 m 次
{m,n}	匹配前一个内容，重复次数 m 次到 n 次
^或\A	匹配输入的字符串的开始位置
$或\Z	匹配输入的字符串的结束位置
\b	匹配单词的边界
\B	匹配除单词边界以外的部分
[]	匹配方括号中指定的任意一个原子
[^]	匹配除方括号中的原子以外的任意一个字符
()	匹配其整体为一个原子，即模式单元

构造正则表达式的方法和创建数字表达式的方法相似，就是用多种字符与操作符将小的表达式结合在一起来创建更大的表达式。正则表达式的组件可以是单个字符、字符集合、字符范围、字符间的选择或者所有这些组件的任意组合。元字符是组成正则表达式的最重要组成部分。下面提供了一个记住正则表达式的口令：

正则其实也势利，削尖头来把钱揣；　（指开始符号^和结尾符号$）

特殊符号认不了，弄个倒杠来引路；　（指\. *等特殊符号）

倒杠后面跟小 w，数字字母来表示；　（\w 跟数字字母；\d 跟数字）

倒杠后面跟小 d，只有数字来表示；

倒杠后面跟小 a，报警符号嘀一声；

倒杠后面跟小 b，单词分界或退格；

倒杠后面跟小 t，制表符号很明了；

倒杠后面跟小 r，回车符号知道了；

倒杠后面跟小 s，空格符号很重要；

小写跟罢跟大写，多得实在不得了；

倒杠后面跟大 W，字母数字靠边站；

倒杠后面跟大 S，空白也就靠边站；

倒杠后面跟大 D，数字从此靠边站；

倒框后面跟大 B，不含开头和结尾；

单个字符要重复，三个符号来帮忙；　（* + ?）

0 星加 1 到无穷，问号只管 0 和 1；　（*表示 0-n；+表示 1-n；?表示 0 或 1 次重复）

花括号里学问多，重复操作能力强；　（{n} {n,} {n,m}）

若要重复字符串，圆括把它括起来；　（(abc){3} 表示字符串"abc"重复 3 次 ）

特殊集合自定义，中括号来帮你忙；

转义符号行不通，一个一个来排队；

实在多得排不下，横杠请来帮个忙；　（[1-5]）

尖头放进中括号，反义定义威力大；（[^a]指除"a"外的任意字符 ）

1 竖作用可不小，两边正则互替换；（在键盘上与"\"是同一个键）

1 竖能用很多次，复杂定义很方便；

圆括号，用途多；

反向引用指定组，数字排符对应它；（"\b(\w+)\b\s+\1\b"中的数字"1"引用前面的"(\w+)"）

支持组名自定义，问号加上尖括号；（"(?<Word>\w+)"中把"\w+"定义为组，组名为"Word"）

圆括号，用途多，位置指定全靠它；

问号等号字符串，定位字符串前面；（"\b\w+(?=ing\b)"定位"ing"前面的字符串）

若要定位串后面，中间插个小于号；（"(?<=\bsub)\w+\b"定位"sub"后面的字符串）

问号加个惊叹号，后面跟串字符串；

PHPer 都知道，   !是取反的意思；

后面不跟这一串，统统符合来报到；（"\w*d(?!og)\w*"，"dog"不符合，"do"符合）

问号小于惊叹号，后面跟串字符串；

前面不放这一串，统统符合来报到；

点号星号很贪婪，加个问号不贪婪；

加号问号有保底，至少重复一次多；

两个问号老规矩，0 次 1 次团团转；

花括号后跟个?，贪婪变成不贪婪。

6.4.3　正则表达式的优先级

在使用正则表达式时，需要特别注意的是匹配的顺序，通常相同优先级是从左向右的顺序进行匹配，不同优先级的匹配是先高后低。各种操作符的优先级匹配顺序从高到低顺序如表 6-7 所示。

表 6-7

顺　　序	元　字　符	描　　述
1	\	转义符号
2	()、(?:)、(?=)、[]	模式单元和原子表
3	*、+、?、{m}、{m,}、{m,n}	重复匹配
4	^、$、\b、\B、\A、\Z	边界限制
5	|	模式选择

6.4.4　PHP 正则表达式函数（兼容 Perl）

在编程中，正则表达式不能独立使用，它只不过是定义字符串规则的一种模式，必须配合正则表达式中的函数应用，才能实现对字符串的匹配、查找、替换和分割等操作。另外，使用正则表达式函数在处理大量的信息时，速度会大幅度的减慢，所以应当在处理比较复杂的字符串时才考虑使用正则表达式函数。

1．字符串的匹配和查找（一）

函数 preg_match()在字符串中搜索模式，如果存在则返回 TRUE，否则返回 FALSE。

格式：

int preg_match (string $pattern , string $subject [, array &$matches [, int $flags = 0 [, int $offset = 0]]])

该函数有两个必要参数，第一个参数 pattern 是用户写的正则表达式，第二个参数 subject 是正则表达式要匹配的内容。如果提供了第三个可选参数 smtches，则可以用于保存与第一个参数中模式匹配的结果。

提示

preg_match()函数返回 pattern 的匹配次数，其值将是 0 次（不匹配）或 1 次，因为 preg_match()在第一次匹配后将会停止搜索。preg_match_all()不同于此，它会一直搜索 subject 直到到达结尾。如果发生错误，preg_match()函数返回 FALSE。

代码参见示例 6-23。

示例 6-23：

```
1.    <?php
2.    $pattern = '/^https?\:\/\/(\w+){3}\.(\w+)\.(\w+)/';
3.    $subject = "http://www.php100.com";
4.    preg_match($pattern,$subject,$matches);
5.    print_r($matches);
6.    ?>
```

上面 PHP 脚本语言中，首先声明一个字符串$subject，然后通过使用 preg_match()函数对该字符串进行匹配，如果该字符串可以通过正则模式的匹配，则返回一个由数字索引的一个数组，否则返回 FALSE。得到的结果如图 6-21 所示。

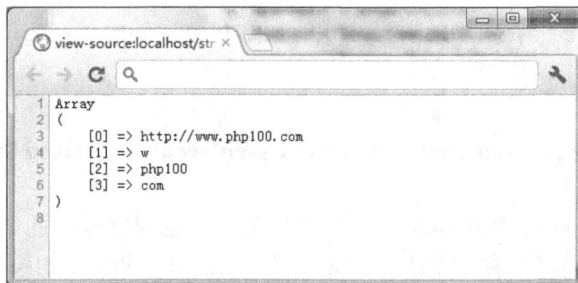

图 6-21

2．字符串的匹配和查找（二）

函数 preg_match_all()与 preg_match()函数类似，不同的是函数 preg_match()在第一次匹配之后就会停止搜索。而函数 preg_match_all()则会一直搜索到指定字符串的结尾，可以获取到所有匹配到的结果。

格式：

int preg_match_all (string $pattern , string $subject , array &$matches [, int $flags =

PREG_PATTERN_ORDER [, int $offset = 0]])

该函数将把所有可能的匹配结果放入第三个参数 matches 的数组中，并返回整个模式匹配的次数，如果出错则返回 FALSE。

其中 PREG_PATTERN_ORDER 是 preg_match_all() 函数的默认值，用于对结果排序，使 $matches[0] 为全部模式匹配的数组，$matches[1] 为第一个括号中的子模式所匹配的字符串组成的数组。

也可以选择 PREG_SET_ORDER 方式对结果进行排序，使 $matches[0] 为第一组匹配项的数组，$matches[1] 为第二组匹配项的数组。

代码参见示例 6-24。

示例 6-24：

```
1.    <?php
2.    preg_match_all("/<[^>]+>(.*)</[^>]+>/U","<b>例如: </b><div>This is php100</div>",$arr);
3.    echo $arr[0][0]. $arr[0][1] . "\n";
4.    echo $arr[1][0]. $arr[1][1] . "\n";
5.    ?>
```

程序执行结果如图 6-22 所示。

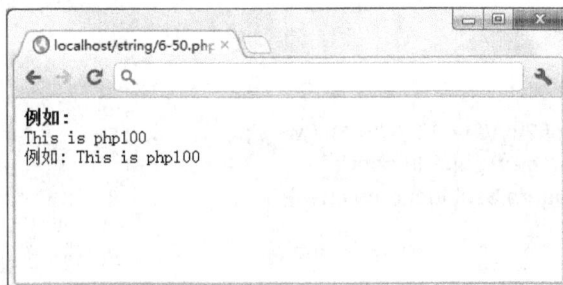

图 6-22

3．正则表达式的替换函数

preg_replace() 函数是一个执行正则表达式的搜索和替换的函数，它的使用也基于 Perl 的正则表达式语法。

格式：

mixed preg_replace (mixed $pattern , mixed $replacement , mixed $subject [, int $limit = -1 [, int &$count]])

该函数使用 replacement 替换 pattern 的所有出现，并返回修改后的结果。

preg_replace() 函数的每个参数（除了 limit）都可以是一个数组。如果 pattern 和 replacement 都是数组，将以其键名在数组中出现的顺序来进行处理。这不一定和索引的数字顺序相同。如果使用索引来标识哪个 pattern 将被哪个 replacement 来替换，应该在调用 preg_replace() 函数之前用 ksort() 函数对数组进行排序。

代码参见示例 6-25。

示例 6-25：

```
1.    <?php
2.    $string = array ("/(19|20)(\d{2})-(\d{1,2})-(\d{1,2})/", "/^\s*{(\w+)}\s*=/");
3.    $replace = array ("\\3/\\4/\\1\\2", "$\\1 =");
```

```
4.    print preg_replace ($string, $replace, "{birthday} = 1989-03-14");
5.    ?>
```

程序执行结果如图 6-23 所示。

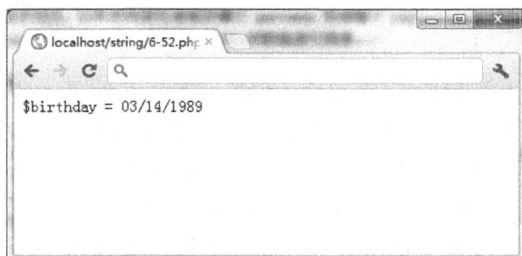

图 6-23

4. 使用正则表达式函数分割字符串

preg_split()函数是通过一个正则表达式分割字符串，返回一个数组，包含 subject 中沿着与 pattern 匹配的边界所分割的子串。如果指定了 limit，则最多返回 limit 个子串，如果 limit 是-1，则意味着没有限制，可以用来继续指定可选参数 flags。

格式：

array preg_split (string $pattern , string $subject [, int $limit = -1 [, int $flags = 0]])

参数说明：

pattern：用于搜索的模式，字符串形式。

subject：输入字符串。

limit：如果指定，将限制分隔得到的子串最多只有 limit 个，返回的最后一个子串将包含所有剩余部分。limit 值为-1、0 或 NULL 时都代表"不限制"。在 PHP 中，可以使用 NULL 跳过对 flags 的设置。

代码参见示例 6-26。

示例 6-26：

```
1.    <?php
2.    $str = 'PHP 100 . COM';
3.    $arr = preg_split('/ /', $str, -1);
4.    print_r($arr);
5.    ?>
```

上述 PHP 脚本语言中，使用 preg_split()函数分割字符串$str，由于字符串中有特定的空格字符，所以以空格截取该字符串，得到一个一维数组，如图 6-24 所示。

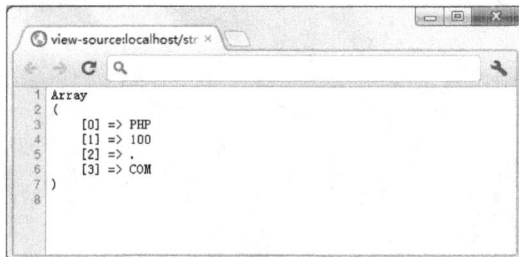

图 6-24

6.5　本章小结

本章介绍的许多函数会在 PHP 应用程序中经常使用，因为它们是 PHP 语言字符串处理功能的关键所在。在 PHP 的所有数据类型中，字符串类型是相对简单却又比较复杂。本章主要介绍了一些常用的字符串处理函数以及正则表达式的应用，字符串处理函数主要涉及到了字符串的拆分、组合、比较、替换、格式化，以及对浏览器地址 URL 和 HTML 的处理。正则表达式是一种强大的字符串处理工具，本章也介绍了正则表达式的语法规则，以及 PHP 正则表达式函数，并结合一些实例分析了正则表达式的应用。在对本章的知识了解后，应该多结合一些实例对字符串处理函数和正则表达式进行进一步的研究，以巩固自己所学的知识。

通过本章的学习，读者应掌握以下知识点：

（1）熟悉使用介绍的字符串函数、日期函数并转换。

（2）对正则表达式有个清楚的认识，可以书写简单的正则表达式。

（3）实现中文字符串截取无乱码的方法。

第 7 章　PHP 文件系统处理

在任何计算机设备中，文件都是必需的对象；在 Web 编程中，文件的操作也一直是让 Web 程序员头疼的，而文件的操作在一些特定的 Web 系统中也是必需的、非常有用的，如经常会遇到生成文件目录、文件（夹）编辑等操作。本章就将详细介绍 PHP 文件系统处理方面的操作方法和注意事项。

7.1　PHP 中文件系统的介绍

7.1.1　文件系统概述

PHP 对文件系统的操作是非常强大的，它内置了几十个系统函数以方便开发者调用。通过灵活的运用搭配，用户可以在最短的时间内对服务器上有权限的文件进行各种操作。在文件系统的操作上，PHP 是基于 UNIX 系统模型的，因此其中的很多函数是类似于 Shell 命令的，所以学习 PHP 的相关文件系统操作，对日后学习 Shell 也有一定的帮助。

7.1.2　文件类型

因为 PHP 使用 UNIX 的文件系统为模型，所以在 UNIX（Linux）中，可以获得完整的 7 种类型。而在 Windows 系统中只能获取到 file、dir 和 unknown 3 种基本文件类型。完整的文件类型及其描述参见表 7-1。

表 7-1

文 件 类 型	描 述
file	普通文件类型，如文本文件、图片等
dir	目录类型
link	链接类型，类似 Windows 中的快捷方式
char	套接字类型，以字符串传输的设备
block	设备类型，可以理解为磁盘分开块
fifo	管道类型，可以理解为通道通信
unknown	未知类型

通过 PHP 程序所提供的内置函数 filetype() 即可获取目标文件的上述类型，该函数只需要将文件名作为参数即可；若目标文件不存在将返回 FALSE。示例 7-1 便是输出文件类型的实例。

示例 7-1：

```
1.    <?php
2.    //Windows 系统下获取文件类型
3.    echo '"C:\WINDOWS"的类型是：'.filetype('C:\WINDOWS').'<br />';
4.    echo '"C:\WINDOWS\regedit.exe"的类型是：'.filetype('C:\WINDOWS\regedit.exe').'<br />';
5.    echo '"C:\WINDOWS\system.ini"的类型是：'.filetype('C:\WINDOWS\system.ini').'<br />';
6.    echo '<br />';
7.    //UNIX 系统内核下或相对路径时获取文件类型
8.    echo '"images"的类型是：'.filetype('images/');
9.    ?>
```

提示

当在 UNIX 平台上规定路径时，斜杠（/）用作目录分隔符；而在 Windows 平台上，斜杠（/）和反斜杠（\）均可使用。

该程序打印结果如图 7-1 所示。

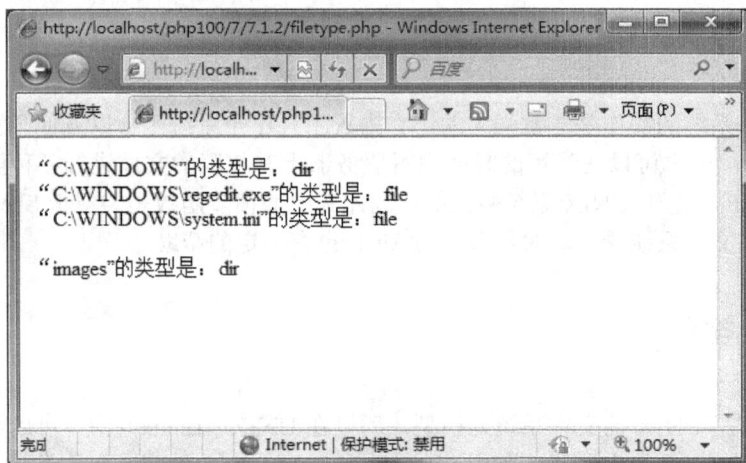

图 7-1

到目前为止，我们已经可以获得系统中任何文件的类型了，对于已知的文件还可以使用 is_file()函数来查看其是否为一个正常的文件。类似地，还可以使用 is_dir()函数判断给定的文件名参数是否是一个目录，使用 is_link()函数判断该文件是否为一个符号链接（指针）。这 3 个函数的返回值均为布尔型。

7.1.3 文件属性

在日常使用计算机时，常常通过右击相关文件，并在弹出的快捷菜单中选择"属性"来查看文件的相关属性、大小、创建时间、修改时间等信息。在 PHP 中若需要将指定参数文件名的目标文件基本属性显示到页面上，就可以使用 stat()和 lstat()函数来返回关于文件的信息（返回类型为数组类型其数组下标键名对应的中文解释，如表 7-2 所示）。这两个函数功能类似，不同的是 lstat()函数将返回符号连接的状态。

表 7-2

下　　标	键　　名	描　　述	对　应　函　数
0	dev	设备编号	link()
1	ino	inode 编号	fileinode()
2	mode	inode 保护模式	-
3	nlink	被连接数	filegroup()
4	uid	所有者用户 ID	fileowner()
5	gid	所有者用户组 ID	filegroup()
6	rdev	设备类型	-
7	size	文件大小（单位：字节）	filesize()

示例 7-2 所示是输出文件属性的实例。

示例 7-2：

```php
1.  <?php
2.  //使用 stat()函数获得指定文件名参数目标文件基本属性
3.  $stt = stat('test.txt');
4.  print_r ($stt);
5.
6.  //使用 lstat()函数获得指定文件名参数目标文件基本属性
7.  $lstt = lstat('test.txt');
8.  print_r ($lstt);
9.  ?>
```

该程序打印结果如图 7-2 所示。

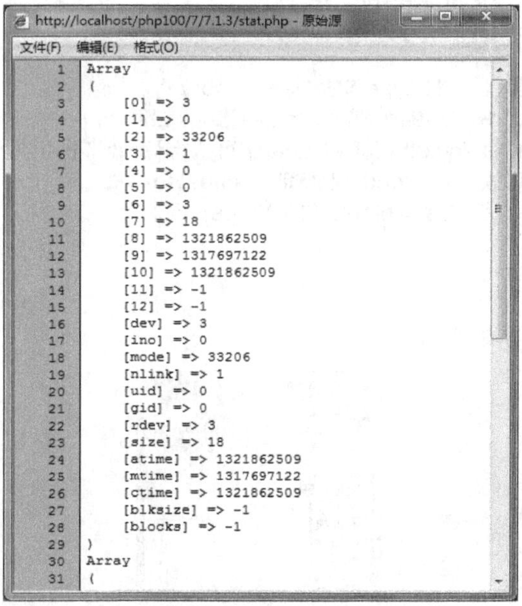

图 7-2

> **提示**
>
> 在 PHP 中，大量的文件系统函数使用后都会产生缓存，可使用 clearstatcache() 函数来清除缓存。

通过了解使用 stat() 和 lstat() 函数可快速获得一个目标的各种基本属性信息。当然，上文介绍的函数都是一次性以数组形式输出所有基本信息，也可以使用一些单独的 PHP 内置函数打印出目标文件或目录的单独属性信息，如文件大小、是否存在、是否读写等。表 7-3 给出了部分单独属性打印函数及其中文说明。

表 7-3

函　数	描　述	返　回　值	PHP 版本
file_exists()	检查文件或目录是否存在	TRUE/FALSE	3
fileatime()	文件的上次访问时间	返回 UNIX 时间戳格式	3
filemtime()	文件的上次修改时间	返回 UNIX 时间戳格式	3
filesize()	返回文件大小	返回字节数/FALSE	3
filetype()	返回文件类型	TRUE/FALSE	3
is_executable()	判断文件是否可执行	存在且可执行则返回 TRUE	3
is_readable()	判断文件是否可读	存在且可读则返回 TRUE	3
is_writable()	判断文件是否可写	存在且可写则返回 TRUE	4

示例 7-3 是通过单独的系统函数输出文件基本属性信息的实例。

示例 7-3：

```php
1.    <?php
2.        //此自定义函数通过整合系统函数单独输出了 test.txt 文件的相关属性信息
3.        function checkFile ($fileName) {
4.            if (!file_exists($fileName)) {
5.                exit('文件不存在！<br />');
6.            }
7.            echo '类型：'.filetype($fileName).'<br />';
8.            echo '大小：'.filesize($fileName).' bit<br />';
9.            echo is_executable($fileName)?'可执行<br />':'不可执行<br />';
10.           echo '可读：'.is_readable($fileName).'<br />';
11.           echo '可写：'.is_writable($fileName);
12.       }
13.       checkFile ('test.txt');
14.   ?>
```

该程序打印结果如图 7-3 所示。

图 7-3

在日常开发使用中,若需要一次性输出目标文件的大部分属性信息,可以使用 sata() 和 lsata() 函数;如果只需要输出部分自定义属性信息,则可以使用单独的系统函数来进行打印。根据不同的情况使用不同的打印方式,可提高开发效率。

7.1.4　文件访问权限

基于安全方面的考虑,当在 UNIX 系统下时,PHP 任何系统资源都归属于特定的用户或用户组,它们对其下所有资源拥有完全的权限,若其他用户或用户组访问,则会产生一些限制。整个系统中只有一个权限最高用户 root,它可对系统所有资源进行最高权访问,也可进行权限授予。

1．用户、用户组

在 PHP 中,使用 fileowner() 和 filegroup() 函数可以返回该目标文件的所有者 ID 和隶属组 ID,参见示例 7-4。

示例 7-4：

```
1.   <?php
2.   echo fileowner('test.txt').'<br />';        //所有者 ID
3.   echo filegroup('test.txt');                  //隶属组 ID
4.   ?>
```

以上程序中,test.txt 是目标文件,分别使用两个 echo 语句将该文件的所有者 ID 和隶属组 ID 输出。根据需要来修改目标文件的相关权限,可以使用 chown() 和 chgrp() 函数,前提是拥有 root 权限。一般情况下 PHP 都没有获得 root 权限,使用这两个函数都有一定的限制。

2．访问权限

在 UNIX 内核系统中,文件权限都有权限标识符,它代表该文件的各种权限。各种权限标识符的灵活组合、严谨搭配能使系统非常的安全。用户也可以使用 PHP 在 UNIX 内核系统中为文件进行权限匹配,从而达到各种限制目的,如表 7-4 所示。

表 7-4

权 限 编 号	权 限 编 码
444	r--r--r--
600	rw-------
644	rw-r--r--
666	rw-rw-rw-
700	rwx------
744	rwxr--r--

在表 7-4 中,3 位数字编号代表 9 位权限编码,分成 3 部分;第一部分 3 位表示所有者的权限,第二部分 3 位表示同组用户权限,第三部分 3 位表示其他用户权限。其中 r 代表读取权限等于 4,w 代表写入权限等于 2,x 代表执行权限等于 1。

例如 777,第一位 7 等于 4+2+1,即 rwx,所有者拥有读取、写入、执行的权限;第二位 7

也是 4+2+1，即 rwx，同组用户拥有读取、写入、执行的权限；第三位 7，代表其他用户拥有读取、写入、执行的权限。

例如 744，第一位 7 等于 4+2+1，即 rwx，所有者拥有读取、写入、执行的权限；第二位 4 等于 4+0+0，即 r--，同组用户只有读取权限；第三位 4，即 r--，其他用户只有读取权限。

示例 7-5 是通过 chmod()函数改变文件权限的实例。

示例 7-5：

```php
1.  <?php
2.      $url = '目标文件路径';
3.      //0777 权限为：除访问者不具备权限，其他所有用户、用户组均可操作
4.      $change = chmod ('$url', 777);
5.      if ($change) {
6.          echo '改变权限成功！';
7.      } else {
8.          echo '权限改变失败！';
9.      }
10. ?>
```

提示

访问权限机制是 UNIX 内核操作系统特有的，仅存在于 Linux 或其他 UNIX 内核操作系统中。对于 Windows 操作系统，上述函数 chown()、chgrp()、chmod()等是无效的。因为对资源权限控制的严谨，在业界也一直流传着 UNIX 内核操作系统比 Windows 操作系统安全的说法。

7.1.5 路径处理

有时需要获得一个文件路径信息或部分信息，如一个路径中的绝对文件名、文件夹名、不带有文件扩展名的文件名等，此时可使用 PHP 中提供的内置系统函数 basename()、dirname()和 pathinfo()。前两个函数均返回字符串并可直接打印，pathinfo()函数则返回一个数组。

示例 7-6 是通过上述 3 个函数分别获得文件路径的信息。

示例 7-6：

```php
1.  <?php
2.  $url = "/php100/index.php";
3.
4.  //获得带有文件扩展名的文件名
5.  echo basename($url).'<br />';
6.
7.  //获得不带有文件扩展名的文件名
8.  echo basename($url,".php").'<br />';
9.
10. //获得该路径的完整文件夹名
11. echo dirname($url).'<br />';
12.
13. //使用 pathinfo()函数返回定义路径的信息数组
14. $arr = pathinfo($url);
```

```
15.    print_r($arr);
16.    ?>
```

程序打印输出结果如下：

```
1.    index.php
2.    index
3.    /php100
4.    Array ( [dirname] => /php100 [basename] => index.php [extension] => php [filename] => inde
      x )
```

在之前的介绍中也有说明在 UNIX 内核操作系统和 Windows 操作系统中路径的写法，这里再回顾一下。

```
$url_w = 'C:\WINDOWS\system.ini';          //在 Windows 操作系统中绝对路径的写法
$url_u = '/home/fangs/htdocs/index.php';   //在 UNIX 操作系统中相对路径的写法
```

以上是两种不同的路径分隔符模式。在日常开发中，考虑到程序的移植性，推荐使用后者（"/"）。

7.2　文件的基本操作

7.2.1　文件操作概述

在平时的应用开发中，最常用的外部资源就是数据库，但有些特殊情况下会应用到普通文件或是 XML 文件等。例如网页静态、文件系统和在不支持数据库的环境中长久储存数据等。在 PHP 中，对文件最常见的操作就是读、写以及使用函数对相关返回字符串进行处理和打印，这些常用操作在 PHP 中都可以利用内置的函数快速完成。

7.2.2　打开与关闭

在需要使用计算机对一个文件进行编辑时，首先要就是双击并打开目标文件，对文件编辑完成后自然就是保存并关闭。在 PHP 中也是如此，使用目标文件时首先使用 fopen() 函数打开它，并且可以以特定模式打开；关闭文件时使用 fclose() 函数断开指针与文件之间的联系，也就是禁止再对该文件进行操作。

1. 函数 fopen()

fopen() 函数有两个参数，第一个是所要操作文件的文件名，第二个是文件打开的模式。具体打开模式可参见表 7-5。

表 7-5

打 开 模 式	描　　　　述
r	以只读方式打开，将文件指针指向文件头
r+	以读写方式打开，将文件指针指向文件头
w	以写入方式打开，将文件指针指向文件头并将文件大小截为零。如果文件不存在则尝试创建之

续表

打 开 模 式	描　述
w+	以读写方式打开，将文件指针指向文件头并将文件大小截为零。如果文件不存在则尝试创建之
x	创建并以写入方式打开，将文件指针指向文件头。如果文件已存在，则 fopen()调用失败并返回 FALSE，并生成一条 E_WARNING 级别的错误信息。如果文件不存在则尝试创建之
x+	创建并以读写方式打开，将文件指针指向文件头。如果文件已存在，则 fopen()调用失败并返回 FALSE，并生成一条 E_WARNING 级别的错误信息。如果文件不存在则尝试创建之
a	以写入方式打开，将文件指针指向文件末尾。如果文件不存在则尝试创建之
a+	以读写方式打开，将文件指针指向文件末尾。如果文件不存在则尝试创建之

如果打开文件失败，fopen()函数则返回 FALSE；若成功，返回当前打开文件指针。该指针是其他文件处理函数对目标文件进行读、写以及其他操作的资源。示例 7-7 为 fopen()函数的使用实例。

示例 7-7：

```
1.    <?php
2.    //以只读方式打开远程文件 test.txt，并将指针句柄赋值给变量$open_file
3.    $open_file_host = fopen('http://www.php100.com/test.txt', 'r');
4.
5.    //以读写方式打开文件 test.txt，并将指针句柄赋值给变量$open_file2
6.    $open_file2 = fopen('test.txt', 'r+');
7.
8.    //新建并以读写方式打开文件 test.txt，将指针句柄赋值给变量$open_file3
9.    $open_file3 = fopen('test2.txt', 'x+');
10.   ?>
```

2．函数 fclose()

在对目标文件完成所有操作后，还需要使用 fclose()函数将其关闭并释放。这个步骤是必要的，否则可能会出现一些不可预料的错误。当成功关闭文件后该函数将返回 TRUE，反之则返回 FALSE，此函数的参数必须是一个存在的、使用 fopen()函数打开产生的指针句柄。同理，使用 opendir()函数也是产生了一个指针句柄，则需要使用 closedir()函数来进行关闭并释放操作。

7.2.3　PHP 读取内容

在使用 fopen()函数打开目标文件后，即可对目标文件进行读取。常使用的函数有 fread()、fgets()和 fgetc()，其基本语法格式如下。

格式：

string fread (int $handle , int $length);

string fgets (int $handle [, int $length]);

string fgetc (resource $handle);

参数 length 为规定要读取的字节数。

除此之外还有 file()、file_get_contents()和 readfile()函数，它们也可以完成读取文件的功能。

1. 函数 fread()

该函数用来打开目标文件中指定读取长度的字符串，可安全用于二进制文件。在遇到换行符（包括在返回值中）、EOF 或者已经读取了 length-1 字节后停止（要看先遇到那一种情况）。如果没有指定 length，则默认为 1KB，或者说 1024 字节。若失败则返回 FALSE。

示例 7-8 为函数 fread()的使用实例。

示例 7-8：

```php
1.  <?php
2.  //指定读取字节数并赋值到一个变量输出
3.  $url = 'test.txt';                          //定义目标文件
4.  $read = fopen($url, 'r') or die ('打开失败！');   //以只读方式打开文件
5.  $text = fread($read, 500);                  //读取文件前 500 个字节，并赋值
6.  fclose($read);                              //完成后关闭文件
7.  echo $text.'<br />';                        //输出读取内容
8.
9.
10. //一次性读取所有内容并赋值到一个变量中，每次读取指定字节，循环输出
11. $url = 'test.txt';                          //定义目标文件
12. $read = fopen($url, 'r') or die ('打开失败！');   //以只读方式打开文件
13. $content = '';                              //一个空变量
14. while (!feof($read)) {                       //若到文件末尾则停止循环
15.     $content .= fread($read, 1).'<br />';   //多次赋值到变量
16. }
17. fclose($read);                              //完成后关闭文件
18. echo $content;                              //输出读取内容
19. ?>
```

以上程序还运用到一个新的函数 feof()，它能判断是否已到达文件末尾，如果文件指针到了EOF 或者出错时，则返回 TRUE，否则返回一个错误（包括 Socket 超时），其他情况则返回 FALSE。

2. 函数 fgets()

该函数一次最多读取一行内容，在碰到换行符（包括在返回值中）、EOF 或者已经读取了length-1 字节后停止（要看先碰到那一种情况）。如果没有指定第二个参数 length，则默认为 1KB，或者说 1024 字节。若失败则返回 FALSE。

示例 7-9 为函数 fgets()的使用实例。

示例 7-9：

```php
1.  <?php
2.  $read = fopen('test.txt', 'r') or die ('打开文件失败！');   //以只读方式打开文件
3.  $content = '';                              //定义一个空变量
4.  while (!feof($read)) {                       //判断是否到达文件尾部
5.      $content .= fgets($read, 10).'<br />';  //以每行 10 个字节读取内容并赋值
6.  }
7.  fclose($read);                              //关闭文件
```

```
8.    echo $content;                                            //输出
9.    ?>
```

3．函数 fgetc()

该函数只读取打开文件当前指针位置处的一个字符。若遇到文件结束标志 EOF 时，将返回 FALSE。

示例 7-10 为函数 fgetc()的使用实例。

示例 7-10：

```
1.    <?php
2.    $read = fopen('test.txt', 'r') or die ('打开文件失败！');    //以只读方式打开文件
3.    while (false !==($content = fgetc($read))) {              //每次循环读取一个字节
4.        echo $content.'<br />';                               //循环输出并每行换行
5.    }
6.    ?>
```

4．函数 file()

file()函数非常有用，它把整个文件读入一个数组中，各元素的分隔是根据目标文件内容的换行符决定的。与 file_get_contents()函数类似，不同的是 file()函数将文件作为一个数组返回。数组中的每个单元都是文件中相应的一行，包括换行符在内。如果失败，则返回 FALSE。

示例 7-11 为函数 file()的使用实例。

示例 7-11：

```
1.    <?php
2.    $arr = file('test.txt');
3.    print_r($arr);    //打印数组，各元素分隔由目标文件内容的换行符决定
4.    ?>
```

7.2.4 PHP 写入内容

PHP 所提供的 fwrite()函数可以将字符串内容写入到文件中。

格式：

int fwrite (resource $handle , string $string [, int $length]);

参数 string 为要写入文件的字符串，length 为可选参数表示要写入的最大字节数。

fwrite()函数返回写入的字符数，出现错误时则返回 FALSE。该函数别名为 fputs()。

示例 7-12 为函数 fwrite()的使用实例。

示例 7-12：

```
1.    <form id="form1" name="form1" method="post" action="">
2.      <input type="text" name="input" id="textfield" />
3.      <input type="submit" name="button" id="button" value="写入" />
4.    </form><br />
5.
```

```php
6.    <?php
7.        $post = $_POST['input']."\n";              //获取表单数据
8.        $flink = fopen('test.txt', 'a+');          //以写入方式打开
9.        if ($_POST['input']) {                     //条件成立，则写入
10.           fwrite($flink,$post);
11.       }
12.
13.       $content = fread($flink, 9999);            //读取文件
14.       fclose($flink);                            //关闭文件
15.       echo $content;
16.   ?>
```

提示

　　需要注意的是，不同的操作系统具有不同的结束符号，必须在使用时对应操作系统来书写相应的行结束符。UNIX 操作系统使用"\n"作为行结束符，Windows 操作系统则使用"\r\n"作为行结束符。在 PHP 5 中引用了一个新的写入函数 file_put_contents()，其用法与 fwrite() 函数相似，如 file_put_contents('test.txt','这是写入的内容！');。

7.2.5　PHP 删除文件

　　unlink()函数可以指定删除目标文件，若成功则返回 TRUE，失败则返回 FALSE。若目标文件不存在、权限错误、文件被锁定，或目标文件是一个目录而非普通文件，则将无法正常删除。
　　示例 7-13 为函数 unlink()的使用实例。

示例 7-13：

```php
1.    <?php
2.        //运行此程序并使用自定义函数 delete()后 test.txt 文件自动删除
3.        function delete ($filename) {
4.            if(is_file ($filename)) {
5.                if (unlink ($filename)) {
6.                    echo '删除 '.$filename.' 成功！';
7.                } else {
8.                    echo '删除 '.$filename.' 失败！';
9.                }
10.           } else {
11.               echo $filename.' 不是一个文件或不存在！';
12.           }
13.       }
14.       delete ('test.txt');
15.   ?>
```

7.2.6　文件截取、远程读取操作

1．文件截取

有时需要把文件截断到指定的长度，此时便可以使用 ftruncate()函数。

格式：

bool ftruncate (resource $handle , int $size);

该函数接收两个参数，handle 是文件指针句柄，size 是需要截取的字节长度。如果成功则返回 TRUE，否则返回 FALSE。

示例 7-14 为函数 ftruncate()的使用实例。

示例 7-14：

```
1.    <?php
2.    //检查文件大小
3.    echo '文件原始大小：'.filesize('test.txt').' bit';
4.    echo '<br />';
5.
6.    $file = fopen('test.txt', 'a+');
7.    ftruncate($file,100);
8.    fclose($file);
9.
10.   //清空缓存，再次检查文件大小
11.   clearstatcache();
12.   echo '截取后大小'.filesize('test.txt').' bit';
13.   ?>
```

该程序打印结果如图 7-4 所示。

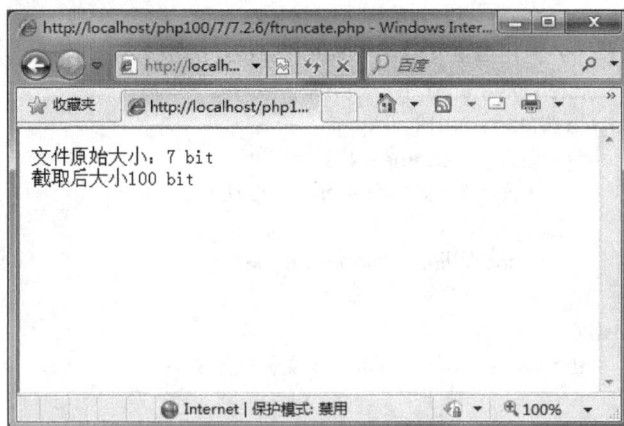

图 7-4

从图 7-4 中可看出，截取前后文件的大小发生了变化。该程序将逐行读取文件，当到达文件末尾时，ftruncate()函数会去掉文件最后一行。

提示

文件只会在 append 模式下改变。在 write 模式下，必须加上 fseek()操作。在 PHP 4.3.3 之前，ftruncate()函数在成功时返回一个整数值1，而不是布尔值 TRUE。

2. 远程文件

在 PHP 中不仅可以访问本地文件，还可以通过 HTTP、FTP 等协议访问远程文件，也正因为有远程访问文件，PHP 的文件操作才更加有意义。用户可利用该特性开发各种采集程序，但这需要在 PHP 的配置文件 php.ini 中激活 allow_url_fopen 选项。

fopen()函数基本语法如下：

格式：

resource fopen (string $filename , string $mode [, bool $use_include_path [, resource $zcontext]]);

要远程访问文件，只需在 fopen()函数中填写正确的 URL，fopen()函数将目标文件名指定的名字资源绑定到一个流上。如果文件名是 "scheme://..." 的格式，则被当成一个 URL，PHP 将搜索协议处理器（也称封装协议）来处理此模式。如果该协议尚未注册封装协议，PHP 将发出一条消息来帮助检查脚本中潜在的问题并将目标文件当成一个普通的文件名继续执行下去。

若使用 HTPP 协议，可以利用 fopen()函数进行一些采集工作，例如新闻、股票、天气等宿主站点实时更新的数据。示例 7-15 为使用函数 fopen()采集搜狐 IT 新闻的实例。

示例 7-15：

```php
1.    <?php
2.        $url = 'http://it.sohu.com/itguonei.shtml';        //HTTP 协议的宿主新闻站点
3.        $furl = fopen ($url, 'r');                         //打开文件
4.        if ($furl) {
5.            $content = '';
6.            while (!feof($furl)) {
7.                $content .= fgets ($furl, 1024);            //循环读取内容
8.            }
9.        }
10.       //使用正则匹配需要的链接地址
11.       $code = "/<h1>•<a href='(.*)' target='_blank'>(.*)<Va>/sU";   //正则表达式
12.       preg_match_all($code,$content,$urlrr);              //正则返回一个数组$urlrr
13.       foreach($urlrr[1] as $k=>$v){                       //遍历输出数组
14.           echo "<a href=$v>".$urlrr[2][$k]."<br />"."</a>";
15.           echo "  ".$urlrr[1][$k]."<br/>";
16.           echo "<hr/>";
17.       }
18.   ?>
```

该程序打印结果如图 7-5 所示。

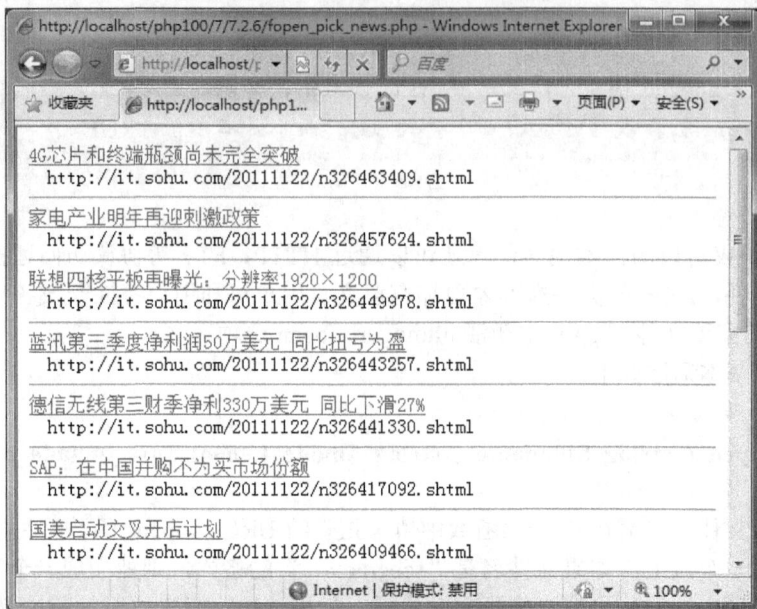

图 7-5

fopen_pick_news.php 采集了国内某网站 IT 栏目的新闻列表页，该程序很好地诠释了 PHP 在远程文件的访问获取，并剔除了多余代码，通过正则表达式提取出需要的代码进行页面的重新打印。

使用这种方法的好处是：当远程宿主的内容更新时，采集方无须更改任何内容，系统将自动实时更改。但是使用 PHP（或任何其他语言）进行远程文件的访问时，运行效率是一大硬伤，其解决方案有很多，可以设置脚本运行时间、使用缓存、采集存储进数据库等。

提示

可以使用 set_time_limit()函数来对程序的运行最长时间加以限制（缩短），这样在服务器效率上会有所提高。该函数接收一个时间参数，单位为秒。若填写时间为"0"，则对该脚本运行时间不作限制。

3. 文件指针

有时在文件操作的过程中，需要在文件内容中不同的位置读写不同的数据。例如，使用 TextDB（文本数据库）存储数据，就需要移动文件指针。指针的位置就是从文件头部开始的字节数，默认文件指针通常存在于文件头或结尾，可以通过 ftell()、fseek()和 rewind()3 个函数对指针位置进行操作，从而达到指定指针位置的功能。

格式：

int ftell (resource $handle);

int fseek (resource $handle , int $offset [, int $whence]);

bool rewind (resource $handle);

fteel()和 rewind()函数都只接收一个参数，即目标文件名。fseek()函数可接收 3 个参数，目标文件名、新的位置（从文件头开始以字节数度量）和一个可选参数。可选参数的值可设定为

SEEK_SET，即设定位置等于 offset 字节； SEEK_CUR，即设定位置为当前位置加上 offset，为默认值；SEEK_END，即设定位置为文件末尾加上 offset（要移动到文件尾之前的位置，offset 必须是一个负值）。

使用以上函数前，必须提供一个有效的 fopen() 函数打开文件得到的指针。

ftell() 函数返回文件指针的当前位置。若失败，则返回 FALSE。

fseek() 函数把文件指针从当前位置向前或向后移动到新的位置，新位置从文件头开始以字节数度量。成功则返回 0；否则返回 -1。注意，移动到 EOF 之后的位置不会产生错误。

rewind() 函数将文件指针的位置倒回文件的开头。若成功，则返回 TRUE；若失败，则返回 FALSE。

示例 7-16 为移动文件指针的实例。

示例 7-16：

```php
1.  <?php
2.  $fp = fopen('test.txt', 'r');
3.  echo '目前指针所处位置：'.ftell($fp).'<hr />';
4.
5.  fseek($fp, rand(0,50));       //指针在每次刷新页面时都在随机位置在 0~50
6.  echo '改变指针后位置：'.ftell($fp).'<hr />';
7.  rewind($fp);
8.  echo '重置指针位置到头部：'.ftell($fp);
9.  fclose($fp);
10. ?>
```

该程序打印结果如图 7-6 所示。

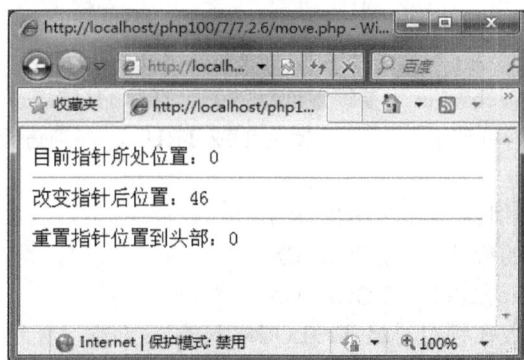

图 7-6

4．临时文件

在开发过程中，若需要生成一个临时文件来临时储存数据，可以使用 tmpfile() 和 tempnam() 函数。

格式：

resource tmpfile (void);

string tempnam (string $dir , string $prefix);

tmpfile() 函数的使用是没有参数的，只需要将它赋值给一个变量即可获得一个文件指针句柄，即可写入。tempnam() 函数接收两个参数，用于创建临时文件的目录和文件名的前缀。

示例 7-17 为生成临时文件的实例。

示例 7-17：

```
1.    <?php
2.    $nee = tempnam ('C:\\', 'fgs');                    //创建临时文件到 C 盘，并以 fgs 字符为前缀
3.    $fp = fopen ($nee, 'w');                           //打开文件
4.    if ($fp) {
5.        fwrite ($fp, "写入临时文件的内容 1！\n");       //写入文件
6.        fwrite ($fp, "写入临时文件的内容 2！\n");
7.        fclose ($fp);
8.
9.        $fp = fopen ($nee, 'r');                       //以只读方式打开文件
10.       while ($content = fgets ($fp, 1024)) {         //读取文件
11.           echo $content;
12.       }
13.       fclose ($fp);                                  //关闭文件
14.   } else {
15.       die ('无法打开临时文件'.$nee);
16.   }
17.   ?>
```

5．锁定文件

在远程访问文件时，不同的访问进程会在同一时间读写同一个文件，发生这种情况时就有可能造成数据的紊乱或文件的损坏。解决方法就是使用 flock()函数。该函数可以避免多个进程同时对文件进行读写，从而避免文件数据被破坏。

格式：

bool flock (int $handle , int $operation [, int &$wouldblock]);

此函数可接收 3 个参数，handle 为要锁定或释放的已打开的目标文件，operation 为选择使用哪种锁定类型，wouldblock 为可选参数，若设置为 1 或 TRUE，则当进行锁定时阻止其他进程。

锁定类型有以下几种：

取得共享锁定（读取的程序）：LOCK_SH。

取得独占锁定（写入的程序）：LOCK_EX。

释放锁定（无论共享或独占）：LOCK_UN。

如果不希望 flock()函数在锁定时堵塞：LOCK_NB。

flock()函数可以分辨同时运行的独立进程，判断进程能否在共享或独占模式下访问文件。一个文件可以同时存在很多共享锁定 LOCK_SH，这意味着多个进程可在同一时刻拥有对该文件的读取访问权限。然而，一个独占锁定 LOCK_EX 只允许一个用户拥有一次，通常被用于文件的写入操作。也就是说，其他进程要想对该文件进行读写，必须等到独占锁定被释放后。

示例 7-18 为锁定文件的实例。

示例 7-18：

```
1.    <?php
2.    $fp = fopen("test.txt","w+");
3.
4.    //访问该程序后，条件成立，则锁定并执行代码
5.    if (flock($fp,LOCK_EX)) {
6.        fwrite($fp,"写入文件的内容！ ");                //锁定后写入内容
```

```
7.        flock($fp,LOCK_UN);                              //释放锁定
8.    } else {
9.        echo "写入失败，文件正在锁定中！";
10.   }
11.
12.   fclose($fp);                                         //关闭文件
13.   ?>
```

在非 Windows 操作系统下，以上代码会产生阻塞。若要避免这种阻塞，可将锁定代码处改为 "flock($fp,LOCK_UN + LOCK_NB);"。

提示

　　由于 flock() 函数需要一个文件指针，因此可能不得不用一个特殊的锁定文件来保护打算通过写模式打开的文件的访问（在 fopen() 函数中加入 "w" 或 "w+"）。可以通过 fclose() 函数来释放锁定操作，代码执行完毕时也会自动调用。

6．复制文件

在文件操作时，不仅可对文件内容进行操作，还可对文件本身进行操作，如复制文件。使用 copy() 函数即可完成文件的复制操作。

格式：

bool copy (string $source , string $dest);

将目标文件（source）复制到目的地（dest）。如果成功则返回 TRUE，否则返回 FALSE。

示例 7-19 为文件的实例。

示例 7-19：

```
1.    <?php
2.    $state = copy ('test.txt', 'copy_test.txt');
3.    if ($state) {
4.        echo '复制文件成功！';
5.    } else {
6.        echo '复制文件失败！';
7.    }
8.    ?>
```

提示

　　如果目标文件已存在，将会被覆盖。从 PHP 4.3.0 开始，如果启用了 "fopen wrappers"，被复制目标文件和复制目的地都可以是 URL。若复制目的地是一个 URL，如果封装协议不支持覆盖已有的文件时，复制操作就会失败。

7.3　目录的基本操作

PHP 可以对目录文件进行方便的操作，在之前的内容中有详细介绍文件路径相关函数，本

节将介绍常用的目录操作方法。

7.3.1 新建目录

在 PHP 中新建一个目录可以使用 mkdir()函数。

格式：

bool mkdir (string $pathname [, int $mode [, bool $recursive [, resource $context]]]);

新建一个由 path name 指定的目录，默认的权限是 0777，即最大可能的访问权。

示例 7-20 为新建目录的实例。

示例 7-20：

```
1.  <?php
2.  $state = mkdir('test');        //新建目录名 test
3.  if ($state) {
4.      echo '新建目录成功！';
5.  } else {
6.      echo '新建目录失败！';
7.  }
8.  ?>
```

表面上 mkdir()函数在使用时只接收一个参数（新建目录名）。其基本语法中另外 3 个参数的含义为：mode 规定权限，默认是 0777；recursive 规定是否设置递归模式；context 规定文件句柄的环境，可修改流的行为。

7.3.2 删除目录和递归删除目录

当需要删除一个空目录时可以使用 rmdir()函数进行操作，但如果目标文件目录不为空，则不能使用 rmdir()函数进行快速删除，需要使用递归方法删除目录。

在目标目录为空，也就是内部不包含任何文件和子目录时，rmdir()函数接收的参数是一个将要删除的目录名。若执行成功，则返回 TRUE，否则返回 FALSE。与 unlink()函数共同使用时用于删除一个不明确的文件。

示例 7-21 为使用 rmdir()函数删除目录的实例。

示例 7-21：

```
1.  <?php
2.  $url = 'test';
3.  if (is_dir($url)) {
4.      echo '删除目录成功！';
5.      rmdir ($url);
6.  } else {
7.      echo '目标非目录，类型为： '.filetype($url).' 删除成功！';
8.      unlink ($url);
9.  }
10. ?>
```

　　程序判断变量$url是否属于目录类型的文件,如果是就执行umdir()函数,反之则使用unlink()函数进行删除并输出其类型信息。以上方法在快速删除空目录时使用比较方便,但是若目录下存在文件或子目录时就需要使用递归删除目录。即遍历这个目录,删除所有的文件后,再删除该目录即可。首先要考虑要删除的目标目录中有没有包含其他子目录。如果包含子目录,就按照该方法进行递归删除操作。

　　示例 7-22 为递归删除目录的实例。

示例 7-22:

```php
1.    <?php
2.        function deleteDir ($dir) {
3.            $handle = @opendir ($dir);              //打开目录
4.            readdir ($handle);                      //排除当前目录 "."
5.            readdir ($handle);                      //排除父级目录 ".."
6.            while (false !== ($file = readdir($handle))) {
7.                //构造文件或目录的路径
8.                $file = $dir .DIRECTORY_SEPARATOR. $file;
9.
10.               if (is_dir ($file)){                //如果是子目录,则进行递归操作
11.                   rmdir ($file);
12.               } else {                            //如果是文件,则使用 unlik()函数删除
13.                   if (@unlink ($file)) {
14.                       echo "文件<b>$file</b>删除成功! <br>\n";
15.                   } else {
16.                       echo "文件<b>$file</b>删除失败! <br>\n";
17.                   }
18.               }
19.           }
20.           //现在删除当前目录
21.           if (rmdir ($dir)) {
22.               echo "目录<b>$dir</b>删除成功! <br>\n";
23.           } else {
24.               echo "目录<b>$dir</b>删除失败! <br>\n";
25.           }
26.       }
27.       //测试程序
28.       $dir = "test";
29.       deleteDir ($dir);
30.       unlink("test");
31.   ?>
```

7.3.3　复制和移动目录

　　复制或移动目标目录是文件操作的最基本功能之一,但在 PHP 中并没有给出特定的函数,所以需要开发者自行编写函数或方法。可通过文件的复制、删除、重命名等方法简单实现。

1. 复制

　　在 PHP 文件操作中,没有直接复制目录的函数,但可以使用进行文件复制的函数 copy()。

格式：

bool copy (string $source , string $dest);

该函数接收两个参数，source 是要复制的文件，dest 是复制文件的目的地。若成功则返回 TRUE，否则返回 FALSE。

示例 7-23 为利用 copy()函数复制文件的实例。

示例 7-23：

```
1.    <?php
2.        $state = copy ('test.txt', 'test_copy.txt');
3.        if ($state) {
4.            echo '复制文件成功！';
5.        } else {
6.            echo '复制文件失败！';
7.        }
8.    ?>
```

提示

如果目标文件已存在，将会被覆盖。

2. 重命名和移动

在操作中若需要重命名一个文件，可以使用 rename()函数，该函数对重命名目录也同样有效。

格式：

bool rename (string $oldname , string $newname [, resource $context]);

第一个参数 oldname 为目标文件原名，newname 为目标文件的新名称，context 为规定文件句柄的环境，是可修改流的行为的一套选项。若执行成功则返回 TRUE，否则返回 FALSE。

示例 7-24 为利用 rename()函数实现重命名文件的实例。

示例 7-24：

```
1.    <?php
2.    $state = rename ('test.txt', 'rename.txt');
3.    if ($state) {
4.        echo '重命名文件成功！';
5.    } else {
6.        echo '重命名文件失败！';
7.    }
8.    ?>
```

若需要移动一个目标文件，表面上看是将该文件从一个目录复制到另一个目录中，然后再删除原来目录中的文件。实际上这也是一个重命名的过程，即把文件名中的路径改变。使用重命名的思想可以将问题变得更简单。

示例 7-25 为利用现有函数和思想实现文件移动的实例。

示例 7-25：

```
1.    <?php
2.    function move ($source, $dest) {
3.        $file = basename($source);
```

```
4.          $desct = $dest .DIRECTORY_SEPARATOR. $file;
5.          return rename($source, $desct);
6.      }
7.      move("test.txt", "test/");
8.  ?>
```

3．复制目录

与删除一个非空目录情况一样，要复制一个包含子目录的目录文件，将涉及到文件复制、目录建立等操作。这也是一个目录遍历和递归的综合处理案例。

首先对目标目录进行遍历，若遇到的是普通文件，可直接使用 copy()函数进行复制，如果遇到一个目录，则必须先建立该目录，然后对该目录中的文件或子目录进行复制操作。如此递归执行下去，最终将整个目录复制完毕。

示例 7-26 为利用遍历和递归实现目录复制的实例。

示例 7-26：

```
1.  <?php
2.  function copyDir($dirFrom, $dirTo) {
3.      //如果遇到一个同名的文件，无法复制
4.      //目录则直接退出
5.      if(is_file($dirTo)) {
6.          die("无法建立目录 $dirTo");
7.      }
8.      //如果目录已经存在就不必建立
9.      if(!file_exists($dirTo)) {
10.         mkdir($dirTo);
11.     }
12.
13.     $handle = opendir($dirFrom);              //打开当前目录
14.
15.     readdir ($handle);                        //排除当前目录 "."
16.     readdir ($handle);                        //排除父级目录 ".."
17.
18.     //循环读取文件
19.     while (false !== ($file = readdir($handle))) {
20.         //生成源文件名
21.         $fileFrom = $dirFrom .DIRECTORY_SEPARATOR. $file;
22.         //生成目标文件名
23.         $fileTo = $dirTo .DIRECTORY_SEPARATOR. $file;
24.         if(is_dir($fileFrom)){                //如果是子目录，则进行递归操作
25.             copyDir($fileFrom, $fileTo);
26.         }else{                                //如果是文件，则直接使用 copy()函数复制
27.             @copy($fileFrom, $fileTo);
28.         }
29.     }
30. }
31. //测试代码
32. copyDir("test", "copydir");
33. ?>
```

7.3.4　遍历目录

要取得一个目录下的文件和子目录，可以使用两种方法：遍历目录和检索目录。其中，遍历目录结构可使用 opendir()、readdir()、closedir()和 rewinddir()函数。

相关介绍请参见表 7-6。

表 7-6

函 数 名	描　　述
opendir()	opendir()函数打开一个目录句柄，可由 closedir()、readdir()和 rewinddir()函数使用。若成功，则该函数返回一个目录流，否则返回 FALSE 以及一个 error。可以通过在函数名前加上"@"来隐藏 error 的输出
readdir()	readdir()函数返回由 opendir()打开的目录句柄中的条目。若成功，则该函数返回一个文件名，否则返回 false
closedir()	closedir()函数关闭由 opendir()函数打开的目录句柄
rewinddir()	rewinddir()函数重置由 opendir()函数打开的目录句柄，该函数无返回值

示例 7-27 为遍历目录的实例。

示例 7-27：

```php
1.  <?php
2.  $url='test';                      //定义一个变量，保存当前目录下用来遍历的一个目录名
3.  $handle=opendir($url);           //使用 opendir()函数打开目录
4.  echo '<table border="0" width="800" cellspacing="0" cellpadding="0">';
5.  echo '<tr align="left" bgcolor="#f6f6f6">';
6.  echo '<th>文件名</th><th>文件大小</th><th>文件类型</th><th>创建时间</th><th>修改时间</th><th>是否可读</th><th>是否可写</th><th>可执行</th></tr>';
7.
8.  while($file=readdir($handle)) {  //使用 readdir()函数循环读取目录中的内容
9.      $dirFile=$url."/".$file;     //将目录下的文件和当前目录连接起来，才能在程序中使用
10.     echo '<tr>';
11.     echo '<td>'.$file.'</td>';
12.     echo '<td>'.filesize($dirFile).'</td>';
13.     echo '<td>'.filetype($dirFile).'</td>';
14.     echo '<td>'.date("Y/n/t",filectime($dirFile)).'</td>';
15.     echo '<td>'.date("Y/n/t",filemtime($dirFile)).'</td>';
16.     $read = is_readable($dirFile)? '支持' : '不支持';          //是否可读
17.     $writable = is_writable($dirFile)? '支持' : '不支持';      //是否可写
18.     $executable = is_executable($dirFile)? '支持' : '不支持';  //是否可执行
19.     echo '<td align="center">'.$read.'</td>';
20.     echo '<td align="center">'.$writable.'</td>';
21.     echo '<td align="center">'.$executable.'</td>';
22.     echo '</tr>';
23. }
24. echo '</table>';
```

```
25.  closedir($handle);    //关闭文件操作句柄
26.  ?>
```

7.4　文件的上传与安全

7.4.1　相关设置

在 Web 开发中，文件的上传和下载是一个重要的模块，PHP 几乎可以实现目前所有类型浏览器上传的文件，还可结合文件处理系统相关函数对上传文件进行各种操作。上传文件的过程其实就是一个复制文件的过程，在客户端 Web 页面通过 HTTP 协议将文件复制（上传）到服务端（服务器上）的临时文件夹，然后再移动到程序指定的目录中等，从而完成整个上传过程。

1. 客户端

在上传文件时，需要客户端选择本地磁盘文件，而在服务器端需要接收并处理来自客户端上传的文件，所以客服端和服务器端都需要进行相关的设置。

在客户端页面选择上传文件时需要运用到 HTML 中的表单\<form\>…\</form\>。可以用\<input type="file"\>标记选择本地文件，若要进行上传操作，则必须在\<form\>标签中声明 method 和 enctype 两个属性并给予相应的值。

示例 7-28 为基本结构。

示例 7-28：

```
1.  <form action=method="post" enctype="multipart/form-data">
2.      <input type="hidden" name="MAX_FILE_SIZE" value="2000000">
3.      选择文件：<input type="file" name="upfiles ">
4.      <input type="submit" value="上传">
5.  </form>
```

在 \<form\> 标签中，属性 method="post" 用来设置数据传输的模式，enctype="multipart/form-data"用来指定表单编码方式，通知服务器端传递一个文件，并带有常规表单数据，其中隐藏表单 MAX_FILE_SIZE 中的 value 值为允许上传文件的最大值（单位：字节）。但这只是在本地客户端对浏览器做一个简单的限制。实际上我们不仅要在客户端进行简单的文件上传大小限制，还需要在 PHP 配置文件中进行设置。打开 php.ini 文件，找到 upload_max_filesize 并进行最大值的设置，这样才能有效地对上传文件大小进行设置。

2. 服务器端

在客户端进行了相应设置后，服务器端同样需要进行设置。在服务器端，不仅可以在 PHP 配置文件（php.ini）中设置上传文件的最大值，还可以对内存分配、是否接受上传、临时路径等进行设置。

相关介绍请参见表 7-7。

表 7-7

配　置　名	默　认　值	描　　述
file_uploads	ON	服务器是否支持上传
memory_limit	8MB	分配最大内存
upload_max_filesize	2MB	限制上传文件最大值，必须小于 post_max_size
post_max_size	8MB	限制通过 POST 模式可接受数据最大值，必须大于 upload_max_filesize
up_tmp_dir	NULL	上传文件临时存放路径

3．$_FILES 全局数组

文件上传后，首先存放在服务器的临时文件目录中，这时 PHP 将获得一个$_FILES 的全局数组，成功上传后的文件信息被保存在这个数组中。可以通过对$_FILES 进行相关的信息打印和各种操作。

$_FILES 的相关元素第一个统一为 upfiles，第二个可以为 name、type、size、tmp_name 或 error 等文件基本信息元素。

$_FILES['upfiles']['name']：上传文件在客户端的原名称。

$_FILES['upfiles']['type']：文件类型。

$_FILES['upfiles']['size']：已上传的大小。

$_FILES['upfiles']['tmp_name']：服务器端临时文件名。

$_FILES['upfiles']['error']：伴随上传时产生的错误信息代码。

错误信息代码请参见表 7-8。

表 7-8

错　误　值	描　　述
0	上传成功
1	文件超出了 php.ini 中的 upload_max_filesize 限制值
2	文件超出了 HTML 表单中的 MAX_FILE_SIZE 限制值
3	只有部分被上传

7.4.2　单文件上传

通过以上的学习，可以总结起来编写一个简单的单文件上传程序，参见示例 7-29。

示例 7-29：

```
1.    <form action=method="post" enctype="multipart/form-data">
2.      <input type="hidden" name="MAX_FILE_SIZE" value="2000000">
3.      选择文件：<input type="file" name="files">
4.      <input type="submit" value="上传">
```

```
5.    </form>
6.
7.    <?php
8.        //存储目录
9.        $file = "file/";
10.       //文件上传后完整的路径、名称
11.       $url = $file. $_FILES["files"]["name"];
12.       if   (move_uploaded_file($_FILES["files"]["tmp_name"], $url))  {
13.           echo '文件上传成功！<br />';
14.           print_r($_FILES);
15.       } else {
16.           echo '文件上传失败！<br />';
17.           print_r($_FILES);
18.       }
19.   ?>
```

上传后的文件通过了判断，则将其从临时目录复制到指定的存放位置，这时可以使用 copy() 函数。PHP 也为我们提供了用于上传文件移动的函数 move_uploaded_file()，该函数仅能在上传文件时使用。

7.4.3　多文件上传和安全

1. 多文件上传

多文件上传和单文件上传的方式相同，只需要在 HTML 中增加多个 file 类型的表单，并制定不同的 name 值即可，参见示例 7-30。

示例 7-30：

```
1.    <form action=method="post" enctype="multipart/form-data">
2.        <input type="hidden" name="MAX_FILE_SIZE" value="2000000">
3.        选择文件：<br />
4.        01.<input type="file" name="upload[]"><br />
5.        02.<input type="file" name="upload[]"><br />
6.        03.<input type="file" name="upload[]"><br />
7.        <input type="submit" value="上传"><br />
8.    </form>
```

以上代码中，将 3 个文件的表单文件基本信息以数组形式组织在了一起，当表单提交到 PHP 进行处理时，在服务器端使用全局数组$_FILES 存储所有上传文件信息数据。$_FILES 将成为一个三维数组，在 PHP 文件中可以使用 print_r($_FILES)函数对该数组进行查看，如图 7-7 所示。

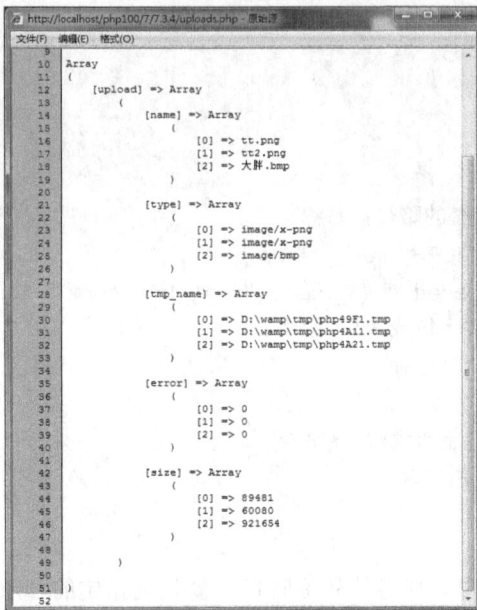

图 7-7

通过图 7-7 可知，多文件上传和单文件上传的原理一样，只是$_FILES 数组结构有所改变。

2．安全相关

在 Web 开发中，我们必须接受一个关键的概念就是：用户的输入总是不可靠的、不可信任的。在一个 B/S 程序运行过程中，客户端与服务器端大量的交互数据，其中不乏一些恶意数据的提交。在众多安全隐患中，上传模块是一个高危区，也是入侵者最喜欢尝试的一个选择。因为一旦在上传模块中找到漏洞，就有可能被上传到 WebShell，从而控制整个服务器，这是我们不愿看到的。

关于 PHP 上传及相关安全注意事项请参见表 7-9。

表 7-9

错　误　值	描　　　述
PHP	最简单也是最基本的上传模块必须要有的功能，可以通过"$_FILES['files']['type'];"语句来获得文件的类型
PHP	用 is_upload_file()和 move_upload_file()函数判断目标文件是不是根据 HTTP 协议上传和移动的
PHP	禁止一些对系统有潜在威胁的函数和设置
PHP	只要是通过外部提交的数据，都要经过严格过滤
PHP	eval()是一个危险的函数
Apache	对相应目录的权限进行设置，如存储上传文件目录只给予只读权限；禁止对外目录执行不必要的可写权限
MySQL	避免弱口令
ALL	适时关注相关高危漏洞是否爆发，及时更新套件版本

7.5　本　章　小　结

　　本章着重讲解了 PHP 5 对文件和目录的操作以及文件上传的实现。通过本章的学习，读者应该能利用 PHP 5 中对文件和目录的相关操作，实现如文本计数器、目录和文件的遍历、不同文件类型的上传，以及遍历图片等功能，在 PHP 中也可以使用文件来存储数据，完成 Web 系统底层的功能，对文件的操作包括获取文件的属性、对文件打开和关闭以及读写文件的内容等。另外，PHP 的文件操作的功能也非常强大，最后用一个综合小实例对本章的文件操作进行巩固，使读者能更深入地熟悉文件系统的操作。

　　通过本章的学习，读者应掌握以下知识：

　　（1）文件的创建、读取、修改、删除等操作。

　　（2）文件目录的操作（遍历文件夹等）。

　　（3）文件的上传原理和上传安全的处理，以及多文件的上传方法。

第 8 章　MySQL 数据库

8.1　MySQL 数据库介绍

　　MySQL 是一种开放源代码的关系型数据库管理系统（RDBMS），该系统使用最常用的数据库管理语言——结构化查询语言（Structured Query Language，SQL）进行数据库管理。

　　由于 MySQL 是开放源代码的，因此任何人都可以在 General Public License 的许可下下载并根据个性化的需要对其进行修改。MySQL 因为其速度、可靠性和适应性而备受关注。大多数人都认为在不需要事务化处理的情况下，MySQL 是管理内容最好的选择。

　　MySQL 这个名字，起源不是很明确。一个比较有影响的说法是，基本指南、大量的库和工具带有前缀"my"已经有 10 年以上，而且不管怎样，MySQL AB 创始人之一的 Monty Widenius 的女儿也叫 My。到底是什么原因命名为 MySQL 至今依然是个谜，包括开发者在内也不知道。

　　MySQL 海豚标志的名字叫"sakila"，它是由 MySQL AB 的创始人从在"海豚命名"竞赛中建议的大量的名字表中选出的。获胜的名字是由来自非洲斯威士兰的开源软件开发者 Ambrose TWebaze 提供。根据 Ambrose 所说，sakila 来自一种叫 SiSwati 的斯威士兰方言，也是 Ambrose 的家乡乌干达附近的坦桑尼亚的 Arusha 的一个小镇的名字。

　　MySQL 虽然功能未必很强大，但因为其开源、广泛使用，因此很多人都了解这个数据库。

　　MySQL 的历史最早可以追溯到 1979 年，有一个人叫 Monty Widenius，为一个叫 TcX 的小公司打工，并用 BASIC 语言设计了一个可以在 4MB 主频和 16KB 内存的计算机上运行的报表工具。不久，又将此工具使用 C 语言重写，并移植到 UNIX 平台。当时，它只是一个很底层的面向报表的存储引擎，叫做 Unireg。

　　可是，这个小公司资源有限，Monty 天赋极高，面对资源有限的不利条件，他反而更能发挥潜能，总是力图写出最高效的代码，并因此养成了习惯。与 Monty 同在一起的还有一些别的同事，很少有人能坚持把那些代码持续写到 20 年后，而 Monty 却做到了。

　　1990 年，TcX 的客户中开始有人要求为他的 API 提供 SQL 支持。当时，有人想到了直接使用商用数据库，但是 Monty 觉得商用数据库的速度很难令人满意。于是，他直接借助于 mSQL 的代码，将它集成到自己的存储引擎中，但效果并不太好。于是，Monty 雄心大起，决心自己重写一个 SQL 支持。

　　1996 年，MySQL 1.0 发布，只面向一小拨人，相当于内部发布。到了 1996 年 10 月，MySQL 3.11.1 发布了，而没有发布 2.x 版本。最开始，MySQL 只提供了 Solaris 下的二进制版本。一个月后，Linux 版本出现了。

　　接下来的两年里，MySQL 依次移植到各个平台下。在发布时，MySQL 采用的许可策略有些与众不同：允许免费商用，但是不能将 MySQL 与用户自己的产品绑定在一起发布。如果想一起发布，就必须使用特殊许可，即要购买许可，当然，商业支持也是需要购买许可的，除此之外，用户怎么用都可以。这种特殊许可为 MySQL 带来了一些收入，从而为其持续发展打下了良好的基础（PostgreSQL 曾经有几年陷入低谷，可能与它的完全免费、不受任何限制有关系）。

MySQL 3.22 应该是一个标志性的版本，提供了基本的 SQL 支持。

MySQL 关系型数据库于 1998 年 1 月发行第一个版本。它使用系统核心提供的多线程机制提供完全的多线程运行模式，提供了面向 C、C++、Eiffel、Java、Perl、PHP、Python 以及 Tcl 等编程语言的编程接口（APIs），支持多种字段类型并且提供了完整的操作符支持查询中的 SELECT 和 WHERE 操作。

1999—2000 年，MySQL AB 公司在瑞典成立了。雇了几个人，与 Sleepycat 合作，开发出了 Berkeley DB 引擎，因为 BDB 支持事务处理，所以 MySQL 从此开始支持事务处理了。

2000 年 4 月，MySQL 对旧的存储引擎进行了整理，命名为 MyISAM。2001 年，Heikiki Tuuri 向 MySQL 提出建议，希望能集成他们的存储引擎 InnoDB，该引擎同样支持事务处理，还支持行级锁。

遗憾的是，BDB 和 InnoDB 都被 Oracle 收购了，为了消灭竞争对手，哪怕是开源的，都是不择手段。

MySQL 与 InnoDB 的正式结合版本是 4.0。

到了 MySQL 5.0，2003 年 12 月，开始有 View，存储过程之类的程序，其间，BUG 也挺多。

2008 年 1 月 16 日，MySQL 被 Sun 公司收购。

目前 MySQL 和 PHP 的结合绝对是完美。很多大型的网站也用到 MySQL 数据库，MySQL 的发展前景也是非常光明的。

8.2　MySQL 数据库基础

8.2.1　下载 MySQL 数据库

由于 MySQL 是开源软件，因此获取这个软件是非常简单的一件事，只需要访问 MySQL 官方网站下载即可（官网地址：http://www.mysql.com/）。单击首页中的 Downloads（GA）超链接，然后根据页面提示单击 Download 按钮，进入下载页面，单击页面中的 Download 按钮即可，如图 8-1 所示。

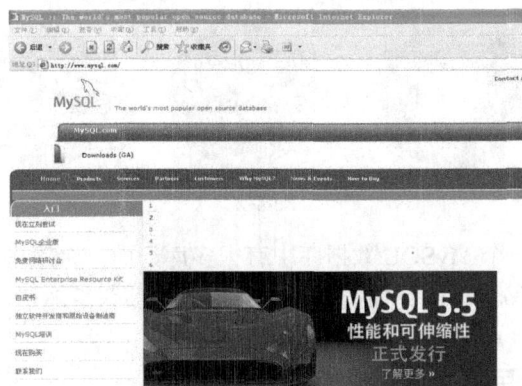

（a）

图 8-1

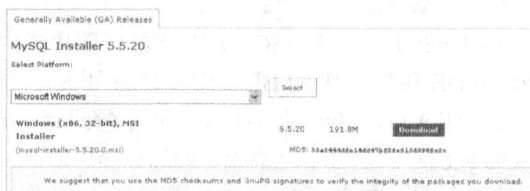

（b）　　　　　　　　　　　　　　　　（c）

图 8-1（续）

8.2.2　安装 MySQL 数据库

下载完成后需要在系统中安装 MySQL 数据库，双击刚下载的*.msi 文件进行安装即可。具体安装步骤在之前的环境配置章节中有详细图解，可参见第 2 章进行安装。

8.3　MySQL 数据库设计

8.3.1　MySQL 数据库的关系

如图 8-2 所示，数据库的关系是一种从上至下的关系。

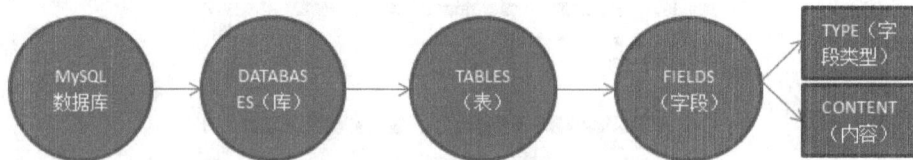

图 8-2

由图 8-2 不难看出，一个 MySQL 数据库中有很多库，而一个库中又有很多表，表中又有很多字段，字段专门用来存储数据，存储的数据类型由字段的类型所决定。

8.3.2　MySQL 数据库中的数据类型

为了对不同性质的数据进行区分，以提高数据查询和操作的效率，MySQL 数据库系统将可存入数据库的数据分为了多种类型。如姓名、产品名称等信息为字符串类型；价格、年龄等信息为数值类型；日期也有专门的日期时间类型。这样就有了数据类型的概念。

　　数据类型是针对字段来说的。一个字段一旦被设置为某种类型，那么这个字段将只能存储该数据类型的数据，不能写入非该数据类型的数据。如价格设置为浮点型后将只能存储类似 50.30 这样的数据，如果对它写入 "ab" 这样的数据，将无法写入到该字段中。

　　与编程语言一样，每种数据库都有自己支持的若干种数据类型。在数据库中建立表时，首先要考虑的就是该表需要设置多少字段以及每个字段的数据类型。

　　MySQL 数据库中的数据类型分为 3 大类：数值类型、日期时间类型和字符串类型等。各大类中包含的具体类型及其取值范围如表 8-1 所示。

表 8-1

大　类	数 据 类 型	取值范围或值格式
数值类型	TINYINT	有符号：-128～127；无符号：0～255
	SMALLINT	有符号：-32768～32767；无符号：0～65535
	MEDIUMINT	有符号：-8388608～8388607；无符号：0～16777215
	INT	有符号：-2147483648～2147483647；无符号：0～4294967295
	BIGINT	有符号：-9223372036854775808～9223372036854775807 无符号：0～18446744073709551615
日期时间类型	DATETIME	0000-00-00 00:00:00
	DATE	0000-00-00
	TIMESTAMP	00000000000000
	TIME	00:00:00
	YEAR	0000
字符串类型	CHAR	0～255（字节，字符型）
	VARCHAR	0～65535（字节，字符型）
	BINARY	0～255（字节，二进制型）
	VARBINARY	0～65535（字节，二进制型）
	BLOB	无限大小（字节，字符串）
	TEXT	无限大小（字节，字符串）
	ENUM	枚举类型，最多 65535 个元素
	SET	集合性。最多 64 个成员

　　在后面的章节中将陆续用到表 8-1 中一些最为常见的数据类型。

8.4　SQL 语言

8.4.1　SQL 简介

　　SQL 是一种数据库查询和程序设计语言，用于存取数据以及查询、更新和管理关系数据库系统，同时也是数据库脚本文件的扩展名。

SQL 是高级的非过程化编程语言，是沟通数据库服务器和客户端的重要工具，允许用户在高层数据结构上工作。它不要求用户指定对数据的存放方法，也不需要用户了解具体的数据存放方式，所以具有完全不同底层结构的不同数据库系统，可以使用相同的 SQL 语言作为数据输入与管理的 SQL 接口。它以记录集合作为操作对象，所有 SQL 语句接受集合作为输入，返回集合作为输出，这种集合特性允许一条 SQL 语句的输出作为另一条 SQL 语句的输入，所以 SQL 语句可以嵌套，使其具有极大的灵活性和强大的功能。多数情况下，在其他语言中需要一大段程序实现的功能只需要一个 SQL 语句就可以达到目的，这也意味着用 SQL 语言可以写出非常复杂的语句。

SQL 最早是 IBM 的圣约瑟研究实验室为其关系数据库管理系统 SYSTEM R 开发的一种查询语言，它的前身是 SQUARE 语言。SQL 语言结构简洁，功能强大，简单易学，所以自从 IBM 公司 1981 年推出以来，SQL 语言得到了广泛的应用。如今无论是像 Oracle、Sybase、DB2、Informix、SQL Server 这些大型的数据库管理系统，还是像 Visual Foxpro、PowerBuilder 这些 PC 上常用的数据库开发系统，都支持 SQL 语言作为查询语言。

美国国家标准局（ANSI）与国际标准化组织（ISO）已经制定了 SQL 标准。ANSI 是一个美国工业和商业集团组织，负责开发美国的商务和通信标准。ANSI 同时也是 ISO 和 International Electrotechnical Commission（IEC）的成员之一。ANSI 发布与国际标准组织相应的美国标准。1992 年，ISO 和 IEC 发布了 SQL 国际标准，称为 SQL-92。ANSI 随之发布的相应标准是 ANSI SQL-92。ANSI SQL-92 有时被称为 ANSI SQL。尽管不同的关系数据库使用的 SQL 版本有一些差异，但大多数都遵循 ANSI SQL 标准。SQL Server 使用 ANSI SQL-92 的扩展集，称为 T-SQL，其遵循 ANSI 制定的 SQL-92 标准。

SQL 语言包含以下 4 个部分：

数据定义语言（DDL），例如 CREATE、DROP、ALTER 等语句。

数据操作语言（DML），例如 INSERT（插入）、UPDATE（修改）、DELETE（删除）语句。

数据查询语言（DQL），例如 SELECT 语句。

数据控制语言（DCL），例如 GRANT、REVOKE、COMMIT、ROLLBACK 等语句。

SQL 语言包括 3 种主要程序设计语言类别的语句：数据定义语言（DDL）、数据操作语言（DML）及数据控制语言（DCL）。

SQL 是用于访问和处理数据库的标准的计算机语言。

8.4.2 常用 SQL 语句的使用

1．insert 语句

insert 语句用于向数据库表中插入（添加）数据。

insert 语句有 3 种不同的写法，最终的结果都是一样的。

第一种写法的格式：

insert into 表 (字段,字段,……) values (值,值……);

这里的字段一定要和值一一对应，否则很容易出现错误。

表 8-2 和表 8-3 举例说明了数据库表 tb 的结构和内容。

表 8-2

字 段 名 称	字 段 类 型	字 段 属 性
id	int（11）	索引为 PRIMARY（主键），AUTO_INCREMENT（自动增长）
name	varchar（255）	整理为 gbk_bin（编码）
sex	int（1）	

提示

　　一个表中最多只能有一个字段为主键。主键可以理解为这条记录的标示符。字段设置了自动增长属性后，其属性值会从 1 开始自动增长。性别这种简单的数据一般只使用 int 类型数据，这样以后可以方便做比较等操作。

表 8-3

id	name	sex
1	张三	1

　　当执行"insert into 'tb' ('id','name','sex') values (null, "李四",2); "时，数据库中就增加了一条 id 为空、姓名为李四、性别为 2 的数据了。

提示

　　' '符号放在表或者字段名的两边时，可以防止字段名或表名和 MySQL 系统的函数名或者关键字等起冲突。

　　id 字段值设置成 NULL 的原因在于 id 字段是自动增长的字段，其值将自动增长，所以该 SQL 语句也可以写成示例 8-1 所示。

示例 8-1：

1.　　insert into 'tb' ('name','sex') values ('李四', 2);

第二种写法的格式：

insert into 表 values (值,值,……);

　　如果使用这种简化写法，包含几个字段，值也要写几个。当使用 SQL 非常娴熟时才建议使用，一般不建议使用，作为了解即可。

　　使用上述写法插入一条数据，参见示例 8-2。

示例 8-2：

1.　　insert into 'tb' values (null,'李四', 2);

　　上面的写法是正确的，如果为了偷懒写成"insert into 'tb' values ('李四', 2);"，则会出错。

第三种写法的格式。

insert into 表 set 字段=值,字段=值,……;

　　这种书写方式是推荐使用的，不习惯前面两种写法的用户可以采用这种 insert 语句，参见示例 8-3。

示例 8-3：

1.   insert into 'tb' set name='李四', sex='2';

2．select 语句

select 语句用来向数据库获取（查询）数据。select 语句有很多子句，分别起着不同的作用。

（1）普通的查询

格式：

select 字段,字段, from 表;

提示

如果是选择表中所有的字段，可以用*去代替字段内容，*是通配所有的意思。

示例 8-4 可以用来查询表 8-2 中得所有数据。

示例 8-4：

1.   select * from 'tb';

这样查询出来的是表 tb 中的所有数据。

（2）带条件的查询

格式：

select * from 表 where 条件;

假设需要查询出 tb 表中所有女生的信息（sex=2），那么就可以使用示例 8-5 的 SQL 语句去查询。

示例 8-5：

1.   select * from 'tb' where sex =2;

当有多个条件时，可以根据条件和条件之间的关系使用 and 或者 or 来连接两个条件，参见示例 8-6。

示例 8-6：

1.   select * from 'td'   where price<3 and price>2;   //小于 3 和大于 2 的
2.   select * from 'td'   where name ='西瓜' or price > 2;   //要么名字是西瓜，要么价格大于 2

如果条件比较复杂，则可以使用()做优先运算。条件中的运算符包括=、<、<=、>、>=、<> （不等于）。

（3）字段运算函数，参见示例 8-7

格式：

select 函数(字段) from 表;

示例 8-7：

1.   select sum('price') from 'td'   //算所有单价的总和，后面还可以添加条件
2.   select count(*) from 'td'   //计算表中有多少条数据
3.   select AVG('price') from 'td'   //计算平均值
4.   select max('price') from 'td'   //找出最大的值（价格）
5.   select min('price') from 'td'   //找出最小的值（价格）

（4）ORDER BY（排序函数），参见示例 8-8

格式：

select * from order by '字段' ASC (正序) / DESC (倒序);

示例 8-8：

1. select * from order by 'price' ASC;　　　　　　//将价格按正序排序
2. select * from order by 'price' ASC,'id' DESC;　　//价格用正序排序，id 用倒序排序
3. select * from order by 'price','id' ASC;　　　　//正序排序价格和 id，谁在前面谁先排序

（5）IN/NOT IN（包含查询），参见示例 8-9

格式：

select * from '表' where in/not in

示例 8-9：

1. select * 'tb' where 'id' in (1,3,6,35);　　　　//在这几个 id 里面查询
2. select * 'tb' where 'id' not in (1,3,6,35);　　//不在这几个 id 里面查询

（6）LIKE 查询（模糊查询），参见示例 8-10

格式：

select * from '表' where '字段' like '%内容%';

示例 8-10：

1. select * from 'td' where 'name' like '%子%';
//查询名字中带有"子"的信息，%代表 1 次、0 次或多次。多个条件的话，后面也可以加 or/and，
如果是关键字，可以不用添加
2. select * from 'td' where 'name' not like '%子%';
//查询名字中不包含"子"字的信息

（7）LIMIT（取值），参见示例 8-11

格式：

select * from '表' limit 起点,条数;

示例 8-11：

1. select * from 'tb' limit 10,5;　　　　　　　　//取 10～15 的字段

（8）GROUP BY（归类查询），参见示例 8-12

格式：

select * from '表' group by '字段';

示例 8-12：

1. select * from 'tb' group by 'name';

提示

当 W.G.O.L 同时出现时，它们之间的顺序不能改变，其顺序为 where、group、order 和
limit。

3．UPDATE（更新/修改）语句

update 语句主要用来更新或者修改某条数据中的某个或一些数据内容，参见示例 8-13。

格式：

update '表' set '字段'='值', '字段'='值', … . Where;

示例 8-13：

```
1.    update 'td' set price='2.20' where 'id' =2 limit 1;
      //把 id 等于 2 的价格改成 2.20，添加 limit 1 表示只更新第一条数据
2.    update 'td' set 'price' ='price'+1;
      //所有产品的价格加 1
      //后面跟的条件语句和 select 跟的是一样的
```

4．DELETE（删除）语句

delete 语句主要用来删除数据库中某一条或者几条数据，参见示例 8-14。

格式：

delete from 表 where 条件

示例 8-14：

```
1.    delete from 'td' where 'id' =4 limit 1;
2.    //删除 id 是 4 的那一行，添加 limit 1 表示只删除第一行
3.    //对删除要谨慎使用
```

提示

　　update 和 delete 语句要慎用，一不小心就会更新或者删除很多条数据，导致数据损坏或者丢失等情况。所以在执行一条数据更新或删除时，一般在语句结束之前添加 limit 1，以防止大批量的数据被更新或删除。

8.5　MySQL 数据库的备份与恢复

　　为防止数据库表丢失或损坏，必须经常备份数据库。如果发生系统崩溃，用户可以将数据库表中的数据尽量恢复到崩溃发生时的状态。

　　备份数据库的两个主要方法是用 mysqldump 程序或直接复制数据库文件。每种方法都有其优缺点。

　　mysqldump 与 MySQL 服务器协同操作。直接复制的方法在服务器外部进行，并且必须采取措施保证没有客户正在修改将复制的表。如果想用文件系统备份来备份数据库，也会发生同样的问题：如果数据库表在文件系统备份过程中被修改，进入备份的表文件处于不一致的状态，这对以后的恢复表将失去意义。文件系统备份与直接复制文件的区别是后者完全控制了备份过程，这样用户可以采取措施确保服务器让表不受干扰。

　　mysqldump 比直接复制要慢些。mysqldump 生成能够移植到其他机器的文本文件，甚至那些有不同硬件结构的机器上。直接复制文件不能移植到其他机器上，除非正在复制的表使用 MyISAM 存储格式。ISAM 表只能在相似的硬件结构的机器上复制。在 MySQL 3.23 中引入的 MyISAM 表存储格式解决了该问题，因为该格式是与机器无关的，所以直接复制文件可以移植

到具有不同硬件结构的机器上。但要满足两个条件：另一台机器必须也运行 MySQL 3.23 或以后版本，而且文件必须以 MyISAM 格式而不是 ISAM 格式表示。

　　不管使用哪种备份方法，如果需要恢复数据库，有几个原则应该遵守，以确保最好的结果：定期实施备份。建立一个计划并严格遵守。

让服务器执行更新日志。当在崩溃后需要恢复数据时，更新日志将有很大帮助。在用备份文件恢复数据到备份时的状态后，可以通过运行更新日志中的查询再次运用备份后面的修改，以将数据库中的表恢复到崩溃发生时的状态。

以文件系统备份的术语讲，数据库备份文件代表完全倾倒（full dump），而更新日志代表渐进倾倒（incremental dump）。

使用一种统一的和易理解的备份文件命名机制。如 backup1、buckup2 等就没有特别的意义，这样在实施恢复时，将浪费时间找出文件里是什么东西。建议使用数据库名和日期构成备份文件名。

在生成备份后压缩它们。由于备份文件一般都很大，因此也需要让备份文件有过期期限以避免它们填满磁盘。

用文件系统备份你的备份文件。如果遇到系统彻底崩溃，不仅清除了数据目录，也清除了包含数据库备份的磁盘驱动器，此时将遇上真正的麻烦，所以也要备份你的更新　日志。

将备份文件放在不同于你的数据库的文件系统上。这将降低由于生成备份而填满包含数据目录的文件系统的可能性。

用于创建备份的技术对复制数据库到另一台机器同样有用。最常见的，一个数据库被转移到了运行在另一台主机上的服务器，同时也可以将数据转移到同一台主机上的另一个服务器。

8.5.1　MySQL 数据库的备份

1. 使用 mysqldump 备份数据库

　　要使用 mysqldump 备份数据库，首先要进入到 Windows 操作系统的命令行模式。使用 Win+R 快捷键打开"运行"窗口，在"打开"文本框中输入 cmd，单击"确定"按钮，如图 8-3 所示，即可进入 Windows 的命令行模式，如图 8-4 所示。

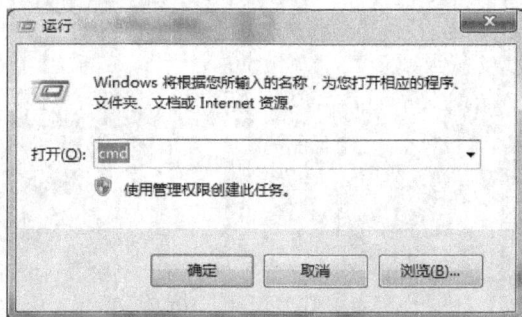

图 8-3

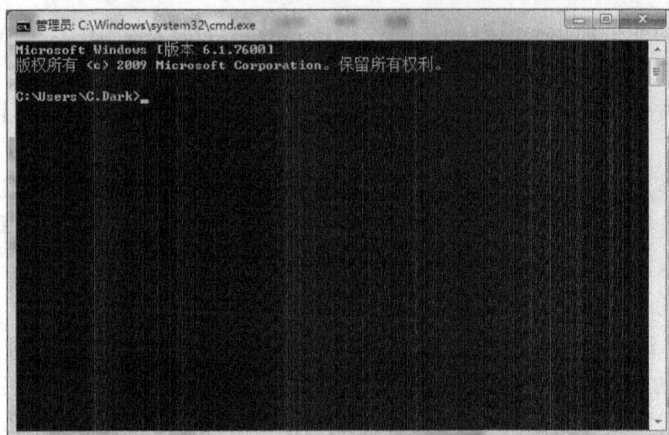

图 8-4

在命令行模式中切换到 MySQL 的安装目录中，如图 8-5 所示。

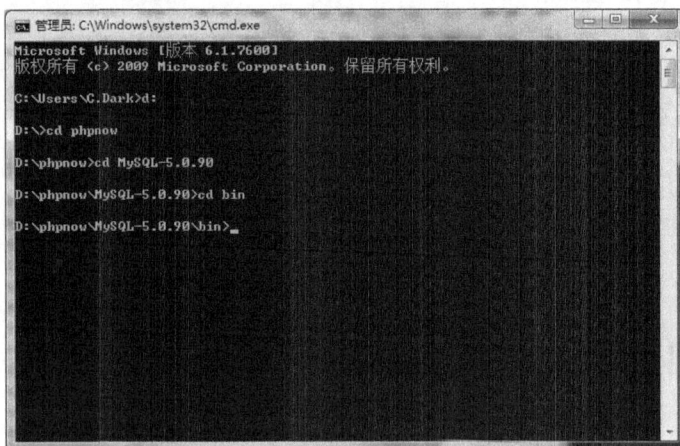

图 8-5

进入目录后可以使用 dir 命令查看该目录下是否存在可执行文件 mysqldump，如图 8-6 所示。

图 8-6

可以看到存在该文件，此时就可以使用 mysqldump 备份数据库了。

格式：

mysqldump -u 用户名 -p 数据库名 > 导出的文件名

假设要备份一个 test 表，可执行如下命令，参见示例 8-15。

示例 8-15：

1. mysqldump –uroot –p test>d:\test.sql;

执行命令后进入相应的目录，如图 8-7 所示。

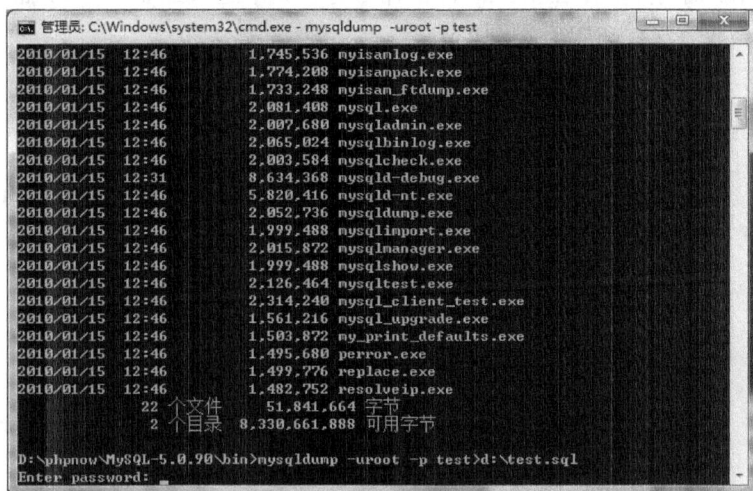

图 8-7

这时会要求输入所使用用户的密码，输入完成后按 Enter 键即完成备份，并保存在系统 D 盘根目录下，文件名称为 test.sql。当恢复数据库时只需要将 test.sql 文件导入数据库即可。

2. 复制数据库

MySQL 数据库的数据都存放在 MySQL 安装目录下的 data 文件夹中，如图 8-8 所示。

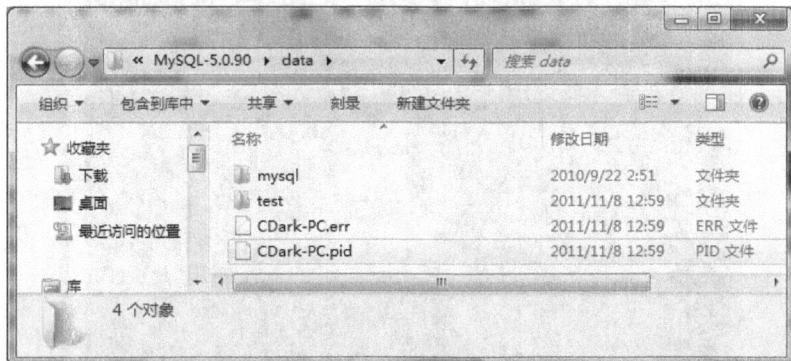

图 8-8

每一个库就是一个文件夹，这样只需要将文件夹备份，就可以达到备份数据库的效果了。

8.5.2 MySQL 数据库的恢复

1. 恢复.sql 文件

如果是使用 mysqldump 方式备份的数据，那么只需要将.sql 文件导入数据库即可完成数据恢复。这时就要用到 MySQL 的命令行来进行操作。MySQL 命令行同样也在 MySQL 的安装目录下的 bin 文件夹中。我们只需要在 Windows 的命令行模式下进入到 bin 目录，然后使用如下命令即可进入 MySQL 的命令行，如图 8-9 所示。

格式：

mysql -u 用户名 -p

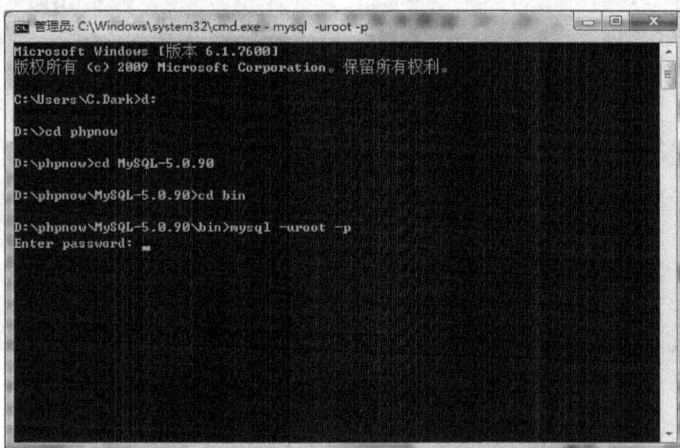

图 8-9

按 Enter 键，系统就会提示输入密码，当密码输入正确以后就出现如图 8-10 所示的界面。

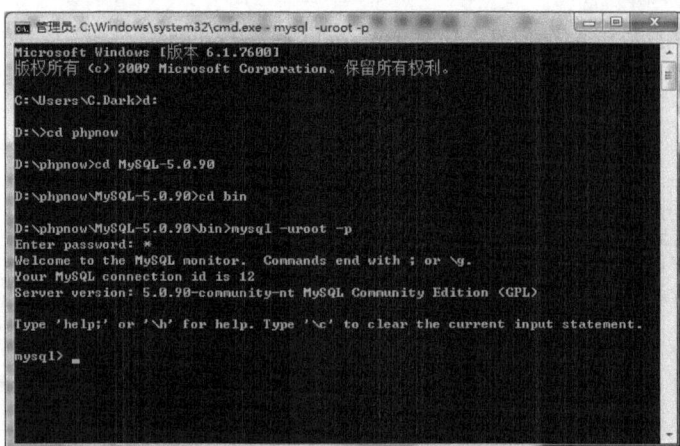

图 8-10

恢复使用的是 source 命令。恢复步骤如下：

（1）进入 MySQL 数据库控制台。

（2）先建立数据库。

（3）使用 use 命令进入数据库。

（4）恢复数据库。

下面首先使用 create 命令创建一个数据库。

格式：

create database　数据库名;

如图 8-11 所示创建了一个名为 tb 的数据库。

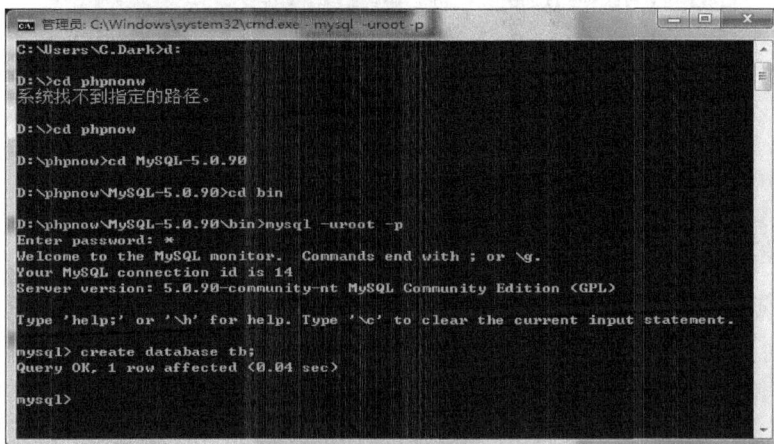

图 8-11

使用 use 命令进入 tb 数据库，如图 8-12 所示。

格式：

use　数据库名;

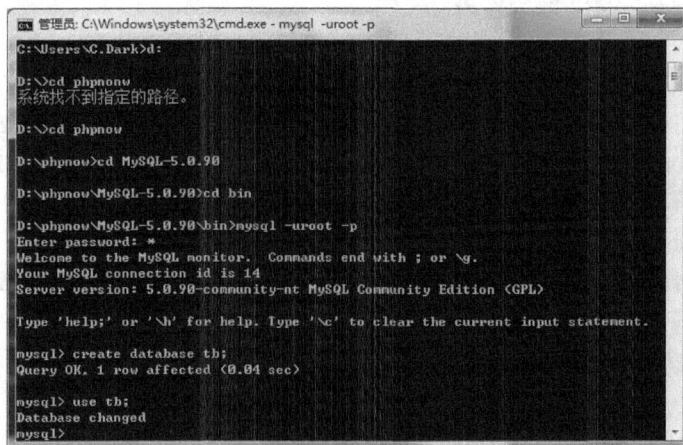

图 8-12

使用 source 命令恢复数据库。

格式：

source　文件路径;

如图 8-13 所示是将备份文件 test.sql 成功恢复后的界面。

图 8-13

这样就可以将.sql 文件中的数据（包括结构等）恢复到数据库中了。

2．恢复复制出来的数据库文件

如果采用的是复制的形式备份数据库，那么只需要将复制出来的文件覆盖到 data 文件夹中即可。

8.6　PHP 与 MySQL 编程

8.6.1　PHP 连接 MySQL 数据库

在使用 PHP 操作 MySQL 数据库之前，首先要确定 php.ini 中是否已经打开了 MySQL 的扩展，否则将无法使用操作 MySQL 的一些函数。打开 php.ini 文件，找到"extension=php_mysql.dll"这一栏，查看 extension 前面的分号是否已经被去掉。如果被去掉，则说明 MySQL 的扩展处于开启状态；如果没有被去掉，那么只需要将前面的分号去掉即可将 MySQL 的扩展开启。开启以后需要重启下 Apache 服务。

在开启扩展的情况下，要连接 MySQL 数据库，只需要使用 PHP 操作 MySQL 的一些函数即可达到连接数据库的效果。

连接数据库可以使用 mysql_connect()函数。

格式：

resource mysql_connect ([string server [, string username [, string password [, bool new_link [, int client_flags]]]]]);

函数中有 5 个参数，只需要记住前 3 个即可，分别代表 MySQL 数据库服务器地址、MySQL 数据库用户名、MySQL 数据库密码。其中第一个参数 server 可以包括端口号，例如"hostname:port"。函数的返回值是连接的资源集，参见示例 8-16。

示例 8-16：

```
1.  <?php
2.  $link = @mysql_connect("localhost", "root", "")or die("连接失败！");
    //@符号可以屏蔽 mysql_connect 连接出错时显示的错误信息而输出 or die 中自定义的错误信
    息，只有当语句出错时才会执行 or die 中的内容
3.  echo "连接成功";
4.  ?>
```

做好这些工作后就成功地连接了数据库。连接数据库成功之后，我们将选择一个具体的库进行操作，这时就用到了 mysql_select_db()函数。

格式：

bool mysql_select_db (string database_name [, resource link_identifier]);

函数中有两个参数：第一个是必须填写的参数，也就是具体要操作的数据库的名称；第二个是可以省略的参数，其中填写的是连接时返回的资源集。

提示

第二个参数仅当执行多库操作时为了区分该函数具体是对哪个数据库或哪个连接进行操作时使用。

选择好库之后就需要选择具体操作数据库的编码格式了，该编码格式必须和数据库的编码格式统一，否则容易出现乱码。

设置数据库编码有以下两种方式。

（1）使用 mysql_query()函数设置操作的编码格式。

格式：

resource mysql_query (string query [, resource link_identifier])

该函数有两个参数，第一个参数是需要去执行的 SQL 语句，第二个参数是可省略的连接返回的资源集。

注意

查询字符串不应以分号结束。

mysql_query()函数仅对 SELECT、SHOW、EXPLAIN 或 DESCRIBE 语句返回一个资源标识符，如果查询执行不正确则返回 FALSE。对于其他类型的 SQL 语句，mysql_query()函数在执行成功时返回 TRUE，出错时返回 FALSE。非 FALSE 的返回值意味着查询是合法的并能够被服务器执行。这并不说明任何有关影响到的或返回的行数。很有可能一条查询执行成功了但并未影响到或并未返回任何行。

mysql_query 函数也可以设置连接数据库的编码格式。

格式：

mysql_query("set names '编码'");

这里的编码要注意一点，当要设置成 UTF-8 编码格式时，其中填写的是 UTF8 而不是 UTF-8，参见示例 8-17。

示例 8-17：

```
1.    mysql_query("set names 'GBK'");      //设置 GBK 编码
2.    mysql_query("set names 'UTF8'");
```

（2）使用 mysql_set_charset()函数设置操作的编码格式。

格式：

bool mysql_set_charset (string $charset [, resource $link_identifier])

该函数有两个参数，第一个参数是需要设置的编码格式的名称，第二个参数是可以省略的
连接数据库时返回的资源集，参见示例 8-18。

示例 8-18：

```
1.    mysql_set_charset("GBK");            //设置 GBK 编码
2.    mysql_set_charset("UTF8");           //设置 UTF-8 编码
```

该函数只可以在 PHP 5.2.3 以上的版本中使用，在老一些的版本中是没有该函数的。所以，
一般情况下都会使用 mysql_query()函数来设置编码格式。

8.6.2　PHP 操作 MySQL

在 8.6.1 节中已经介绍了 mysql_query()函数，该函数专门用于执行 SQL 语句。使用时只需
要将 SQL 语句放入该函数的第一个参数中即可执行该 SQL 语句，参见示例 8-19。

示例 8-19：

```
1.    <?php
2.    mysql_connect("localhost","root","");     //连接数据库
3.    mysql_select_db("test");                  //选择库
4.    mysql_query("set names 'GBK'");           //设置编码格式
5.    $sql="select * from `test`";              //SQL 语句
6.    $query=mysql_query($sql);                 //执行 SQL 语句
7.    echo $query;
8.    ?>
```

在执行 select 语句时返回的是一个资源集。在 PHP 中直接输出资源集是没有作用的，输出
的将是一个资源标识符，如图 8-14 所示。

图 8-14

要操作这个资源集需要用到 mysql_fetch_array()或者 mysql_fetch_row()函数。这两个函数每

执行一次都将从资源集中取出一条记录放入一个数组中，并且内部数据指针自动指向下一条数据。要取出所有数据就需要借助于 while 循环；其区别就在于：mysql_fetch_array()函数取得的数据返回的数组中同时存在数据下标以及以字段名命名的键名的数据，而 mysql_fetch_row()函数取得的数据只有数组下标。

格式：

array mysql_fetch_array (resource result);

array mysql_fetch_row (resource result);

这两个函数的参数都为查询返回的资源集，参见示例 8-20。

示例 8-20：

```
1.  <?php
2.  //=======连接数据库==========\\
3.  mysql_connect("localhost","root","1");
4.  mysql_select_db("test");
5.  mysql_query("set names 'GBK'");
6.  //=======执行 SQL==========\\
7.  $sql="select * from 'test'";
8.  $query=mysql_query($sql);
9.  echo $query;
10. echo "<hr />";
11. //=======从资源集中取得数据==========\\
12. while($rs=mysql_fetch_array($query)){
13.     $result[]=$rs;
14. }
15. print_r($result);
16. ?>
```

最终返回的数据如图 8-15 所示。

```
1   Resource id #3<hr />Array
2   (
3       [0] => Array
4           (
5               [0] => 1
6               [id] => 1
7               [1] => 张三
8               [username] => 张三
9               [2] => 30
10              [age] => 30
11          )
12
13      [1] => Array
14          (
15              [0] => 2
16              [id] => 2
17              [1] => 李四
18              [username] => 李四
19              [2] => 28
20              [age] => 28
21          )
22
23  )
24
```

图 8-15

这时如果将 mysql_fetch_array()函数换成 mysql_fetch_row()函数，返回的数据将只存在数组下标，参见示例 8-21。

示例 8-21：

```php
1.    <?php
2.        //=======连接数据库==========\\
3.        mysql_connect("localhost","root","1");
4.        mysql_select_db("test");
5.        mysql_query("set names 'GBK'");
6.        //=======执行 SQL==========\\
7.        $sql="select * from 'test'";
8.        $query=mysql_query($sql);
9.        echo $query;
10.       echo "<hr />";
11.       //=======从资源集中取得数据==========\\
12.       while($rs=mysql_fetch_row($query)){
13.           $result[]=$rs;
14.       }
15.       print_r($result);
16.   ?>
```

最终返回的数据如图 8-16 所示。

```
Resource id #3<hr />Array
(
    [0] => Array
        (
            [0] => 1
            [1] => 张三
            [2] => 30
        )

    [1] => Array
        (
            [0] => 2
            [1] => 李四
            [2] => 28
        )

)
```

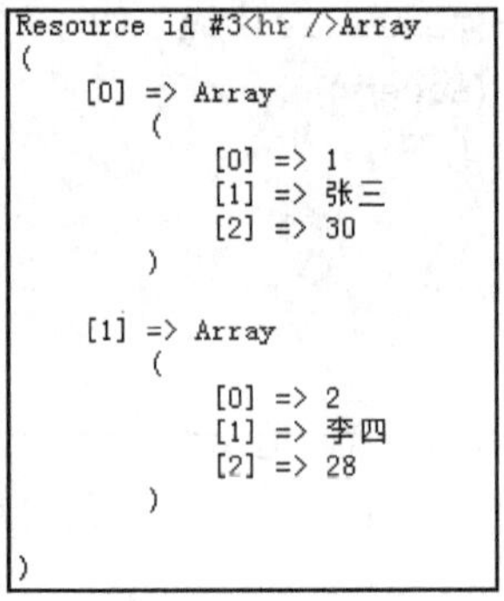

图 8-16

除了这些函数以外还有一些其他经常用到的函数，下面分别介绍。

（1）mysql_num_rows()函数

格式：

int mysql_num_rows (resource result);

该函数用来返回当次查询一共查询了多少条数据。其中有一个参数为查询时返回的资源集。

（2）mysql_insert_id()函数

格式：

int mysql_insert_id ([resource link_identifier]);

该函数用来返回上一次执行插入操作时产生的 AUTO_INCREMENT 的 ID 号。经常在多表关联操作时同时对应插入两个表时使用。该函数只有一个参数，为连接返回的资源集，可以省略。

（3）mysql_error()函数

格式：

string mysql_error ([resource link_identifier]);

该函数用来返回上一个 MySQL 函数的错误文本，如果没有出错则返回''（空字符串）。如果没有指定连接资源号，则使用上一个成功打开的连接从 MySQL 服务器提取错误信息。该函数也只有一个并可以省略，为数据库连接返回的资源集。

（4）mysql_close()函数

格式：

bool mysql_close ([resource link_identifier]);

该函数用来关闭数据库连接，如果成功则返回 TRUE，失败则返回 FALSE。mysql_close() 关闭指定的连接标识所关联的到 MySQL 服务器的连接。如果没有指定 link_identifier，则关闭上一个打开的连接。

8.7　PHP 与 mysqli 编程

8.7.1　mysqli 简介

mysqli 扩展允许我们访问 MySQL 4.1 及以上版本提供的功能。关于 MySQL 数据库服务端的信息请参阅 http://www.mysql.com/。Overview 是在 PHP 中可以用于 MySQL 访问的软件的一个概览。

mysqli 扩展允许使用两种方式操作 MySQL 数据库：面向过程模式和面向对象模式。这里主要来讲一下使用 mysqli 的面向对象模式操作数据库。同样地，要使用 mysqli 的函数就必须在 PHP.INI 中打开 mysqli 的扩展，即"extension=php_mysqli.dll"。同样地，只需要将扩展前面的分号去掉即可开启 mysqli 的扩展。

8.7.2　PHP 使用 mysqli 连接数据库

在面向对象方式中，mysqli 被封装成一个类。要使用这个类就必须先实例化该类，参见示例 8-22。

示例 8-22：

```
1.    <?php
2.    $db = new mysqli();
3.    ?>
```

实例化过后就可以使用内置的方法去连接以及操作数据库了。首先要连接数据库。连接数据库使用的是 mysqli 中的 connect()方法。

格式：

resource $db ->connect(主机,用户,密码,数据库名);

connect()方法有 4 个参数，分别是 MySQL 主机名、MySQL 用户名、MySQL 密码以及要操作的 MySQL 数据库名。其返回的数据是一个连接资源集，参见示例 8-23。

示例 8-23：

```
1.  <?php
2.      $db = new mysqli();
3.      $db->connect("localhost","root","","test");
4.  ?>
```

这样就连接上了 MySQL 数据库。同样地，要对数据库进行操作，必须要确保编码设置正确，否则读取或者写入的数据将会是乱码。在 mysqli 中同样可以使用 query()方法来设置编码格式。

格式：

$result = $db->query(string $query);

query()和 MySQL 中的 mysql_query()一样，都是用来执行 SQL 语句的。当执行除 SELECT、SHOW、DESCRIBE 或 EXPLAIN 以外的语句时，其返回值为 TRUE 和 FALSE，表示语句是否执行成功。当执行 SELECT、SHOW、DESCRIBE 或 EXPLAIN 这些语句时返回的将是一个 mysqli_Result 对象。下面来看下如何设置编码格式，参见示例 8-24。

示例 8-24：

```
1.  <?php
2.      $db = new mysqli();
3.      $db->connect("localhost","root","","test");
4.      $db->query("set names 'GBK'");
5.  ?>
```

8.7.3 PHP 使用 mysqli 操作 MySQL 数据库

mysqli 要对数据库操作离不开 query()方法。在执行 update 和 delete 语句时只需要将 SQL 语句放入 query()方法的第一个参数中即可。但在执行 insert 和 select 语句时，相对而言就会涉及更多东西，当涉及多表关联操作时，就要获取上次插入操作返回的 ID 的值，在 MySQL 扩展中可以使用 mysql_insert_id()函数去获取，在 mysqli 中也可以使用相应的属性去获取。当使用 query()方法执行 insert 语句以后，mysqli 中的 insert_id 属性将被赋值成执行 insert 时自动增长属性的值，参见示例 8-25。

示例 8-25：

```
1.  <?php
2.      $db = new mysqli();                                    //实例化 mysqli
3.      $db->connect("localhost","root","1","test");          //连接数据库
4.      $db->query("set names 'GBK'");                        //设置操作编码格式
5.      $sql = "insert into 'test' set username='赵六',age=22";  //SQL 语句
6.      $db->query($sql);                                     //执行插入操作
7.      echo "插入的 ID 为："".$db->insert_id;                  //输出上次插入的 ID
8.  ?>
```

结果如图 8-17 所示。

图 8-17

在 8.6 节中提到当执行查询操作时返回的数据是一个对象，该对象中存放着 mysql_num_rows 的数据，还有相当于 mysql_fetch_array()和 mysql_fetch_row()的函数，参见示例 8-26。

示例 8-26：

```
1.    <?php
2.    $db = new mysqli();                            //实例化 mysqli
3.    $db->connect("localhost","root","1","test");  //连接数据库
4.    $db->query("set names 'GBK'");                //设置操作编码格式
5.    $sql = "select * from 'test'";                //SQL 语句
6.    $result = $db->query($sql);                   //执行查询，返回 Object
7.    ?>
```

格式：

$result->num_rows;

该属性用来获取当次查询一共查询了多少条数据，相当于 mysql_num_rows()函数。

格式：

$result->fetch_array();

这个方法和 mysql_fetch_array()函数一样，每执行一次将获得一条数据，并且资源集中的指针自动下移一位。如果要取得所有数据，同样要结合 while 循环。

格式：

$result->fetch_row();

该方法同 fetch_array()方法相似，不同的是它返回的数组中只有下标，参见示例 8-27。

示例 8-27：

```
1.    <?php
2.    $db = new mysqli();                            //实例化 mysqli
3.    $db->connect("localhost","root","1","test");  //连接数据库
4.    $db->query("set names 'GBK'");                //设置操作编码格式
5.    $sql = "select * from 'test'";                //SQL 语句
6.    $result = $db->query($sql);                   //执行查询，返回 Object
7.    echo "本次一共查询了".$result->num_rows."条数据"."<br />";  //输出一共查询了多少条数据
8.    while($rs=$result->fetch_array()){
9.        echo "id:".$rs['id']."|username:".$rs['username']."<hr />";
10.   }
11.   ?>
```

结果如图 8-18 所示。

图 8-18

当执行这些操作以后，$result 对象已经没有用了。如果不消除它，则会占用内存。mysqli 中提供了相应的方法以释放$result 对象占用的内存。

格式：

$result->free();

当所有的操作执行完成以后，也需要将数据库连接关闭。可以用 mysqli 中的 close()方法关闭已经打开的数据库连接，参见示例 8-28。

格式：

$db->close();

示例 8-28：

```php
1.   <?php
2.   $db = new mysqli();                              //实例化 mysqli
3.   $db->connect("localhost","root","1","test");    //连接数据库
4.   $db->query("set names 'GBK'");                   //设置操作编码格式
5.   $sql = "select * from 'test'";                   //SQL 语句
6.   $result = $db->query($sql);                      //执行查询，返回对象
7.   echo "本次一共查询了".$result->num_rows."条数据"."<br />";    //输出一共查询了多少条数据
8.   while($rs=$result->fetch_array()){
9.       echo "id:".$rs['id']."|username:".$rs['username']."<hr />";
10.  }
11.  $result->free();                                 //清空查询的结果，释放内存空间
12.  $db->close();                                    //关闭数据库连接
13.  ?>
```

8.8 小实例之留言反馈系统

8.8.1 需求分析

本实例实现一个简单的留言反馈系统。要求用户可以查看到留言的列表；可以在首页进行留言操作；单击具体的列表项后，可以跳转到相应的留言详细页面，查看具体的留言详细信息

以及针对这条留言的回复。该系统的 UML 如图 8-19 所示。

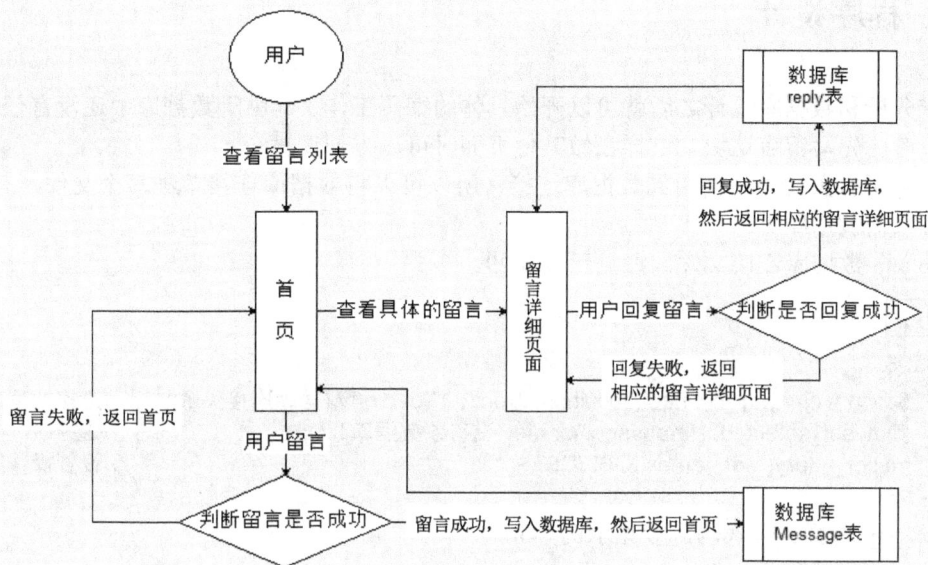

图 8-19

8.8.2　数据库设计

该数据库中包括 message 和 reply 两个表，分别用来存放留言内容以及相应的回复内容，如表 8-4 和表 8-5 所示。两表之间为一对多关系，通过 message.id=reply.mid 关联数据。

表 8-4

字 段 名	字 段 类 型	字 段 属 性
id	int（11）	A,P（自动增长以及主键）
username（留言用户名）	varchar（255）	
email（留言用户 E-mail）	varchar（255）	
content（留言内容）	text	

表 8-5

字 段 名	字 段 类 型	字 段 属 性
id	int（11）	A,P（自动增长以及主键）
mid（关联 message.id）	int（11）	
username（回复用户名）	varchar（255）	
email（回复用户 E-mail）	varchar（255）	
content（回复内容）	text	

8.8.3　程序设计

需求分析和数据库设计之后就可以开始具体的编码工作了。由于数据库中还没有任何数据，所以可以考虑先写留言这块。这样在做其他页面时可以方便调试。

程序中所有页面都将使用到数据库连接，所以可以将数据库连接单独写个文件，其他要使用的文件只需调用即可。

conn.php 数据库连接文件，参见示例 8-29。

示例 8-29：

```php
1.  <?php
2.  $conn = @mysql_connect("localhost","root","1")or die("数据库连接失败！ ");  //连接数据库
3.  @mysql_select_db("message")or die("没有该数据库！ ");                         //选择库
4.  mysql_query("set names 'GBK'");                                             //设置操作编码格式
5.  ?>
```

index.php 首页文件代码，参见示例 8-30。

示例 8-30：

```php
1.  <?php
2.  include_once 'conn.php';
3.  //判断是否提交
4.  if(!empty($_POST['post'])){
5.      $sql="insert into 'message' set 'username'='".$_POST['username']."','email'='".$_POST['email']."',content='".$_POST['content']."'"; //将提交过来的内容组合成 SQL 语句
6.  $result = mysql_query($sql);
7.      if($result){
8.          echo  "<script  type='text/javascript'>alert('留言成功！ ');location.href='index.php'</script>";       //用 JavaScript 的 alert 框告诉用户留言结果，并且使用 location 去做跳转，跳转到首页
9.      }else{
10.         echo  "<script  type='text/javascript'>alert('留言失败！ ');location.href='index.php'</script>";
11.     }
12. }
13. ?>
14. <form action="" method="post">
15. <table border="0" width="500">
16. <tr>
17. <td width="100" align="right">用户名：</td>
18. <td><input type="text" name="username" value="" /></td>
19. </tr>
20. <tr>
21. <td width="100" align="right">E-mail：</td>
22. <td><input type="text" name="email" value="" /></td>
23. </tr>
24. <tr>
```

```
25.    <td width="100" align="right">留言内容：</td>
26.    <td><textarea name="content"></textarea></td>
27.    </tr>
28.    <tr>
29.    <td colspan="2" align="center"><input type="submit" name="post" value="留言" /></td>
30.    </tr>
31.    </form>
```

显示效果如图 8-20 所示。

图 8-20

当用户填写留言并单击"留言"按钮后，留言内容将存入数据库，并且提示用户留言成功，如图 8-21 所示。单击"确定"按钮后将跳转到首页。

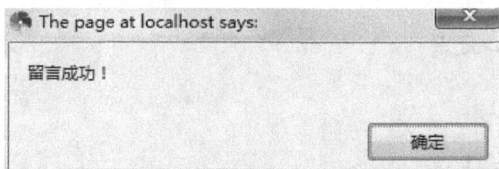

图 8-21

下面首先添加几条留言，然后来写首页的显示留言列表的代码，参见示例 8-31。

示例 8-31：

```
1.    <?php
2.    include_once 'conn.php';
3.    //=====================留言=========================\\
4.    //判断是否提交
5.    if(!emptyempty($_POST['post'])){
6.        $sql="insert into 'message' set 'username'='".$_POST['username']."','email'= '".$_POST
['email']."',content='".$_POST['content']."'"; //将提交的内容组合成 SQL 语句
7.        $result = mysql_query($sql);
8.        if($result){
9.            echo "<script type='text/javascript'>alert('留言成功！');location.href= 'index.php'
</script>";        //用 JavaScript 的 alert 框告诉用户留言结果，并且使用 location 去做跳转，跳转
到首页
```

217

```
10.        }else{
11.            echo "<script type='text/javascript'>alert('留言失败！');location.href= 'index.php'
      </script>";
12.        }
13.    }
14.    ?>
15.    <a href="#message">我要留言</a><hr />
16.    <?php
17.    $sql = "select * from 'message'";      //查询 message 表中所有数据
18.    $query = mysql_query($sql);         //执行 SQL 语句
19.    $nums = mysql_num_rows($query); //计算总共查询了多少数据，用作是否有数据的判断
20.    if($nums!=0){
21.        while($rs=mysql_fetch_array($query)){
22.    ?>
23.    <table cellspacing="1" border="0" align="center" bgcolor="#a0cffe" width="800">
24.    <tr>
25.     <td bgcolor="#f0f8ff"><a href="view.php?id=<?php echo $rs['id'];//输出留言 ID?>"><?php
      echo $rs['username'];// 输 出 用 户 名 ?></a>  <a href="mailto:<?php echo
      $rs['email'];      //输出 email?>">E-Mail</a></td>
26.    </tr>
27.    <tr>
28.    <td bgcolor="#fdfeff"><?php echo $rs['content'];//输出留言内容?></td>
29.    </tr>
30.    </table>
31.    <br />
32.    <?php
33.    }
34.    }else{
35.        echo "<center>还没有留言</center>";
36.    }
37.    ?>
38.    <hr />
39.    <a name="message"></a>
40.    <form action="" method="post">
41.    <table border="0" width="500">
42.    <tr>
43.    <td width="100" align="right">用户名：</td>
44.    <td><input type="text" name="username" value="" /></td>
45.    </tr>
46.    <tr>
47.    <td width="100" align="right">E-mail：</td>
48.    <td><input type="text" name="email" value="" /></td>
49.    </tr>
50.    <tr>
51.    <td width="100" align="right">留言内容：</td>
52.    <td><textarea name="content"></textarea></td>
53.    </tr>
54.    <tr>
55.    <td colspan="2" align="center"><input type="submit" name="post" value="留言" /></td>
56.    </tr>
```

57.　</form>

效果如图 8-22 所示。

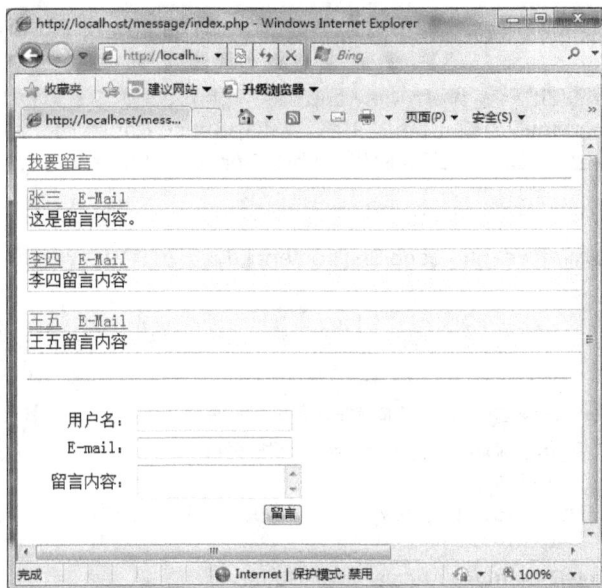

图 8-22

当点击某留言人姓名时，将跳转到这条留言的具体的终端页面。可以看到在 index 页面中，"<a href="view.php?id=<?php echo $rs['id'];//输出留言 ID?>">" 这段代码向 view.php 页面传递了具体的某一个留言的 ID，这样就可以在 view.php 页面获取具体的留言内容了，参见示例 8-32。

示例 8-32：

```
1.　<?php
2.　include_once 'conn.php';
3.　if(!emptyempty($_POST['post'])){
4.　    $sql    =    "insert    into    'reply'    set    'username'='".$_POST['username']."',
    'email'='".$ _POST['email']."',content=''".$_POST['content']."',mid'=''.$_POST['mid'];
    //将提交的内容组合成 SQL 语句
5.　$result = mysql_query($sql);
6.　    if($result){
7.　        echo "<script type='text/javascript'>alert('回复成功！');location.href='view.php?id=
    ".$_POST['mid']."'</script>";      //用 JavaScript 的 alert 框告诉用户回复结果，并且使用 location
    去做跳转，跳转到具体的页面
8.　    }else{
9.　        echo "<script type='text/javascript'>alert('回复失败！');location.href='view.php?id=
    ".$_POST['mid']."'</script>";
10.　    }
11.　}
12.　if(emptyempty($_GET['id'])){
13.　    exit("非法操作");      //判断当没有 GET ID 时显示非法操作，并且终止脚本运行
14.　}
15.　//==============获取当前留言的内容==============//
16.　$sql = "select * from 'message' where id=".$_GET['id'];
```

```php
17.    $query = mysql_query($sql);
18.    $rs = mysql_fetch_array($query);
19.    ?>
20.    <table cellspacing="1" border="0" align="center" bgcolor="#a0cffe" width="800">
21.    <tr>
22.    <td bgcolor="#f0f8ff"><a href="view.php?id=<?php echo $rs['id'];//输出留言 ID?>"><?php
       echo $rs['username'];// 输 出 用 户 名 ?></a>  <a   href="mailto:<?php  echo
       $rs['email'];//输出 email?>">E-Mail</a>  <a href="#reply">我要回复</a></td>
23.    </tr>
24.    <tr>
25.    <td bgcolor="#fdfeff"><?php echo $rs['content'];//输出留言内容?></td>
26.    </tr>
27.    </table>
28.    <hr />
29.    <?php
30.    //=============获取该留言的回复=============//
31.    $sql = "select * from `reply` where mid=".$_GET['id'];
32.    $query = mysql_query($sql);
33.    $nums = mysql_num_rows($query);        //获取查询的总条数，后面做判断用
34.    if($nums!=0){
35.        while($replyRs = mysql_fetch_array($query)){
36.    ?>
37.    <table cellspacing="1" border="0" align="center" bgcolor="#a0cffe" width="800">
38.    <tr>
39.    <td  bgcolor="#f0f8ff"> 回 复 人 ：  <?php  echo  $replyRs['username'];?>  <a
       href="mailto:<?php echo $replyRs['email'];//输出 email?>">E-Mail</a></td>
40.    </tr>
41.    <tr>
42.    <td bgcolor="#fdfeff"><?php echo $replyRs['content'];//输出留言内容?></td>
43.    </tr>
44.    </table>
45.    <br />
46.    <?php
47.    }
48.    }else{
49.        echo "<center>该留言没有回复！</center>";
50.    }
51.    ?>
52.    <hr />
53.    <a name="reply"></a>
54.    <form action="" method="post">
55.    <input type="hidden" value="<?php echo $rs['id'];?>" name="mid" />
56.    <table border="0" width="500">
57.    <tr>
58.    <td width="100" align="right">用户名：</td>
59.    <td><input type="text" name="username" value="" /></td>
60.    </tr>
61.    <tr>
62.    <td width="100" align="right">E-mail：</td>
63.    <td><input type="text" name="email" value="" /></td>
```

```
64.    </tr>
65.    <tr>
66.    <td width="100" align="right">留言内容：</td>
67.    <td><textarea name="content"></textarea></td>
68.    </tr>
69.    <tr>
70.    <td colspan="2" align="center"><input type="submit" name="post" value="回复" /></td>
71.    </tr>
72.    </form>
```

效果如图 8-23 所示。

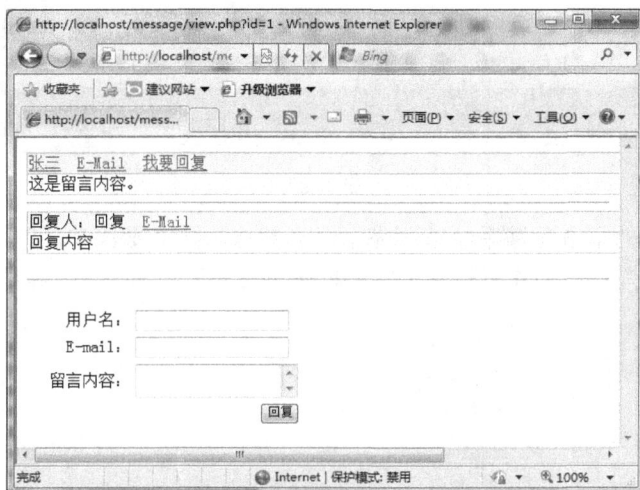

图 8-23

当填写回复表单并单击"回复"按钮后，提示如图 8-24 所示。

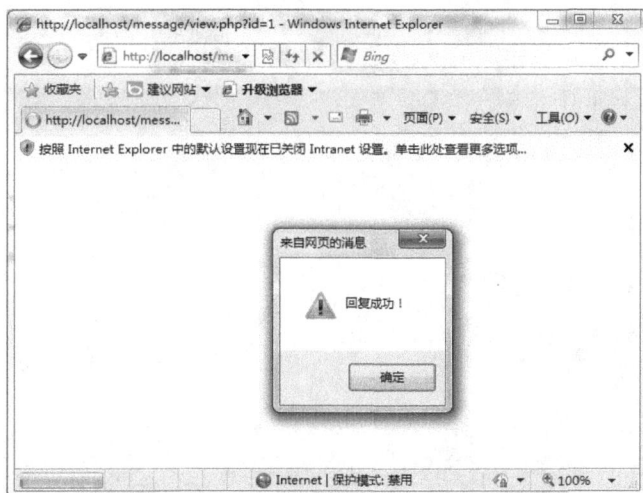

图 8-24

单击"确定"按钮后，即可看到回复信息，如图 8-25 所示。

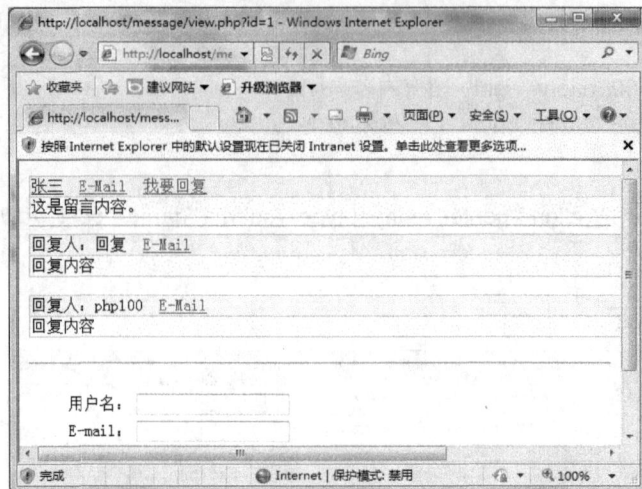

图 8-25

　　至此，一个简单的留言反馈系统就写完了。当然这个只是最简单的，用户还可以扩展得更好。希望读者能够发挥自己的才华将这个留言板做得更完美、更强大。

第9章　数据库抽象层——PDO 和 ADOdb

在我们构建的大多数 Web 应用程序中都需要存储各类动态数据以及静态数据，并且所采用的数据存储基本上采用了关系数据库管理系统（RDBMS），也就是平常所说的数据库。常见的数据库包括 MySQL、Oracle、DB2 等。

在使用 PHP 连接各类数据库时，必须使用不同的 PHP 数据库扩展，因此需要掌握很多不同的数据库操作函数。这时就需要寻找一种跨数据库平台的操作方法，事实上有很多数据库抽象层解决方案，PDO 和 ADOdb 就提供了数据库抽象层以解决跨数据库平台操作。所谓 PHP 数据库抽象层，是指封装了数据库底层操作的、介于 PHP 逻辑程序代码和数据库之间的中间件。如果使用了数据库抽象层，就意味着当从一个数据库系统向另一个数据库系统迁移时，如将 MySQL 迁移到 MS SQL Server，几乎不用更改太多的程序代码。这就大大简化了数据库的操作，并能够屏蔽不同数据库之间的差异。

9.1　PDO 和 ADOdb 介绍

9.1.1　PDO 简介

PDO（PHP Date Object）扩展在 PHP 5 中加入，为 PHP 访问数据库定义了一个轻量级、一致性的接口。它提供了一个数据库访问抽象层，以通过一致的函数执行、访问和操作不同的数据库。能使用 PDO 扩展本身执行任何数据库操作，必须使用一个 database-specific PDO driver（针对特定数据库的 PDO 驱动）访问数据库服务器，如图 9-1 所示。

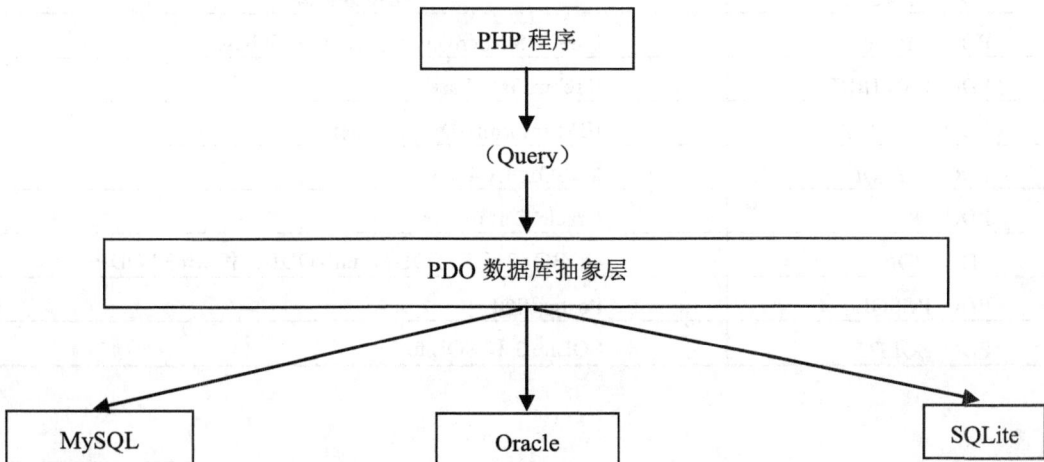

图 9-1

9.1.2 PDO 的特点

PDO 具有如下特点：

（1）性能：PDO 从一开始就吸取了现有数据库扩展成功和失败的经验教训。因为 PDO 的代码是全新的，所以我们有机会重新设计性能，以利用 PHP 5 的最新特性。

（2）能力：PDO 旨在将常见的数据库功能作为基础提供，同时提供对 RDBMS 独特功能的方便访问。

（3）简单：PDO 旨在使用户能够轻松使用数据库。API 不会强行介入用户的代码，同时会清楚地表明每个函数调用的过程。

（4）运行时可扩展：PDO 扩展是模块化的，使用户能够在运行时为数据库后端加载驱动程序，而不必重新编译或重新安装整个 PHP 程序。例如，PDO_OCI 扩展会替代 PDO 扩展实现 Oracle 数据库 API。还有一些用于 MySQL、PostgreSQL、ODBC 和 Firebird 的驱动程序，更多的驱动程序尚在开发。

9.1.3 PDO 的开启

PHP 5.1 以及以后版本的程序包里已经包含了 PDO 扩展。PHP 5.0.x 则要到 pecl.php.net 网站下载 PDO 扩展，然后放到扩展库中，即 PHP 所在文件夹的 ext 文件夹下。PHP 5.0 之前的版本不能运行 PDO 扩展。

PDO 的开启配置，即修改 php.ini 配置文件，使它支持 PDO（php.ini 配置文件详细见本书第 3 章）。首先把 extension=php_pdo.dll 前面的分号去掉（分号是 php 配置文件注释符号），这个扩展是必须的。另外还有 PDO 其他数据库的扩展，读者要使用哪种数据库，只要把相应的扩展前的注释符号";"去掉即可。各扩展所对应的数据库详细描述如表 9-1 所示。

表 9-1

驱 动 程 序	支持数据库
PDO_DBLIB	FreeTDS/Microsoft SQL Server/Sybase
PDO_FIREBIRD	Firebird/Interbase 6
PDO_INFORMIX	IBM Informix Dynamic Server
PDO_MYSQL	MySQL 3.x/4.x/5.x
PDO_OCI	Oracle Call Interface
PDO_ODBC	ODBC v3（IBM DB2、unixODBC 和 win32 ODBC）
PDO_PGSQL	PostgreSQL
PDO_SQLITE	SQLite 3 和 SQLite 2

9.1.4 ADOdb 介绍

ADOdb 是 Active Data Objects Data Base 的简称,它是一种 PHP 存取数据库的中间函式组件。虽然 PHP 是建构 Web 系统强有力的工具,但是 PHP 存取数据库的功能,一直未能标准化,每一种数据库都使用另一种不同且不兼容的应用程序接口(API)。为了弥补这个缺憾,因此才有 ADOdb 的出现。一旦存取数据库的接口予以标准化,就能隐藏各种数据库的差异,使转换至其他不同的数据库变得十分容易。

目前 ADOdb 的最新版本是 V5.11,支持的数据库种类非常多,例如 MySQL、PostgreSQL、Interbase、Informix、Oracle、MS SQL 7、Foxpro、Access、ADO、Sybase、DB2 以及一般的 ODBC(其中 PostgreSQL、Informix、Sybase 的驱动是由自由软件社群发展之后贡献出来的)。

使用 ADOdb 最大的优点之一是:不管后端数据库如何,存取数据库的方式都是一致的,开发设计人员不必为了某一套数据库而必须再学习另一套不同的存取方法,这大大减轻了开发人员的知识负担,使过去的知识仍可继续使用,并且在转移数据库平台时,程序代码也不必做太大的变动。

9.1.5 ADOdb 特点

ADOdb 具有以下特点:

(1)支持多种数据库类型,包括 MySQL、PostgreSQL、Interbase、Firebird、Informix、Oracle、MS SQL、Foxpro、Access、ADO、Sybase、FrontBase、DB2、SAP DB、SQLite、Netezza、LDAP 和通常的 ODBC、ODBTP 等。

(2)与其他 PHP 类库专注于 select 语法不同,ADOdb 提供了对 insert、update 的全面支持,还提供了对不同数据库下日期、字符串数据类型格式的统一转换函数。

(3)可以对查询的结果进行缓存,通过减少相同的查询,可以在一定程度上提高数据库的执行效率。

(4)可以进行事务处理,即对一组数据库操作进行统一控制。通过 ADOdb 在代码级上的有效控制,对事务的成功和失败作出相应处理,即事务各项都正确时,结束事务;有错误发生时,纠正所有改动,恢复原来状态。

9.1.6 ADOdb 安装

具体安装步骤如下:

(1)首先需要下载 PHP ADOdb 类库,当前 ADOdb 类库版本为 ADOdb 5,可在 ADOdb 的官网下载。

(2)在开始安装之前,首先确保运行的 PHP 版本在 4.0.5 以上,然后解压缩 PHP ADOdb 类库文件至 Web 服务器的相关目录,即完成 PHP ADOdb 类库的安装。

完成 PHP ADOdb 类库的安装工作后,就可以开始使用 PHP ADOdb 类库。

9.2 创建 PDO 对象

9.2.1 连接和断开连接 PDO

首先为连接新建一个 PDO 实例，并将这个构造函数赋予一个变量，连接成功后该变量将储存一个 PDO 对象。连接失败则返回 PDOException。

格式：

PDO::__construct()(string $dsn [, string $username[, string $password[, array $driver_options]]])

参数说明：

$dsn：数据源名称，或 DSN 所需的信息，包括与数据库连接。

$username：数据库用户名。

$password：数据库密码。

$driver_options：连接数据库选项。

接下来通过示例 9-1 来学习 PDO 连接 MySQL 数据库的实现。

示例 9-1：

```
1.    <?php
2.      $ db=new PDO("mysql:host=127.0.0.1;dbname=dbname","root","")
3.      ?>
```

示例 9-1 为连接本地数据库 MySQL 的实例，第一个参数 dsn 中包含服务器地址和数据库名称，第二、三个参数说明数据库用户名为 root、密码为空，最后一个参数省略表示没有连接附加选项。构造函数将对象赋值给$db。成功连接后无任何返回。

接下来连接数据库并在连接失败时返回自定义错误信息，最后关闭此连接，具体代码参见示例 9-2。

示例 9-2：

```
1.    <?php
2.      try{                                       //启用异常捕捉
3.        //实例化 PDO 类，连接 dbname 数据库
4.        $db=new PDO("mysql:host=127.0.0.1;dbname=dbname","root","");
5.        $db=NULL;                                 //关闭数据库连接
6.      }catch (PDOException $e){                   //返回异常
7.        print "Error!: " . $e->getMessage() . "<br/>";  //打印自定义错误信息
8.        die();                                    //退出
9.      }
10.     ?>
```

示例 9-2 使用 PDO 连接数据库和关闭数据库，并且使用 try-catch 语句捕捉数据库连接错误，按自定义格式返回错误。假如连接了一个不存在的数据库，会在浏览器中看到如图 9-2 所示的效果。

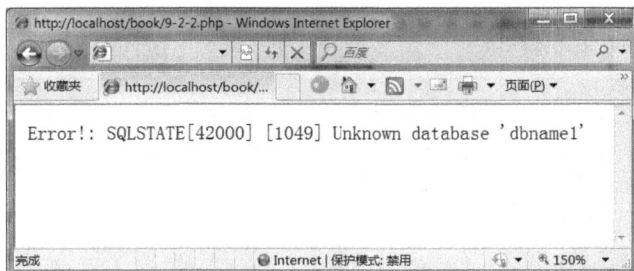

图 9-2

9.2.2　使用 PDO::query()方法

前面已经学习了使用 PDO 驱动程序连接和断开连接的方法，接下来使用 PDO 类执行数据库查询操作。

使用 PDO::query()方法可以快速并且简单地执行指定的查询，并返回一个 PDOStatement 类型的实例化类。PDOStatement 类的优点是它实现了名为 Traversible 的接口，意味着 PDO::query()方法返回的实例可以直接循环。

接下来通过示例 9-3 来看看 PDO 的执行查询。

示例 9-3：

```php
1.   <?php
2.       //实例化 PDO 类
3.       $db=new PDO("mysql:host=127.0.0.1;dbname=dbname","root","123456");
4.       $db->query("set names 'gbk'");                          //设置编码
5.       $sql="select * from 'pdo'";                             //SQL 语句
6.       $objStatement=$db->query($sql);                         //执行查询操作
7.       while($value=$objStatement->fetch(PDO::FETCH_ASSOC))    //循环打印结果集
8.       {
9.          print_r($value);
10.      }
11.  ?>
```

示例 9-3 首先连接数据库，然后使用 query()方法执行 SQL 语句，最后使用 fetch()函数循环并打印结果集。fetch()函数可以设置不同方式的返回结果集，具体说明如表 9-2 所示。

表 9-2

常　量　名	说　　明
PDO::FETCH_NUM	每行按字段位置索引的数组，从 0 开始
PDO::FETCH_BOTH	NUM 和 ASSOC 的直接组合，为默认方式
PDO::FETCH_CLASS	通过指定类名，返回一个类的实例
PDO::FETCH_COLUMN	返回当前指定列，返回一行数据
PDO::FETCH_ASSOC	每行按字段名索引的数组

运行示例 9-3 中的代码，将会在浏览器看到如图 9-3 所示的效果。

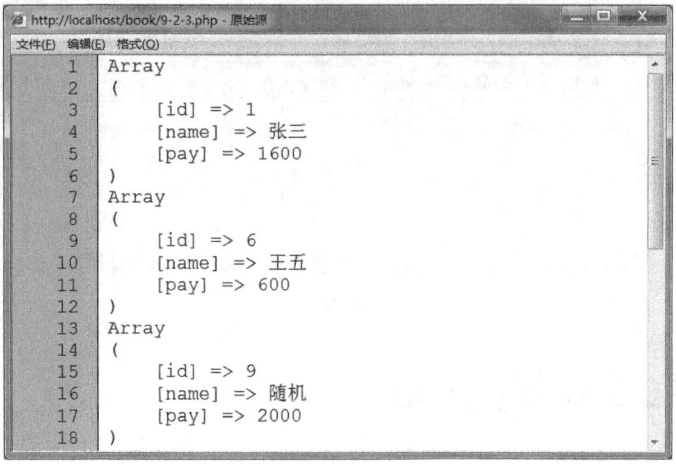


```
Array
(
    [id] => 1
    [name] => 张三
    [pay] => 1600
)
Array
(
    [id] => 6
    [name] => 王五
    [pay] => 600
)
Array
(
    [id] => 9
    [name] => 随机
    [pay] => 2000
)
```

图 9-3

9.2.3 预执行语句

很多更成熟的数据库都支持预处理语句的概念。什么是预处理语句？用户可以把预处理语句看作想要运行的 SQL 的一种编译过的模板，它可以使用变量参数进行定制。预处理语句可以带来以下两大好处。

（1）查询只需解析（或准备）一次，但是可以用相同或不同的参数执行多次。当查询准备好后，数据库将分析、编译和优化执行该查询的计划。对于复杂的查询，该过程要花费较长的时间，如果需要以不同参数多次重复相同的查询，那么该过程将大大降低应用程序的速度。通过使用预处理语句，可以避免重复分析/编译/优化周期。简单地说，预处理语句使用的资源更少，因而运行得更快。

（2）提供给预处理语句的参数不需要用引号括起来，驱动程序会处理这些。如果应用程序独占地使用预处理语句，则可以确保没有 SQL 入侵发生。

提示

如果驱动程序不支持预处理语句，那么 PDO 将仿真预处理语句。

在 PDO 中使用 prepare()方法可以进行预执行操作，并且添加命名参数，填充 SQL 语句变量，然后使用 bindParam()方法绑定参数，最后使用 execute()方法执行语句。下面介绍 bindParam()方法的使用格式。

格式：

Bool PDOStatement::bindParam(mixed $parameter , mixed &$variable [, int $data_type = PDO::PARAM_STR [, int $length [, mixed $driver_options]]])

参数说明：

$parameter：参数标识符。

$variable：参数标识符对应的变量名。

$data_type：明确数据类型参数使用 PDO:PARAM_ *常量，如表 9-3 所示。

$length：数据类型的长度（可选）。

返回值：成功时返回 TRUE，失败时返回 FALSE。

表 9-3

常 量 名	说 明
PDO::PARAM_NULL	代表 SQL 空数据类型
PDO::PARAM_INT	代表 SQL 整数数据类型
PDO::PARAM_STR	代表 SQL 字符串数据类型
PDO::PARAM_LOB	代表 SQL 大型数据类型
PDO::PARAM_BOOL	代表一个布尔值数据类型

下面通过示例 9-4 来看看 PDO 预执行语句的实现。

示例 9-4：

```php
1.   <?php
2.       //实例化 PDO 类
3.       $db=new PDO("mysql:host=127.0.0.1;dbname=dbname","root","123456");
4.       $db->query("set names 'gbk'");                          //设置编码
5.       //预执行 sql 语句添加两参数
6.       $objstatement=$db->prepare("Insert into 'pdo'(name,pay) values (:name,:pay)");
7.       $name="name1";                                          //设置变量$name
8.       $pay="1200";                                            //设置变量$pay
9.       $objstatement->bindParam(":name",$name);                //绑定参数$name
10.      $objstatement->bindParam(":pay",$pay);                  //绑定$pay
11.      $objstatement->execute();                               //插入第一条数据
12.
13.      $name="name2";                                          //设置变量$name
14.      $pay="1400";                                            //设置变量$pay
15.      $objstatement->bindParam(":name",$name);                //绑定参数$name
16.      $objstatement->bindParam(":pay",$pay);                  //绑定$pay
17.      $objstatement->execute();                               //插入第二条数据
18.  ?>
```

示例 9-4 使用 PDO::prepare()方法预执行 SQL 语句，然后通过 bindParam()方法绑定参数，最后执行 SQL 语句。

9.2.4　PDO 错误处理

PDO 一共提供了 3 种不同的错误处理模式，不仅可以满足不同风格的编程，也可以调整扩展处理错误的方式。

1. PDO::ERRMODW_SILENT

这是默认模式，在错误发生时不进行任何操作，PDO 将只设置错误代码。开发人员可以通过 PDO 对象中的 errofCode()和 errorInfo()方法对语句和数据库对象进行检查。如果错误是由于对语句对象的调用而产生的，那么可以在那个语句对象上调用 errofCode()或 errorInfo()方法；如果错误是由于调用数据库对象而产生的，那么可以在那个数据库对象上调用上述两个方法。

2. PDO::ERRMODW_WARNING

除了设置错误代码以外，PDO 还将发出一条 PHP 传统的 E_WARNGNG 消息，可以使用常规的 PHP 错误处理程序捕获该警告。如果只是想看看发生了什么问题，而无意中断应用程序的流程，那么在调试或者测试当中这种设置很有用。该模式的设置方法如下：

格式：

$db->setAttribute(PDO::ATTR_ERRMODE,PDD::ERRMODE_WARNGNG);

3. PDO::ERRMODE_EXCEPTION

除了设置错误代码以外，PDO 还将抛出一个 PDOException 并设置其属性，以反映错误代码和错误信息。这种设置在调试当中也很有用，因为它会说明脚本中产生错误的地方，从而可以非常快速地指出代码中有问题的潜在区域（注意，如果异常导致脚本终止，则事务将自动回滚）。异常模式另一个有用的地方是，与传统的 PHP 风格的警告相比，用户可以更清晰地构造自己的错误处理，而且检查每个数据库调用的返回值时，异常模式需要的代码以及嵌套代码也更少。该模式的设置方式如下：

格式：

$db->setAttribute(PDO::ATTR_ERRMODE,PDD::ERRMODE_EXCEPTION);

SQL 标准提供了一组用于指示 SQL 查询结果的诊断代码，称为 SQLSTATE 代码。PDO 定制了使用 SQL-92 SQLSTATE 错误代码字符串的标准，不同的 PDO 驱动程序负责将本地代码映射为适当的 SQLSTATE 代码。例如，可以在 MySQL 安装目录下的 include/sql_state.h 文件中找到 MySQL 的 SQLSTATE 代码列表。可以使用 PDO 对象或 PDOSsatement 对象中的 errorCode() 方法返回一个 SQLSTATE 代码。如果需要关于一个错误的更多特定的信息，在这两个对象中还提供了一个 errorInfo() 方法，该方法将返回一个数组，其中包含 SQLSTATE 代码、特定于驱动程序的错误代码，以及特定于驱动程序的错误字符串。

接下来通过示例 9-5 来看看 PDO 设置错误模式的实现。

示例 9-5：

```
1.    <?php
2.        try
3.      {$db=new PDO("mysql:host=127.0.0.1;dbname=dbname1","root","123456");//连接数据库
4.        //设置错误模式
5.        $db->setAttribute(PDO::ATTR_ERRMODE,PDO::ERRMODE_WARNING);
6.            }catch (Exception $e)
7.        {
8.            echo '连接失败:'.$e->getMessage();                //打印错误内容
9.        }
10.   ?>
```

示例 9-5 首先连接数据库，然后使用 setAttribute() 方法设置错误模式为警告模式，如果连接失败，打印预定义错误信息。如果连接不存在的数据库，则运行这段代码，在浏览器中会看到如图 9-4 所示的效果。

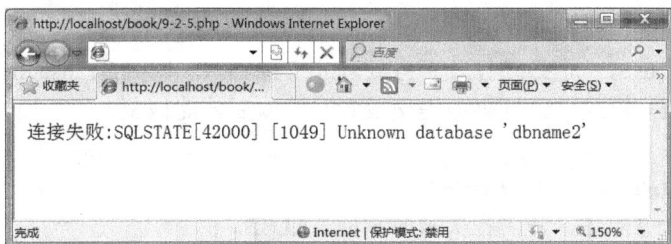

图 9-4

9.3　PDO 的事务处理

9.3.1　PDO 数据库事务介绍

通过 PDO 连接到 MySQL，并在发出事务之前，还应该理解 PDO 是如何管理事务的。如果之前没有接触过事务，那么首先要知道事务的 4 个特征：原子性（Atomicity）、一致性（Consistency）、独立性（Isolation）和持久性（Durability），即 ACID。用外行人的话说，对于在一个事务中执行的任何工作，即使它是分阶段执行的，也一定可以保证该工作会安全地应用于数据库，并且在工作被提交时不会受到来自其他连接的影响。事务性工作可以根据请求自动撤销（假设用户还没有提交它），这使得脚本中的错误处理变得更加容易。

事务通常是通过把一批更改积蓄起来、使之同时生效而实现的。这样做的好处是可以大大提高更新的效率。换句话说，事务可以使脚本更快，而且可能更健壮（但需要正确地使用事务才能获得这样的好处）。

需要注意的是，并不是每种数据库都支持事务，所以当第一次打开连接时，PDO 需要在所谓的自动提交（autocommit）模式下运行。自动提交模式意味着，如果数据库支持事务，那么用户所运行的每一个查询都有它自己的隐式事务，如果数据库不支持事务，则运行的查询就没有这样的事务。如果用户需要一个事务，那么必须使用 PDO::beginTransaction()方法来启动一个事务。如果底层驱动程序不支持事务，那么将会抛出一个 PDOException（无论错误处理设置是怎样的，这总是一个严重错误状态）。在一个事务中，可以使用 PDO::commit()或 PDO::rollBack()来结束该事务，这取决于事务中代码的运行是否成功。

当脚本结束时，或者当一个连接即将被关闭时，如果有一个未完成的事务，那么 PDO 将自动回滚该事务。这是一种安全措施，有助于避免在脚本非正常结束时出现不一致的情况——如果没有显式地提交事务，那么假设有某个地方会出现不一致，所以要执行回滚，以保证数据的安全性。

9.3.2　PDO 事务处理

1. PDO 事务开始

使用 beginTransaction()开始一个事务，如果验证成功，返回 TRUE。有些数据库不支持事务，则返回 FLASE。Oracle、PostgreSQL、Interbase、MSSQL 默认支持事务。某些数据库如 MySQL、DB2、Informix、Sybase、etc 必须打开事务处理才支持回滚。beginTransaction()方法将会关闭自动提交（autocommit）模式，直到事务提交或者回滚以后才能恢复。

格式：

Bool PDO::beginTransaction(void)

开启成功时返回 TRUE，或者在失败时返回 FALSE。

2．PDO 事务提交

使用 PDO::commit 可以提交一个事务。

格式：

Bool PDO::commit (void)

如果提交成功则返回 TRUE，否则返回 FALSE。

3．PDO 事务回滚

使用 PDO::rollBack 在执行失败时可以回滚一个事务。

格式：

Bool PDO::rollback (void)

回滚成功时返回 TRUE，或者在失败时返回 FALSE。

4．PDO 事务实例

接下来通过示例 9-6 来看 PDO 事务的实现。

示例 9-6：

```php
1.   <?php
2.           //实例化 PDO 类
3.       $db=new PDO("mysql:host=127.0.0.1;dbname=dbname","root","123456");
4.       try {                                    //设置错误模式
5.       $db->setAttribute(PDO::ATTR_ERRMODE, PDO::ERRMODE_EXCEPTION);
6.        $db->beginTransaction();                //开始事务
7.           //执行语句
8.       $db->exec("update 'pdo' set 'pay'='pay'-200 where 'id'=6");
9.       $db->exec("update 'pdo' set 'pay'='pay'+200 where 'id'=1");
10.      $db->commit();                           //事务提交
11.          } catch (Exception $e)
12.          {
13.              $db->rollBack();                 //事务回滚
14.          echo "Failed: " . $e->getMessage();  //打印错误内容
15.          }
16.  ?>
```

示例 9-6 使用 PDO 事务执行两条 SQL 语句，如果有一条 SQL 语句执行时发生错误就全部返回，否则验证成功。

9.4　创建 ADOdb 对象

9.4.1　连接和断开连接 ADOdb

当使用 ADOdb 时，必须包含一个文件 adodb.ini.php，该文件是所有数据库所能用到的共通方法和函数。

默认连接数据库包含两个步骤。首先使用 NewADOConnection()选择连接数据库类型，然后选择主机名、用户名、密码和数据库名。

格式：

NewADOConnection(DBType)

Connect($host,[$user],[$password],[$database])

参数说明：

DBType：数据源类型。

$host：主机名。

$user：数据库用户名。

$password：数据库密码。

$database：数据库名。

> **提示**
>
> Connect()为非持久连接，如果需要持久连接请使用 PConnect()创建持久连接。接下来通过示例 9-7 来看如何连接 MySQL 数据库。

示例 9-7：

```php
1.    <?php
2.        include 'adodb5/adodb.inc.php';          //引入 adodb 类
3.        $db=NewADOConnection("mysql");           //设置连接数据库类型
4.        $db->Connect("127.0.0.1","root","123456","dbname");   //连接数据库
5.    ?>
```

ADOdb 4.51 以后，引入了 DSN(Data Source Name)初始化方式，即将数据库连接语句按指定格式写在一个字符串内，以此为参数来初始化连接。

DSN 格式：

$dsn = "$driver://$username:$password@$hostname/$databasename";

参数说明：

$driver：数据库类型。

$hostname：主机名。

$username：数据库用户名。

$password：数据库密码。

$databasename：数据库名。

接下来通过示例 9-8 来看如何连接 MySQL 数据库。

示例 9-8：

```
1.   <?php
2.       include 'adodb5/adodb.inc.php';                      //引入 adodb 类
3.       $dsn="mysql://root:123456@127.0.0.1/dbname";         //设置 DSN
4.       $db=NewADOConnection($dsn);                          //连接数据库
5.   ?>
```

9.4.2　ADOdb 执行操作

1．执行 SQL 语句

使用 Execute()函数可以执行 SQL 语句，并且可以通过引入问号以绑定参数，参见示例 9-9。

示例 9-9：

```
1.   <?php
2.       include 'adodb5/adodb.inc.php';                          //引入 adodb 类
3.       $db=NewADOConnection("mysql");                           //设置连接数据库类型
4.       $db->Connect("127.0.0.1","root","123456","dbname");      //连接数据库
5.       $db->Execute("set names 'GBK'");                         //设置编码
6.       $id=2;                                                   //设置查询 id
7.       //执行 SQL 语句，绑定参数
8.       $rs=$db->Execute("select * from 'adodb' where 'id'=?",array($id));
9.       print_r($rs->fields);
10.  ?>
```

运行上面的代码，将会查询所有 id 等于 2 的数据，该程序打印结果的源代码如图 9-5 所示。

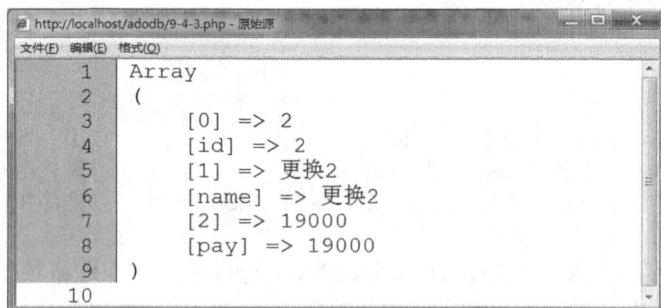

图 9-5

2．使用 ADOdb 遍历结果集

使用 ADODB_FETCH_MODE 常量可以设置不同的遍历模式，也可以使用 setFetchMode() 设置不同的遍历模式。常用遍历模式如表 9-4 所示。

表 9-4

遍 历 模 式	说　　　明
ADODB_FETCH_NUM	每行按字段位置索引的数组，从 0 开始
ADODB_FETCH_BOTH	NUM 和 ASSOC 的直接组合
ADODB_FETCH_ASSOC	每行按字段名索引的数组

接下来通过示例 9-10 来看 ADOdb 设置遍历模式的实现。

示例 9-10：

```php
1.  <?php
2.      include 'adodb5/adodb.inc.php';                      //引入 adodb 类
3.      $db=NewADOConnection("mysql");                       //设置连接数据库类型
4.      $db->Connect("127.0.0.1","root","123456","dbname"); //连接数据库
5.      $db->Execute("set names 'GBK'");                    //设置编码
6.
7.      $ADODB_FETCH_MODE = ADODB_FETCH_NUM; //设置 NUM 模式
8.      $rs1 = $db->Execute('select * from 'adodb'');       //执行 SQL 查询
9.      echo "ADODB_FETCH_NUM 模式<br/>";                  //打印 ADODB_FETCH_NUM 模式
10.     print_r($rs1->fields);
11.     echo "<br/><br/>";
12.
13.     $ADODB_FETCH_MODE=ADODB_FETCH_ASSOC;   //设置 ASSOC 模式
14.     $rs2= $db->Execute("select * from 'adodb'");
15.      echo "ADODB_FETCH_ASSOC 模式<br/>";                //打印 ADODB_FETCH_ASSOC 模式
16.     print_r($rs2->fields);
17.     echo "<br/><br/>";
18.
19.     $db->setFetchMode(ADODB_FETCH_BOTH);                //设置 BOTH 模式
20.     $rs2= $db->Execute("select * from 'adodb'");
21.     echo "ADODB_FETCH_BOTH 模式<br/>";                 //打印 ADODB_FETCH_BOTH 模式
22.     print_r($rs2->fields);
23.  ?>
```

示例 9-10 首先连接数据库执行查询操作，然后使用 $ADODB_FETCH_MODE 常量以及 setFetchMode() 函数设置不同的遍历模式。在浏览器中运行这段代码，查看源文件将会得到如图 9-6 所示的效果。

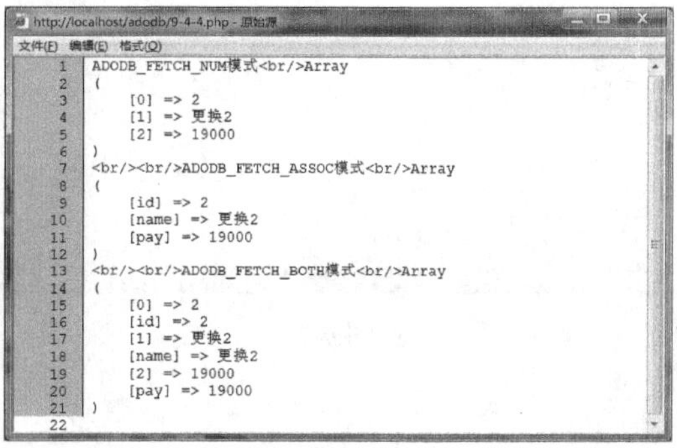

图 9-6

3．对搜索结果集排序

使用 selectLimit 可以对搜索结果集排序，如果成功则返回一个记录集。

格式：

selectLimit($sql,$numrows=-1,$offset=-1,$inputarr=false)

参数说明：

$sql：需要执行的 SQL 语句变量。

$numrows：返回几行数据。

$offset：从第几条开始选取数据（可选）。

$inputarr：选项值（可选）。

接下来通过示例 9-11 来看 ADOdb selectLimit 的实现。

示例 9-11：

```
1.    <?php
2.        include 'adodb5/adodb.inc.php';                    //引入 adodb 类
3.        $db=NewADOConnection("mysql");                     //设置连接数据库类型
4.        $db->Connect("127.0.0.1","root","123456","dbname");   //连接数据库
5.        $db->Execute("set names 'GBK'");                   //设置编码
6.        $rs1=$db->selectLimit("select * from 'adodb'");    //取 Limit 两条记录
7.        echo '$rs1 记录数'.$rs1->RecordCount();            //返回 SQL 语句所影响的记录数 3
8.        echo "<br/>";
9.
10.       $rs2=$db->selectLimit("select * from 'adodb'","2");  //取 Limit 两条记录
11.       echo '$rs2 记录数'.$rs2->RecordCount();            //返回 SQL 语句所影响的记录数 2
12.       echo "<br/>";
13.
14.       //取 limit 一条记录，从第两条开始取
15.       $rs3=$db->selectLimit("select * from 'adodb'","1","1");
16.       echo '$rs3 记录数'.$rs3->RecordCount();            //返回 SQL 语句所影响的记录数 1
17.   ?>
```

示例 9-11 使用 selectLimit()方法将结果集进行排序范围取值，获取不同的记录数。在浏览器中运行这段代码，将会得到如图 9-7 所示的效果。

图 9-7

9.4.3　预执行 SQL 语句

使用 prepare()可预执行 SQL 语句，引入问号绑定参数，可以使用 Execute()方法的第二个参数以数组的方式添加参数值，参见示例 9-12。

示例 9-12：

```
1.    <?php
2.        include 'adodb5/adodb.inc.php';                    //初始化引入 adodb 类
3.        $db=NewADOConnection("mysql");                     //设置连接数据库类型
4.        $db->Connect("127.0.0.1","root","123456","dbname");  //连接数据库
5.        $db->Execute("set names 'GBK'");                   //设置编码
6.
7.        //预执行 insert 语句，引入绑定参数 "?"
8.        $objstatement=$db->prepare("Insert into 'adodb'(name,pay) values (?,?)");
9.        $db->Execute($objstatement,array("name1",1000));   //插入一条数据
10.
11.       $db->Execute($objstatement,array("name2",2000));   //插入另一条数据
12.   ?>
```

示例 9-12 使用 prepare()预执行 SQL 插入数据操作，然后通过 Execute()方法添加参数，添加两次不同数据。

9.4.4　自动执行 AutoExecute()方法

使用 AutoExecute()方法可以简化事情的处理，能够自动生成相应的 INSERT 或者 UPDATE 语句并执行。

格式：

AutoExecute($table,$arrFields,$mode,$where=false,$forceUpdate=true,$magicq=false)

参数说明：

$table：表名。

$arrFields：数据数组。

$mode：指定 where 条件。

接下来通过示例 9-13 来看 ADOdb 自动执行插入语句的实现。

示例 9-13：

```
1.    <?php
2.        include 'adodb5/adodb.inc.php';                    //初始化引入 adodb 类
3.        $db=NewADOConnection("mysql");                     //设置连接数据库类型
4.        $db->Connect("127.0.0.1","root","123456","dbname");  //连接数据库
5.        $db->Execute("set names 'GBK'");                   //设置编码
6.        $values['name']="name";                            //设置列 name 值
7.        $values['pay']=2000;                               //设置列 pay 值
8.        //进行自动执行插入数据操作
```

```
9.      $db->AutoExecute("pdo",$values,"INSERT");
10.   ?>
```

示例 9-13 使用 AutoExecute()方法自动将$values 中的数据插入到 PDO 数据表中。

接下来通过示例 9-14 来看 ADOdb 执行自动修改语句的实现。

示例 9-14：

```
1.    <?php
2.        include 'adodb5/adodb.inc.php';                          //初始化引入 adodb 类
3.        $db=NewADOConnection("mysql");                          //设置连接数据库类型
4.        $db->Connect("127.0.0.1","root","123456","dbname");     //连接数据库
5.        $db->Execute("set names 'GBK'");                        //设置编码
6.        $values['name']="update";                               //设置修改 name 值
7.        $values['pay']=2100;                                    //设置修改 pay 值
8.        $db->AutoExecute("adodb",$values,"UPDATE","id=2");      //执行自动修改
9.    ?>
```

示例 9-14 使用 AutoExecute()方法自动修改了 ID 值等于 2 的数据。

9.4.5 ADOdb 其他的常用功能

1. rs2html()函数

ADOdb 的 rs2html()方法将传入 ADORecordSet 对象并转换为 HTML 表格数据。
格式：

rs2html($adorecordset,[$tableheader_attributes], [$col_titles])

参数说明：

$adorecordset：记录集变量名。

$tableheader_attributes：设置表格头部信息（可选）。

$col_titles：列名（可选）。

接下来通过示例 9-15 来看 rs2html()函数的功能。

示例 9-15：

```
1.    <?php
2.        include 'adodb5/tohtml.inc.php';                        //引入 tohtml 类
3.        include 'adodb5/adodb.inc.php';                          //引入 adodb 类
4.        $db=NewADOConnection("mysql");                          //设置连接数据库类型
5.        $db->Connect("127.0.0.1","root","123456","dbname");     //连接数据库
6.        $db->Execute("set names 'GBK'");                        //设置编码
7.        $sql="select * from 'adodb'";                           //SQL 查询语句
8.        $rs=$db->Execute($sql);                                 //执行 SQL 语句
9.        rs2html($rs);                                           //输出内容
10.   ?>
```

运行上面的代码，在浏览器中可以看到 rs2html()函数自动将数据转换为 HTML 表格数据，
效果如图 9-8 所示。

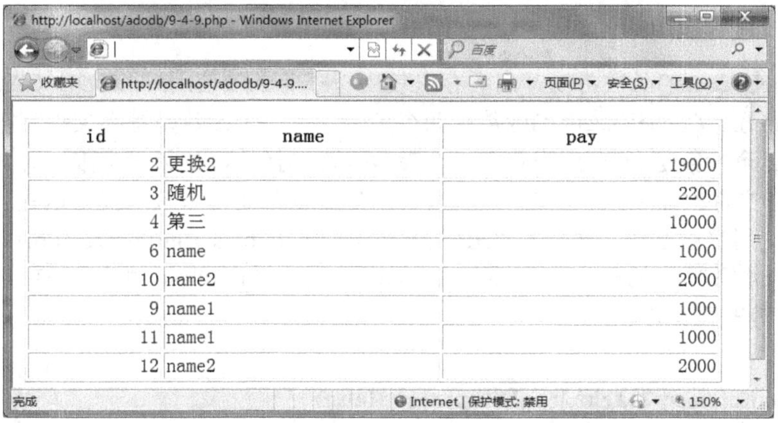

图 9-8

2．ADOdb 实现自动分页效果

使用 ADOdb 可以轻松实现分页操作，在分页时必须引入 adodb-pager.ini.php 文件，其封装了一个分页的类。为了能够在每页之间传输数据，应该使用 session 控制，使用 session_start()启动 session。下面通过示例 9-16 来看实现分页操作的实现。

示例 9-16：

```
1.   <?php
2.       include 'adodb5/adodb.inc.php';                      //引入 adodb 类
3.       include 'adodb5/adodb-pager.inc.php';                //引入分页组件
4.       $db=NewADOConnection("mysql");                       //设置连接数据库类型
5.       $db->Connect("127.0.0.1","root","123456","dbname");  //连接数据库
6.       $db->Execute("set names 'GBK'");                     //设置编码
7.       session_start();                                     //启用 session
8.       $sql="select * from 'adodb'";                        //SQL 查询语句
9.       $pager=new ADODB_Pager($db, $sql);                   //构造 ADOdb 分页函数
10.      $pager->Render($rows_per_page=2);                    //显示分页，并设置每页显示两条数据
11.  ?>
```

示例 9-16 首先构造了 ADOConnection 和 ADODB_Pager 对象，分别用于数据库连接和数据分页的对象。然后使用 ADODB_Pager 对象进行分页，使用 Render()方法指定每页所显示的记录数，如果没有指定值，则默认每页显示 10 条记录。在浏览器中运行这段代码，将会得到如图 9-9所示的效果。

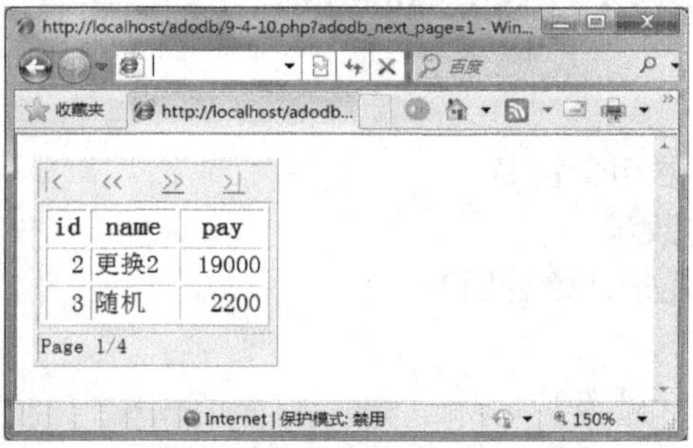

图 9-9

239

3. ADOdb 缓存应用

使用 CacheExecute()函数可以开启缓存，使用缓存前必须使用$ADODB_CACHE_DIR 常量设置缓存存放路径。CacheExecute()函数有两个参数：第一个参数是缓存文件将被保留的时间，以秒计时；第二个参数是 SQL 声明。第一个参数是可选择的，如果没有限定时间，那么默认值是 3600s。缓存文件被命名为 adodb_*.cache，用户可以在文件系统中安全地将它们删除。需要注意的是，要使用缓存方法，需要将 PHP 的参数 magic_quotes_runtime 设为 off。用户可以根据需要，在运行时修改它的值：set_magic_quotes_runtime(0)；也可以在任何时候，通过调用CacheFlush()函数删除缓存。

格式：

CacheExecute([$secs2cache,]$sql,$inputarr=false)

参数说明：

$secs2cache：缓存时间。

$sql：使用缓存的 SQL 语句。

接下来通过示例 9-17 来看 ADOdb 缓存应用的实现。

示例9-17：

```
1.    <?php
2.        include 'adodb5/adodb.inc.php';              //引入 adodb 类
3.        include 'adodb5/tohtml.inc.php';             //引入 tohtml 类
4.        $db=NewADOConnection("mysql");               //设置连接数据库类型
5.        $db->Connect("127.0.0.1","root","123456","dbname"); //连接数据库
6.        $db->Execute("set names 'GBK'");             //设置编码
7.
8.        $ADODB_CACHE_DIR='cache';                    //设置缓存路径
9.        $rs=$db->CacheExecute(60,"select * from 'adodb'");//执行 SQL 语句，缓存 60 秒
10.       rs2html($rs);                                //输出内容
11.   ?>
```

示例 9-17 首先引入 adodb 类和 tohtml 类，连接数据库；接着设置缓存路径，使用 CacheExecute()函数执行 SQL 语句，并且设置缓存时间为 60s；最后使用 rs2html()函数输出内容。

4. 缓存查询内容

使用 CacheSelectLimit()函数可以缓存 SQL 查询排序语句。

格式：

cacheSelectLimit([$secs2cache,] $sql, $numrows=-1,$offset=-1,

$inputarr=false);

参数说明：

$sql：需要执行的 SQL 语句变量名。

$numrows：返回数据的数量。

$offset：偏移量（从第几条开始返回）。

$inputarr：数据数组。

$secs2cache：缓存时间（可选）。

接下来通过示例 9-18 来看 ADOdb 缓存查询内容的实现。

示例 9-18：

```php
1.  <?php
2.      include 'adodb5/adodb.inc.php';                      //引入 adodb 类
3.      $db=NewADOConnection("mysql");                       //设置连接数据库类型
4.      $db->Connect("127.0.0.1","root","123456","dbname");  //连接数据库
5.      $db->Execute("set names 'GBK'");                     //设置编码
6.      $ADODB_CACHE_DIR="cache";                            //设置缓存路径
7.      $db->cacheSecs=60;                                   //设置缓存时间
8.      $rs=$db->cacheSelectLimit("select * from 'adodb'",10); //缓存排序查询
9.      if($rs)                                              //if 条件
10.     {
11.        while(!$rs->EOF)                                  //循环$rs 结果集
12.        {
13.         print_r($rs->fields);
14.         $rs->MoveNext();                                 //指针向下移动
15.        }
16.     }
17. ?>
```

在示例 9-18 的代码中首先连接 dbname 数据库，然后设置缓存路径和缓存时间，用 cacheSelectLimit 执行查询语句，获取前 10 条数据，最后循环打印数据。

9.5　ADOdb 的事务处理

9.5.1　ADOdb 开始事务

当对象开始执行一个事务操作时，BeginTrans()函数会先把 autoCommit 模式关闭。在 MySQL 中 SQL 语法为 SET AUTOCOMMIT=0；如果执行成功会返回 TRUE，但是如果一些数据库不支持事务，则返回 FALSE。目前在 MySQL 的高版本和一些其他的数据库中已经可以很好地支持事务了。但是要 MySQL 数据库支持事务必须不能使用 MyISAM 类型表，一般使用 InnoDB 类型表来使用 MySQL 的事务功能。如果事务没有手动提交（即没有执行 COMMIT 命令），数据库连接关闭时它会自动回滚（即执行 ROLLBACK 命令）。

9.5.2　ADOdb 事务提交

使用 CommitTrans()方法提交一个事务，如果成功返回 TRUE。如果数据库不支持事务模式，该函数也会返回 TRUE。

9.5.3　ADOdb 回滚事务

在 ADOdb 中可以设置强制回滚事务。使用 RollbackTrans()回滚一个事务，结束交易，回滚

所有的变化。如果数据库不支持事务模式，该函数会返回 FALSE，因为数据已经被修改了。

9.5.4　ADOdb 事务实例

接下来通过示例 9-19 来看 ADOdb 事务的实现。

示例 9-19：

```php
1.   <?php
2.       include 'adodb5/adodb.inc.php';                          //引入 adodb 类
3.       $db=NewADOConnection("mysqli");                          //设置连接数据库类型
4.       $db->Connect("127.0.0.1","root","123456","dbname");      //连接数据库
5.       $db->Execute("set names 'GBK'");                         //设置编码
6.       //开始一个事务，如果开始失败将返回 FALSE，将执行条件中的内容
7.       if($db->StartTrans()==false)
8.       {
9.           echo "ADOdb 事务开始失败";
10.      }
11.      $db->Execute("update 'adodb' set 'pay'='pay'-200 where 'id'=2");   //第 1 条 SQL 语句
12.      $db->Execute("update 'adodb' set 'pay'='pay'+200 where 'id'=3");   //第 2 条 SQL 语句
13.      $db->CompleteTrans();                                    //提交事务
14.  ?>
```

提示
　　在示例 9-19 中连接数据库 MySQL 时，连接类型使用了 mysqli，而不能直接使用 MySQL，这是 ADOdb 的限制。

示例 9-19 中首先连接 dbname 数据库，接下来使用 BeignTrans()函数开始一个事务，然后执行两条 SQL 语句，最后提交。如果有一条执行失败，则全部返回。

9.6　传统模式与抽象层开发对比

本节主要通过一个小实例来介绍使用 PDO 进行开发与普通开发的不同之处。先使用 PDO 对数据库内容进行插入数据操作，参见示例 9-20。

示例 9-20：

```php
1.   <?php
2.       $db=new PDO("mysql:host=127.0.0.1;dbname=dbname","root","123456");//连接数据库
3.
4.       //预执行插入数据
5.       $objstatement=$db->prepare("insert into 'pdo'('name','pay') values (:name,:pay)");
6.       $name="name1";
7.       $pay="2000";
```

```
8.      $objstatement->bindParam(":name",$name,PDO::PARAM_STR);       //添加参数
9.      $objstatement->bindParam(":pay",$pay,PDO::PARAM_INT);         //添加参数
10.     $objstatement->execute();                                     //执行第一次插入数据
11.     if($objstatement->rowCount() == 1)                            //判断是否插入成功
12.     {
13.         echo "插入数据成功";
14.     }
15.     $name="name2";
16.     $pay="3000";
17.     $objstatement->bindParam(":name",$name,PDO::PARAM_STR);       //添加参数
18.     $objstatement->bindParam(":pay",$pay,PDO::PARAM_INT);         //添加参数
19.     $objstatement->execute();                                     //执行第二次插入数据
20.      if($objstatement->rowCount() == 1)                           //判断是否插入成功
21.     {
22.         echo "插入数据成功";
23.     }
24. ?>
```

接下来通过使用 MySQL 函数来插入同样的数据，参见示例 9-21。

示例 9-21:

```
1.  <?php
2.      $db=mysql_connect("127.0.0.1","root","123456");        //使用 MySQL 函数连接到数据库
3.      mysql_select_db("dbname");
4.
5.      //插入一条数据
6.      mysql_query("insert into 'pdo'('name','pay') values ('name1',2000)");
7.      if(mysql_affected_rows() ==1)                          //判断是否插入成功
8.      {
9.          echo "插入数据成功";
10.     }
11.
12.     //插入另一条数据
13.     mysql_query("insert into 'pdo'('name','pay') values ('name2',3000)");
14.     if(mysql_affected_rows() ==1)                          //判断是否插入成功
15.     {
16.         echo "插入数据成功";
17.     }
18. ?>
```

比较上面两种方法,使用 PDO 在插入多条同字段的数据时运用了 prepare()预执行插入操作,
只需要准备一次 SQL 语句,相比传统模式的 MySQL 插入函数操作,使用了更少的资源。另外
提供给预处理语句的参数不需要用引号括起来,驱动程序会处理这些,确保没有 SQL 入侵发生,
所以 PDO 相比传统模式安全性更好。

通过上面对代码的比较,接下来通过执行多次同样的操作来测试 PDO 与传统模式代码的执
行速度。

首先比较两种模式连接选择数据库 1000 次的执行速度,参见示例 9-22。

示例 9-22:

```php
1.    <?php
2.        $time=microtime(true);                         //测试使用 PDO 连接选择数据库代码的执行速度
3.        for($i=0;$i<1000;$i++)
4.        {
5.            new PDO("mysql:host=127.0.0.1;dbname=dbname","root","123456");//连接数据库
6.        }
7.        $ntime=microtime(true);
8.        echo "使用 PDO 模式连接本地数据库 1000 次所花费的时间为";
9.        echo $pdore=$ntime-$time."<hr/>";  //计算出所花费的时间
10.
11.       $otime=microtime(true);                         //测试使用传统模式连接选择数据库代码的执行速度
12.       for($j=0;$j<1000;$j++)
13.       {
14.           mysql_connect("127.0.0.1","root","123456");     //连接数据库
15.           mysql_select_db("dbname");
16.       }
17.       $ontime=microtime(true);
18.       echo "使用传统模式连接选择本地数据库 1000 次所花费的时间为";
19.       echo $re=$ontime-$otime."<hr/>";                    //计算出所花费的时间
20.
21.       if($pdore>$re)
22.       {
23.           echo "使用传统模式较 PDO 的模式速度快大约";
24.       echo floatval(number_format($pdore/$re,2)-1)."倍"; //格式化浮点数返回小数点后两位
25.       }else
26.       {
27.           echo "使用 PDO 的模式较传统模式速度快大约";
28.       echo floatval(number_format($re/$pdore,2)-1)."倍"; //格式化浮点数返回小数点后两位
29.       }
30.   ?>
```

运行上面代码,得到如图 9-10 所示的效果。

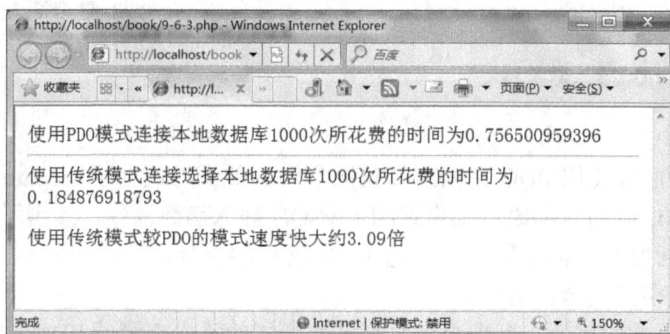

图 9-10

　　根据上面得到的数据,可以看出使用传统模式的连接选择数据库较使用 PDO 模式连接选择数据库的速度快。下面比较两种模式查询数据库 1000 次的执行速度,参见示例 9-23。

示例 9-23:

```php
1.  <?php
2.      $pdb=new PDO("mysql:host=127.0.0.1;dbname=dbname","root","123456");//连接数据库
3.      $time=microtime(true);              //测试使用 PDO 查询数据库代码的执行速度
4.      for($i=0;$i<1000;$i++)
5.      {
6.          $pdb->query("select * from 'pdo'");
7.      }
8.      $ntime=microtime(true);
9.      echo "使用 PDO 模式查询数据库 1000 次所花费的时间为";
10.     echo $pdore=$ntime-$time."<hr/>";   //计算出所花费的时间
11.
12.     $db=mysql_connect("127.0.0.1","root","123456");//连接数据库
13.     mysql_select_db("dbname",$db);
14.     $otime=microtime(true);             //测试使用传统模式查询数据库代码的执行速度
15.     for($j=0;$j<1000;$j++)
16.     {
17.         mysql_query("select * from 'pdo'");
18.     }
19.     $ontime=microtime(true);
20.     echo "使用传统模式查询数据库 1000 次所花费的时间为";
21.     echo $re=$ontime-$otime."<hr/>";    //计算出所花费的时间
22.
23.     if($pdore>$re)
24.     {
25.         echo "使用传统模式较 PDO 的模式速度快大约";
26.         echo floatval(number_format($pdore/$re,2)-1)."倍"; //格式化浮点数返回小数点后两位
27.     }else
28.     {
29.         echo "使用 PDO 的模式较传统模式速度快大约";
30.         echo floatval(number_format($re/$pdore,2)-1)."倍"; //格式化浮点数返回小数点后两位
31.     }
32.  ?>
```

运行上面代码，得到如图 9-11 所示的效果。

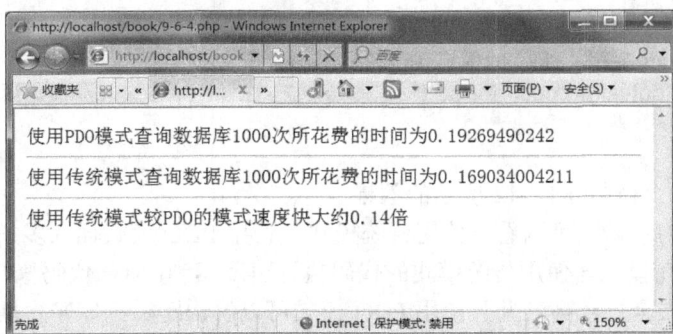

图 9-11

根据图 9-11 的数据，可以看出使用传统模式查询数据库与使用 PDO 模式查询数据库的速度

相当。下面比较两种模式插入同字段数据 100 次的执行速度，参见示例 9-24。

示例 9-24：

```php
1.    <?php
2.        $pdb=new PDO("mysql:host=127.0.0.1;dbname=dbname","root","123456");//连接数据库
3.        $time=microtime(true);                    //测试使用 PDO 插入数据代码执行速度
4.        $objstatement=$pdb->prepare("insert into 'pdo'('name','pay') values (:name,:pay)");
5.        for($i=0;$i<100;$i++)
6.        {
7.          $name="name1";
8.          $pay="2000";
9.          $objstatement->bindParam(":name",$name,PDO::PARAM_STR);   //添加参数
10.         $objstatement->bindParam(":pay",$pay,PDO::PARAM_INT);      //添加参数
11.         $objstatement->execute();                                 //插入数据
12.       }
13.       $ntime=microtime(true);
14.       echo "使用 PDO 模式插入数据 100 次所花费的时间为";
15.       echo $pdore=$ntime-$time."<hr/>";         //计算出所花费的时间
16.
17.   $db=mysql_connect("127.0.0.1","root","123456");//连接数据库
18.   mysql_select_db("dbname",$db);
19.       $otime=microtime(true);                    //测试使用传统模式插入数据代码的执行速度
20.       for($j=0;$j<100;$j++)
21.       {
22.           mysql_query("insert into 'pdo'('name','pay') values ('name1',2000)");
23.       }
24.       $ontime=microtime(true);
25.       echo "使用传统模式插入数据 100 次所花费的时间为";
26.       echo $re=$ontime-$otime."<hr/>";           //计算出所花费的时间
27.
28.       if($pdore>$re)
29.       {
30.           echo "使用传统模式较 PDO 的模式速度快大约";
31.       echo floatval(number_format($pdore/$re,2)-1)."倍"; //格式化浮点数返回小数点后两位
32.       }else
33.       {
34.           echo "使用 PDO 的模式较传统模式速度快大约";
35.       echo floatval(number_format($re/$pdore,2)-1)."倍"; //格式化浮点数返回小数点后两位
36.       }
37.   ?>
```

运行上面代码，得到如图 9-12 所示的效果。

根据上面得到的数据，可以看出使用传统模式与使用 PDO 模式插入多条数据的速度相当。综合说明，使用 PDO 模式与使用传统模式的代码执行速度相当，但在代码执行安全性方面，PDO 使用预处理模式的安全性较高，并且使用 PDO 模式可以解决跨数据库平台操作。

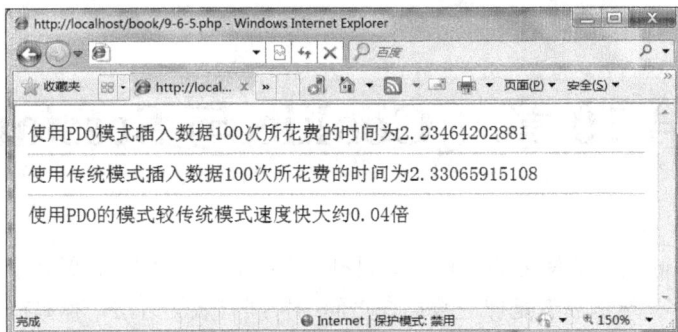

图 9-12

9.7 本 章 小 结

本章主要介绍了 PHP 连接数据库的两个抽象层——PDO 和 ADOdb。PDO 扩展为 PHP 访问数据库定义了一个轻量级的、一致性的接口，它提供了一个数据访问抽象层。其中介绍了查询操作和 PDO 获取、操作结果集。另外，lastInsertId()用于返回上次插入操作最后的自增 ID，rowCount()用于返回 PDO::query()和 PDO::prepare()进行 DELETE、INSERT、UPDATE 操作影响的结果集等。接着介绍了 PDO 中的事务处理操作，包括事务介绍、事务开始、事务提交和事务回滚。ADOdb 中主要介绍了执行操作、预执行操作、自动执行以及一系列操作和缓存操作，其中 rs2html()和 adodb-pager 等自动生成结果样式可以满足用户基本要求，另外包含 ADOdb 中的事务处理介绍。

通过本章的学习，读者应掌握以下几个知识点：

（1）熟悉 PDO 查询操作方法主要包括的内容。

（2）熟悉 ADOdb 事务处理的原理及实现步骤。

（3）利用 ADOdb 对本地数据库进行查询，并对查询结果进行自动分页。

第 10 章　Cookie 与 Session

Cookie 和 Session 是目前使用的两种存储机制，前者是从一个 Web 页到下一个 Web 页的数据传递方法，存储在客户端；后者是保证数据在页面中持续有效的方法，存储在服务器端。可以说，掌握 Cookie 和 Session 技术，对于实现 Web 网站页面间信息传递的安全性，是必不可少的。

10.1　会话机制介绍

10.1.1　什么是会话机制

我们可能听说过"HTTP 是无状态的协议"。这就是说，HTTP 协议没有一个内建机制来维护两个事务之间的状态。当一个用户在请求一个页面后再请求另一个页面时，HTTP 将无法告诉我们这两个请求是来自同一个用户。

会话机制的思想是指能够在网站中根据一个会话跟踪用户。如果做到这一点，就可以很容易地做到对用户登录的支持，并根据其授权级别和个人喜好显示相应的内容，也可以根据会话机制记录该用户的行为，还可以实现购物车功能。

10.1.2　会话的基本功能

PHP 的会话是通过唯一的会话 ID 来驱动的，会话 ID 是一个加密的随机数字。它是由 PHP 生成，在会话的生命周期中都会保存在客户端。它可以保存在用户机器的 Cookie 中，或者通过 URL 在网络上传递。

会话 ID 就像是一把钥匙，它允许我们注册一些特定的变量，也称为会话变量，这些会话的内容保存在服务器端。会话 ID 是客户端唯一可以看到的信息。如果在一次特定的网站连接中，客户端可以通过 Cookie 或者 URL 看到会话 ID，那么就可以访问该会话保存在服务器上的会话变量。在默认情况下，会话变量保存在服务器上的普通文件中。

一些网站会将会话 ID 保存在 URL 中，如果 URL 中有一串看起来像随机数字的字符串，可能它就是某种形式的会话机制。

Cookie 是与会话不同的解决方法，它也解决了在多个事务之间保持状态的问题，同时它还可以保持一个整洁的 URL。

10.2 Cookie 机制的应用

Cookie 是在 HTTP 协议下，服务器或者脚本可以维护客户工作站上信息的一种方式。Cookie 的使用很普遍，许多提供个人化服务的网站都是利用 Cookie 来辨认使用者，以方便送出为使用者"量身定做"的内容，如 Web 接口的免费 E-mail 网站，就需要用到 Cookie。有效地使用 Cookie 可以轻松完成很多复杂的任务。下面对 Cookie 的知识进行详细介绍。

10.2.1 了解 Cookie

本节首先简单介绍一下 Cookie 是什么以及它能做什么，希望读者在通过本节的学习后对 Cookie 有个明确的认识。

1. 什么是 Cookie

Cookie 是一种在远程浏览器端存储数据并以此来跟踪和识别用户的机制。简单来说，Cookie 是 Web 服务器暂时存储在用户硬盘上的一个文本文件，并且随后被 Web 浏览器读取。当用户再次访问 Web 网站时，网站会通过读取 Cookie 文件记录这位访客的特定信息（如上次访问的位置、时间、用户名、密码等），从而迅速地作出响应，如在页面中不需要再次输入用户的 ID 和密码就可以直接登录网站等。

格式：

用户名@网站网址[数字].txt

举个简单的例子，如果用户的系统盘为 C 盘，操作系统为 Windows 2000/XP/2003，当使用 IE 浏览器访问 Web 网站时，Web 服务器会自动以上述命令格式生成相应的 Cookie 文本文件，并存储在用户硬盘的指定位置，如图 10-1 所示。

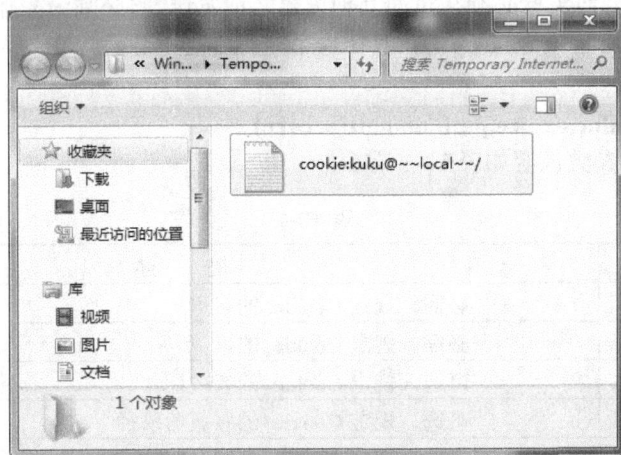

图 10-1

注意

在 Cookies 文件夹下，每个 Cookie 文件都是一个简单而又普通的文本文件，而不是程序。Cookie 文件中的内容大多都经过了加密处理，因此，表面看来只是一些字母和数字组合，而只有服务器的 CGI 处理程序才知道它们真正的含义。

2．cookie 的功能

Web 服务器可以应用 Cookies 包含信息的任意性来筛选并经常性维护这些信息，以判断在 HTTP 传输中的状态。Cookie 常用于以下 3 个方面：

（1）记录访客的某些信息。如可以利用 Cookie 记录用户访问网页的次数，或者记录访客曾经输入过的信息，另外，某些网站可以使用 Cookie 自动记录访客上次登录的用户名。

（2）在页面之间传递变量。浏览器并不会保存当前页面上的任何变量信息，当页面被关闭时页面上的任何变量信息将随之消失。如果用户声明一个变量 name='php100'，要把该变量传递到另一个页面，可以把变量 name 以 Cookie 形式保存下来，然后在下一页通过读取该 Cookie 来获取变量的值。

（3）将所查看的页面存储在 Cookies 临时文件夹中，这样可以提高以后浏览的速度。

注意

一般不要用 Cookie 保存数据集或其他大量数据。并非所有的浏览器都支持 Cookie，并且数据信息是以明文文本的形式保存在客户端计算机中，因此最好不要保存敏感的、未加密的数据，否则会影响网络的安全性。

10.2.2 创建 Cookie

在 PHP 中通过 setcookie()函数创建 Cookie。在创建 Cookie 之前必须了解的是，Cookie 是 HTTP 头标的组成部分，而头标必须在页面其他内容之前发送，它必须最先输出，即使在 setcookie()函数前输一个 HTML 标记或 echo 语句，甚至一个空行都会导致程序出错。

格式：

setcookie(name,value,expire,path,domain,secure)

setcookie()函数的参数说明如表 10-1 所示。

表 10-1

参　　数	描　　述
name	必需。规定 Cookie 的名称
value	必需。规定 Cookie 的值
expire	可选。规定 Cookie 的有效期
path	可选。规定 Cookie 的服务器路径
domain	可选。规定 Cookie 的域名
secure	可选。规定是否通过安全的 HTTPS 连接来传输 Cookie

使用 setcookie()函数创建 Cookie，参见示例 10-1。

示例10-1：

```
1.  <?php
2.  setcookie("PHPcookie", "www.php100.com");
3.  setcookie("PHPcookie", "www.php100.com", time()+3600);//设置 cookie 的有效时间 1 小时
4.  setcookie("PHPcookie", "www.php100.com", time+3600, "/cookie/" ," .php100.com",1); //设置
    有效时间为为 1 小时；有效目录为 "/cookie/"，有效域名为 "php100.com" 及其子域名
5.  ?>
```

运行本实例，在 Cookies 文件夹下会自动生成一个 Cookie 文件，名为 administrator@l[1]. txt，Cookie 有效期为 1 小时，在 Cookie 失效后，Cookies 文件自动删除。

10.2.3　读取 Cookie

在 PHP 中可以直接通过超级全局数组$_COOKIE[]来读取浏览器端的 Cookie 值。

下面用$_COOKIE[]读取 Cookie 变量，参见示例 10-2。

示例10-2：

```
1.  <?php
2.  if(!isset($_COOKIE["visittime"])){          //判断 Cookie 文件是否存在？如果不存在
3.  setcookie("visittime",date("Y-m-d H:i:s"));  //设置一个 Cookie 的变量
4.  echo "欢迎您第一次访问 php100 网站";          //输出字符串
5.  }else{                                      //如果 Cookie 存在
6.  echo "您上次访问 php100 的时间为：".$_COOKIE["visittime"];//显示上次设置的 Cookie 的值
7.  setcookie("visittime",date("Y-m-d H:i:s"),time()+3600);//设置新的 Cookie，失效时间为 1 小时
8.  echo "<br>";                                //换行
9.  }
10. echo   "你本次访问 php100 的时间为：". $_COOKIE["visittime"];//输出当前访问时间
11. ?>
```

在上面的代码中，首先使用 isset()函数检测 Cookie 文件是否存在，如果不存在，则使用 setcookie()函数创建一个 Cookie 并输出相应的字符串；如果 Cookie 文件存在，输出用户上次访问网站的时间，然后使用 setcookie()函数将本次访问的时间写进 Cookie，同时设置 Cookie 文件失效的时间。最后在页面输出访问本次网站的当前时间。

首次运行本实例，由于没有检测到 Cookie 文件，运行结果如图 10-2 所示。如果用户在 Cookie 设置的到期时间（本例为 1 小时）前刷新或再次访问该示例，运行结果如图 10-3 所示。

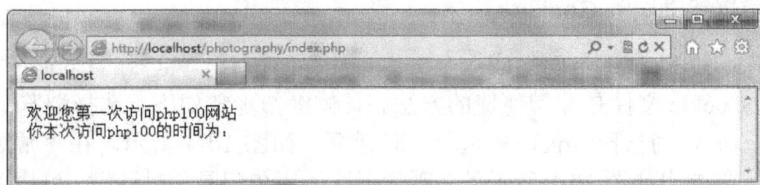

图 10-2

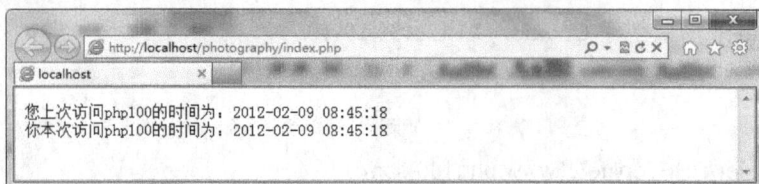

图 10-3

> **注意**
>
> 如果未设置 Cookie 的到期时间，则在关闭浏览器时自动删除 Cookie 数据。如果为 Cookie 设置了到期时间，浏览器将会记住 Cookie 数据，即使用户重新启动计算机，只要没到期，访问网站时也会获得如图 10-3 所示的信息。

10.2.4 删除 Cookie

当 Cookie 被创建后，如果没有设置其到期时间，相应的 Cookie 文件会在关闭浏览器时被自动删除。那么如何在关闭浏览器之前删除 Cookie 文件呢？方法有两种：一种是使用 setcookie() 函数删除，另一种是使用浏览器手动删除 Cookie。

1．使用 setcookie() 函数删除 Cookie

使用 setcookie() 函数删除 Cookie 和创建 Cookie 的方式基本类似，删除 Cookie 也使用 setcookie() 函数。删除 Cookie 只需要将 setcookie() 函数中的第二个参数设置为空值，将第三个参数 Cookie 的到期时间设置为小于系统的当前时间即可。

将 Cookie 的到期时间设置为当前时间减 1 秒，代码参见示例 10-3。

示例 10-3：

```
1.    setcookie("name","",time()-1);
```

在示例 10-3 的代码中，time() 函数返回以秒表示的当前时间戳，把过期时间减 1 秒就会得到过去的时间，从而删除 Cookie。

> **注意**
>
> 把过期时间设置为 0，可以直接删除 Cookie。

2．使用浏览器手动删除 Cookie

在使用 Cookie 时，Cookie 自动生成一个文本文件存储在 IE 浏览器的 Cookies 临时文件夹中。使用浏览器删除 Cookie 文件是非常便捷的方法。具体操作步骤如下：选择浏览器中的"工具"/"Internet 选项"命令，打开"Internet 选项"对话框，如图 10-4 所示。在"常规"选项卡中单击"删除"按钮，将弹出如图 10-5 所示的"删除浏览的历史记录"对话框，选中 Cookie 复选框，单击"删除"按钮，即可成功删除全部 Cookie 文件。

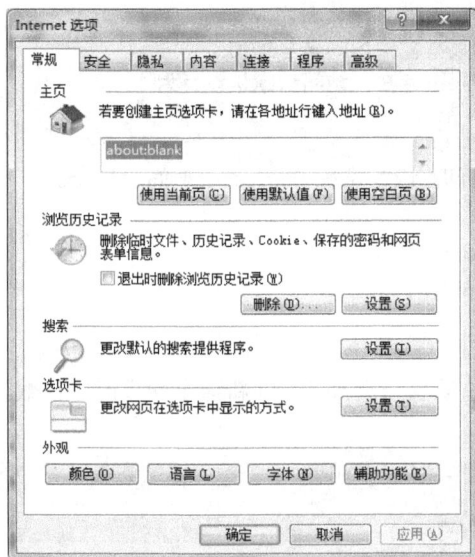

图 10-4

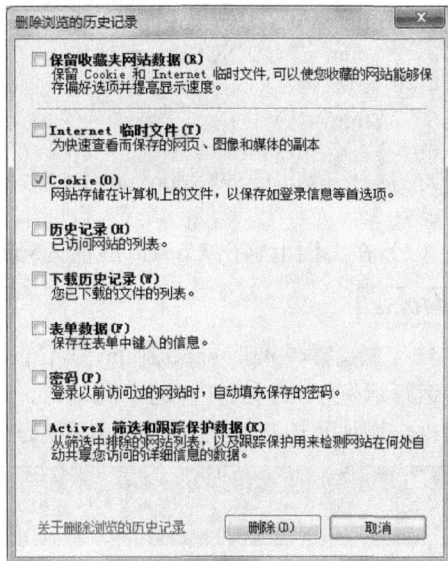

图 10-5

10.2.5　Cookie 的生命周期

如果 Cookie 不设定时间，就表示它的生命周期为浏览器会话的期间，只要关闭 IE 浏览器，Cookie 便会自动消失。这种 Cookie 被称为会话 Cookie，一般不保存在硬盘上，而是保存在内存中。

如果设置了到期时间，那么浏览器会把 Cookie 保存到硬盘中，再次打开 IE 浏览器时会依然有效，直到它的有效期超时。

虽然 Cookie 可以长期保存在客户端浏览器中，但也不是一成不变的。因为浏览器允许最多存储 300 个 Cookie 文件，而且每个 Cookie 文件支持的最大容量为 3KB，每个域名最多支持 20 个 Cookie。如果达到限制时，浏览器会自动地随机删除 Cookie。

10.2.6　Cookie 的综合应用——使用 Cookie 技术计算网站的月访问量

在进行网站开发时，都需要制作一个计数器来记录网站的访问量，以此来吸引更多的访客关注网站。计数器的实现方法有多种，本节将通过 Cookie 来实现计数器的功能。

本实例使用 Cookie 技术计算网站的月访问量。具体步骤如下：

（1）使用 setcookie() 函数创建一个 Cookie，通过\$_COOKIE 超级变量来获取 Cookie 的名称，并通过 empty()函数来判断全局变量\$_COOKIE 是否为空，如果不为空，则将 COOKIE 的值加 1；否则创建一个新的 Cookie，其 name 参数设置为 num；value 参数的值设置为\$num，定义\$num 的初始值为 1；最后设置 Cookie 的有效期为 2678400 秒（31 天），从而得到网站的月访问量，参见示例 10-4。

示例 10-4：

```
1.    <?php
```

```
2.   If(!empty($_COOKIE["num"])){          //判断是否存在名为 num 的 cookie
3.     $num=$_COOKIE["num"]+1;             //如果存在，访问量自动加 1
4.   }else{                                //如果不存在，访问量默认设置为 1
5.     $num=1;
6.   }
7.   setcookie("num",$num,time()+2678400);//将访问量设置成 cookie，存储时间为 31 天
8.   ?>
```

（2）在页面上输出 Cookie 的值为$num，参见示例 10-5。

示例 10-5：

```
1.   您是第<?php   echo $num ;?>位访客;
```

运行示例 10-5，当打开这个网站时，计数器中的数字自动加 1，刷新这个网页时，计数器的次数也会增加，运行结果如图 10-6 所示。

（a）第一次访问　　　　　　　　　　　　（b）刷新后

图 10-6

10.3　Session 管理

对比 Cookie，会话文件中保存的数据是在 PHP 脚本中以变量的形式创建的，创建的会话变量在生命周期（20 分钟）中可以被跨页的请求所引用。另外，Session 是存储在服务器端的会话，相对安全，并且不像 Cookie 那样有存储长度的限制。

10.3.1　了解 Session

1. 什么是 Session

Session 被译成中文为"会话"，其本义是指有始有终的一系列动作/消息，如打电话时从拿起电话拨号到挂断电话这中间的一系列过程可以称之为一个 Session。

在计算机专业术语中，Session 是指一个终端用户与交互系统进行通信的时间间隔，通常指

从注册进入系统到注销退出系统之间的时间。因此，Session 实际上是一个特定的时间概念。

2．Session 的功能

Session 在 Web 技术中占有非常重要的分量。由于网页是一种无状态的连接程序，无法得知用户的浏览状态。因此必须通过 Session 记录用户的有关信息，以供用户再次以此身份对 Web 服务器提要求时作确认。例如，在电子商务网站中，通过 Session 记录用户登录的信息，以及用户所购买的商品，如果没有 Session，那么用户就会每次进入一个页面都登录一遍用户名和密码。

另外，Session 会话适用于存储用户的信息量比较少的情况。如果用户需要存储的信息量相对较少，并且存储内容不需要长期存储，那么使用 Session 把信息存储到服务器端比较适合。

10.3.2　创建会话

创建一个会话需要通过以下几个步骤实现：启动会话→注册会话→使用会话→删除会话。下面进行详细介绍。

1．启动会话

PHP 中有两种方法可以创建会话。

（1）通过 session_start()函数创建会话。session_start()函数用于创建一个会话。

格式：

session_start();

> **注意**
>
> 使用 session_start()函数之前浏览器不能有任何输出，否则会产生类似于如图 10-7 所示的错误。

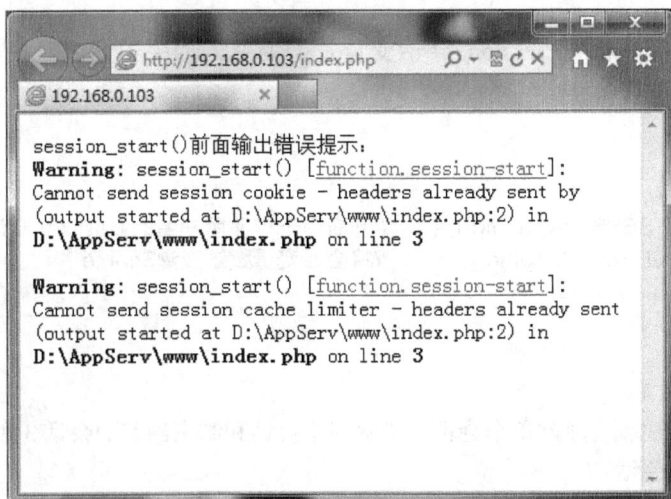

图 10-7

注意

通常，session_start()函数在页面开始位置调用，然后会话变量被登录到数据$_SESSION。

（2）通过 session_register0 函数创建会话。session_register0 函数是用来为会话登录一个变量来隐含地启动会话，但要求设置 php.ini 文件的 register_globals 指令设置为 on，然后重新启动 Apache 服务器。

注意

使用 session_register()函数时，不需要调用 session_start()函数，PHP 会在注册变量之后隐含地调用 session_start()函数。

2．注册会话

会话变量被启动后，全部保存在数组$_SESSION 中。通过数组$_SESSION 创建一个会话变量很容易，只要直接给该数组添加一个元素即可。

启动会话，创建一个 Session 变量并赋值，参见示例 10-6。

示例 10-6：

```
1.   <?php
2.   Session_start();
3.   $_SESSION["name"]="php100";
4.   ?>
```

3．使用会话

首先需要判断会话变量是否有一个会话 ID 存在，如果不存在，就创建一个，并且使其能够通过全局数组$_SESSION 进行访问；如果已经存在，则将这个已注册的会话变量载入以供用户使用。

然后判断存储用户名的 Session 会话变量是否为空，如果不为空，则将该会话变量赋给$name，参见示例 10-7。

示例 10-7：

```
1.   <?php
2.   If(!empty($_SESSION["name"])){      //判断用于存储用户名的 Session 会话变量是否为空
3.   $name=$_SESSION["name"];          //将会话变量赋给变量$name
4.   }
5.   ?>
```

4．删除会话

删除会话的方法主要有删除单个会话、删除多个会话和结束当前的会话 3 种，下面分别介绍。

（1）删除单个会话

删除会话变量同数组的操作一样，直接注销$_SESSION 数组的某个元素即可。例如注销$_SESSION["name"]变量，可以使用 unset()函数，参见示例 10-8。

示例 10-8:

```
1.    unset($_SESSION["name"]);
```

注意

　　使用 unset()函数时，要注意$_SESSION 数组中某元素不能省略，即不可以一次注销整个数组，这样会禁止整个会话的功能，如 unset($_SESSION)函数会将全局变量$_SESSION 销毁，而且没有办法将其恢复，用户也不能再注册$_SESSION 变量。如果读者要删除多个或全部会话，可采用下面的两种方法。

　　（2）删除多个会话

　　如果想要一次注销所有的会话变量，可以将一个空的数组赋给$_SESSION，参见示例 10-9。

示例 10-9:

```
1.    $_SESSION=array();
```

　　（3）结束当前的会话

　　如果整个会话已经结束，首先应该注销所有的会话变量，然后使用 session_destroy()函数清除当前的会话，并清空会话中的所有资源，彻底销毁 Session，参见示例 10-10。

示例 10-10:

```
1.    session_destroy();
```

10.3.3　Session 的综合应用——通过 Session 用户身份验证

　　在大多数网站的开发过程中，都存在用户登录系统，这就需要在用户通过一个登录机制验证后跟踪该用户的行为。本例将结合 MySQL 的身份验证功能和会话控制功能来实现该功能。

　　本例包含了 3 个简单的脚本。第一个是 login.php，它提供了一个登录表单，并且为站点会员提供了身份验证；第二个是 member.php，只向登录成功的成员显示信息；第三个是 loginout.php，用于退出登录。

　　首先，login.php 给出了用户登录的地方，如图 10-8 所示。如果用户没有登录而访问成员页面，将会得到如图 10-9 所示的信息。

图 10-8

图 10-9

如果用户登录了（用户名：admin，密码：admin），则转到登录页面，如图 10-10 所示；如果尝试着浏览成员页面，那么将会看到如图 10-11 所示的信息。

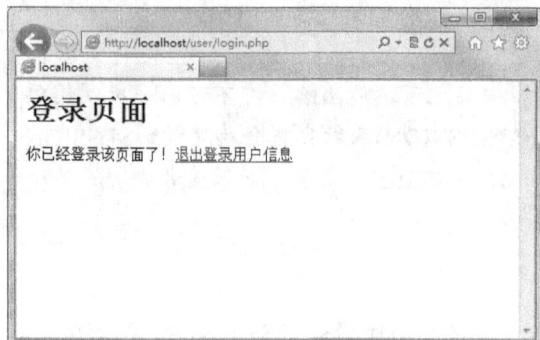

图 10-10   图 10-11

下面介绍该应用程序的代码（参见示例 10-11），该程序大部分在 login.php 中。

示例 10-11：

```php
1.  <?php
2.  session_start();
3.  if(isset($_POST['user']) && isset($_POST['password'])){//如果用户正在尝试登录该页面
4.  $user=$_POST['user'];                    //获取用户名
5.  $password=$_POST['password'];            //获取密码
6.  if($user=="admin" && $password=="admin" ){  //判断用户名和密码是否是 admin
7.  $_SESSION['user']=$user;                 //创建用户 Session
8.  $_SESSION['password']=$password;         //创建密码 Session
9.  }
10. }
11. ?>
12. <html>
13. <body>
14. <h1>登录页面</h1>
15. <?php
16. if(isset($_SESSION['user']) && isset($_SESSION['password'])){
17. echo "你已经登录该页面了！";
18. echo "<a href='loginout.php'>退出登录</a>";
19. }else{
20. echo '<font color="red" >您尚未登录，请登录！</font><br><br>';
21. echo '<form action="login.php" method="post">';
22. echo '用户名：<input type="text" name="user"><br><br>';、
23. echo '密  码：<input type="password" name="password"><br><br>';
24. echo '<input type="submit" name="submit" value="用户登录">';
25. echo '</form>';
26. }
```

```
27.   echo '<a href="member.php">用户信息</a>';
28.   ?>
29.   </body>
30.   </html>
```

因为显示了登录表单，所以该脚本包含了比较复杂的逻辑，表单的行为也比较复杂，因为它包含了登录成功和登录失败操作的 HTML 代码。

脚本的执行是围绕会话变量 user 展开的，其基本思想是如果某人成功登录，将注册一个 $_SESSION[user]的会话变量，该变量包含了用户的 ID。

在该脚本中，我们做的第一件事情就是调用 session_start()函数，如果该会话变量 user 已经创建，该函数将会载入该变量。

在第一次执行脚本时，if 条件均不成立，用户将直接进入脚本的末尾，脚本告诉用户尚未登录并提供了一个表单以便登录，参见示例 10-12。

示例 10-12：

```
1.   echo '<font color="red" >您尚未登录，请登录！</font><br><br>';
2.   echo '<form action="login.php" method="post">';
3.   echo '用户名：<input type="text" name="user"><br><br>';
4.   echo '密  码：<input type="password" name="password"><br><br>';
5.   echo '<input type="submit" name="submit" value="用户登录">';
6.   echo '</form>';
```

当用户单击表单上的"用户登录"按钮之后，这个脚本将从顶端开始重新执行，这次我们有了用以验证的用户名和密码，它们分别存放在$_POST['user']和$_POST['password']中，如果用户设置了这些变量，将进入用户身份验证模块，参见示例 10-13。

示例 10-13：

```
1.   if(isset($_POST['user']) && isset($_POST['password'])){//如果用户正在尝试登录该页面
2.   $user=$_POST['user'];
3.   $password=$_POST['password'];
4.   if($user=="admin"&&$password=="admin" ){
5.   $_SESSION['user']=$user;
6.   $_SESSION['password']=$password;
7.   }
8.   }
```

如果用户填写的用户名正确了，那么就不必向他显示登录的表单，而是告诉他我们知道他是谁，并提供退出的选项，参见示例 10-14。

示例 10-14：

```
1.   if(isset($_SESSION['user']) && isset($_SESSION['password'])){
2.    echo "你已经登录该页面了！ ";
3.   echo "<a href='loginout.php'>退出登录</a>";
4.   }
```

以上是主要的脚本逻辑，下面来了解成员页面。成员页面的代码，参见示例 10-15。

示例 10-15：

```
1.   <?php
2.   session_start();
3.   echo '<h1>用户信息</h1>';
4.   if(isset($_SESSION['user']) && isset($_SESSION['password'])){
5.   echo '欢迎来到我们的网站，您的用户名是：'.$_SESSION['user'];
6.   echo '<a href="loginout.php">退出登录</a>';
7.   }else{
8.   echo '您尚未登录！';
9.   echo '<a href="login.php">请登录</a>';
10.  }
11.  ?>
```

以上代码非常简单，它所做的就是启动一个会话，并且通过检查$_SESSION['user']变量是否被设置来检查当前的会话是否包含该用户。如果用户登录的是我们的网站，那么显示该用户的信息，否则告诉他未通过身份验证。

最后来讨论 loginout.php 脚本，该脚本让用户退出登录。脚本代码，参见示例 10-16。

示例 10-16：

```
1.   <?php
2.   session_start();
3.   $user=$_SESSION['user'];
4.   unset($_SESSION['user']);
5.   unset($_SESSION['password']);
6.   session_destroy();
7.   ?>
8.   <html>
9.   <body>
10.  <h1>退出登录</h1>
11.  <?php
12.  if(!empty($user)){
13.      echo "退出成功！";
14.  }else{
15.          echo "您尚未登录，不可退出！";
16.  }
17.  echo "<a href='login.php'>返回登录页面</a>";
18.  ?>
19.  </body>
20.  </html>
```

源代码十分简单，当然，它也仅是完成了一些简单的工作。在这里，我们启动了一个会话，保存用户的用户名，注销了 user 变量，销毁了对话，然后给该用户发送了一个消息，该消息在用户退出或者尚未登录的情况下具体内容是不同的。

10.4　会话机制的安全

10.4.1　Cookie 与 Session 的比较

1. 定义

（1）Cookie

Cookie，有时也用其复数形式 Cookies，指某些网站为了辨别用户身份、进行 Session 跟踪而储存在用户本地终端上的数据（通常经过加密）。

在网络上，临时 Cookie 为用户浏览器关闭时消失的含有用户有关信息的小文件，有时也称通话 Cookie。与永久 Cookie 不一样，临时 Cookie 不是保存在硬盘驱动器而是存在临时存储器中，当浏览器关闭时将被删除。

当应用程序创建 Cookie 时，在设置 Cookie 选择项中不设置日期即可创建临时 Cookie（对于永久 Cookie，设置了到期时间，Cookie 保存在用户硬盘驱动器，直到到期或者被用户删除）。

临时 Cookie 常用于允许返回用户已经访问过的网站，从而可在一定程度上避免重复输入用户信息。有些网站使用加密套接字协议层（SSL）来加密 Cookie 携带的信息。

Cookie 是由服务器端生成，发送给 User-Agent（一般是浏览器），浏览器会将 Cookie 的 key/value 保存到某个目录下的文本文件内，下次请求同一网站时就发送该 Cookie 给服务器（前提是浏览器设置为启用 Cookie）。

（2）Session

Session 在计算机中，尤其是在网络应用中，称为"会话"。

Session 直接翻译成中文比较困难，一般都译成时域。在计算机专业术语中，Session 是指一个终端用户与交互系统进行通信的时间间隔，通常指从注册进入系统到注销退出系统之间所经过的时间。具体到 Web 中，Session 指的就是用户在浏览某个网站时，从进入网站到浏览器关闭所经过的这段时间，也就是用户浏览该网站所花费的时间。因此从上述定义中我们可以看到，Session 实际上是一个特定的时间概念。

需要注意的是，一个 Session 的概念需要包括特定的客户端、特定的服务器端以及不中断的操作时间。A 用户和 C 服务器建立连接时所处的 Session 同 B 用户和 C 服务器建立连接时所处的 Session 是两个不同的 Session。

2. 生存周期

（1）Cookie

Cookie 可以保持登录信息到用户下次与服务器的会话，换句话说，下次访问同一网站时，用户会发现不必输入用户名和密码就已经登录了（当然，不排除用户手工删除 Cookie）。而还有一些 Cookie 在用户退出会话时就被删除了，这样可以有效地保护个人隐私。Cookie 在生成时就会被指定一个 Expire 值，这就是 Cookie 的生存周期，在这个周期内 Cookie 有效，超出周期 Cookie 就会被清除。有些页面将 Cookie 的生存周期设置为 0 或负值，这样在关闭页面时，就马上清除 Cookie，不会记录用户信息，更加安全。

（2）Session

Session 能否像 Cookie 那样设置生存周期呢？有了 Session 是否可以完全抛弃 Cookie 呢？其实结合 Cookie 来使用 Session 才是最方便的。Session 是如何来判断客户端用户的呢？它是通过 Session ID 来判断的，什么是 Session ID，就是那个 Session 文件的文件名，是随机生成的，因此能保证唯一性和随机性，确保 Session 的安全。一般如果没有设置 Session 的生存周期，则 Session ID 存储在内存中，关闭浏览器后该 ID 自动注销，重新请求该页面后，重新注册一个 Session ID。如果客户端没有禁用 Cookie，则 Cookie 在启动 Session 会话时扮演的是存储 Session ID 和 Session 生存期的角色。

3．用途

（1）Cookie

服务器可以利用 Cookie 中包含信息的任意性来筛选并经常性维护这些信息，以判断在 HTTP 传输中的状态。Cookie 最典型的应用是判定注册用户是否已经登录网站，用户可能会得到提示，是否在下一次进入此网站时保留用户信息以便简化登录手续，这些都是 Cookie 的功用。另一个重要应用场合是"购物车"之类处理。用户可能会在一段时间内在同一家网站的不同页面中选择不同的商品，这些信息都会写入 Cookie，以便在最后付款时提取信息。

（2）Session

Session 存储需要在整个用户会话过程中保持其状态的信息，例如登录信息或用户浏览 Web 应用程序时需要的其他信息。

Session 存储只需要在页面重新加载过程中或按功能分组的一组页面之间保持其状态的对象。

Session 的作用就是它在 Web 服务器上保持用户的状态信息供在任何时间从任何页面访问。因为浏览器不需要存储任何这种信息，所以可以使用任何浏览器，即使是像 PDA 或手机这样的浏览器设备。

4．区别

Cookie 数据存放在客户的浏览器上，Session 数据放在服务器上。

Cookie 不是很安全，别人可以分析存放在本地的 Cookie 并进行 Cookie 欺骗。考虑到安全性，应当使用 Session，Session 会在一定时间内保存在服务器上。当访问增多时，会占用服务器的性能。考虑到减轻服务器性能方面，应当使用 Cookie。

单个 Cookie 在客户端的限制是 3KB，就是说一个站点在客户端存放的 Cookie 不能大于 3KB。

10.4.2　Cookie 与 Session 的安全性

在学习了前几节的内容后，我们对 Cookie 和 Session 已经有了基本了解，下面介绍一下 Cookie 和 Session 的安全问题。

1．Cookie 安全

最常见的 Cookie 安全问题就是 Cookie 欺骗；Cookie 记录着用户的账户 ID、密码之类的信息，如果在网上传递，通常使用的是 MD5 方法加密。这样经过加密处理后的信息，即使被网络上一些别有用心的人截获，也看不懂，因为他看到的只是一些无意义的字母和数字。然而，现在遇到的问题是，截获 Cookie 的人不需要知道这些字符串的含义，他们只要把别人的 Cookie 向服务器提交，并且能够通过验证，他们就可以冒充受害人的身份登录网站。这种方法叫做 Cookie 欺骗。

对于这种问题，就需要用户合理地处理 Cookie 的设置，尽量做到保密性。除了上面提及的 MD5 加密之外，我们还需要设置 Cookie 的域，浏览器在提交 Cookie 时会将 Cookie 提交到设定的域及其任何子域，而不提交到其他域。如果应用程序将 Cookie 的域设定的过于宽泛，会使程序出现各种漏洞。除了域的设置，还需要合理考虑 Cookie 的有效时间，如果还需进一步提升会话的安全，可以考虑使用 Session 机制来完成会话功能。

2．Session 安全

Session 存放在服务器端，相对于存放在客户端的 Cookie，服务器端更安全，但这也不是绝对的，HTTP 协议是无状态的，所以通常网站都会用 Session 来表示一个用户。Session 在客户端就是一个保存特殊令牌的 Cookie，关键的信息是存放在服务器端的。但因为令牌是保存在客户端，并且要经过传输，所以还是很不安全的。下面介绍几种提升 Session 安全性的方法。

（1）会话终止，但令牌仍处于活动状态

当用户退出时，程序只是删除了令牌（例如，通过发布一个清空令牌的 Set-Cookie 指令），并没有删除服务器端的数据，如果用户继续使用该令牌，将仍然可以使用。这时就需要我们在退出系统后删除服务器端的数据。

（2）令牌可以通过 url 传输

如果可以通过 url 传输，攻击者使用攻击者站点上的链接，可以轻松地固定受害人的会话标识符，如 http://www.php100.com/index.php?SESSID=fixed_session_id。假使受害者还没有一个 example.com 站点会话标识符的 Cookie，那么会话固定就成功了。一旦受害者使用了攻击者指定的会话标识符，那么攻击者就能劫持受害者的会话，并模仿受害者的用户代理，试图假装成受害者。这时我们可以在 PHP 中设置 use_only_cookies 的值为 1。该值在 PHP 中默认就是 1，可以不修改。

（3）令牌不够强大

Session 令牌在生成过程中过于简单，或者有规律可循，从而使攻击者可以以常规方式预测或推断其他用户的令牌。例如，攻击者可以在 A 时间从网站正常获取一个令牌，再在 B 时间从网站获取一个令牌，并通过分析得到这个时间段的大量令牌样本，从而攻击。发生这种情况后，就要重新考虑令牌的复杂性，生成一个强大的令牌，可以通过合并一些用户特有的数据来得到足够的安全性，例如一串随机数、来源 IP、请求时间、服务器私密的随机数等，串联这些数据，然后使用适当的散列算法（如 MD5、SHA-256 等）对这个字符串进行处理。

（4）其他一些方法

在每个页面使用新的令牌，可以通过 HTML 表单传送，也可以使用 Cookie 传送，如果出现不匹配的情况则整个会话终止。在执行重要操作前，要求进行两步确认操作。

安全问题一直是网站的重要部分，需要重视每一个细节，这样才能使网站更加流畅、安全。

10.5 会员系统的设计

1．数据库设计

首先介绍一下我们即将要使用的数据库，这里使用了一个名称为 user 的数据库，user 库中创建了一个名称为 user 的表，结构如表 10-2 所示。

表 10-2

字　段　名	字　段　类　型
id	int（11）
username	varchar（50）
pwd	varchar（33）
email	varchar（50）

2．代码详解

表结构清楚之后，下面开始书写代码。

数据库连接配置文件 conn.php 的代码参见示例 10-17。

示例 10-17：

```
1.  <?php
2.  mysql_connect("localhost","root","")or die(mysql_error());
3.  mysql_select_db("user")or die(mysql_error());
4.  mysql_query("set names 'gbk'");
5.  ?>
```

数据库连接的详细介绍在本书第 8 章。这里连接了本地的数据库，库名为 user，下面只要引入 conn.php，就可以对数据库进行操作了。

首先，来看看登录页面 login.php，参见示例 10-18。

示例 10-18：

```
1.  <?php
2.  include("conn.php");
3.  if(isset($_POST['submit'])){
4.  if(empty($_POST["username"])){
5.  echo "<script>alert('用户名不为空');</script>";
6.  }elseif(empty($_POST["password"])){
7.  echo "<script>alert('密码不为空');</script>";
8.  }else{
9.  $sql="select * from 'user' where 'username'= '".$_POST['username']."' limit 1";
10. $query=mysql_query($sql);
11. $rs=mysql_fetch_array($query);
12. if(!empty($rs['username'])){
```

```
13.  if($rs['pwd']==md5($_POST['password'])){
14.  setcookie("username",$rs['username']);
15.  setcookie("code",md5($rs['username'].md5($rs['pwd'])));
16.  echo "<script>alert('登陆成功！');window.location.href='index.php'</script>";
17.  }else{
18.  echo "<script>alert('密码错误');</script>";
19.  }
20.  }else{
21.  echo "<script>alert('用户名不存在');</script>";
22.  }
23.  }
24.  }
25.  ?>
26.  <a href='index.php'>返回首页</a>   <a href='reg.php'>注册</a>
27.  <form action="" method="post">
28.  用户名：<input type="text" name="username"><br>
29.  密  码：<input type="password" name="password"><br>
30.  <input type="submit" name="submit" value="登录"/>
31.  </form>
```

登录页面的主要功能就是提交用户的登录信息（见图 10-12），将用户的登录信息保存为 Cookie，这样就可以记忆用户的个人信息。

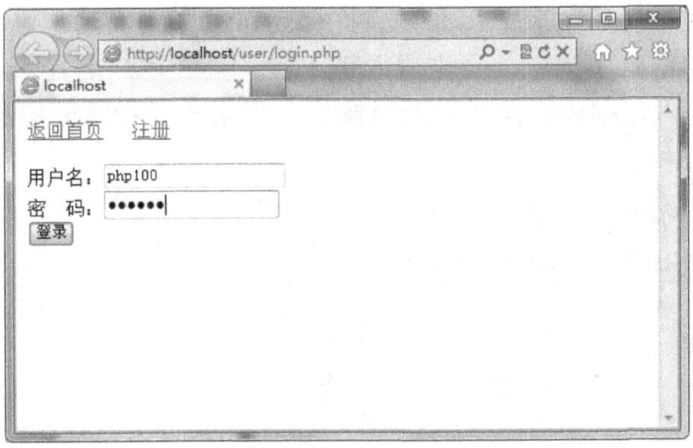

图 10-12

下面介绍注册页面 reg.php 的设置，参见示例 10-19。

示例 10-19：

```
1.  <?php
2.  include("conn.php");
3.  if(isset($_POST['reg'])){
4.  if ( !empty($_POST['user']) && !empty($_POST['password'])) {
5.  $sel = "SELECT * FROM 'user' WHERE 'username' ='" . $_POST['user'] . "'";
6.  $query=mysql_query($sql);
7.  $rr = mysql_fetch_array($query);
8.  if ($rr[username] != $_POST['user'] ) {
9.  $sql = "INSERT INTO 'user' ('id', 'username', 'pwd', 'email') VALUES (NULL, '" .$_POST['user'].
```

```
       "','" . md5($_POST['password']) . "','" .$_POST['email'] . "' );";
10.    $state = mysql_query($sql);
11.    if ($state) {
12.    setcookie("username",$_POST['user']);
13.    setcookie("code",md5($_POST['user'].md5($_POST['password'])));
14.    echo "<script>alert('注册成功！');window.location.href='index.php'</script>";
15.    }
16.    } else {
17.    echo "用户名已存在";
18.    }
19.    }else{
20.    echo "用户名或者密码不为空";
21.    }
22.    }
23.    ?>
24.    <a href='index.php'>返回首页</a>   <a href='login.php'>登陆</a>
25.    <form name="form2" method="post" action="">
26.    用户名：<input type="text" name="user" /><br />
27.    密码：<input type="password" name="password" /><br />
28.    E-Mail：<input type="text" name="email" /><br />
29.    <input type="submit" name="reg" value="提交" />
30.    </form>
```

注册页面运行效果如图 10-13 所示。这里连接数据库，首先判断用户是否有提交的动作。如果没有提交动作，则显示注册的表单；如果有提交动作，则判断用户名和密码是否为空，若为空则提示用户用户名和密码不为空，否则进入下一步，判断用户名是否存在。最后进行数据库操作，将用户的信息写入数据库，同时做登录操作，将用户名和验证信息设置为 Cookie，然后跳转至首页，如图 10-14 所示。

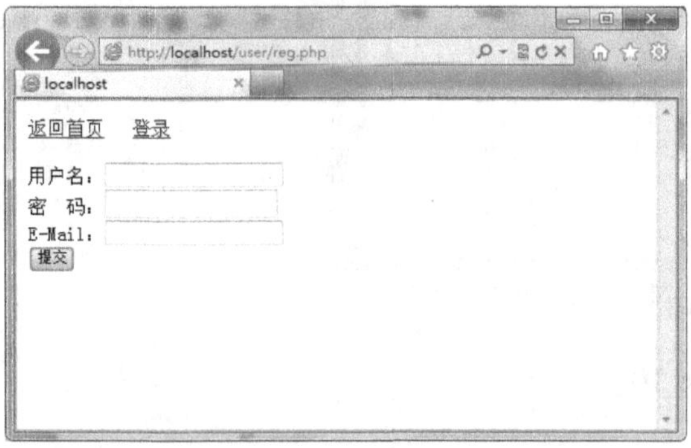

图 10-13

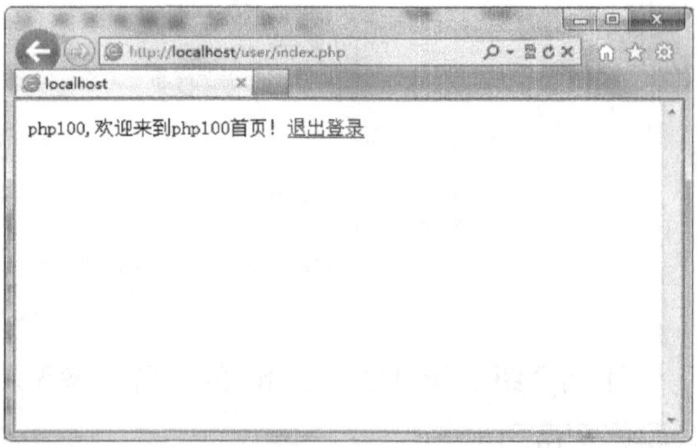

图 10-14

首页 index.php 的代码参见示例 10-20。

示例 10-20：

```
1.     <?php
2.     include("conn.php");
3.     if(isset($_COOKIE['username'])){
4.     $sql="select * from user where username = '".$_COOKIE['username']."'";
5.     $rs=mysql_fetch_array(mysql_query($sql));
```

```
6.    $code=md5($rs['username'].$rs['pwd']);
7.    if(!empty($rs['username'])&& $_COOKIE['code']==$code ){
8.    echo $rs['username'].",欢迎来到 php100 首页！ <a href='logout.php'>退出登录</a>";
9.    }else{
10.   echo   "非法操作，<a href='login.php'>请登录</a>";
11.   }
12.   }else{
13.   echo   "您尚未登录！<a href='login.php'>请登录</a>";
14.   }
15.   ?>
```

在首页，首先判断用户是否已经登录，也就是说客户端是否已经有了 user 的 Cookie，如果有了，验证 Cookie 的设置规则是否和登录（注册）时符合；如果符合，就显示"xxx（用户名），欢迎进入 php100 首页！"的提示信息，同时需要有退出登录的功能，也就是 logout.php（参见示例 10-21）。

示例 10-21：

```
1.    <?php
2.        setcookie('username',"", time()-1);       //删除 user 的 cookie
3.        setcookie('code',"", time()-1);           //删除验证的 cookie
4.        echo"<script>alert('退出成功!');window.location.href='index.php'</script>"
5.    ?>
```

退出登录页面的运行效果如图 10-15 所示。其主要功能就是删除 Cookie，将用户 Cookie 已经验证信息的 Cookie 同时注销。

图 10-15

至此，一个最基本的会员系统就完成了。当然，用户还可以继续扩展，如要求填写个人信息、上传头像等。

10.6　本　章　小　结

本章介绍了 Cookie 和 Session 两个超全局变量。通过学习，读者应该知道它们的作用，以及它们之间的优缺点和运行机制。可以说，Cookie 和 Session 是开发 Web 系统中不可或缺的一部分。通过本章的小实例，读者可以分析这两个技术在 Web 页面的应用，以及对页面的提交和储存用户信息的机制有一个比较深刻的理解，在以后的应用中能够将 Cookie 和 Session 运用在适合的地方。最后希望读者能根据自己的理解，仿照我们提供的会员系统设计，自己制作出一个简单的会员系统。

第 11 章　PHP 的模板技术 Smarty

随着网络应用的普及，人们对 Web 应用程序的开发效率、可靠性、可维护性和可扩展性提出了更高的要求。传统 Web 开发模式由于数据访问代码和用户视图代码相互混杂，在开发效率、维护性和扩展性等方面已经不能满足 Web 应用快速发展的需要。采用 MVC 模式的 PHP 开发模板 Smarty，将 Web 应用程序中的程序逻辑和用户视图有效地分开，可使程序员和美工进行更有效的分工，大大缩短程序开发周期。

11.1　模板引擎技术简介

模板引擎（这里特指用于 Web 开发的模板引擎）是为了使用户界面与业务数据（内容）分离而产生的，它可以生成特定格式的文档，用于网站的模板引擎就会生成一个标准的 HTML 文档。模板引擎可以让（网站）程序实现界面与数据分离，大大提升了开发效率，良好的设计也使得代码重用变得更加容易。同时，模板引擎不只是可以让你实现代码分离（业务逻辑代码和用户界面代码），也可以实现数据分离（动态数据与静态数据），还可以实现代码单元共享（代码重用），甚至是多语言、动态页面与静态页面自动均衡（SDE）等与用户界面可能没有关系的功能。

模板引擎的实现方式有很多，这里具体介绍一下 Smarty 模板技术。

随着程序复杂程度的提高，对使用 PHP 技术做 Web 应用程序开发产生了一个迫切的要求，即将程序设计和美工设计分开。由程序员专门负责实现程序逻辑、数据处理，由美工专门制作 Web 应用程序界面。由于程序员和美工对互相的工作并不是十分熟悉，在进行合作的过程中需要用一种约定的"语言"进行交流。这种"语言"即"模板"，是一种结合了 HTML 和脚本语言特征的表达方式，通过这种方式可以按照用户所希望的格式来显示处理过的数据。

Smarty 是一个 PHP 模板引擎，它分开了逻辑程序和外在的内容，提供了一种易于开发合作的方法。在开发 Web 应用程序时，应用程序员和美工可以同时使用 Smarty 开展有效的合作，应用程序员可以改变逻辑而无须重构模板，美工则可以改变模板而不影响程序逻辑。其特点如下：

（1）速度。采用 Smarty 编写的程序可以获得最大速度的提高，这一点是相对于其他的模板引擎技术而言的。

（2）编译型。采用 Smarty 编写的程序在运行时要编译成一个非模板技术的 PHP 文件，这个文件采用了 PHP 与 HTML 混合的方式，在下一次访问模板时将 Web 请求直接转换到这个文件中，而不再进行模板重新编译（在源程序没有改动的情况下）。

（3）缓存技术。Smarty 选用的一种缓存技术，它可以将用户最终看到的 HTML 文件缓存成一个静态的 HTML 页，当设定 Smarty 的 cache 属性为 TRUE 时，在 Smarty 设定的 cachetime 期内将用户的 Web 请求直接转换到这个静态的 HTML 文件中来，这相当于调用一个静态的

HTML 文件。

（4）插件技术。Smarty 可以自定义插件。插件实际就是一些自定义的函数。

（5）模板中可以使用 if/elseif/else。在模板文件中使用判断语句可以非常方便地对模板进行格式重排。

提示

不适合使用 **Smarty** 的地方，如下所示。

① 需要实时更新的内容。例如像股票显示，它需要经常对数据进行更新，该类型的程序使用 Smarty 会使模板处理速度变慢。

② 小项目。小项目是指因为项目简单而将美工与程序员兼于一人的项目，使用 Smarty 会丧失 PHP 开发迅速的优点。

11.2　Smarty 模板的创建

选择安装 Smarty 的目录，如果拥有服务器权限，考虑到安全性可以选择将 Smarty 安装在 Web 程序文档目录之外的地方。如果是虚拟主机权限，或者好几个项目，可以将 Smarty 安装在各自的项目目录中，在 require Smarty 类文件中，也可以使用 Smarty 模板引擎。为了安全考虑，可以通过 apache 禁止相关目录访问。

以上两种 Smarty 安装方式在移植性方面有所区别：第一种方式需要保证每台服务器有相同的 Smarty 配置，第二种方式对每台服务器配置没有影响。可以根据各自的需要选择 Smarty 的安装方式。

可以到 http://smarty.php.net 网站下载 Smarty，这里给大家介绍的是 Smarty-2.6.25。

Smarty 的安装步骤如下：

（1）解压下载的 Smarty-2.6.25 压缩包。

（2）复制 libs 文件夹到 Web 程序目录下，目录为 test\smarty。

Smarty 模板安装完成后即可开始使用。

1. 创建相关目录

由于在使用 Smarty 的过程中，Smarty 会生成编译的模板文件以及其他配置文件、缓存文件，所以需要创建相关的目录。在 test\smarty 目录下还创建了 tpls 目录，并在 tpls 目录下创建了 templates、templates_c、configs、cache 目录。为什么需要创建这些目录呢？打开 Smarty.class.php 文件，可以看到 Smarty 类定义了部分的成员属性，分别介绍如下。

$template_dir：设定所有模板文件都需要放置的目录地址。默认目录是 "./templates"，也就是在 PHP 执行程序同一个目录下寻找该模板目录。

$compile_dir：设定 Smarty 编译过的所有模板文件的存放目录地址。默认目录是 "./templates_c"，也就是在 PHP 执行程序同一个目录下寻找该编译目录。如果在 Linux 服务器上创建这个目录，还需要修改此目录的权限，使它有写的权限。

$config_dir：设定用于存放模板特殊配置文件的目录，默认目录是"./configs"，也就是在PHP 执行程序同一个目录下寻找该配置目录。

$cache_dir：在启动缓存特性的情况下，该属性所指定的目录中放置 Smarty 缓存的所有模板。默认目录是"./cache"，也就是在 PHP 执行程序同一个目录下寻找该缓存目录。也可以用自定义的缓存处理函数来控制缓存文件，它将会忽略这项设置。同样如果在 Linux 服务器上创建这个目录，还需要修改此目录的权限，使它有写的权限。

出于系统安全和移植性考虑，建议不要将这些目录建立在 PHP 执行程序同一目录下，可以建立在 PHP 执行程序目录之外；如果已建立在 PHP 执行程序同一目录下，可以通过 Apache 做好目录限制访问工作。

2．建立相关配置文件

需要创建一个配置文件来覆盖 Smarty 类的默认成员属性，并命名为 main.php，将其保存在Smarty 目录下，需要使用 Smarty 时，只要把 main.php 引进来即可，参见示例 11-1。

示例 11-1：

```
1.    <?php
2.    include("./libs/Smarty.class.php");
3.    define('SMARTY_ROOT', './smarty/tpls');
4.    $smarty = new Smarty();
5.    $smarty->template_dir = SMARTY_ROOT."/templates/";
6.    $smarty->compile_dir = SMARTY_ROOT."/templates_c/";
7.    $smarty->config_dir = SMARTY_ROOT."/configs/";
8.    $smarty->cache_dir = SMARTY_ROOT."/cache/";
9.    $smarty->caching=1;
10.   $smarty->cache_lifetime=60*60*24;
11.   $smarty->left_delimiter = '<{';
12.   $smarty->right_delimiter = '}>';
13.   ?>
```

代码分析：

1～8 行：主要定义一个 Smarty 对象，同时设定模板文件、编译文件、缓存文件、配置文件的存放目录，来覆盖 Smarty.class.php 中的默认值。

9～10 行：设定开启缓存，同时设定缓存的有效时间为 1 天。

11～12 行：设置 Smarty 语言的左右结束符，大家知道大括号是 Smarty 的默认定界符，但在和 JavaScript、CSS 等结合时可能会产生冲突，所以这里设定为<{和}>。

知识点：$caching 用来设置是否开启缓存功能。默认值设为 0 或无效。也可以为同一个模板设有多个缓存，当值为 1 或 2 时启动缓存。1 告诉 Smarty 使用当前的$cache_lifetime 变量判断缓存是否过期，2 告诉 Smarty 使用生成缓存时的 cache_lifetime 值。建议在项目开发过程中关闭缓存，将值设置为 0。

11.3　Smarty 基础应用

1. 建立模板文件

一般情况下在美工页面设计完毕后，双方的交集点是模板文件，双方约定后，程序员不需要花太大的精力在前台，这就是使用 Smarty 模板引擎进行开发的好处。首先建立一个简单的模板文件，并将其命名为 leapsoul.tpl，可在 tpl 文件中加入 Smarty 变量后将文件另存为 tpl 类型的文件，参见示例 11-2。

示例 11-2：

```
1.    <html>
2.    <head>
3.    <meta http-equiv="Content-type" content="text/html; charset=gb2312">
4.    <title>
5.    <{ $title }>
6.    </title>
7.    </head>
8.    <body>
9.    <{ $content }>
10.   </body>
11.   </html>
```

代码分析：

在这个 tpl 文件中设定了 title 和 content 两个 Smarty 变量，文件保存为 leapsoul.tpl，同时将其保存在 test\smarty\tpls\templates 模板文件目录下。

2. 建立应用程序文件

模板文件类似于一个表现层，在建立完模板文件后，需要一个应用程序去驱动表现层，应用程序文件定义为 smarty.php，参见示例 11-3。

示例 11-3：

```
1.    <?php
2.    include("smarty/main.php");
3.    $smarty->assign("title", "php100.com 为你展示 Smarty 模板技术");
4.    $smarty->assign("content", "php100.com 通过详细的安装使用步骤为你展示 Smarty 模板技术");
5.    $smarty->display("leapsoul.tpl");
6.    ?>
```

代码分析：

在这段代码中主要用到 Smarty 中的两个函数 assign()和 display()，assign()可以理解为变量赋值，display()主要用于将网页输出。更多 Smarty 函数以后会详细介绍。

其他说明：由于开启了缓存功能，有兴趣的朋友可以打开 cache 和 templates_c，cache 目录存放了这个模板的缓存文件，文件开头部分有缓存信息，如文件的生成时间和过期时间等，其他的和一般的 HTML 文件没有太大的区别，而 templates_c 存放了模板经过编译后的 PHP 执行文件。

至此，一个简单入门的 Smarty 模板应用实例已经完成。

11.4　Smarty 内置函数

11.4.1　Smarty 的使用

Smarty 替换标签的格式如下：

smarty->assign("标签名","值");

smarty->display("index.tpl");　　//显示内容，**index** 为模板文件名，**tpl** 为模板后缀名

假设模板文件 index.tpl 中有一个标签<{$user_name}>　（**注意**，标签里面的变量必须带$），那么 PHP 代码参见示例 11-4。

示例 11-4：

```
1.    $new_name="Joan";
2.    $smarty->assign("user_name",$new_name);
3.    $smarty ->display("index.tpl");
```

11.4.2　Smarty 的循环

Smarty 循环使用在 PHP 文件中同处理普通标签一样，参见示例 11-5。

示例 11-5：

foreach.tpl：

```
1.    <table border=1 width=500>
2.    <{section name=s loop=$stu}>
3.    <tr>
4.    <td>
5.    <{$stu[s]}>
6.    </td>
7.    </tr>
8.    <{/section}>
9.    </table>
```

foreach.php：

```
1.    $rs=array('0','1','2');
2.    $smarty ->assign("stu",$rs);
3.    $smarty ->display("index.tpl"); //在 PHP 文件中处理循环标签和处理普通标签没什么区别
```

参数 foreach 用于循环简单数组，是一个选择性的 section 循环。

格式：

{foreach from=$array item=array_id}

{foreachelse}

{/foreach}

其中，from 指出要循环的数组变量，item 为要循环的变量名称，循环次数由 from 所指定的数组变量的个数所决定。当程序中传递过来的数组为空时用 {foreachelse} 来处理，参见示例 11-6。

示例 11-6：

foreach.tpl：

```
1.    <html>
2.      <head><title>这是一个 foreach 使用的例子</title></head>
3.      <body>
4.        这里将输出一个数组：<br>
5.      <{foreach from=$newsArray item=newsID}>
6.        新闻编号：<{$newsID.newsID}><br>
7.    新闻内容：<{$newsID.newsTitle}><br><hr>
8.      <{foreachelse}>
9.        对不起，数据库中没有新闻输出！
10.     <{/foreach}>
11.     </body>
12.   </html>
```

foreach.php：

```
1.    <?php
2.    include_once("smarty/main.php");    //main.php 详细代码见示例 11-1
3.    $array[] = array("newsID"=>1, "newsTitle"=>"第 1 条新闻");
4.    $array[] = array("newsID"=>2, "newsTitle"=>"第 2 条新闻");
5.    $array[] = array("newsID"=>3, "newsTitle"=>"第 3 条新闻");
6.    $smarty ->assign("newsArray", $array);
7.    $smarty ->display("foreach.tpl");
8.      ?>
```

foreach 显示结果如图 11-1 所示。

图 11-1

foreach 还可以用 foreachelse 来匹配，用 foreachelse 来表示当传递给 foreach 的数组为空值时程序要执行的操作。

11.4.3　Smarty 的 if…elseif…else 语法

Smarty 模板中的 if 条件语句的使用与 PHP 中的 if 语句大同小异，区别是必须以/if 为结束标志。

格式：

<{if 条件语句 1}>

语句 1

<{esleif 条件语句 2}>

语句 2

<{else}>

语句 3

<{/if}>

在上述条件语句中，除了可以使用 PHP 中的<、>、=、!=等常见的运算符之外，还可以使用 eq、ne、neq、gt、lt、lte、le、gte、is even、is odd、is not even、is not odd 等修饰词修饰。

代码参见示例 11-7。

示例 11-7：

PHP 文件 index.php:

```
1.  <?php
2.  include ("smarty/main.php");    //main.php 详细代码见示例 11-1
3.  $num=123;
4.  $smarty->assign("num",$num);
5.  $smarty->display("index.tpl");
6.  ?>
```

模板文件 index.tpl:

```
1.  <{if $num>100}>
2.  <{$num}>
3.  <{else}>
4.  num 的值小于 100;
5.  <{/if}>
```

示例 11-7 中，如果$num>100，<{$num}>的标签就能显示出来，否则显示 num 的值小于 100。程序运行结果如图 11-2 所示。

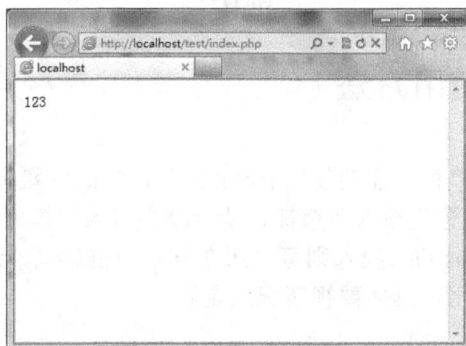

图 11-2

11.4.4　Smarty 循环配合 if 使用小实例

具体代码参见示例 11-8。

示例 11-8：

PHP 文件 index.php：

```
1.    <?php
2.    include_once("smarty/main.php");    //main.php 详细代码见示例 11-1
3.    $array=array("100","200","300","400","500");
4.    $smarty->assign("array",$array);
5.    $smarty->display("index.tpl");
```

模板文件 index.tpl：

```
1.    <{ section name=s loop=$array }>
2.    <{if $array[s]>200 }>
3.    <{$array[s]}>
4.    <{else}>
5.    <{$array[s]}>小于 250
6.    <{/if}>
7.    <br>
8.    <{/section}>
```

程序运行结果如图 11-3 所示。

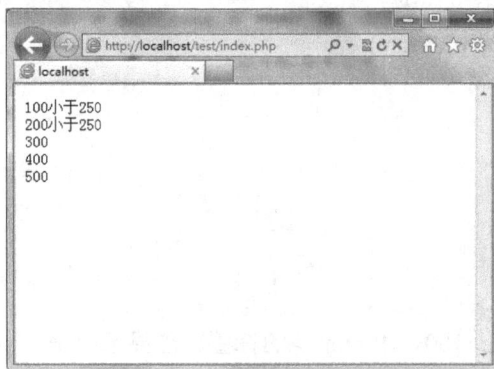

图 11-3

11.4.5　include 的使用方法

在模板内载入另一个子模板，需要使用 include 这个 Smarty 模板语法。

在使用 include 时，可以预先载入子模板，或者动态载入子模板。预先载入通常在有共同的文件标头或者版权中使用；而动态载入则可以用在同一个框架页，这样就可以像换皮肤一样换界面了。两者也可以同时混用，具体要视情况而定。

格式：

<{include file="模板名"}>

下面通过示例 11-9 的演示，以方便我们理解 include 的用法。

示例 11-9：

PHP 文件 test.php：

1.　<?php
2.　include("smarty/main.php ");
3.　$smarty->assign("title", "include Test");
4.　$smarty->assign("content", "这是模板 a.tpl 的参数");
5.　$smarty->assign("dyn_page", "c.tpl ");
6.　$smarty->display('index.tpl');
7.　?>

模板文件 index.tpl：

1.　<html>
2.　<head>
3.　<meta http-equiv="Content-Type" content="text/html; charset=gbk">
4.　<title><{$title}></title>
5.　</head>
6.　<body>
7.　<{include file="a.tpl"}>
8.　<{include file=$dyn_page}>
9.　<{include file="b.tpl" custom_var="b.tpl 自己定义变量的内容"}>
10.　</body>
11.　</html>

a.tpl：

1.　<html>
2.　<body>
3.　<{$content}>
4.　</body>
5.　</html>

b.tpl：

1.　<html>
2.　<body>
3.　<{$custom_var}>
4.　</body>
5.　</html>

c.tpl：

1.　<html>
2.　<body>
3.　<p>这是 c.tpl 的内容</p>
4.　</body>
5.　</html>

程序运行结果如图 11-4 所示。

图 11-4

11.5 Smarty 缓存机制

11.5.1 lamp 架构的缓存原理

当访问一个网站时，查询或者登录都会通过数据库获得信息。如一个很大的门户网站，每日访问量上百万、千万，数据流通量是庞大的，所以通过 PHP 缓存技术能避免一些频繁而不必要的数据库操作，从而提高程序执行的效率。需要注意的是，缓存是一个思想，不要刻意使用。缓存机制的根本原理是"通过空间换时间"。

下面介绍几个常用的 PHP 缓存技术。

1．数据缓存

非常直观的字面意思，就是把数据先存放好，减少对数据库的访问。第一次访问时，把要用到的数据保存到一个文件中，当用户再次访问页面时，先检测要查询的数据是否在缓存文件中，若存在，则直接取出，不需再次访问数据库。一般这些数据以数组的形式保存，如 ecshop 的缓存。

2．页面缓存

和数据缓存差不多，每次访问页面时，先检测相应的页面缓存是否存在，若不存在，则查询数据库得到相应的数据，同时生成缓存页面，这样，在下次访问时就可以直接取出缓存页面，不必再次查询数据库。

3．内存缓存

这里不作过多分析，一般借助第三方软件进行优化，如 Memcached、dbcached。

4．数据库数据冗余缓存

很多跨表查询之类的在使用中大量消耗 MySQL 资源，可以根据现实需求，在必要的表里放入冗余的数据字段，这样做是为了提取方便。

5．其他借助硬件的缓存机制

可以借助强大的硬件支撑，如 sqild。

上面的方法能够解决频繁访问数据库的问题，但是缺乏时效性——在数据库改变后，它们默认的数据还是修改前的。所以就要在规定时间内清除缓存，以更新数据。比如在每次更新缓存后设定一个时间戳 t1，当前的时间戳 t2，规定缓存时间为 T，如果在 t1 与 t2 相差在 T 之内时，就不更新缓存；如果超过了 T，就重新查询数据库，清除之前的缓存，得到一个新的时间戳，依次循环下去。

11.5.2　Smarty 缓存

说到 Smarty，不得不提及到两个概念，即编译和缓存。Smarty 编译在默认情况下是开启的，而 Smarty 缓存机制是要开发人员自己开启的。编译就是把 Smarty 要编译的模板转换成 PHP 脚本程序，下次就可以直接访问编译好的 PHP 脚本程序，从而节省了程序执行的开销。下面简单介绍一下 Smarty 缓存技术。

1．开启缓存

要使用 Smarty 缓存，首先必须开启缓存。先实例化 Smarty 类库，然后开启 Cache，具体代码参见示例 11-10。

示例 11-10：

```
1.    $smarty = new Smarty();
2.    $smarty->caching = true;
3.    $smarty->cache_dir = '/cache/tpl';
```

2．设定缓存更新周期

如果缓存永远不更新，那么网站就失去了动态性，下面设置一个缓存的更新周期。
$smarty->cache_lifetime = 60*60；　//以秒为单位
$smarty->caching 的参数设置如下所示。
值为 1：强迫不更新缓存。
值为 2：在获取模板之前设置更新周期。
值为 0：强制不缓存，相当于 FALSE。
所以设置更新周期 cache_lifetime 之前要设置$smarty->caching = 2。

3．一个模板，多个缓存

在缓存文章时，它们都用同一个模板，所以要将其区分开来。可以根据 display() 或者 fetch() 的第二个参数来设定，如下所示。

```
1.    $smarty->display('article.php',$art_id)
```

4．通过 is_cashed() 更合理地调用缓存

上面的一些缓存方法，虽然在下次访问页面时不需要再从数据库中更新数据，但是之前的$sql 查询数据库的语句还是执行的，这就增加了 PHP 的处理开销。

在执行$sql 语句之前通过 is_cached()判断缓存是否存在，参见示例 11-11。

示例 11-11：

```
1.    if( is_cached(article.tpl))
2.    {
3.    $sql = ...   //执行一系列$sql 语句
4.    }
5.    $smarty->display('article.tpl');
```

当这个模板有多个缓存时，就需要带上 is_cache()的第二个参数$art_id，如下所示。

```
1.    is_cached('article.tpl',$art_id)
```

5．局部缓存或者不缓存

当开启 Smarty 的缓存时，发现有些地方的数据是实时更新或者更新较快的，不宜缓存，这时就需要使用局部缓存。下面介绍局部缓存的 insert 方法。

首先在 index.php 中定义一个显示时间的函数，参见示例 11-12。

示例 11-12：

```
1.    function insert_get_current_time(){
2.    $timestamp=empty($timestamp)?time():$timestamp;
3.    $timeoffset=(int) '+8';
4.    return $ret=gmdate("Y-n-j g:ia", $timestamp + $timeoffset * 3600);
5.    }
```

然后在模板中进行如下设置：

```
{insert name="get_current_time"}
```

这样每次打开页面时，显示的都是即时时间，而不是缓存的。注意这里的函数名一定要以 insert 开头，且模板中的 name 与之对应。

6．清除缓存

清除缓存共有 3 种方法，即清除所有缓存、清除指定缓存和清除指定缓存号的缓存。具体语法如下：

```
1.    $smarty->clear_all_cache();                //清除所有缓存
2.    $smarty->clear_cache('file.tpl');          //清除指定的缓存
3.    $smarty->clear_cache('article.tpl',$art_id);   //清除同一个模板下的指定缓存号的缓存
```

11.6 小型新闻系统范例

1．数据库设计

首先创建一个数据库名为 smarty 的数据库，表名为 example，结构如表 11-1 所示。

表 11-1

字　段　名	字　段　类　型
id	int（11）
title	varchar（255）
Content	text
time	int（255）

2．示例站点目录结构

示例站点目录结构如图 11-5 所示。

```
+Web    （站点根目录）
  |----+libs（Smarty 相关文档目录）
  |    |----+plugins                    （Smarty 插件目录）
  |    |-----Config_File.class.php       （Smarty 配置文件）
  |    |-----Smarty.class.php            （Smarty 类主文件）
  |    |-----Smarty_Compiler.class.php   （Smarty 编译类文件）
  |----+cache        （Smarty 缓存目录，*nix 下保证读写权限）
  |----+templates    （站点模板文件存放目录）
  |    |----index.tpl （站点首页模板文件）
  |----+templates_c  （模板文件编译后存放目录，*nix 下保证读写权限）
  |----index.php     （Smarty 首页程序文件）
  |----config.php    （数据库配置文件）
  |----main.php      （Smarty 配置文件）
```

图 11-5

3．代码详解（参见示例 11-13～示例 11-16）

示例 11-13：

Smarty 配置文件 main.php：

```php
1.  <?php
2.  include("./libs/Smarty.class.php");
3.  define('SMARTY_ROOT', '');
4.  $smarty = new Smarty();                 //实例化 Smarty 对象
5.  $smarty->template_dir = SMARTY_ROOT."./templates/";
6.  $smarty->compile_dir = SMARTY_ROOT."./templates_c/";
7.  $smarty->config_dir = SMARTY_ROOT."./configs/";
8.  $smarty->cache_dir = SMARTY_ROOT."./cache/";
9.  $smarty->caching=1;                     //开启缓存，为 FALSE 时缓存无效
10. $smarty->cache_lifetime=60*60*24;       //缓存时间
11. $smarty->left_delimiter = '<{';
12. $smarty->right_delimiter = '}>';
13. ?>
```

至此，Smarty 的配置已经完成。下面配置数据库连接文件 conn.php，参见示例 11-14。

示例 11-14：

数据库连接文件 conn.php：

```
1.    <?php
2.    mysql_connect("localhost","root","")or die(mysql_error());
3.    mysql_select_db("smarty")or die(mysql_error());
4.    mysql_query("set names 'gbk'");
5.    ?>
```

数据库连接详细介绍请参见第 8 章，这里连接了本地的数据库，库名为 smarty，下面即可对数据库进行操作。

示例 11-15：

主程序入口文件 index.php：

```
1.    <?php
2.        include('config.php');           //加载 Smarty 配置文件
3.        include('conn.php');             //加载数据库连接文件
4.    $sql="select * from 'example' ";     //查询 example 表中的数据
5.    $query=mysql_query($sql);
6.    while($rs=mysql_fetch_array($query)){  //遍历数据，并且将数据赋给$arr
7.    $arr[]=$rs;
8.    }
9.        $smarty->assign("arr",$arr);     //将$arr 传值到 tpl 模板
10.       $smarty->display("11-6-1.tpl");  //显示对应模板文件
11.   ?>
```

这样就可以将数据库里的新闻内容传到模板（index.tpl）中，然后在模板中将其遍历显示出来即可。

示例 11-16：

模板文件 index.tpl：

```
1.    <html>
2.    <head>
3.    <meta http-equiv="Content-Type" content="text/html; charset=gb2312">
4.    <title>Smarty 应用实例</title>
5.    </head>
6.    <body>
7.    <!-- 使用 section 循环遍历数组$arr -->
8.    <{section loop=$arr name=sec }>
9.    <div>
10.   <!-- 获取数组中 title 的值 -->
11.   <h3 style="text-align:center"><{$arr[sec].title}></h3>
12.   <div>
13.   <!-- 获取数组中 contents 的值，并首字符缩进，截取替换的内容替换为"..." -->
14.   <{$arr[sec].contents|indent:4:" "|truncate:120:"..."}>
15.   </div>
16.   <!-- 获取数组中 time 的值，并格式化时间格式 -->
17.   <div  style="text-align:right">发表时间:<{$arr[sec].time|date_format:"%Y/%m/%d  %H:%I:%S"}></div>
```

```
18.  </div>
19.  <br/>
20.  <{/section}>
21.  </body>
22.  </html>
```

模板文件完成后即可实现新闻显示，实现结果如图 11-6 所示。

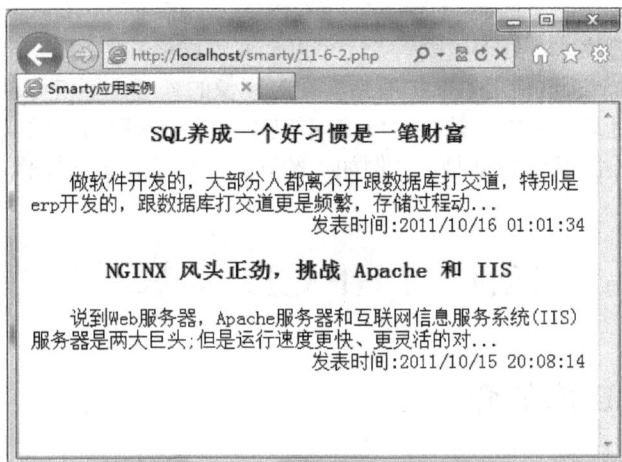

图 11-6

11.7　本 章 小 结

　　模板引擎就是要把后台程序和前台代码分开。因此模板引擎很适合公司的网站开发团队使用，使每个人发挥其专长。本章介绍了应用广泛的 Smarty 模板，首先学习了 Smarty 的配置，以及 Smarty 的基本语法和注释；然后介绍了修饰变量和内置函数，让读者能够学会使用 Smarty 内置的各项功能；接着介绍了 Smarty 缓存的配置和使用，以及局部缓存的使用；最后通过一个读取数据库新闻内容的小实例使读者进一步熟悉 Smarty 的使用。通过本章的学习，希望读者能掌握以下几点：

　　（1）熟悉并明白模板引擎技术的基本原理和架构。

　　（2）熟悉 Smarty 模板引擎的部署以及常见函数的使用。

　　（3）学会利用 Smarty 模板引擎方式开发一个小型软件。

第 12 章　PHP 图形处理及应用

PHP 不仅限于处理文本、处理数据等，还可以创建不同格式的图像，包括 GIF、PNG、JPG、WBMP 等。在 PHP 中，通过使用 GD 扩展库实现对图像的处理，不仅可以创建图像，还可以对已有图像进行简单的处理。更方便的是，PHP 不仅可以将处理后的图像以不同格式保存在服务器上，还可以直接输出图像到浏览器上。例如，验证码、股票走势等图像都可以由 PHP 创建。

12.1　PHP GD 库基础

12.1.1　PHP GD 库简介

GD 库，是 PHP 处理图形的扩展库，它提供了一系列用来处理图片的 API，可以处理或者生成图片。在网站上 GD 库通常用来生成缩略图，或者用来对图片加水印，或者用来生成汉字验证码，或者对网站数据生成报表等。在 PHP 中处理图像可使用 GD 库，而 GD 库开始时是支持 GIF 的，但由于 GIF 使用了有版权争议的 LZW 算法，容易引起法律问题，于是从 GD-1.6 开始，GD 库不再支持 GIF，改为支持更好的、无版权争议的 PNG。

要安装和配置 GD 库，只需打开 php.ini 即可，保证 PHP 扩展目录中确实存在这一文件即可。

检测系统是否支持 GD 库，只需在 PHP 中输出 phpinfo()查找有没有 GD 库扩展即可。开启以后，就可以在 PHPINFO 中找到如图 12-1 所示的 GD 扩展的信息。

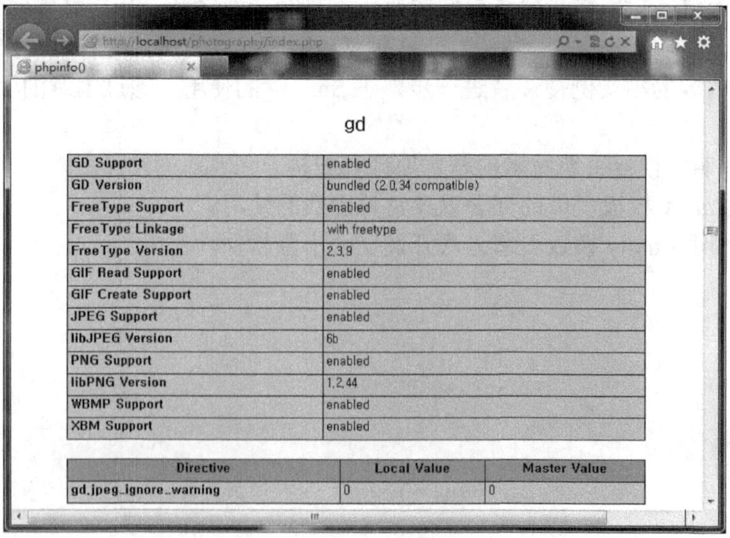
gd

GD Support	enabled
GD Version	bundled (2.0.34 compatible)
FreeType Support	enabled
FreeType Linkage	with freetype
FreeType Version	2.3.9
GIF Read Support	enabled
GIF Create Support	enabled
JPEG Support	enabled
libJPEG Version	6b
PNG Support	enabled
libPNG Version	1.2.44
WBMP Support	enabled
XBM Support	enabled

Directive	Local Value	Master Value
gd.jpeg_ignore_warning	0	0

图 12-1

12.1.2　PHP GD 库的使用

要使用 GD 库创建一个图像，只要完成如下 4 个基本步骤即可。

（1）创建画布。所有的绘图都需要在一个背景层上完成，以后的图形处理都将基于这个背景图层进行操作。而画布实际上就是在内存中开辟了一块临时的内存区域，用于存储图像信息。

（2）绘制图像。背景层创建完成以后，就可以基于这个背景层使用各种图像函数设置图像的颜色、填充色以及画各种图形。

（3）输出图像。完成整个图像绘制以后，需要将图像以某种格式保存到服务器中或者直接输出在页面上显示给用户看。

（4）释放资源。图像被输出后，存储在内存中的存储画布信息的区块就没有了。这时需要及时地清除其所占的内存资源。

综上所述，要使用 GD 库首先就要创建背景图层。

在 PHP 中可以使用 imagecreate()和 imagecreatetruecolor()两个函数来创建图层。这两个函数的作用是一样的，都是建立一个指定大小的图层。

格式：

resource imagecreate (int x_size, int y_size);

该函数有两个参数，分别代表了需要创建图层的宽度和高度，返回值是一个图形资源集。

格式：

resource imagecreatetruecolor (int x_size, int y_size);

该函数的参数和 imagecreate()函数的参数是一样的，返回值也是一个图形资源集。

虽然两个函数都可以创建一个新的图层，但是各自能够创建不同颜色种数的图形。imagecreate()函数通常只支持 256 色；而 imagecreatetruecolor()函数可以创建一个真彩色图像，但是不能用于 GIF 格式的图像。它们的返回值是一个图像的资源集，后面基于此图层作图都要使用到这个返回值。

在 PHP 中除了使用以上的两个函数创建图像以外，还可以从已经存在的图像文件中创建图像。支持的图像格式为 GIF、JPEG、PNG 和 WBMP 格式图像，创建不同格式的图像，需要用到不同的函数，如下所示。

格式：

resource imagecreatefromgif (string filename);　从 gif 文件创建图层

resource imagecreatefromjpeg (string filename); 从 jpg 文件创建图层

resource imagecreatefrompng (string filename);　从 png 文件创建图层

resource imagecreatefromwbmp (string filename); 从 bmp 文件创建图层

这 4 个函数的参数都是需要创建的那个文件的路径，返回值也是一个图形资源集。

使用这种形式创建的图像，如果需要对它进行操作，一般需要获取它的长宽等参数，这时可以借助 imagesx()和 imagesy()这两个函数分别获取创建图层的宽度和高度。

格式：

int imagesx (resource image); 获取图层宽度

int imagesy (resource image); 获取图层高度

这两个函数的参数都是需要获取宽度和高度的这个图层的资源集。

当图形资源使用完毕后，一定要将不适用的资源销毁掉，以释放内存。图层销毁非常简单，只需要使用 imagedestroy()函数即可实现。

格式：

bool imagedestroy (resource image);

该函数只有一个参数，这个参数就是需要销毁的那个图层的资源集。

在使用 PHP 输出图像的同时，当然也离不开颜色的设置，就像我们在画画时选择不同颜色的彩色笔一样，为了让图像更好看，经常会使用不同的颜色笔去画不同的部分，以达到图像丰富多彩的效果。在 GD 库中只需要使用 imagecolorallocate()函数即可达到设置颜色的效果。要在图形中使用多种色彩，只需要多次调用该函数即可实现。

格式：

int imagecolorallocate (resource image, int red, int green, int blue);

该函数返回一个标识符，代表了由给定的 RGB 成分组成的颜色。image 参数是图像资源集。red、green 和 blue 分别是所需要的颜色的红、绿、蓝成分。这些参数是 0～255 的整数或者十六进制的 0x00～0xFF。imagecolorallocate()必须被调用以创建每一种用在 image 所代表的图像中的颜色。

使用 GD 库提供的函数绘制完成图像以后，需要将其输出到浏览器或者保存到服务器上。GD 库中提供了一些函数，可以直接生成 GIF、JPEG、PNG 和 WBMP 4 种类型的图像。

格式：

int imagegif (resource image [, string filename]); 生成 GIF 格式的图像

int imagejpeg (resource image [, string filename]); 生成 JPEG 格式的图像

int imagepng (resource image [, string filename]); 生成 PNG 格式的图像

int imagewbmp (resource image [, string filename]); 生成 BMP 格式的图像

这 4 个函数使用时都是一样的，它们都有两个参数，并且第 2 个参数是可以省略的。第 1 个参数中是图像资源集。第 2 个参数只有当需要保存创建的图像到服务器上时才会使用，它为需要保存文件的文件名以及路径。如果不需要保存到服务器上，可以结合 header()函数发送头信息，通知浏览器使用正确的 MIME 类型去接收并解析内容，让浏览器知道发送过来的是图像而不是 HTML。

12.2　PHP GD 库的应用

12.2.1　GD 库函数库绘制基本图形

在 GD 库中绘制图像的函数有很多，包括点、线、文字等各种图形，都可以通过 GD 库所提供的函数进行绘制。下面将介绍一些常用的图像绘制的函数，当然这并不是全部，只是在日常开发中经常会使用到的一些函数。如果遇到没有见过的函数可以参考相关手册去解读。这些函数都有一个共同的参数，就是前面所提到的图像资源集。

1. 区块填充

通过 GD 库绘制简单的集合图形是不够的，还需要对图形进行填充等操作。完成区块填充需要用到 imagefill()函数。

格式：

int imagefill (resource image, int x, int y, int color);

该函数在 image 图像的坐标 x,y（图像左上角为（0,0））处用 color 颜色执行区域填充（即与（x,y）点颜色相同且相邻的点都会被填充），参见示例 12-1。

示例 12-1：

```
1.  <?php
2.  $img = imagecreatetruecolor(200,200);              //创建一个 200×200 的画布
3.  $blue = imagecolorallocate($img,0,0,255);          //设置一个蓝色
4.  imagefill($img,0,0,$blue);                          //填充背景为蓝色
5.  header('Content-type:image/jpeg');                  //通知浏览器此页面为图像
6.  imagejpeg($img);                                    //生成 JPG 图像
7.  imagedestroy($img);                                 //销毁图像资源
8.  ?>
```

该程序的打印效果如图 12-2 所示。

图 12-2

2. 绘制点、线

绘制点和线是图像操作中最基本的操作。在 GD 库中通过 imagesetpiexl()函数可以在画布中绘制一个单一像素的点，并且可以设置点的颜色。

格式：

int imagesetpixel (resource image, int x, int y, int color);

该函数在 image 图像中用 color 颜色在 x,y 坐标（图像左上角为（0,0））上画一个点。

GD 库中绘制线的函数为 imageline()，也是经常会用到的一个函数。

格式：

int imageline (resource image, int x1, int y1, int x2, int y2, int color);

该函数用 color 颜色从坐标（x1,y1）到（x2,y2）（图像左上角为（0,0））画一条直线。遵循两点一线的原则，参见示例 12-2。

示例12-2：

```
1.    <?php
2.    $img = imagecreatetruecolor(200,200);              //创建一个 200×200 的画布
3.    $blue = imagecolorallocate($img,0,0,255);          //设置一个蓝色
4.    $w = imagecolorallocate($img,255,255,255);         //设置白色
5.    imagefill($img,0,0,$blue);                         //填充背景为蓝色
6.    imageline($img,0,0,200,200,$w);                    //画一条白色的对角线
7.    header('Content-type:image/jpeg');                 //通知浏览器此页面为图像
8.    imagejpeg($img);                                   //生成 JPG 图像
9.    imagedestroy($img);                                //销毁图像资源
10.   ?>
```

该程序的打印效果如图 12-3 所示。

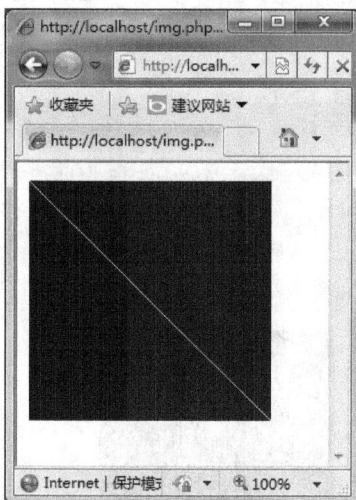

图 12-3

3．绘制矩形、多边形、椭圆、弧形

除了点线以外，GD 库中还提供了绘制矩形、多边形、椭圆、弧形的函数。绘制矩形可以使用 imagerectangle()函数去绘制，或者可以通过 imagefilledrectangle()函数绘制一个矩形并填充该矩形。

格式：

int imagerectangle (resource image, int x1, int y1, int x2, int y2, int col);

该函数用 col 颜色在 image 图像中画一个矩形，其左上角坐标为（x1,y1），右下角坐标为（x2,y2）。图像的最左上角坐标为（0,0）。

格式：

int imagefilledrectangle (resource image, int x1, int y1, int x2, int y2, int color);

该函数在 image 图像中画一个用 color 颜色填充了的矩形，其左上角坐标为（x1,y1），右下角坐标为（x2,y2）。（0,0）是图像的最左上角。

绘制多边形可以使用 GD 库的 imagepolgon()函数去绘制，也可以通过 imagefilledpolygon()
函数绘制并填充该多边形。

格式：

int imagepolygon (resource image, array points, int num_points, int color);

该函数在图像中创建一个多边形。points 是一个 PHP 数组，包含了多边形的各个顶点坐标，
即 points[0] = x0，points[1] = y0，points[2] = x1，points[3] = y1，以此类推。num_points 是顶点
的总数。

格式：

int imagefilledpolygon (resource image, array points, int num_points, int color);

该函数在 image 图像中画一个填充了的多边形。points 是一个 PHP 的数组，包含了多边形
的各个顶点坐标，即 points[0] = x0，points[1] = y0，points[2] = x1，points[3] = y1，以此类推。
num_points 是顶点的总数。

绘制椭圆形可以使用 imageellipse()函数，同样地，GD 库也提供了一个可以绘制并填充椭圆
的函数 imagefilledellipse()。

格式：

int imageellipse (resource image, int cx, int cy, int w, int h, int color);

该函数在 image 所代表的图像中画一个中心为（cx,cy）（图像左上角为（0,0））的椭圆。
w 和 h 分别指定了椭圆的宽度和高度，椭圆的颜色由 color 指定。

格式：

int imagefilledellipse (resource image, int cx, int cy, int w, int h, int color);

该函数在 image 所代表的图像中以（cx,cy）（图像左上角为（0,0））为中心画一个椭圆。
w 和 h 分别指定了椭圆的宽和高。椭圆用 color 颜色填充。

GD 库还提供了绘制弧线的函数，一般可以用于绘制扇形统计图等类似的图形。绘制弧形使
用的是 imagearc()函数。

格式：

int imagearc (resource image, int cx, int cy, int w, int h, int s, int e, int color);

该函数以（cx,cy）（图像左上角为（0,0））为中心在 image 所代表的图像中画一个椭圆弧。
w 和 h 分别指定了椭圆的宽度和高度，起始和结束点为 s 和 e 参数，并以角度指定。

GD 库中除了绘制一些基本的图形以外还可以在图形上绘制文字，经常用在验证码的生成
上。GD 库提供了诸如 imagestring()、imagestringup()、imagechar()函数，使用 GD 库内置的字体
来绘制文字到图像上。

格式：

int imagestring (resource image, int font, int x, int y, string s, int col);水平绘制文字

该函数用 col 颜色将字符串 s 画到 image 所代表的图像的（x,y）坐标处（图像的左上角为
（0,0））。如果 font 是 1、2、3、4 或 5，则使用内置字体。

格式：

int imagestringup (resource image, int font, int x, int y, string s, int col);垂直绘制文字

该函数用 col 颜色将字符串 s 垂直地画到 image 所代表的图像的（x,y）坐标处（图像的左上
角为（0,0））。如果 font 是 1、2、3、4 或 5，则使用内置字体。

格式：

int imagechar (resource image, int font, int x, int y, string c, int color);水平绘制一个字符的文字

该函数将字符串 c 的第一个字符画在 image 指定的图像中，其左上角位于（x,y）坐标处（图像左上角为（0,0）），颜色为 color。如果 font 是 1、2、3、4 或 5，则使用内置的字体（更大的数字对应于更大的字体）。

格式：

int imagecharup (resource image, int font, int x, int y, string c, int color);垂直绘制一个字符的文字

该函数将字符 c 垂直地画在 image 指定的图像上，位于（x,y）坐标处（图像左上角为（0,0）），颜色为 color。如果 font 为 1、2、3、4 或 5，则使用内置的字体。

通过以上的函数只能输出固定字体的英文和数字，不能使用想要的字体去显示文字到图形上，也不能正常绘制中文。除了这些函数以外，GD 库还提供了一个可以绘制中文，可以自定义字体的函数 imagettftext()。

格式：

array imagettftext (resource image, int size, int angle, int x, int y, int color, string fontfile, string text);

该函数将字符串 text 画到 image 所代表的图像上，从坐标（x,y）（左上角为（0,0））开始，角度为 angle，颜色为 color，使用 fontfile 所指定的 TrueType 字体。根据 PHP 所使用的 GD 库的不同，如果 fontfile 没有以 '/' 开头，则 '.ttf' 将被加到文件名之后并且会搜索库定义字体路径。

由（x,y）所表示的坐标定义了第一个字符的基本点（大概是字符的左下角）。这和 imagestring() 不同，其（x,y）定义了第一个字符的右上角。

angle 以角度表示，0° 为从左向右阅读文本（3 点钟方向），更高的值表示逆时针方向（即如果值为 90°，则表示从下向上阅读文本）。

fontfile 是想要使用的 TrueType 字体的文件名。

text 是文本字符串，可以包含 UTF-8 字符序列（形式为{）来访问字体中超过前 255 个的字符。

color 是颜色的索引值。使用某颜色索引值的负值具有关闭防混色的效果。

imagettftext()返回一个含有 8 个单元的数组表示了文本外框的 4 个角，顺序为左下角、右下角、右上角、左上角。这些点是相对于文本的，和角度无关，因此"左上角"指的是以水平方向看文字时其左上角，参见示例 12-3。

示例 12-3：

```
1.   <?php
2.   header("Content-type: image/jpeg");              //通知浏览器此页为图形
3.   $im = imagecreate(400,30);                        //创建图层
4.   $white = imagecolorallocate($im, 255,255,255);    //设置白色
5.   $black = imagecolorallocate($im, 0,0,0);          //设置黑色
6.   $string = "PHP100 中文网";
7.   imagettftext($im, 20, 0, 10, 20, $black, "simhei.ttf",$string);  //绘制文字
8.   imagejpeg($im);
9.   imagedestroy($im);
10.  ?>
```

该程序运行后的结果如图 12-4 所示。

图 12-4

12.2.2　GD 库制作图形验证码

1．验证码概述

CAPTCHA（验证码）这个词最早是在 2000 年由卡内基梅隆大学的 Luis von Ahn、Manuel Blum、Nicholas J.Hopper 以及 IBM 的 John Langford 所提出的。CAPTCHA 是 Completely Automated Public Turing test to tell Computers and Humans Apart（全自动区分计算机和人类的图灵测试）的缩写，是一种区分用户是计算机和人的公共全自动程序。这个问题可以由计算机生成并评判，但是必须只有人类才能解答。由于计算机无法解答 CAPTCHA 的问题，所以回答出问题的用户就可以被认为是人类。

2．验证码的作用

验证码能防止恶意破解密码、刷票、论坛灌水、刷页，还能有效防止某个黑客对某一个特定注册用户用特定程序暴力破解方式进行不断的登录尝试，实际上使用验证码是现在很多网站通行的方式（如招商银行的网上个人银行、百度社区等），我们利用比较简易的方式实现了这个功能。虽然登录比较麻烦，但是对网友的密码安全来说，这个功能还是很有必要的。但还是要提醒大家注意保护自己的密码，尽量使用混杂了数字、字母、符号在内的 6 位以上密码，不要使用诸如 1234 之类的简单密码或者与用户名相同、类似的密码，以免账号被人盗用，给自己带来不必要的麻烦。

3．PHP 验证码的原理

通过随机字符串将字符串存入 Session 或者 Cookie，并将其输出在图形上，放在表单中。用户填写表单，通过识别验证码中的文字写入表单，再提交到处理页面，然后处理页面通过判断用户提交过来的验证码和存在 Session 或者 Cookie 中的内容来做对比，判断验证码的正确性。

验证码示例代码参见示例 12-4 和示例 12-5。

示例 12-4：

```
1.   <?php
2.   session_start();
3.   function random($len) {
4.       $srcstr = "1a2s3d4f5g6hj8k9l0qwertyuiopzxcvbnm";
```

```
5.        mt_srand();
6.        $strs = "";
7.        for ($i = 0; $i < $len; $i++) {
8.              $strs .= $srcstr[mt_rand(0, 10)];
9.        }
10.       return $strs;
11.   }
12.   $str = random(4);                         //随机生成的字符串
13.   $width = 50;                              //验证码图片的宽度
14.   $height = 25;                             //验证码图片的高度
15.   @ header("Content-Type:image/png");
16.   $im = imagecreate($width, $height);
17.
18.   //背景色
19.   $back = imagecolorallocate($im, 0xFF, 0xFF, 0xFF);
20.   //模糊点颜色
21.   $pix = imagecolorallocate($im, 187, 230, 247);
22.   //字体色
23.   $font = imagecolorallocate($im, 41, 163, 238);
24.   //绘制模糊的点
25.   mt_srand();
26.       for ($i = 0; $i < 1000; $i++) {
27.       imagesetpixel($im, mt_rand(0, $width), mt_rand(0, $height), $pix);
28.   }
29.   imagestring($im, 5, 7, 5, $str, $font);
30.   imagerectangle($im, 0, 0, $width -1, $height -1, $font);
31.   imagepng($im);
32.   imagedestroy($im);
33.   $str = md5($str);
34.   SetCookie("authcode", $str, time() + 3600, "/");
35.
36.   ?>
```

示例 12-5：

```
1.    <?php
2.        //判断提交
3.        if(!emptyempty($_POST['code'])){
4.        if($_COOKIE['authcode']==md5($_POST['code'])){
5.          echo "<script>alert('验证正确');location.href='index.php';</script>";
6.        }else{
7.          echo "<script>alert('验证失败');location.href='index.php';</script>";
8.        }
9.        }
10.   ?>
11.       <html>
12.       <head>
13.       <title>验证码</title>
14.       </head>
15.       <body>
```

```
16.    <form action="" method="post">
17.        <input name="code" type="text" value="" /><img src="code.php" /><br />
18.        <input type="submit" name="sub" value="提交" />
19.    </form>
20.    </body>
21.    </html>
```

该程序的运行效果如图 12-5 所示。

图 12-5

12.2.3　GD 库实现图片缩略与水印

要实现缩略和水印，就要用到两个 GD 库中的函数：imagecopyresized()和 imagecopy()函数。

格式：

int imagecopyresized (resource dst_im, resource src_im, int dstX, int dstY, int srcX, int srcY, int dstW, int dstH, int srcW, int srcH);

拷贝部分图像并调整大小

该函数将一幅图像中的一块正方形区域复制到另一个图像中。dst_im 和 src_im 分别是目标图像和源图像的标识符。如果源和目标的宽度和高度不同，则会进行相应的图像收缩和拉伸。本函数可用来在同一幅图像内部拷贝（如果 dst_im 和 src_im 相同）区域，但如果区域交迭则结果不可预知。它的参数有很多，分别代表了操作的图层、载入图片的图层、左边界、上边界、图层左移位，图层上移位，起始坐标 x、起始坐标 y、缩略范围 x、缩略范围 y……具体代码参见示例 12-6。

示例 12-6：

```
1.    <?php
2.    header("Content-type:image.jpeg");
3.    $image = imagecreate(300,300);                    //创建一个空图层
4.    $image2 = imagecreatefromjpeg("bg.jpg");          //从文件创建图层
5.
6.    $image2x = imagesx($image2);                       //获取 bg.jpg 原始宽度
7.    $image2y = imagesy($image2);                       //获取 bg.jpg 原始高度
8.    $bgcolor = imagecolorallocate($image,0,0,0);
9.    imagecopyresized($image,$image2,0,0,0,0,300,300,$image2x,$image2y);      //缩略图片
10.   imagejpeg($image);                                //输出图片
```

11. ?>

该程序的打印效果如图 12-6 所示。

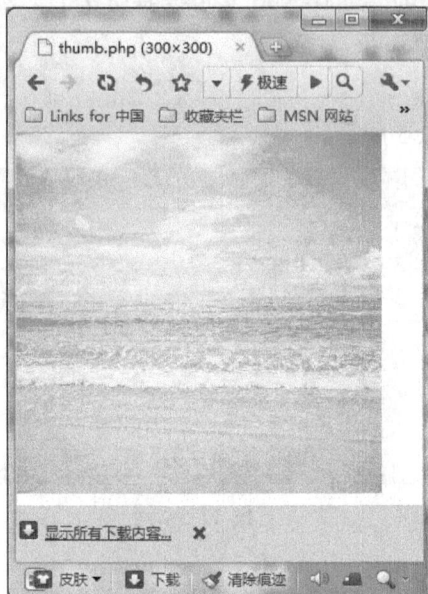

图 12-6

要实现图片的水印处理就需要用到 imagecopy()函数。

格式：

int imagecopy (resource dst_im, resource src_im, int dst_x, int dst_y, int src_x, int src_y, int src_w, int src_h);

拷贝合并图像

将 src_im 图像中坐标从（src_x,src_y）开始，宽度为 src_w、高度为 src_h 的一部分复制到 dst_im 图像中坐标为 dst_x 和 dst_y 的位置上，具体代码参见示例 12-7。

示例 12-7：

```
1.   <?php
2.   header("Content-type:image/jpeg");                    //声明图片
3.   $image = imagecreatefromjpeg("bg.jpg");               //获取原始图片
4.   $ok = imagecreatefrompng("logo.png");                 //获取水印图片
5.
6.   $wfilew = imagesx($image);                            //获取原始图片宽度
7.   $wfileh = imagesy($image);                            //获取原始图片高度
8.
9.   $okw = imagesx($ok);                                  //获取水印图片宽度
10.  $okh = imagesy($ok);                                  //获取水印图片高度
11.
12.  $colorBlack = imagecolorallocate($image,0,0,0);
13.  imagecopy($image,$ok,200,100,0,0,$okw,$okh);
14.  //参数的意义：原始图层，水印图层，水印范围 x，水印范围 y，水印图片范围 x，水印图片范围
     y，水印尺寸宽度 w，水印尺寸高度 h
15.  imagepng($image);                                     //输出图片
```

16. ?>

该程序的打印效果如图 12-7 所示。

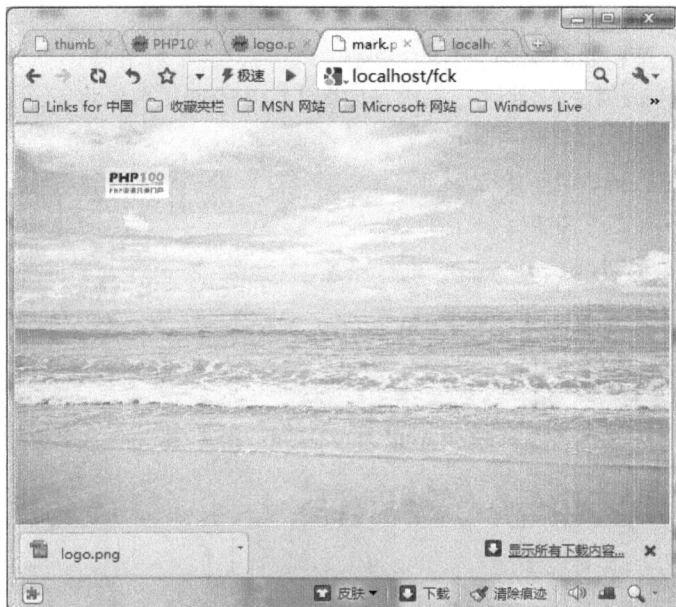

图 12-7

12.3　JPGraph 图表类

12.3.1　JPGraph 图形库简介

以前用 PHP 作图时必须要掌握复杂抽象的画图函数，或者借助一些网上下载的花柱形图、饼形图的类来实现，没有一个统一的 chart 类来实现图表的快速开发。

JPGraph 专门提供图表的类库。它使得作图变成了一件非常简单的事情，只需从数据库中取出相关数据，定义标题、图表类型，然后的事情就交给 JPGraph，只需掌握为数不多的 JPGraph 内置函数（可以参照 JPGraph 附带例子学习），即可画出非常炫目的图表，如图 12-8 所示。

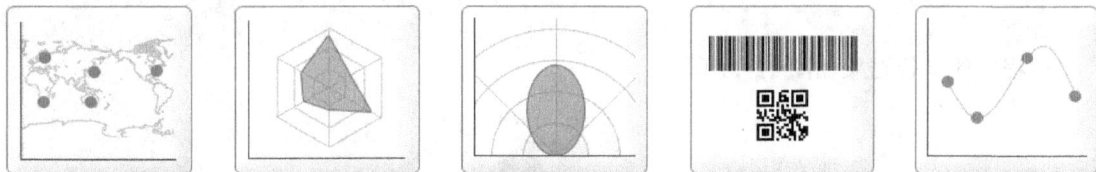

图 12-8

JPGraph 的安装方法如下：

（1）先到各大网站上下载最新的版本。

（2）确保 PHP 版本最低为 4.0.4（最好是 4.1.1），并且支持 GD 库。必须确保 GD 库可以正常运行，可以通过运行 phpinfo()来查看 GD 库的信息是否存在的方法来判断。同时要求 GD 库的版本应为 2.0，而不是 1.0。

（3）JPGraph 配置。

解压后的文件夹结构如图 12-9 所示。

这里主要是使用 src 中的文件进行操作，如图 12-10 所示，首先将 src 放入项目中。

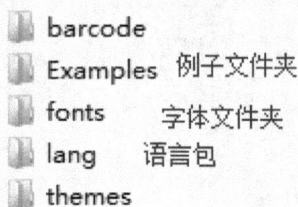

图 12-9   图 12-10

要使用这个类就必须先引入基类 jpgraph.php 文件，然后再引入需要使用的功能类即可，代码参见示例 12-8。

示例 12-8:

```php
1.   <?php
2.   require_once ('src/jpgraph.php');              //载入基本类
3.   require_once ('src/jpgraph_pie.php');          //载入饼图类
4.
5.   $data = array(40,60,21,33,12,33);             //初始数据
6.
7.   $graph = new PieGraph(150,150);              //创建一个新图和尺寸
8.   $graph->SetShadow();                         //创建初始化
9.
10.  $graph->title->Set("'sand' Theme");          //设置图片头部文字
11.  $graph->title->SetFont(FF_FONT1,FS_BOLD);    //设置字体类型
12.
13.  $p1 = new PiePlot($data);                    //实例化饼图并载入初始数据
14.  $p1->SetTheme("sand");                       //设置样式
15.  $p1->SetCenter(0.5,0.55);                    //设置饼图位置
16.  $p1->value->Show(false);                     //是否输出值
17.  $graph->Add($p1);                            //增加合并样式
18.  $graph->Stroke();                            //输出
19.
20.  ?>
```

该程序的运行结果如图 12-11 所示。

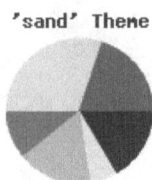

图 12-11

12.3.2　JPGraph 图形库的使用

12.3.1 节领略了 JPGraph 的强大，本节将介绍具体地该如何去使用 JPGraph 的类库。在默认情况下，JPGraph 不支持中文，那么首先来了解一下如何去设置中文的字体。

1．PHP JPGraph 中文字字体设置

格式：

```
$graph->title->Set("www.php100.com");
$graph->title->SetFont(FF_FONT1,FS_BOLD);          //英文字体
$graph->title->SetFont(FF_SIMSUN,FS_BOLD);
//设置字体，类型，大小
$graph->title->SetColor('red');                    //设置字体颜色
$graph->title->SetFont(FF_SIMSUN,FS_BOLD);
//设置标题中文字体
$graph->legend->SetFont(FF_SIMSUN,FS_BOLD);
//设置线条指示字体
$graph->yaxis->title->SetFont(FF_SIMSUN,FS_BOLD);
//设置 Y 轴线条指示字体
$graph->xaxis->title->SetFont(FF_SIMSUN,FS_BOLD);
//设置 X 轴线条指示字体
```

2．PHP JPGraph 背景和背景图片设置

格式：

```
$graph->SetColor('red');                           //设置背景
$graph->SetBackgroundImage("图片地址",1);
//设置背景第 1 个参数为图片地址，第 2 个参数指的是图片的层次位置
$graph->img->SetMargin(0,0,0,0);                    //空余四角边距（左右上下）
```

3．PHP JPGraph 3D 效果图设置

格式：

```
$graph->Set3DPerspective(SKEW3D_LEFT,700,600,true);
//第 1 个参数指的是倾斜方向，第 2 个和第 3 个参数是用来计算倾斜角度的，第 4 个参数指
```
的是是否有边框
```
//倾斜 3D 效果
//1. 'SKEW3D_UP'
//2. 'SKEW3D_DOWN'
//3. 'SKEW3D_LEFT'
//4. 'SKEW3D_RIGHT'
```
具体代码请参见示例 12-9。

示例 12-9：

```
1.    <?php
2.    require_once ('src/jpgraph.php');                         //载入基本类
3.    require_once ('src/jpgraph_pie.php');                     //载入饼图类
4.
5.    $data = array(40,60,21,33,12,33);                         //初始数据
6.
7.    $graph = new PieGraph(150,150);                           //创建一个新图和尺寸
8.    $graph->SetShadow();                                      //创建初始化
9.
10.   $graph->title->Set("PHP100 中文网");                      //设置图片头部文字
11.   $graph->title->SetFont(FF_SIMSUN,FS_BOLD);               //设置字体类型，这里为中文字体的黑体
12.   $graph->title->SetColor('blue');                          //设置字体颜色
13.   $graph->SetColor('yellow');                               //设置背景颜色
14.   $graph->Set3DPerspective(SKEW3D_LEFT,700,600,true);        //设置 3D 效果
15.   //$graph->SetBackgroundImage("bg.jpg",1);                 //设置背景图片
16.   $p1 = new PiePlot($data);                                 //实例化饼图并载入初始数据
17.   $p1->SetTheme("sand");                                    //设置样式
18.   $p1->SetCenter(0.5,0.55);                                 //设置饼图位置
19.   $p1->value->Show(false);                                  //是否输出值
20.   $graph->Add($p1);                                         //增加合并样式
21.   $graph->Stroke();                                         //输出
22.
23.   ?>
```

该程序的运行效果如图 12-12 所示。

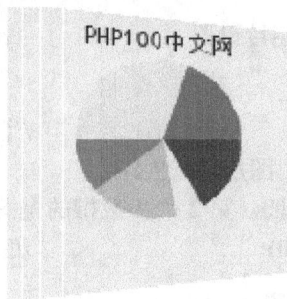

图 12-12

在 JPGraph 的类库中还有很多图形类库，这里就不一一举例了。当需要使用某一种效果时，只需要去下载的帮助手册中找一下相关的使用手册，结合例子来操作即可。

12.4　本章小结

PHP 有一系列很强大的图形处理函数，它们都统一包含在 GD 库中，这些函数已经基本满足了一个网络应用的常规图像处理要求，而且使用十分简单。PHP 函数都是在 GD 库中的，要

想使用 GD 库，PHP 需要开启 GD 库支持，本章主要介绍了 PHP 中 GD2 的一些常用的图像处理函数，它们主要分为以下几类：① 基本信息函数（主要是图像类型、图像宽高、库版本等最基本的函数）。② 图像创建和销毁函数（包含图像各种创建图像的方式的函数，还有销毁图像处理相关资源的函数）。③ 图像设定函数（设置图像的一些参数，如是否开启透明度、是否生成缩略图等）。④ 图像文字函数（在图像上写字的一些函数）。⑤ 图像输出函数（输出什么类型的图片，如 PNG）。

通过本章的学习，读者可以运用自如地对图像进行处理，并能掌握以下几点：

（1）使用 PHP 生成一张 PNG 或 JPEG 的图片。

（2）使用 GD2 函数绘制出一个点、一条线、一个矩形以及一条弧线。

（3）熟练掌握 JPGraph 的安装和配置。

（4）向图像中写入中文，需要注意编码格式与函数。

（5）能使用 JPGraph 类生成一张任意 3D 的图片，可参照本书实例。

（6）使用 PHP 的 GD2 函数库编写一个具有缩略图和水印功能的程序。

第 13 章　PHP 与 XML

随着互联网的飞速发展，HTML 在一些层面上的弱点越来越明显。XML 的出现弥补了这些不足，所以在一些轻量级的数据存储方面，XML 可以作为很好的存储介质。它的好处在于内容和结构完全分离、互操作性强、规范统一、支持多种编码、可扩展性……PHP 与 XML 结合使用可以方便开发。本章将详细介绍 XML 的基础知识和使用 PHP 结合 XML 开发出一些比较常用的实例，以方便读者在今后的应用中能学以致用。

13.1　XML 基础

早期的 PHP 版本就已经支持 XML 了，而这只是一个基于 SAX 的接口，它可以轻松地解析任意 XML 文档。随着 PHP 4 中加入了 DOMXML 扩展模块，XML 也被更好地支持。后来 XSLT 作为补充被加了进来。在整个 PHP 4 的阶段，其他一些功能如 HTML、XSLT 和 DTD 验证也被加到了 DOMXML 扩展中。不幸的是，由于 XSLT 和 DOMXML 扩展始终处于实验阶段，API 部分也被不止一次地修改，它们还是不能以默认方式安装。此外，DOMXML 扩展没有遵循 W3C 制定的 DOM 标准，而是有自己的命名方法。这部分虽然在 PHP 4.3 中得到了改善，并且许多内存泄漏和其他一些功能也得以修复，但它始终没有发展到一个稳定的阶段，一些深入的问题已经几乎不可能修复。只有 SAX 扩展被以默认方式安装，其他的一些扩展从未得到广泛的使用。基于所有这些原因，PHP 的 XML 开发者决定在 PHP 5 中重写全部代码，并遵循使用标准。

13.1.1　XML 的含义

可扩展标记语言（Extensible Markup Language，XML）也是 SGML（Standard Generalized Markup Language，标准通用标记语言）。XML 是 Internet 环境中跨平台的、依赖于内容的技术，是当前处理结构化文档信息的有力工具。XML 是一种简单的数据存储语言，它使用一系列简单的标记描述数据，而且这些标记可以用方便的方式建立，虽然 XML 比二进制数据占用的空间多，但 XML 极其简单，且易于掌握和使用。

13.1.2　XML 的特性

XML 与 Access、Oracle 和 SQL Server 等数据库不同，数据库提供了更强有力的数据存储和分析能力，如数据索引、排序、查找、相关一致性等，XML 仅仅是展示数据。事实上，XML 与其他数据表现形式最大的不同是它极其简单。

XML 与 HTML 的设计区别是：XML 是用来存储数据的，重在数据本身；而 HTML 是用来定义数据的，重在数据的显示模式。

13.1.3 XML 文档的结构

XML 文档的结构可以从物理和逻辑两方面来看。

（1）从物理方面来看，文档由称为实体（Entities）的存储单元组成，实体都是具有内容并且通过实体的名字进行标识的（文档实体和外部 DTD 子集除外）。实体可以是一段文本、一个文件、一个数据库记录或者其他包含数据的项目，一个实体可以引用其他的实体，从而将它们包含在文档中。文档开始于"根（Root）"或者文档实体（Document Entity）。格式良好的 XML 文档形成了一种层次树结构，这个树结构的树根就是文档实体，与其他实体不同，文档实体没有名字，只是用于表示文档树的根。XML 文档的根元素被称为文档元素（Document Element），它和在其外部出现的处理指令、注释等作为文档实体的子节点，而根元素本身及其内部的子元素也是一棵树。

实体可以包含已分析（Parsed）的或未分析的（Unparsed）数据。已分析的数据由字符组成，其中一些字符组成字符数据，另一些字符组成标记。已分析的实体（Parsed Entity）内容被称为它的代替文本，这个文本被看作是文档整体的一部分，在 XML 处理器中分析 XML 文档时，凡是文档中出现引用已分析实体的地方，都将被该实体的内容所替换。未分析的实体（Unparsed Entity）是一种资源，它的内容可以是文本，也可以不是文本，如果是文本，也可以不是 XML 文本，每一个未分析的实体有一个相关联的用名字标识的记号（Notation）。除了要求 XML 处理器能向应用程序提供可用的实体和记号的标志符之外，XML 对未分析的实体内容不做任何限制。已分析的实体以实体引用的方式通过名字来调用，未分析的实体通过 ENTITY 或 ENTITIES 属性中给出的名字来调用。

（2）从逻辑方面来看，文档由声明、元素、注释、字符引用和处理指令组成，在文档中，所有这些都是通过显式的标记（Markup）来指明的。XML 标记包括开始标签（Tag）、结束标签、空元素标签、实体引用、字符引用、注释、CDATA 段定界符、文档类型声明、处理指令、XML 声明、文本声明以及任何在文档实体顶层的空白（即在文档元素之外，且不在任何其他的标记内部）。其他所有非标记的文本组成文档的字符数据。

1．XML 的声明

XML 文档总是以一个 XML 声明开始的。

格式：

<?xml 版本信息 [编码信息] [文档独立性信息]?>

编码信息和文档独立性信息可以不写，直接使用默认值即可。

> **提示**
>
> XML 声明总是在 XML 文档的最前面，其前面不能出现任何字符。

2．XML 文档类型声明

可选择的文档类型定义（Document Type Definition，DTD）。一个遵循 XML 语法规则，并遵守相应 DTD 文件约束的 XML 文档称为有效的 XML 文档。XML 从 SGML 继承了用于定义语法规则的 DTD 机制，DTD 文件本身是不需要遵循 XML 规则的。大部分的 XML 应用都是使用 DTD 来定义的（还有一部分是用 XML Schema 来定义的）。HTML 就有一个标准的 DTD 文件，所以其组织结构和所有的标签都是固定的，DTD 文件本身也是一个文本文件，其扩展名为.dtd。下面代码展示了一个引用 DTD 的基本示例。

```
<! DOCTYPE phpedu SYSTEM "http://www.example.com/dtds/phpedu.dtd">
```

3．XML 文档的语法规则

（1）所有 XML 元素都必须有关闭标签

在 HTML 中，经常会看到没有关闭标签的元素：<p>这是一条内容！在 XML 中，省略关闭标签是非法的。所有元素都必须有关闭标签。

提示

您也许已经注意到 XML 声明没有关闭标签。这不是错误。声明不属于 XML 本身的组成部分，它不是 XML 元素，也不需要关闭标签。

（2）XML 必须正确地嵌套

在 HTML 中，常会看到没有正确嵌套的元素。例如：

```
<b><i>这段文本格式是粗体和斜体</b></i>
```

在 XML 中，所有元素都必须彼此正确地嵌套。例如：

```
<b><i>正确的显示内容</i></b>
```

在上例中，正确嵌套的意思是：由于 <i> 元素是在 <b> 元素内打开的，那么它必须在 <b> 元素内关闭。

（3）XML 文档必须有根元素

XML 文档必须有一个元素，它是所有其他元素的父元素。该元素称为根元素。

格式：

```
<root>
  <child>
    <contents>.....</contents>
  </child>
</root>
```

其中，root 元素就是所有其他元素的父元素。

（4）XML 的属性值必须加引号

与 HTML 类似，XML 也可拥有属性（名称/值对）。在 XML 中，XML 的属性值必须加引号。下面的这段代码是错误的。

```
<message str=header>php</message>
```

必须如下书写：

```
<message str="header">php</message>
```

（5）实体引用

在 XML 中，一些字符拥有特殊的意义。如果把字符"<"放在 XML 元素中，会发生错误，

这是因为解析器会把它当作新元素的开始。下面的代码会产生 XML 错误。

<message>假如价格<1000</message>

为了避免这种错误，请用实体引用来代替"<"字符。

<message>假如价格 < 1000</message>

在 XML 中，有 5 个预定义的实体引用，如表 13-1 所示。

表 13-1

实 体	元 素
&lt;	<
&gt;	>
&amp;	&
&apos;	'
&quot;	"

提示

在 XML 中，只有字符"<"和"&"是非法的。">"是合法的，但是用实体引用来代替它是一个好习惯。

4. 使用 XML 元素和属性

XML 元素指的是从（且包括）开始标签直到（且包括）结束标签的部分。元素可包含其他元素、文本或者两者的混合物。元素也可以拥有属性。

XML 元素可以在开始标签中包含属性，类似于 HTML。属性（Attribute）提供关于元素的额外（附加）信息。

接下来通过示例 13-1 来看看 XML 基本结构以及元素和属性。

示例 13-1：

```
1.   <?xml version="1.0" encoding="UTF-8"?>      <!--声明 XML 版本，字符编码-->
2.   <phpedu>
3.   <title>PHP100</title>                       <!--标签标题-->
4.   <item type="text">                          <!--自定义标签列表-->
5.      <contents>PHP</contents>                 <!--内容分支-->
6.      <contents>SQL</contents>
7.      <contents>Linux</contents>
8.      <contents>Apache</contents>
9.   </item>
10.  <address>www.php100.com</address>           <!--标签地址-->
11.  </phpedu>
```

在示例 13-1 中，首先声明了 XML 版本和字符编码信息。接下来描述文档的根标签<phpedu>，<phpedu>和<item>都拥有元素内容，因为它们包含了其他元素。<contents>只有文本内容，因为它仅包含文本。其中只有<item>包含了属性 type，并赋值为 text。

运行这个文件，将会看到如图 13-1 所示的结果。

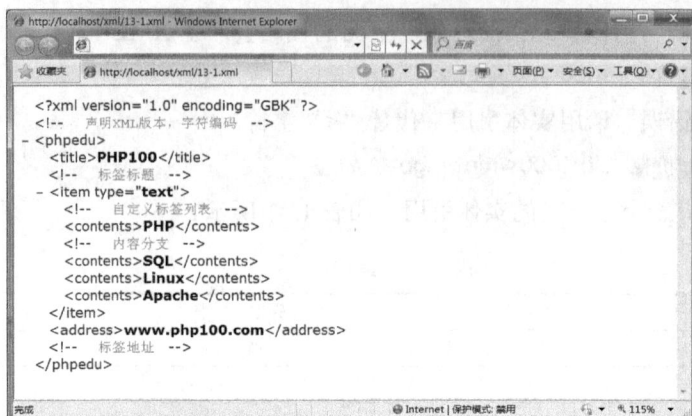

图 13-1

13.2 PHP 与 XML Parser

本节主要介绍使用 XML Parser（XML 解析器）扩展模块读取和解析 XML 文档。

13.2.1 XML Parse 工作原理

利用 XML Parser 可以创建出能够处理某些特定事件的函数，然后把这些函数注册为解析器的事件处理函数。最后在解析 XML 过程中调用相应的事件处理程序，由它处理这个文档。接下来介绍如何使用，XML Parser 解析 XML 文档及步骤。

13.2.2 新建一个解析器

要新建一个解析器，只需要调用 xml_parser_create()函数，即可生成一个新的解析器资源，并将它储存到变量中。

格式：

Resource xml_parser_create([string $encoding])

参数$encoding 是设置字符编码（可选参数），默认使用 UTF-8 字符串解析。

例如：

```
$parser=xml_parser_create("GBK"); //新建一解析器，编码设置为 GBK
```

13.2.3 创建事件处理程序

创建事件处理程序首先需要新建几个函数，包括用来处理 XML 元素的开头、结束和其中的字符数据。

处理元素的开始函数需要 3 个参数，即解析器资源、元素名和一个用来保存这个元素的属性的关联数组。

格式：

function startElementHandler($parser,$element,$attributes)

{

//处理开始元素

}

元素结束处理程序则不需要处理属性参数。

格式：

function endElementHandler($parser,$element)

{

//处理结束元素

}

字符数据处理程序需要使用两个参数，即解析器资源和包含数据的字符串。

格式：

function characterDataHandler($parser,$data)

{

//处理字符串数据

}

创建好 3 个处理程序后，需要向 XML Parser 注册这 3 个函数，首先注册元素开始和结束的事件处理函数。需要调用 xml_set_element_handler()函数，并且把解析器资源和元素的开始和元素结束处理函数的变量名以函数的形式参数传递给它。

格式：

xml_set_element_handler($parser,"startElementHandler","endElementHandler");
//注册元素函数

接下来注册字符数据处理程序，需要调用 xml_set_character_data_handler()函数，并把解析器资源和处理函数名称传递给它。

格式：

xml_set_character_data_handler($parser,"characterDataHandler"); //注册字符串处理函数

13.2.4　解析 XML 文档

解析 XML 文档需要通过 file_get_contents()函数将文件中的内容读取到一个字符串变量中，然后调用 xml_parse()函数，并且把解析器资源和这个字符串变量作为参数传递给 xml_parse()函数。

格式：

$xml=file_get_contents("13-1-1.xml");　　　　　　　　　**//读取 13-1-1.xml**

xml_parse($parser,$xml);　　　　　　　　　　　　　**//解析 xml 文档**

当 XML 文档解析完成之后，最好删除解析器资源，释放内存。

格式：

xml_parser_free($parser);   //删除解析器

13.2.5　处理解析错误

在使用解析器的过程中，假如 xml_parse()函数返回 FALSE 时，需要调用 XML Parse 的多个函数来确定错误出现的原因，如表 13-2 所示。

表 13-2

函　　数	描　　述
xml_get_error_code($parser)	返回最后一个错误代码
xml_error_string($code)	返回某个错误代码所对应的错误字符串
xml_get_current_line_number($parser)	返回错误所在的行号
xml_get_current_column_number($parser)	返回错误所在的列号
xml_get_error_code($parser)	返回最后一个错误代码
xml_error_string($code)	返回某个错误代码所对应的错误字符串

如果需要显示最后一个解析错误的消息，如下所示。

格式：

echo　xml_error_string(xml_get_error_code($parser));　　//显示解析错误信息

下面以示例 13-2 为例来实现通过 XML Parser 解析 13-1-1.xml 文档。

示例 13-2：

```
1.    <?php
2.    //处理开始元素函数
3.    function startElementHandler($parser,$element,$attributes)
4.    {
5.        echo "元素开始:".$element."<br/>";              //输出开始的元素名
6.        if($attributes)                                  //假如元素含有属性
7.        {
8.            echo "属性:";
9.        }
10.       foreach ($attributes as $name=>$value)           //循环打印属性的名和值
11.       {
12.           echo $name."=".$value."<br/>";
13.       }
14.   }
15.
16.   //处理结束元素函数
17.   function endElementHandler($parser,$element)
18.   {
19.       echo "元素结束:".$element."<br/>";               //输出开始的元素名
20.   }
21.
22.   //处理字符串数据函数
```

```
23.  function characterDataHandler($parser,$data)
24.  {
25.      if(trim($data))
26.      {
27.          //输出字符串并将数据转换所有使用的字符为 HTML 字符
28.          echo "字符串数据:".htmlentities($data)."<br/>";
29.      }
30.  }
31.
32.  //处理解析错误函数
33.  function parserError($parser)
34.  {
35.      $error=xml_error_string(xml_get_error_code($parser));
                                              //获取错误的代码所对应的字符串
36.      $errorColumn=xml_get_current_column_number($parser);      //获取错误所在的列号
37.      $errorLine=xml_get_current_line_number($parser);          //获取错误所在的行号
38.      return "错误:".$error."在第".$errorLine."行第".$errorColumn."列";//输出错误信息
39.  }
40.
41.  $parser=xml_parser_create();                                 //新建一解析器
42.
43.  //注册元素处理函数
44.  xml_set_element_handler($parser,"startElementHandler","endElementHandler");
45.  xml_set_character_data_handler($parser,"characterDataHandler");  //注册字符串处理函数
46.
47.  $xml=file_get_contents("13-1-1.xml");                        //使用 file_get_contents 获取文件内容
48.
49.  //开始解析 13-1-1.xml 文档，解析错误则调用错误处理函数
50.  xml_parse($parser,$xml) or die(parserError($parser));
51.
52.  xml_parser_free($parser);                                    //删除解析器资源，释放内存
53.  ?>
```

运行这段代码，将会看到如图 13-2 所示的结果。

图 13-2

通过 XML Parser 可以读取到 XML 文档，但 XML Parser 无法修改和创建 XML 文档，在下面的章节中将继续学习使用 DOM 扩展模块来灵活操作 XML 文档。

13.3 PHP DOMdocument

DOM（Document Object Model，文档对象模型）是一种 PHP 的 XML 扩展模块，它把 XML 文档中的各个节点看成一棵对象树，并且可以任意遍历这棵树，访问这个文档中的各个元素、属性、文本节点及其他节点，以及修改节点的值。此外，还可以创建一个新的 DOM 文档。

13.3.1 创建一个 DOM 对象并装载 XML 文档

要使用 DOM 库处理 XML 文档，首先需要创建一个 DOM 对象，然后载入相应的 XML 文档。
格式：

$doc=new DOMDocument();   //新建 DOM 对象

如果需要定义它的版本信息和编码方式，则
格式：

$doc=new DOMDocument('1.0','GBK');   //设置版本 1.0，编码为 GBK

创建完 DOM 对象，就可以使用这个对象的 load()方法读取 XML 文件，该方法容易使用，而且功能非常强大，它只需要一个参数（即需要读取的文件名）即可。这个方法可以把整个文档的内容读入到内存中，并创建把这个 XML 文档表示为一棵 DOM 树所需的全部对象。
格式：

$doc->load("13-1-1.xml");   //加载 13-1-1.xml 文档

也可以直接载入 XML 片段，如下所示。
格式：

$doc->load("<root>node</root>");   //直接载入 root 元素节点

下面是载入并显示 XML 文档的一个例子，详情请参见示例 13-3。

示例 13-3：

```
1.  <?php
2.  $doc=new DOMDocument();        //创建一个 DOMDocument 对象
3.  $doc->load("11-1.xml");        //加载 11-1.xml 文档
4.  echo $doc->saveXML();          //保存成一个字符串，并输出
5.  ?>
```

示例 13-3 运行后将在浏览器中打印字符串：PHP SQL Linux Apache www.php100.com。
如果在浏览器窗口中查看源代码，则会看到源 XML 代码。

在例 13-2-1 中首先创建了一个 DOMDocument 对象，然后把 13-1-1.xml 文档加载到这个文档 DOM 对象中，最后使用 saveXML()函数把内部的 XML 文档转换为字符串。

13.3.2　使用 DOM 文档创建 XML 文档

通过前面的学习，读者已经知道了如何用 DOM 扩展模块读取一个 XML 文档，现在将用 DOM 从空白开始创建一个 XML 文档。

首先使用 new DOMDocument()语句创建一个空的 DOM 文档。创建了文档之后，接着就是创建节点，并把每个节点添加到文档中，从而构成了 DOM 文档树。创建一个节点，就需要使用 DOMDocument 类的方法，常用的方法如表 13-3 所示。

表 13-3

方　　法	说　　明
createElement(name[,value])	创建一个名为 name 的元素节点，并把一个文本节点添加到这个元素中（value 为可选参数）
createTextNode(content)	创建一个内容为 content 的文本节点
createCDATASection(data)	创建一个内容为 data 的字符数据节点
createComment(data)	创建一个内容为 data 的注释节点
createAttribute(name)	创建一个名为 name 的属性
createElement(name[,value])	创建一个名为 name 的元素节点，并把一个文本节点添加到这个元素中（value 为可选参数）

创建一个元素节点的示例如下：

//创建了一个名为 test 的元素节点，元素包含了文本内容。

$element = $dom->createElement('test', '这是一个根元素!');

创建完一个节点之后，就可以把它添加到一个现有节点的子节点，方法是调用这个现有节点的 appendChild()方法，如下所示。

格式：

$parentNode->appendChild($element);

//将$element 元素节点添加到$parentNode 元素中

如果需要给元素节点添加属性，可以使用 DOMElement 对象的 setAttribute()方法，如下所示。

格式：

$element->setAttribute("attr","text");

//设置$element 元素的属性 attr 值为 text

另外还有一种方法，即先使用 DOMDocument 对象的 createAttribute()方法创建一个 DOMAttr 属性节点，然后使用这个元素的 appendChild()方法添加这个属性，如下所示。

```
$attribute=$doc->createAttribute("name");
//创建一个名为 name 的属性，并赋于$attribute
$attribute->value="value";
//将$attribute 设置为 value 值
$element->appendChild($attribute);
//将$attribute 属性节点添加到$element
```

使用上面的所有方法就可以逐步构建一棵文档树，示例 13-4 展示了通过 DOM 库创建 XML

文档的实例。

示例 13-4：

```
1.  <html>
2.  <body>
3.  <pre>
4.  <?php
5.      $doc=new DOMDocument("1.0","GBK");    //创建一个文档对象，并设置版本信息和编码格式
6.      $doc->formatOutput=true;                        //完整的格式输出
7.
8.      $phpedu=$doc->createElement("phpedu");        //创建根元素 phpedu
9.      $doc->appendChild($phpedu);                    //添加到文档中
10.
11.     $title=$doc->createElement("title","PHP100");  //创建标签元素 title
12.     $phpedu->appendChild($title);                  //添加到根元素中
13.
14.     $item=$doc->createElement("item");             //创建元素 item
15.     $item->setAttribute("type","text");            //设置属性
16.     $phpedu->appendChild($item);                   //添加到根元素中
17.
18.     $c1=$doc->createElement("contents","php");     //创建元素 contents，内容为 php
19.     $item->appendChild($c1);                       //添加到元素 item 中
20.
21.     $c2=$doc->createElement("contents","MySQL");//创建元素 contents，内容为 MySQL
22.     $item->appendChild($c2);                       //添加到元素 item 中
23.
24.     $c3=$doc->createElement("contents","Linux");   //创建元素 contents，内容为 Linux
25.     $item->appendChild($c3);                       //添加到元素 item 中
26.
27.     $c4=$doc->createElement("contents","apache");//创建元素 contents，内容为 apache
28.     $item->appendChild($c4);                       //添加到元素 item 中
29.
30.     $address=$doc->createElement("address","www.php100.com");        //创建元素 address
31.     $phpedu->appendChild($address);                //添加到 phpedu 元素中
32.
33.     //将文档转换为字符串，并转换特殊字符为 HTML 字符编码，最后输出
34.     echo htmlspecialchars($doc->saveXML());
35.  ?>
36.  </pre>
37.  </body>
38.  </html>
```

运行该程序，将会看到如图 13-3 所示的结果。

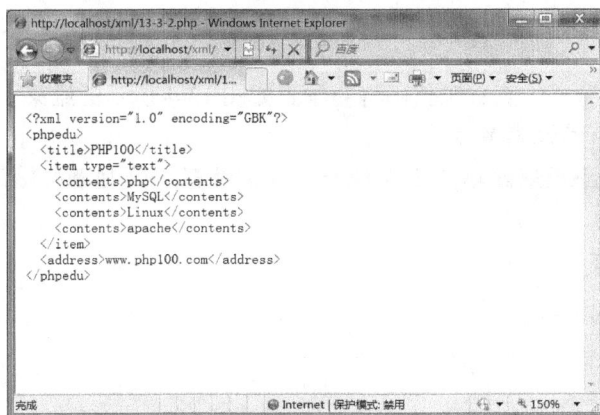

图 13-3

13.3.3 使用 DOM 操作 XML 文档

DOM 类的一个重要特性是使我们能够轻松地访问 XML 文档内部的每一个元素和节点。例如，可以把新的子元素添加到指定的一个现有元素中，也可以改变节点和属性值等。

1. 给现有的文档添加元素

使用 DOM 库给现有的文档添加元素必须先获取到插入元素的父元素，通过使用 getElementsByTagName()方法可以获取某个标签名相匹配的全部元素的列表，并把这个列表作为一个 DOMNodeList 对象返回，如下所示。

格式：

$element=$doc->getElementsByTagName("element");

//返回所有与 **element** 匹配的元素

接下来需要使用这个对象的 item()方法读取列表中某个位置的 item 节点，如下所示。

格式：

$elementlist=$element->item(0);

//读取**$element** 中第一个元素（即索引为 **0**）

最后将新创建的元素添加到获取的指定元素中，如下所示。

$newelement=$doc->createElement("item","value"); //创建新的元素名为 item 的元素
$elementlist->appendChild($newelement); //添加元素到指定元素中

下面通过上面的方法来为 13-1-1.xml 中的<item>节点添加新的元素，代码参见示例 13-5。

示例 13-5：

```
1.    <?php
2.        $doc=new DOMDocument("1.0","GBK");//创建一个文档对象，并设置版本信息和编码格式
3.        $doc->load("13-1-1.xml");                //加载 13-1-1.xml 文档
4.        $element=$doc->getElementsByTagName("item");    //返回所有与 item 匹配的元素
5.        $elementlist=$element->item(0);              //读取$element 中第一个元素（即索引为 0）
6.        $newchild=$doc->createElement("ncontents","new");//创建新的元素名为 ncontents 的元素
7.        $elementlist->appendChild($newchild);      //添加元素到$elementlist 中
```

```
8.        echo $doc->saveXML();                    //保存成字符串，并输出
9.    ?>
```

运行该程序，在浏览器中查看源代码将会看到如图 13-4 所示的结果。在图中第 10 行已经增加了一个名为 ncontents 的元素节点。

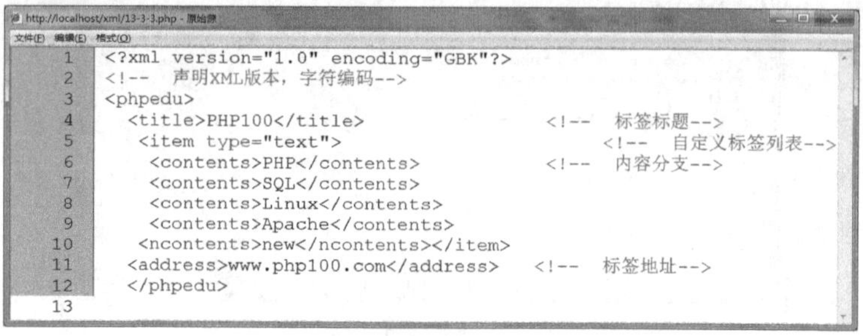

图 13-4

2．删除文档中的元素

使用 DOMNode 类的 removeChil()方法可以删除文档中的元素。

格式：

$elementlist->removeChild($child);　　//删除$elementlist 中$element 节点

下面通过该方法删除名为 address 的节点，代码参见示例 13-6。

示例 13-6：

```
1.    <?php
2.    $doc=new DOMDocument("1.0","GBK");   //创建一个文档对象，并设置版本信息和编码格式
3.    $doc->load("13-1-1.xml");            //加载 13-1-1.xml 文档
4.    $element=$doc->getElementsByTagName("phpedu");    //返回所有与 item 匹配的元素
5.    $elementlist=$element->item(0);      //读取$element 中第一个元素（即索引为 0）
6.
7.    $element1=$doc->getElementsByTagName("address");  //返回所有与 address 匹配的元素
8.    $elementlist1=$element1->item(0);    //读取$element1 中第一个元素（即索引为 0）
9.
10.   $elementlist->removeChild($elementlist1);    //删除$element 中的$elementlist1 节点
11.   echo $doc->saveXML();               //保存成字符串，并输出
12.   ?>
```

运行该程序，在浏览器中查看源代码将会看到如图 13-5 所示的结果。在图中第 11 行已经没有 address 元素节点。

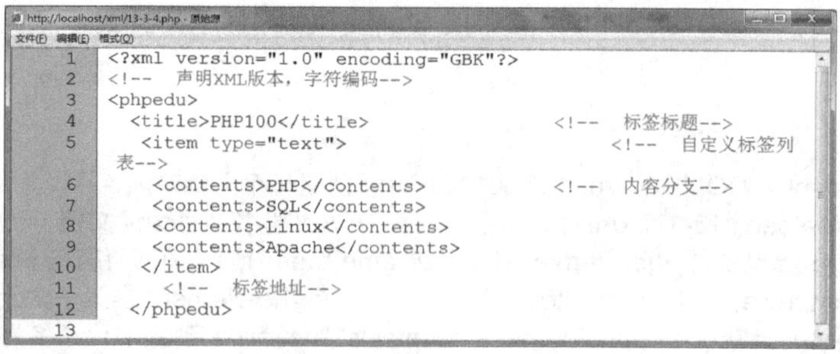

图 13-5

3．修改文档中的节点和属性

学习了文档节点的添加和删除后，接下来使用 replaceData()方法可以将文档中的节点内容进行更换。

格式：

Void DOMCharacterData::replaceData(int $offset , int $count , string $data);

参数说明：

$offset：开始位的偏移值。

$count：替换字符总数。

$data：替换的目标值。

下面通过该方法来修改 13-1-1.xml 中 address 节点中的值和添加新的属性，代码参见示例 13-7。

示例 13-7：

```php
1.    <?php
2.        $doc=new DOMDocument("1.0","GBK");      //创建一个文档对象，并设置版本信息和编码格式
3.        $doc->load("13-1-1.xml");              //加载 13-1-1.xml 文档
4.
5.        $element1=$doc->getElementsByTagName("address");   //返回所有与 address 匹配的元素
6.        $elementlist1=$element1->item(0);       //读取$element1 中第一个元素（即索引为 0）
7.        $elementlist1->setAttribute("type","url");  //添加属性 type
8.
9.        $value=$elementlist1->firstChild;            //获取$elementlist1 的第一个元素
10.       $value->replaceData(0,30,"www.php100.edu"); //使用 replaceData()函数替换节点值
11.       echo $doc->saveXML();                        //保存成字符串，并输出
12.   ?>
```

运行该程序，在浏览器中查看源代码将会看到如图 13-6 所示的结果。在图中第 11 行已经将原有的值改变为新值，并且增加了属性 type。

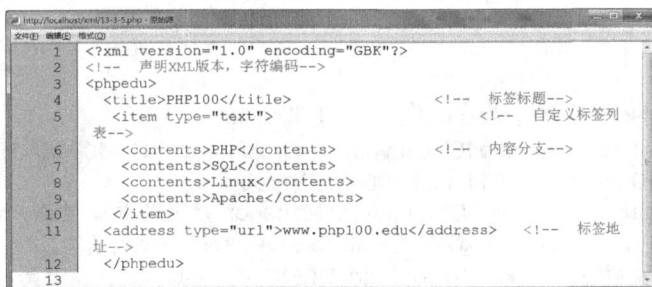

```
 1   <?xml version="1.0" encoding="GBK"?>
 2   <!--  声明XML版本，字符编码-->
 3   <phpedu>
 4    <title>PHP100</title>                    <!--  标签标题-->
 5     <item type="text">                        <!--  自定义标签列
     表-->
 6       <contents>PHP</contents>                <!--  内容分文-->
 7       <contents>SQL</contents>
 8       <contents>Linux</contents>
 9       <contents>Apache</contents>
10     </item>
11    <address type="url">www.php100.edu</address>   <!--  标签地
     址-->
12   </phpedu>
13
```

图 13-6

13.4　RSS 功能的实现

RSS 是在互联网上被广泛采用的内容包装和投递协议。网络用户可以在客户端借助于支持 RSS 的新闻工具软件，在不打开网站内容页面的情况下，阅读支持 RSS 输出的网站内容。本节使用 DOM 读取一个新闻 XML 页面内容。首先新建一个新闻 XML 页面，参见示例 13-8。

示例 13-8：

```xml
1.  <?xml version="1.0" encoding="GBK" ?>
2.  <!--  声明 xml 版本信息, 编码信息 -->
3.  <rss version="2.0"><!--  声明 rss 版本信息 -->
4.    <channel><!--  根元素 channel  -->
5.     <item><!--  列表元素 item -->
6.        <title>浏览器启动 Linux 支持永久存储</title>
7.        <link>http://www.php100.com/html/itnews/PHPxinwen/2011/1010/9120.html</link>
8.        <pubDate>Mon, 10 Oct 2011 09:43:00 GMT</pubDate>
9.        <description>QEMU 模拟器项目创始人 Fabrice Bellard 开发了在 JavaScript 中运行的模
    拟器, 允许用户在浏览器上启动 Linux。现在, 另一位开发者修改了 Fabrice Bellard 的 JS/Linux,
    允许模拟器启动较新的内核版本 linux kernel 3.0.4, 同时支持永久储存。开发者创建了一个虚拟
    块</description>
10.       <author>来源:开源中国社区 作者:红薯</author>
11.
    <comments>http://www.php100.com/html/itnews/PHPxinwen/2011/1010/9120.html</commen
    ts>
12.    </item>
13.     <item>
14.       <title>10 款有趣的 jQuery 插件推荐</title>
15.       <link>http://www.php100.com/html/webkaifa/javascript/2011/1010/9118.html</link>
16.       <pubDate>10 Oct 2011 09:43:00 GMT</pubDate>
17.       <description>本文收集了 10 款非常有趣的 jQuery 插件, 这些插件涉及幻灯片、UI 对话
    框、图像过滤等多种不同形式。 1. Rotating Slider with Easing 是一个幻灯片插件, 可以让图
    片沿其垂直轴线自动翻转。 演示 2. NyroModal v2 设计人员似乎越来越喜欢使用模式窗口
    </description>
18.       <author>来源:开源中国社区 作者:鉴客</author>
19.
    <comments>http://www.php100.com/html/webkaifa/javascript/2011/1010/9118.html</comme
    nts>
20.    </item>
21.     <item>
22.       <title>8 个最好的 Android 开发者工具</title>
23.       <link>http://www.php100.com/html/Android/news/2011/1009/9115.html</link>
24.       <pubDate>9 Oct 2011 10:10:00 GMT</pubDate>
25.       <description>1) The SDK and AVD Manager 是用来添加、更新 Android SDK 的组件的,
    例如新的 API。 2) Android ADT 是 Eclipse 的 Android 开发者插件, 为 Android 开发提供了一
    个可视化的集成开发环境。 3) Android DDMS 在 Android 开发工具包当中有一个调试工具
    </description>
26.
27.       <author>来源:开源中国社区 作者:红薯</author>
28.
    <comments>http://www.php100.com/html/Android/news/2011/1009/9115.html</comments>
29.    </item>
30.   </channel>
31.    <!--  结束根标签 -->
32.  </rss>
```

接下来通过 DOM 库来解析示例 13-8 的代码, 并输出, 可参见示例 13-9。

示例 13-9：

```
1.  <html xmlns="http://www.w3.org/1999/xhtml">
2.  <head>
3.  <meta http-equiv="Content-Type" content="text/html; charset=gb2312" />
4.  <title>Rss 实例</title>
5.
6.  </head>
7.  <body>
8.  <h2>读取 13-4-1.xml</h2>
9.  <?php
10.     $doc=new DOMDocument("1.0","GBK");                    //创建 DOMDocument 对象
11.     $doc->load("13-4-1.xml");                             //加载 13-4-1.xml 文档
12.     $nodes=$doc->getElementsByTagName("item");            //获取与 item 相匹配的元素，并将列表赋
                                                              给变量$nodes
13.     foreach ($nodes as $node)                             //遍历$nodes
14.     {
15.         echo "<hr/>";
16.         //使用 nodeValue 获取标题和链接标签元素里的内容，并转为 GBK 编码
17.         echo "<h4> 标 题 :<a href=".$node->getElementsByTagName("link") ->item(0)->node
            Value.">".mb_convert_encoding(trim($node->getElementsByTagName('title')->item(0)->node
            Value),"gbk","utf-8")."</a></h4>";
18.         //使用 nodeValue 获取作者和时间标签元素里的内容，并转为 GBK 编码，格式化时间
19.         echo mb_convert_encoding($node->getElementsByTagName ("author")->item(0)->
            nodeValue,"gbk","utf-8")." | ".date("Y-m-d H:i:s",strtotime($node->getElementsByTagName
            ("pubDate")->item(0)->nodeValue))."<br/>";
20.         //使用 nodeValue 获取描述标签元素里的内容，并转为 GBK 编码
21.         echo " 内 容 :".mb_convert_encoding($node->getElementsByTagName ('description')
            ->item(0)->nodeValue,"gbk","utf-8")."<br/>";
22.     }
23. ?>
24. </body>
25. </html>
```

运行上面这段代码，会看到如图 13-7 所示的结果。

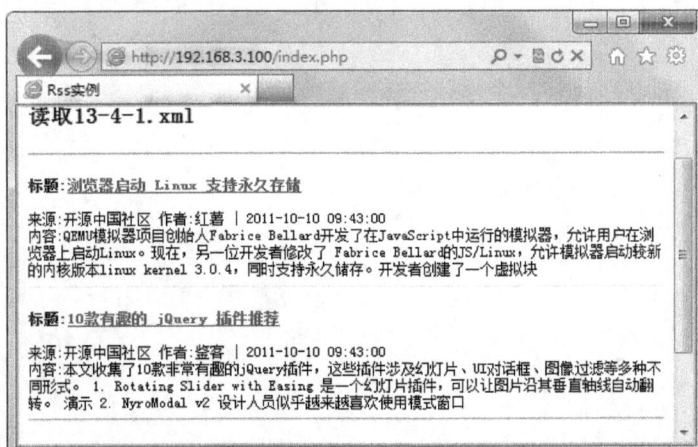

图 13-7

13.5 本 章 小 结

本章介绍了如何用 PHP 读取和编写 XML，首先学习了 XML 的基础知识及其定义和用处，然后介绍了两种操作 XML 的方法，包括 XML Parser 和利用 DOM 操作 XML，在 XML Parser 中需要自定义一系列处理函数用来操作 XML，另外 XML Parser 只可以读取 XML，并不能够对里面的内容进行修改。如果需要修改 XML 文档，可使用 DOMdocument 来操作文档，首先使用 new DOMDocument()语句创建一个空的 DOM 文档，DOM 库把整个 XML 文档读入内存，并用节点树表示它，然后操作节点树上的节点内容。DOMdocument 中的方法比较多，提供了一系列的操作。在本章结尾提供了一个利用 DOMdocument 操作 RSS 的小实例。最后希望读者在不仿照源码的情况下，写出一个自己的 RSS 源。

第 14 章　PHP 与 cURL

在本章开始我们先了解 cURL，它是一个利用 URL 语法在命令行方式下工作的文件传输工具。cURL 支持很多协议：FTP、FTPS、HTTP、HTTPS、GOPHER、TELNET、DICT、FILE 以及 LDAP，功能十分强。除此之外，cURL 还支持 3 种不同的接口调用方式，分别是 easy、multi 和 share 模式。libcurl-easy 是一组同步接口，函数都是 curl_easy_*形式，这种模式调用 curl_easy_perform()函数进行 URL 数据传输，直到传输完成函数才返回；libcurl-multi 是一组异步接口，函数都是 curl_multi_*形式，调用 curl_multi_perform()函数进行传输，但是每次调用只传一片数据，我们可以用 select()函数控制多个下载任务进行同步下载，来实现在一个线程中同时下载多个文件；libcurl-share 允许在多线程中操作共享数据。

14.1　cURL 简介

14.1.1　cURL 的历史

cURL 是由美国国防部高级研究项目代理资助，马萨诸塞州科技学院的 David A. Kranz 开发的 Web 开发语言，HTML 语言的创建者 Tim Berners-Lee 也参与其中，并扮演了重要的角色。

cURL 是一种编程语言，被设计用于编写网络程序。它的目标是以一种单一的语言来取代 HTML、Cascading Style Sheets（层叠样式表）和 JavaScript，虽然它目前并未在世界范围内被广泛使用，但在日本有一定的普及。

与 HTML 不同，cURL 不是一种文本标记语言，但它既可以用于普通的文本显示，又可以用于实现大规模的客户端商业软件系统。cURL 不利的一面是：需要向客户端安装运行环境。

用 cURL 写的程序既可以运行于浏览器中，又可以像普通客户端程序那样独立于浏览器运行，运行前需要安装 SurgeRTE。SurgeRTE 是一种与 Java 类似的跨平台运行环境（Runtime Environment，RTE），其中包含浏览器的插件。它目前支持微软视窗（Microsoft Windows）操作系统和 Linux 操作系统，据传苹果机版将在不久的未来发布。

cURL 语言便于学习，编程效率高，是一种支持多重继承、范型等数据类型的面向对象编程语言。目前国内已有一些公司开始涉及 cURL 语言的推广与开发。

14.1.2　cURL 的定义

cURL 是一个利用 URL 语法在命令行方式下工作的文件传输工具。它支持很多协议，如 FTP、FTPS、HTTP、HTTPS、GOPHER、TELNET、DICT、FILE 以及 LDAP。cURL 同样支持 HTTPS

认证、HTTP POST 方法、HTTP PUT 方法、FTP 上传、kerberos 认证、HTTP 上传、代理服务器、cookies、用户名/密码认证、下载文件断点续传、上载文件断点续传、HTTP 代理服务器管道（Proxy Tunneling），甚至它还支持 IPv6，socks5 代理服务器，通过 HTTP 代理服务器上传文件到 FTP 服务器等，功能十分强大。

  cURL 支持 3 种不同的接口调用方式，分别是 easy、multi 和 share 模式。libcurl-easy 是一组同步接口，函数都是 curl_easy_*形式，这种模式调用 curl_easy_perform()函数进行 URL 数据传输，直到传输完成函数才返回；libcurl-multi 是一组异步接口，函数都是 curl_multi_*形式，这种模式调用 curl_multi_perform()函数进行传输，但是每次调用只传一片数据，可以用 select()函数控制多个下载任务进行同步下载，来实现在一个线程中同时下载多个文件；libcurl-share 允许在多线程中操作共享数据。

14.1.3　PHP 与 cURL 的关系

  PHP 默认配置不支持 cURL，需要手动去开启 cURL 组件，找到;extension= php_curl.dll 行，去掉前面的";"，保存，重启服务器，PHP 环境就支持 cURL。IIS 的服务器则需要打开 PHP 安装目录，搜索 ssleay32.dll、libeay32.dll 和 php_curl.dll 这 3 个文件，并将其复制到系统目录下的 system32 文件夹下，修改 php.ini 文件，找到;extension= php_curl.dll 行，去掉前面的";"，保存，重启服务器。

14.2　cURL 的基础与应用

14.2.1　cURL 功能初始化

  在所有使用 cURL 功能之前必须功能初始化。curl_init()函数可以初始化一个 cURL 会话，它唯一的参数是可选的，表示一个 URL 地址，返回一个 cURL 资源。

  格式：

resource curl_init([string $url = NULL])

  根据上面的格式写出一个连接到 php100 页面主页的 cURL 连接，参见示例 14-1。

示例 14-1：

```
1.    $php100=curl_init("http://www.php100.com/");          //初始化
```

14.2.2　cURL 功能设置与函数

  curl_setopt()函数将为一个 cURL 会话设置选项。例如，设置函数第二个参数为 CURLOPT_POST，可以发送一个常规的 POST 请求。在函数中，option 参数是你想要的设置，value 是这个选项给定的值。

格式：

bool curl_setopt (int ch, string option, mixed value)

参数说明：

ch：由 curl_init() 返回的 cURL 句柄。

pption：需要设置的 CURLOPT_XXX 选项。

value：设置在 option 选项上的值。

使用 curl_setopt() 函数可以实现很多功能，具体描述如表 14-1 所示。

表 14-1

选　　项	可选 value 值
CURLOPT_AUTOREFERER	当根据 Location:重定向时，自动设置 header 中的 Referer:信息
CURLOPT_HEADER	启用时会将头文件的信息作为数据流输出
CURLOPT_RETURNTRANSFER	将 curl_exec() 获取的信息以文件流的形式返回，而不是直接输出
CURLOPT_POST	启用时会发送一个常规的 POST 请求
CURLOPT_POSTFIELDS	全部数据使用 HTTP 协议中的 POST 操作来发送。要发送文件，在文件名前面加上@前缀并使用完整路径
CURLOPT_COOKIEJAR	连接结束后保存 cookie 信息的文件
CURLOPT_COOKIEFILE	包含 Cookie 数据的文件名，Cookie 文件的格式可以是 Netscape 格式，或者只是纯 HTTP 头部信息存入文件
CURLOPT_FILE	设置输出文件的位置，值是一个资源类型
CURLOPT_TIMEOUT	设置 cURL 允许执行的最大秒数
CURLOPT_TIMEOUT_MS	设置 cURL 允许执行的最大毫秒数
CURLOPT_RESUME_FROM	在恢复传输时传递一个字节偏移量（用来断点续传）
CURLOPT_PORT	用来指定连接端口（可选项）
CURLOPT_URL	需要获取的 URL 地址

根据上面表格给出的选项，通过一个示例来介绍一部分常用的设置功能，参见示例 14-2。

示例 14-2：

```
1.   curl_setopt($php100, CURLOPT_URL, "http://www.php100.com");    //设置链接地址
2.   curl_setopt($php100, CURLOPT_RETURNTRANSFER, 1);               //获取信息输出关闭
3.   curl_setopt($php100, CURLOPT_HEADER, 0);                       //头文件信息输出关闭
```

在上面的示例中使用了 curl_setopt() 函数进行了 3 项设置，其中第一条进行设置需要获取的 URL 地址，也可以在 curl_init() 函数中设置；第二条指定将 curl_exec() 函数获取的信息直接输出；最后一条指定将头文件的信息关闭输出。

下面学习使用 cURL 中的常用函数，包含初始化到绑定参数并执行操作、最后关闭连接等。cURL 常见函数描述如表 14-2 所示。

表 14-2

函　数　名	函数功能概述
curl_close	关闭一个 cURL 会话
curl_copy_handle	复制一个 cURL 连接资源的所有内容和参数
curl_errno	返回一个包含当前会话错误信息的数字编号
curl_error	返回一个包含当前会话错误信息的字符串
curl_exec	执行一个 cURL 会话
curl_getinfo	获取一个 cURL 连接资源句柄的信息
curl_init	初始化一个 cURL 会话
curl_multi_add_handle	向 cURL 批处理会话中添加单独的 cURL 句柄资源
curl_multi_close	关闭一个批处理句柄资源
curl_multi_exec	解析一个 cURL 批处理句柄
curl_multi_getcontent	返回获取的输出的文本流
curl_multi_info_read	获取当前解析的 cURL 的相关传输信息
curl_multi_init	初始化一个 cURL 批处理句柄资源
curl_multi_remove_handle	移除 cURL 批处理句柄资源中的某个句柄资源
curl_multi_select	等待所有 cURL 批处理中的活动连接
curl_setopt_array	以数组的形式为一个 cURL 设置会话参数
curl_setopt	为一个 cURL 设置会话参数
curl_version	获取 cURL 相关的版本信息
curl_init	该函数的作用是初始化一个 cURL 会话，它唯一的参数是可选的，表示一个 URL 地址
curl_exec	该函数的作用是执行一个 cURL 会话，它唯一的参数是 curl_init()函数返回的句柄
curl_close	该函数的作用是关闭一个 cURL 会话，它唯一的参数是 curl_init()函数返回的句柄

下面通过示例 14-3 来介绍表 14-2 中部分常用函数的使用。

示例 14-3：

```
1.   <?php
2.       $php100=curl_init();                                    //初始化
3.
4.       //指定需要获取的 URL 地址
5.       curl_setopt($php100,CURLOPT_URL,"http://www.php100.com/");
6.       curl_setopt($php100,CURLOPT_RETURNTRANSFER,0);     //获取的信息直接输出
7.       curl_exec($php100);                                //执行当前 cURL 会话
8.       curl_close($php100);                               //关闭当前 cURL 会话
9.   ?>
```

在上面的示例中首先使用了 curl_init()函数进行初始化，然后使用 curl_setopt()函数为 cURL 会话设置了两个参数。接着使用 curl_exec()函数执行当前 cURL 会话，也可以将 CURLOPT_

RETURNT RANSFER 的值设置为 0，然后直接输出执行当前 cURL 会话的结果，最后关闭 cURL 会话。在浏览器中运行上面示例的代码，将会看到与直接使用浏览器访问 http://www.php100.com/ 页面相同的效果。

14.2.3　cURL 传输功能

cURL 是用来执行各种 URL 操作的信息传输。本节将着重描述如何用 cURL 来执行 HTTP 请求。cURL 并不是万能的，它只是生成请求包，获取数据，发送数据获得信息，可以使用脚本语言或者重复手工调用来完成你想要做的所有事情。

1．用 POST 方法传输数据

当发起 GET 请求时，数据可以通过查询字符串传递给一个 URL，参见示例 14-4。这种情况下并不需要 cURL 来模拟。把这个 URL 传递给 file_get_contents()函数就能得到相同的结果。不过有一些 HTML 表单是用 POST 方法提交的。这种表单提交时，数据是通过 HTTP 请求体（request body）发送，而不是查询字符串，参见示例 14-5。

示例 14-4：

```
1.    //在 Google 中搜索时，搜索关键字即为 URL 的查询字符串的一部分
2.    http://www.google.com/search?q=php100 中文网
```

示例 14-5：

```
1.    //当使用 CodeIgnister 论坛的表单时，无论输入什么关键字，总是被 POST 到如下页面
2.    http://codeigniter.com/forums/do_search/
```

在需要使用 POST 来提交数据时，可以用 cURL 来模拟这种 URL 请求。首先，新建一个可以接收并显示 POST 数据的文件，将它命名为 php100.php，并在页面里写入 print_r($_POST)用于查看接收到的 POST 数据。然后再新建一个 PHP 页面，代码参见示例 14-6。

示例 14-6：

```
1.    <?php
2.        $url="http://localhost/php100.php";                          //获取 URL 地址
3.        $data=array(                                                 //POST 提交数据
4.          "act"=>"botton",
5.          "foo"=>"bar"
6.        );
7.        $php100=curl_init();                                         //初始化
8.        Curl_setopt($php100,CURLOPT_URL,$url);                       //设置获取 URL 地址
9.        Curl_setopt($php100,CURLOPT_RETURNTRANSFER,0);               //显示获取数据
10.       curl_setopt($php100,CURLOPT_POST,1);                         //使用 POST 传递
11.       curl_setopt($php100,CURLOPT_POSTFIELDS,$data);               //设置 POST 提交数据
12.       $output=curl_exec($php100);                                  //执行当前会话
13.       curl_close($php100);                                         //关闭当前会话
14.   ?>
```

运行上面的代码，将会在浏览器中看到传递的 POST 值，单击查看源代码，看到的结果如

图 14-1 所示。

图 14-1

上面的示例使用 cURL 发送一个 POST 请求给 php100.php，然后打印出 POST 数据并返回，最后利用 cURL 捕捉这个输出。

2．文件上传

cURL 文件上传和 cURL 的 POST 传输功能一样，因为所有的文件上传的表单都是用 POST 提交的。首先，新建一个可以接收并显示 POST 数据的文件，将它命名为 php100.php，并在页面里写入 print_r($_FILES)用于查看接收到的文件数据。然后再新建一个 PHP 页面，代码参见示例 14-7。

示例 14-7：

```
1.   <?php
2.     $url="http://localhost/php100.php";                           //获取 URL 地址
3.     $data=array(                                                   //POST 提交文件数据
4.        "upload"=>"@E:/AppServ/www/01.jpg"
5.     );
6.     $php100=curl_init();                                          //初始化
7.   Curl_setopt($php100,CURLOPT_URL,$url);                         //设置获取 URL 地址
8.   Curl_setopt($php100,CURLOPT_RETURNTRANSFER,0);                 //显示获取数据
9.   curl_setopt($php100,CURLOPT_POST,1);                           //使用 POST 传递
10.  curl_setopt($php100,CURLOPT_POSTFIELDS,$data);                 //设置 POST 提交数据
11.  curl_exec($php100);                                           //执行当前会话
12.  Curl_close($php100);                                          //关闭当前会话
13.  ?>
```

运行上面的代码将会在浏览器中看到传递的文件信息，单击查看源代码，看到的结果如图 14-2 所示。

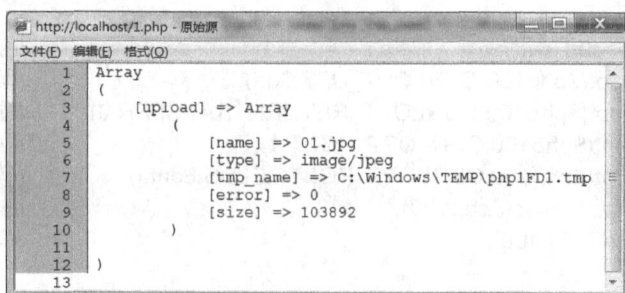

图 14-2

上面的示例使用 cURL 将一个文件以 POST 请求的方式发送给 php100.php。如果需要上传一个文件，只需要把文件路径像一个 POST 变量一样传过去（注意在前面加上@符号）。然后在 php100.php 中打印出文件数据信息并返回，再利用 cURL 捕捉这个输出。

14.2.4　cURL 模拟功能

14.2.3 节介绍了使用 cURL 传递 POST 值，仿照上面的原理，就可以进行模拟传递数据实现登录，以及实现模拟 cookie，FTP 的上传下载等。14.3 节将介绍通过 cURL 实现模拟登录。

14.3　PHP 实现模拟登录并获取数据

14.3.1　cURL 模拟登录的流程

1. 分析登录字段

在实际登录页面的 form 标签中，许多站点会隐藏很多秘密标签或填充一些随机数或 session，需要首先捕获登录表单的 HTML 代码，并且抽取所有的隐藏字段，来正确地发送 POST 登录请求。需要注意的是，采用普通的 POST 命令发送数据时，内容需要使用 URL 编码。

2. 开启 cURL 会话

使用 cURL 开启一个会话，并将其连接到登录页面。

3. 提交的 POST 数据

将登录时所必须的字段加上值使用 curl_setopt()函数传递给提交页面，将该函数的第 2 个参数设置为 CURLOPT_POSTFIELDS，第 3 个参数填写 POST 提交的数据。

4. 执行 cURL 会话

所有选项设置完毕后，使用 curl_exec()函数执行当前会话。

5. 关闭 cURL 会话

所有操作完毕后，使用 curl_close()函数关闭当前会话。

14.3.2　cURL 模拟状态的保存

在服务器端大多数都是使用 cookies 来跟踪客户端登录状态，因此，许多站点会在登录页面设置一个特殊的 cookie。使用 cURL 登录完毕后，必须使用 cURL 捕获到用户的 cookie，并且保存到本地。完成登录状态的模拟保存需要以下两个步骤。

1. 建立一个临时文件用于存放获取到的 cookie 值

使用文件函数中的 tempnam() 可以创建具有唯一文件名的一个临时文件，若成功，则该函数返回新的临时文件名；若失败，则返回 FALSE。

格式：

String tempnam (string $dir , string $prefix)

参数说明：

$dir：规定创建临时文件的目录。

$prefix：规定文件名的开头。

2. 保存 cookie 值

将 curl_setopt() 函数的第 2 个参数设置为 CURLOPT_COOKIEJAR，第 3 个参数填写存放文件名的名称，即 tempnam() 所返回的内容，代码参见示例 14-8。

示例 14-8：

```
1.    $cookie_file=tempnam(".",'COOKIE');                        //设置临时文件的信息
2.    curl_setopt($ch,CURLOPT_COOKIEJAR,$cookie_file);          //将 cookie 值保存到临时文件中
```

14.3.3   cURL 远程采集数据

在完成了登录操作并保存成功获取到的 cookie 值之后，就可以使用 curl_setopt() 函数读取 cookie 值，并连接到指定采集的页面地址，然后使用正则函数对内容进行采集，代码参见示例 14-9。

示例 14-9：

```
1.    curl_setopt($ch,CURLOPT_COOKIEFILE,$cookie_file); //读取临时文件中的 cookie 值
```

14.4   模拟登录 PHP 个人中心

14.3 节介绍了使用 cURL 实现模拟登录并获取数据的理论知识，本节通过示例 14-10 来学习模拟登录 php100 的个人中心并获取个人通知。

示例 14-10：

```
1.    <?php
2.        $cookie_file=tempnam('./temp','cookie');                   //设置 cookie 存放的临时目录
3.        $login_url='http://bbs.php100.com/login.php';              //设置登录 URL 地址
4.
5.        //将 POST 提交的所有必须字段赋值给$post_fields
6.        $post_fields='cktime=31536000&step=2&pwuser=livecn&pwpwd=123456';
7.
8.        $ch = curl_init($login_url);                        //初始化一个 cURL 会话，返回的变量赋予$ch 变量
9.        curl_setopt($ch, CURLOPT_HEADER, 0);               //将头文件的信息不作为数据流输出
10.       curl_setopt($ch, CURLOPT_RETURNTRANSFER, 1);//将 curl_exec()获取的信息不以文件
```

流的形式返回

```
11.     curl_setopt($ch, CURLOPT_POST, 1);                    //发送一个常规的 POST 请求
12.
13.      //将$post_fields 中的数据使用 POST 操作来发送
14.     curl_setopt($ch, CURLOPT_POSTFIELDS, $post_fields);
15.
16.     //连接结束后保存 cookie 信息到$cookie_file 指定的文件中
17.     curl_setopt($ch, CURLOPT_COOKIEJAR, $cookie_file);
18.     curl_exec($ch);                                        //执行 cURL 会话
19.     curl_close($ch);                                       //关闭 cURL 会话
20.
21.     //设置指向查看系统通知的 URL 地址
22.     $url='http://bbs.php100.com/message.php?type=notice';
23.
24.     $ch = curl_init($url);                        //初始化一个 cURL 会话，返回的变量赋予$ch 变量
25.     curl_setopt($ch, CURLOPT_HEADER, 0);                   //将头文件的信息不作为数据流输出
26.     curl_setopt($ch, CURLOPT_RETURNTRANSFER, 1);//将 curl_exec()获取的信息不以文件
流的形式返回
27.     curl_setopt($ch, CURLOPT_COOKIEFILE, $cookie_file);//指定读取 cookie 数据的文件名
28.     $contents = curl_exec($ch);                            //执行 cURL 会话
29.
30.     //使用正则匹配查找所有通知信息的内容
31.     preg_match_all("/(<p class=\"lh_18\">.*<\/p>)/Uis",$contents,$arr);
32.
33.     foreach ($arr as $key=>$value)                         //循环输出通知信息的内容
34.     {
35.        echo "第".($key+1)."条通知:".$value[$key]."<hr/>";
36.     }
37.
38.     curl_close($ch);                                       //关闭 cURL 会话
39. ?>
```

示例 14-10 首先登录到 php100 个人中心，并将获取到的 cookie 值保留到本地临时文件，然后通过 cURL 连接查看个人通知的 URL 地址，通过正则匹配获取所有个人通知信息，并循环显示到页面。在浏览器中将看到类似图 14-3 的效果。

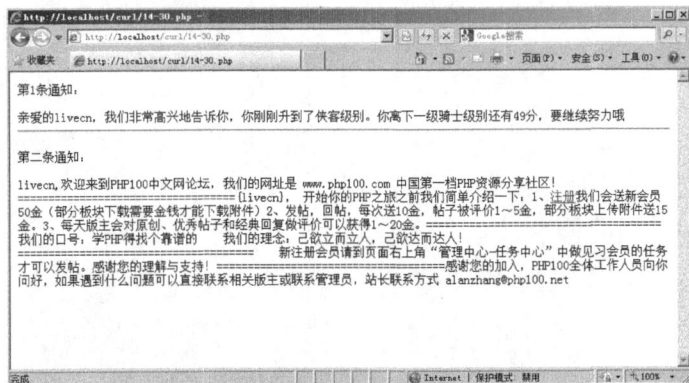

图 14-3

14.5　本　章　小　结

本章主要介绍了 PHP 中 cURL 的使用方法。cURL 有许多功能，包括传送数据、获取数据、发送头文件信息等。可以利用这些功能进行模拟登录、上传文件等。由于篇幅有限，不可能介绍 cURL 的所有知识，如果读者感兴趣，可以参考关于 cURL 的使用文档。

通过本章的学习，希望读者能掌握以下几点：

（1）了解什么是 cURL 并学会使用和配置。

（2）使用 cURL 模拟登录到任意一个网站，并获取相关数据。

第 15 章　PHP 功能模块的开发

15.1　分页模块开发

15.1.1　分页模块的介绍

　　Web 开发是今后分布式程式开发的主流，通常的 Web 开发都不可避免地需要与数据库打交道，客户端从服务器端读取出大量的数据，如果将这些数据显示在一个页面中，页面会显得太臃肿，而且对数据库也是很大的考验，因此这种情况下，通常以分页的形式来显示，一页一页地阅读起来既方便又美观。分页模块是 Web 开发的一个重要组成部分，现在来介绍分页模块的开发。

15.1.2　分页模块的原理

　　分页显示是将数据库中的数据一段一段地显示在页面上，因此，在准备编写分页模板之前，需要考虑两个因素：每页多少条信息（$pagesize）、当前是第几页（$page）。有了这两个条件，就可以显示当前页面需要显示的信息，也就可以很方便地写出分页模块。

　　现在以第 10 页（$page=10），每个页面显示 20 条信息（$pagesize=20）为例，数据存放在 news 表中，数据库查询需要使用 limit 方法，该方法有两个参数，第一个参数规定起始条数（$pagestart），第 2 个参数是查询的条数（$pagesize），示例中，查询的条数已经规定为 20 条，那么就需要知道起始条数是哪一条？第一页，起始条数是 0，显示条数是 20；第二页，起始条数就是 20，显示条数是 20……以此类推，会得到如下规律：

　　起始条数($pagestart)=(当前页数($page)-1)*显示条数($pagesize)

　　该示例中的查询语句可以写成 select * from 'news' limit (10-1)*20 , 20，这样就可以得到第 10 页显示的信息。看完示例，可以将查询语句归纳如下：

　　格式：

　　select * from 'news' limit ($page-1)*$pagesize,$pagesize

　　查询语句解决了，现在只需要获取两个参数的值，就可以编写小示例，数据库结构如表 15-1 所示。

表 15-1

字　段　名	字　段　类　型
id	int(11)
title	varchar(255)

续表

字　段　名	字　段　类　型
author	varchar(50)
time	date

页面代码参见示例 15-1。

示例 15-1：

```php
1.   <?php
2.   //连接数据库
3.   mysql_connect("localhost","root","")or die(mysql_error());
4.   mysql_select_db("news")or die(mysql_error());
5.   mysql_query("set names 'gbk'");
6.   //分页模块
7.   $pagesize=5;//定义每个页面显示的条数
8.   $num_query=mysql_query("select count(*) from `newslist` ");    //查询数据库总条数
9.   $rs=mysql_fetch_array($num_query);
10.  $count=$rs[0];                                                 //总条数
11.  $pagenum=ceil($count/$pagesize);                              //总页数，采用进一法 ceil()
12.  $page=empty($_GET['page'])?1:$_GET["page"];                   //显示当前页
13.  //显示当前页面信息
14.  echo "<table>";
15.  $sql="select * from newslist limit ".($page-1)*$pagesize.",".$pagesize;
16.  $query=mysql_query($sql);
17.  while($rs=mysql_fetch_array($query)){
18.  ?>
19.  <tr><td>标题：<?php echo    $rs[title]; ?> </td><td>作者：<?php echo    $rs[author]; ?>
     </td><td>时间：<?php echo    $rs[time]; ?> </td></tr>
20.  <?php
21.  }
22.  echo "</table>";
23.  //显示分页符
24.  for($i=1;$i<=$pagenum;$i++){
25.  echo "<a href='index.php?page=".$i."'>".$i."</a>   ";
26.  }
27.  ?>
```

该程序的运行结果如图 15-1 所示。

图 15-1

代码分析：

首先需要连接数据库（具体见第 8 章），其次需要知道共计有多少页（$pagenum），每页多少条数据（$pagesize），当前第几页（$page），这里通过 URL 传递 page 的值，根据$_GET['page']的值判断当前是第几页，如果页面没有传递 page 的值，就需要默认为第一页，参见示例 15-2。

示例 15-2：

```
1.  $page=empty($_GET['page'])?1:$_GET["page"];    //显示当前页
```

当前页和每页条数确定后，查询数据库中当前页需要的信息，并用表格显示出来，参见示例 15-3。

示例 15-3：

```
1.  $sql="select * from newslist limit ".($page-1)*$pagesize.",".$pagesize;
2.  $query=mysql_query($sql);
3.  while($rs=mysql_fetch_array($query)){
4.  ?>
5.  <tr><td>标题：<?php echo   $rs[title]; ?> </td><td>作者：<?php echo   $rs[author]; ?>
    </td><td>时间：<?php echo   $rs[time]; ?> </td></tr>
6.  <?php
7.  }
```

最后一步显示分页符，通过总页数循环显示页码，并且在页码的 URL 上传递 page 值。这样一个简易的分页程序就完成了，当然，在项目中，这个简单的分页显然不能满足我们的需求，我们的分页需要首页、上一页、下一页、尾页等，这些就需要更深一步的思考，下面介绍一个分页类，方便以后使用。

15.1.3　分页类的设计

将分页模块封装成一个类文件 page.class.php，相信大家学习了第 5 章以后，应该对面向对象的思想有一定了解。详细阅读示例 15-4 的代码，参照代码分析更好地掌握分页的原理。

示例 15-4：

```
1.  <?php
2.  /**
3.   *------------------------分页类--------------------*
4.   */
5.  class PageClass
6.  {
7.  private $myde_count;                //总记录数
8.  var $myde_size;                     //每页记录数
9.  private $myde_page;                 //当前页
10. private $myde_page_count;           //总页数
11. private $page_url;                  //页面 URL
12. private $page_i;                    //起始页
13. private $page_ub;                   //结束页
14. var $page_limit;
15. function __construct($myde_count=0, $myde_size=1, $myde_page=1,$page_url)
```

```
                                    //构造函数
16.  {
17.  $this -> myde_count = $this -> numeric($myde_count);
18.  $this -> myde_size   = $this -> numeric($myde_size);
19.  $this -> myde_page   = $this -> numeric($myde_page);
20.  $this -> page_limit = ($this -> myde_page * $this -> myde_size) - $this -> myde_size;
21.  $this -> page_url   = $page_url;
22.  if($this -> myde_page < 1) $this -> myde_page =1;
23.  if($this -> myde_count < 0) $this -> myde_page =0;
24.  $this -> myde_page_count   = ceil($this -> myde_count/$this -> myde_size);
25.  if($this -> myde_page_count < 1) $this -> myde_page_count = 1;
26.  if($this -> myde_page > $this -> myde_page_count)
27.  $this -> myde_page = $this -> myde_page_count;
28.  $this -> page_i = $this -> myde_page - 2;
29.  $this -> page_ub = $this -> myde_page + 2;
30.  if($this -> page_i < 1){
31.  $this -> page_ub = $this -> page_ub + (1 - $this -> page_i);
32.  $this -> page_i = 1;
33.  }
34.  if($this -> page_ub > $this -> myde_page_count){
35.  $this -> page_i = $this -> page_i - ($this -> page_ub - $this -> myde_page_count);
36.  $this -> page_ub = $this -> myde_page_count;
37.  if($this -> page_i < 1) $this -> page_i = 1;
38.  }
39.  }
40.  private function numeric($id)              //判断是否为数字
41.  {
42.  if (strlen($id)){
43.  if (!ereg("^[0-9]+$",$id)){
44.  $id = 1;
45.  }else{
46.  $id = substr($id,0,11);
47.  }
48.  }else{
49.  $id = 1;
50.  }
51.  return $id;
52.  }
53.  private function page_replace($page)            //地址替换
54.  {
55.  return str_replace("{page}", $page, $this -> page_url);
56.  }
57.  private function myde_home()                //首页
58.  {
59.  if($this -> myde_page != 1){
60.  return "<a href=\"".$this -> page_replace(1)."\"   title=\"首页\" >首页</a>\n";
61.  }else{
62.  return "首页\n";
63.  }
64.  }
```

```
65.    private function myde_prev()                      //上一页
66.    {
67.    if($this -> myde_page != 1){
68.    return "<a href=\"".$this -> page_replace($this->myde_page-1) ."\"   title=\"上一页\" >上一页
       </a>\n";
69.    }else{
70.    return "上一页\n";
71.    }
72.    }
73.    private function myde_next()                      //下一页
74.    {
75.    if($this -> myde_page != $this -> myde_page_count){
76.    return "<a href=\"".$this -> page_replace($this->myde_page+1) ."\"   title=\"下一页\" >下一页
       </a>\n";
77.    }else{
78.    return "下一页\n";
79.    }
80.    }
81.    private function myde_last()                       //尾页
82.    {
83.    if($this -> myde_page != $this -> myde_page_count){
84.    return "<a href=\"".$this -> page_replace($this -> myde_page_count)."\"   title=\"尾页\" >尾页
       </a>\n";
85.    }else{
86.    return "尾页\n";
87.    }
88.    }
89.    function myde_write($id='page')                   //输出
90.    {
91.    $str   = "<div id=\"".$id."\" class=\"admin_pages\">\n   <ul>\n   ";
92.    $str .= "总记录:<span>".$this -> myde_count."</span> 条   \n";
93.    $str .= "<span>".$this -> myde_page."</span> / <span>".$this -> myde_page_count."</span>
       页  \n";
94.    $str .= $this -> myde_home();
95.    $str .= $this -> myde_prev();
96.    for($page_for_i = $this -> page_i;
97.    $page_for_i <= $this -> page_ub; $page_for_i++){
98.    if($this -> myde_page == $page_for_i){
99.    $str .= "<font color=red><b>".$page_for_i."</b></font> \n";
100.   }else{
101.   $str .= "<a href=\"".$this -> page_replace($page_for_i)."\" title=\"第".$page_for_i."页\">";
102.   $str .= $page_for_i . "</a>\n";
103.   }
104.   }
105.   $str .= $this -> myde_next();
106.   $str .= $this -> myde_last();
107.   $str .= "</div>";
108.   return $str;
109.   }
110.   }
```

```
111. /*----------------------实例----------------------*
112. $page = new PageClass(1000,5,$_GET['page'],'?page={page}');      //用于动态
113. $page = new PageClass(1000,5,$_GET['page'],'list-{page}.html');      //用于静态或者伪静态
114. $page -> myde_write();      //显示
115. */
116. ?>
```

1. 代码分析

7～15 行：自定义成员属性，具体如表 15-2 所示。

表 15-2

成 员 属 性	描　　　述
$myde_count	数据总条数
$myde_size	每页显示数据条数
$myde_page	当前页面
$myde_page_count	数据总页数
$page_url	页面 URL
$page_i	起始页面
$page_ub	结束页面
$page_limit	当前页的起始条数

16～39 行：构造函数，将数据总条数、每页数据条数、当前页数和页面 URL 传递到类文件中，并对其进行操作。

40～52 行：成员方法 numeric，用于判断参数是否为数字，如果不能匹配数字，那么将其默认为 1，否则将显示数字，只取前 11 位。

53～56 行：成员方法 page_replace()，将传递的地址进行转换。

57～64 行：成员方法 myde_home()，显示分页符中的"首页"，判断当前页是否为首页，如果为首页，那么分页符中显示的首页没有链接，否则给其附上首页链接。

65～72 行：成员方法 myde_prev()，显示分页符中的"上一页"，判断当前页是否为第一页，如果为第一页，那么分页符中显示的上一页没有链接，否则给其添加上一页的链接。

73～80 行：成员方法 myde_next()，显示分页符中的"下一页"，判断当前页是否为最后一页，如果为最后一页，那么分页符中显示的下一页没有链接，否则给其添加下一页的链接。

81～88 行：成员方法 myde_last()，显示分页符中的"末页"，判断当前页是否为末页，如果为末页，那么分页符中显示的末页没有链接，否则给其添加末页的链接。

89～110 行：成员方法 myde_write()，显示分页符，将分页符以字符串的形式显示出来，显示首页、上一页（部分页码）、下一页和末页。

2. 应用举例

这里应用分页类来实现分页模块，代码参见示例 15-5。

示例 15-5：

```
1.    <?php
2.    include("page.class.php");
```

```
3.    mysql_connect("localhost","root","")or die(mysql_error());        //连接数据库
4.    mysql_select_db("news")or die(mysql_error());
5.    mysql_query("set names 'gbk'");
6.    //分页模块
7.    $pagesize=5;                                                       //定义每个页面显示的条数
8.    $num_query=mysql_query("select count(*) from 'newslist' ");        //查询数据库总条数
9.    $rs=mysql_fetch_array($num_query);
10.   $count=$rs[0];                                                     //总条数
11.   $pagenum=ceil($count/$pagesize);                                   //总页数，采用进一法 ceil()
12.   $page=empty($_GET['page'])?1:$_GET["page"];                        //显示当前页
13.   //显示当前页面信息
14.   echo "<table>";
15.   $sql="select * from newslist limit ".($page-1)*$pagesize.",".$pagesize;
16.   $query=mysql_query($sql);
17.   while($rs=mysql_fetch_array($query)){
18.   ?>
19.   <tr><td>标题：<?php echo   $rs[title]; ?> </td><td>作者：<?php echo   $rs[author]; ?>
      </td><td>时间：<?php echo   $rs[time]; ?> </td></tr>
20.   <?php
21.   }
22.   echo "</table>";
23.   //显示分页符
24.   $page = new PageClass($count,$pagenum,$page,'?page={page}');       //用于动态
25.   echo $page -> myde_write();                                        //显示
26.   ?>
```

只需要引入分页类，然后在 24～26 行调用分页方法，即可完成分页，效果如图 15-2 所示。

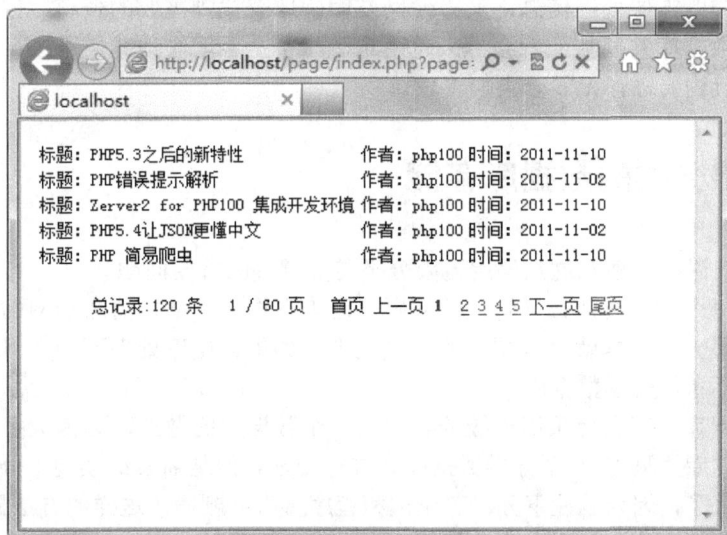

图 15-2

15.2 无限分类模块开发

15.2.1 无限分类模块的介绍

在制作网站的过程中，分类是非常重要的，良好的分类能让用户快速地找到自己需要的内容，否则用户体验降低，容易造成用户的流失。在分类的过程中，在主分类下面再分类称为二级分类或者次分类，目前绝大数网站可以分到第三级分类：

主分类（父分类）—>二级分类（子分类）—>三级分类（孙分类）

这种关联的分类越多，程序和数据库的控制就越复杂。同一级的分类处理和控制是非常简单的，因为只需要一个数据库来记载这一级的分类名称即可，如系统、程序等分类，在这一级分类上处理是非常简单的，但对一个网站来说只有一级分类是远远不够的，还需要再分类，如：

系统—>Linux、Windows

程序—> PHP、ASP、C、C++

这样分类就很清晰了，系统包括 Linux 和 Windows，而程序包括 PHP、ASP、C、C++，为了让信息更加便于用户使用，于是继续分类：

Linux—>系统工具、内核、编程语言、开发工具

Windows—>系统工具、内核、编程语言、开发工具

...

分类到第三级，信息的处理就更清晰了。也就是说，为了清晰地分辨资料，分类越详细就越方便使用，这样既方便处理信息，又方便网友明确地查找到需要的资料，但随着不断的细化分类，在程序和数据库的控制上就会越来越困难，如果是无限次地分类下去，四级分类，五级分类……，那么就需要进行无限分类的管理。

15.2.2 无限分类的数据库存储

无限分类如何进行管理？这是使用无限分类需要解决的首要问题。

无限分类是每个程序员都必须解决的问题，因为制作一个结构清晰的网站，分类问题是不可避免的，其中最大的问题就是数据库的分类处理，如果数据库处理不当，将会带来巨大的工作量，甚至不得不重新规划数据库。

很多人在数据库处理上会采用一级分类建立一个数据库的做法，因为大多网站都是只分到第三级，所以数据库里只需 3 个分类数据库来进行处理。但是需要继续向下分类时，这种做法的弊端就显露出来了，因为越往下分，工作量和程序量将会剧增，这样的方法显然是不合理的，下面介绍用分类数据库建立无限向下分级的分类方法。

如何设计一个合理的数据库，是实现无限分类的第一步，这里建一个 class 的数据库表，结构如表 15-3 所示。

创建完数据库后，简单介绍一下 cid 字段的用途：cid 用于存放当前类别的上一级 id。例如，系统分为 Linux、Windows，Linux 分为系统工具、内核、编程语言、开发工具，那么系统工具

的 cid 就是指 Linux 的 id。至此，完成了数据库的设计，下面由 PHP 来完美显示分类的关系。

表 15-3

字　段　名	字　段　类　型
id	int(11)
cid	int(11)
classname	varchar(50)
time	date

15.2.3　无限分类的实现与操作

无限分类的操作主要分为显示分类、添加分类和删除分类。

1. 显示无限分类

首先，需要显示无限分类，下面介绍一个无限分类的显示类，代码参见示例 15-6。

示例 15-6：

```php
1.  <?php
2.  class Tree
3.  {
4.  public $data=array();
5.  public $cateArray=array();
6.  function setNode ($id, $parent, $value)
7.  {
8.  $parent = $parent?$parent:0;
9.  $this->data[$id] = $value;
10. $this->cateArray[$id] = $parent;
11. }
12. function getChilds($id=0)
13. {
14. $childArray=array();
15. $childs=$this->getChild($id);
16. foreach ($childs as $child)
17. {
18. $childArray[]=$child;
19. $childArray=array_merge($childArray,$this->getChilds($child));
20. }
21. return $childArray;
22. }
23. function getChild($id)
24. {
25. $childs=array();
26. foreach ($this->cateArray as $child=>$parent)
27. {
28. if ($parent==$id)
```

```
29.    {
30.    $childs[$child]=$child;
31.    }
32.    }
33.    return $childs;
34.    }
35.    //单线获取父节点
36.    function getNodeLever($id)
37.    {
38.    $parents=array();
39.    if (array_key_exists($this->cateArray[$id],$this->cateArray))
40.    {
41.    $parents[]=$this->cateArray[$id];
42.    $parents=array_merge($parents,$this->getNodeLever($this->cateArray[$id]));
43.    }
44.    return $parents;
45.    }
46.    function getLayer($id,$preStr='-')
47.    {
48.    return str_repeat($preStr,count($this->getNodeLever($id)));
49.    }
50.    function getValue ($id)
51.    {
52.    return $this->data[$id];
53.    } // end func
54.    }
55.    ?>
```

代码分析：

4～5 行：定义成员属性$data，用于存放分类名；成员属性$cateArray，用于存放分类 id。

6～11 行：将分类名赋给成员属性 data，将分类赋给成员属性 cateArray。

12～22 行：遍历所有的分类，用递归的方法将分类 id 的数组合并，返回出来。

23～34 行：获取当前分类 id，赋给数组$childs[$child]=$child。

35～45 行：单线获取父节点，并且将父节点存进数组。

46～49 行：根据 id 显示当前分类前有多少个父类，用"-"表示。

50～53 行：根据 id 显示当前分类名。

以上是无限分类的 class 类，下面介绍如何使用 tree 类库，参见示例 15-7。

示例 15-7：

```
1.    <?php
2.    include("tree.class.php");
3.    include("conn.php");
4.    $Tree = new Tree();                              //实例化 tree 类
5.    $query=mysql_query("select * from class");       //查询 class 数据库分类
6.    while($rs=mysql_fetch_array($query)){
7.    $array[]=$rs;                                    //将查询结果赋给$array
8.    }
9.    foreach($array as $v){                           //遍历$array 数组
```

```
10.  //setNode(目录 ID,上级 ID，目录名字);
11.  $Tree->setNode($v['id'], $v['cid'], $v['classname']);    //将分类数据传入类库
12.  }
13.  $category = $Tree->getChilds();              //将分类遍历显示
14.  echo "<select name='cid'>";                  //利用下拉列表框将分类结果显示出来
15.  foreach ($category as $key=>$id)
16.  {
17.  echo "<option value='$id'>";
18.  echo $Tree->getLayer($id,'-').$Tree->getValue($id)."</option>";
19.  }
20.  echo "</select>"
21.  ?>
```

实例演示结果如图 15-3 所示。

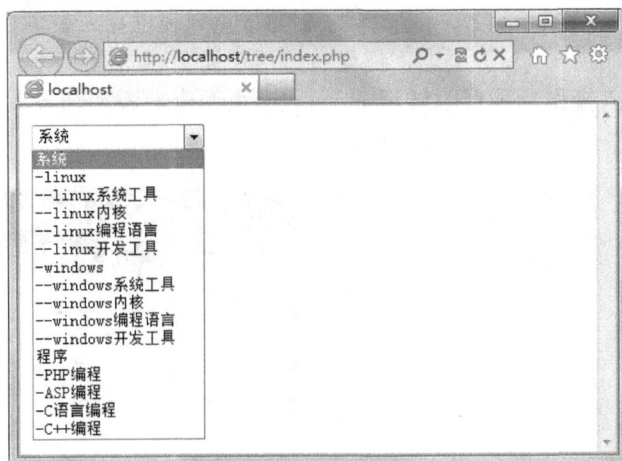

图 15-3

2．添加无限分类

首先需要编写一个添加分类的操作，在下拉列表框后面添加一个文本框，再在下拉列表框中选择新添加的上一级分类，将示例 15-7 的第 15-21 行修改，具体代码参见示例 15-8。

示例 15-8：

index.php 部分代码：

```
1.   echo "<form action='addclass.php' method='post'>";
2.   echo "<select name='cid'>";
3.   echo "<option value='0'>一级分类</option>";
4.   foreach ($category as $key=>$id)
5.   {
6.   echo "<option value='$id'>";
7.   echo $Tree->getLayer($id,'-').$Tree->getValue($id)."</option>";
8.   }
9.   echo "</select>";
10.  echo "分类名称：<input type='text' name='classname'>";
11.  echo "<input type='submit' name='submit' value='添加'>";
12.  echo "</form>";
```

分类添加页面 addclass.php：

```php
1.  <?php
2.  include("conn.php");
3.  if(isset($_POST['submit'])){
4.  $sql="insert into class set 'id' = null , 'cid'= '".$_POST['cid'].'", 'classname`='
    ".$_POST['classname'].'",time=now()";
5.  $result=mysql_query($sql);
6.  if(!empty($result)){
7.  echo "<script>alert('分类添加成功');window.location.href='index.php'</script>";
8.  }
9.  }
10. ?>
```

代码分析：

在 index.php 页面（见图 15-4），将示例 15-8 的下拉列表框写入表单，供新分类选择上一目录，然后添加文本框，用于填写分类名，提交按钮用于提交添加信息至 addclass.php 页面（见图 15-5）进行数据插入操作，最后跳转至 index.php 页面查看添加结果（见图 15-6）。

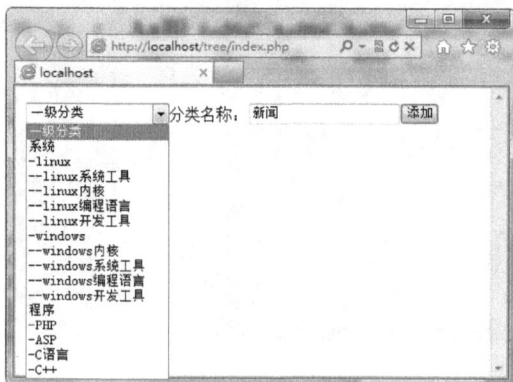

图 15-4

图 15-5

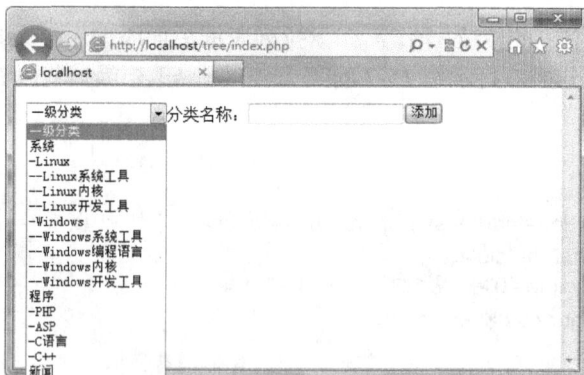

图 15-6

3. 删除无限分类

下面重点介绍如何删除无限分类，相信大家都知道如何删除一个分类，但是当删除一个分类的同时，还需要将其子级分类以及子级的下级分类删除，这是一个比较复杂的过程，需要使用一种方法，获取到需要删除的分类的所有子级的 id 获取到，然后进行删除。代码参见示例 15-9。

示例 15-9：

```php
1.  <?php
2.  include("tree.class.php");
3.  include("conn.php");
4.  //删除分类的方法 delclass()，id 表示需要删除的分类 id
5.  function delclass($id){
6.  $array[]=$id;                                    //将当前 id 存入数组
7.  $class_query=mysql_query("select 'id' from 'class' where 'cid' = '".$id."'");
8.  //查询当前 id 的所有下级分类
9.  while($class_rs=mysql_fetch_array($class_query)){
10. $arr[]=$class_rs;
11. }
12. if(!empty($arr)){                                //判断是否有子级分类
13. foreach($arr as $v){                             //遍历子级分类的 id
14. $arr_child=delclass($v['id']);
15. //递归调用 delclass();查看子级分类是否还有下级目录
16. foreach($arr_child as $val){
17. $array[]=$val;                                   //遍历所有符合要求的分类，并赋给$array 数组
18. }
19. }
20. }
21. return $array;                                   //返回数组
22. }
23. //执行删除操作
24. if($_POST['submit']){
25. $arr_del=delclass($_POST['id']);                 //获取需要删除的 id 以及无限子级的 id
26. foreach($arr_del as $v){
27. $del=mysql_query("delete from 'class' where 'id' = '".$v."'");
28. }
29. }
30. //显示所有的分类
31. $Tree = new Tree();                              //实例化 tree 类
32. $query=mysql_query("select * from class");       //查询 class 数据库分类
33. while($rs=mysql_fetch_array($query)){
34. $array[]=$rs;
35. }
36. foreach($array as $v){
37. //setNode(目录 ID,上级 ID,目录名字);
38. $Tree->setNode($v['id'], $v['cid'], $v['classname']);
39. }
40. $category = $Tree->getChilds();
41. echo "<form action=" method='post'>";
42. echo "<select name='id'>";
43. foreach ($category as $key=>$id)
```

```
44.   {
45.   echo "<option value='$id'>".$Tree->getLayer($id, '-').$Tree->getValue($id)."</option>";
46.   }
47.   echo "</select>";
48.   echo "<input type='submit' name='submit' value='删除'>";
49.   echo "</form>";
50.   ?>
```

代码分析：

5～22 行：delclass()方法，根据提供的分类 id，查询需要删除的所有分类 id，并将所有的分类 id 写入同一个数组，返回最终的数组。

23～29 行：根据提交的分类 id，使用 del_class()方法遍历所有的 id 并删除。

30～40 行：显示所有的分类，并将分类以下拉列表框的方式显示出来供用户选择删除。

41～50 行：显示删除表单，选择分类，将其 id 传到 23～29 行进行删除操作。

以上为删除操作，演示结果如图 15-7 和图 15-8 所示。

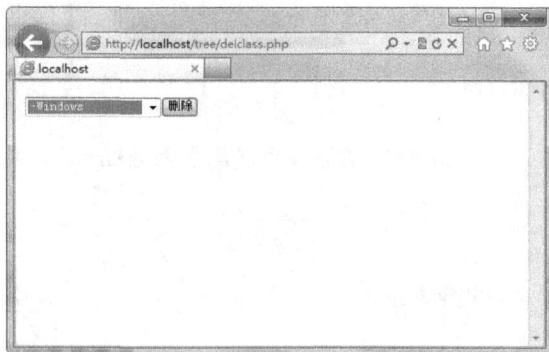

图 15-7

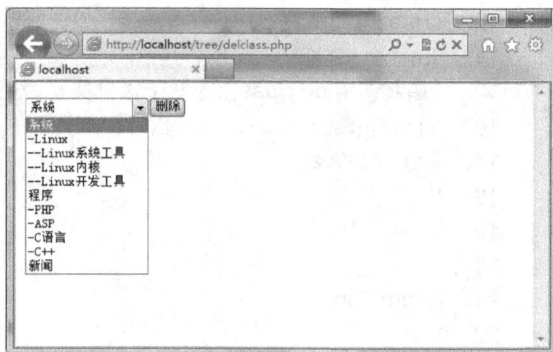

图 15-8

15.3　批量上传模块开发

15.3.1　批量上传模块的介绍

上传，对很多人来说并不是很困难，在一些特定情况下，并不是上传一张图片即可，而是需要进行多张批量的上传操作。这个功能的实现与单文件上传的原理是一样的，只是实现的方式略有改动。

15.3.2　批量上传模块的原理

PHP 批量上传是一门基础应用，在批量上传文件时，上传动作产生的文件信息存放于特定的数组中，数组的名字会根据 PHP 的版本和匹配文件的设置不同而不同，全局变量$_FILES 数组从 PHP4.1.0 版本就已经开始支持了。文件上传结束后，和单文件上传一样，默认地被存储在系统临时目录中，这时必须将它从临时目录中删除或移动到规定的目录下，如果没有，则会被删除，也就是说不管是否上传成功，PHP 脚本执行完毕后临时目录下的文件将被删除。所以在删除之前要用 PHP 的函数将其移动到其他目录下。至此，完成了上传的整个过程。

首先，要建立一个比较特殊的支持文件上传的表单。该表单的 name 值是以数组的形式出现的。

页面代码参见示例 15-10。

示例 15-10：

```
1.    <form enctype="multipart/form-data" action="" method="post">
2.    <input name="up[]" type="file"><br />
3.    <input name="up[]" type="file"><br />
4.    <input name="up[]" type="file"><br />
5.    <input type="submit" name="sub" value="上传"><br />
6.    </form>
```

代码分析：

首先要建立一个支持多文件上传的 HTML 表单，该表单不同于其他的 form 表单，它有一个比较特殊的参数 enctype，它的含义是设置表单的 MIME 编码，默认情况下的格式是 application/x-www-form-urlencoded，不能用于文件上传；只有使用了 multipart/form-data，才能完整地传递文件数据，它传递的参数是以二进制的形式传过去的，使用 multipart/form-data 上传时，发送的请求和一般的 HTTP 不一样，需要转化后才能读取其他参数。在 Web 开发的过程中，会提示上传成功，但需要上传的文件上传不到指定目录，首先应该关注的是所写 form 表单是否缺少了该参数，它直接影响文件上传成功与否。

15.3.3　批量上传类的设计

作为一个类文件，应该封装成一个类似这样的格式：uploads.class.php。下面以示例 15-11 为例来介绍文件的批量上传。

示例 15-11：

```
1.    <?php
2.    class Uploads {
3.        private $user_post_file = array ();      //用户上传的文件
4.        private $save_file_path;                 //存放用户上传文件的路径
5.        private $max_file_size;                  //文件最大尺寸
6.        private $last_error;                     //记录最后一次出错信息
7.        private $allow_type = array ('gif', 'jpg', 'png', 'zip', 'rar', 'txt', 'doc', 'pdf' );
                                                   //默认允许用户上传的文件类型
8.        private $final_file_path;                //最终保存的文件名
9.        private $save_info = array ();           //返回一组有用信息，用于提示用户
10.       private $is_thumb="0";                   //生成缩略图，默认为关闭状态
11.       private $twidth = "100";                 //默认生成的缩略图为 100×100
12.       private $theigh = "100";
13.       private $extend = ".jpg";                //生成缩略图默认为.jpg
```

```php
14.        function __construct($file, $path, $size = 2000000000, $type = '',$thumb=0,$twidth=100,
    $theigh=100,$extend) {
15.            $this->user_post_file = $file;
16.            $this->save_file_path = $path;
17.            $this->max_file_size = $size;    //如果用户不填写文件大小，则默认为 2MB
18.            $this->is_thumb = $thumb;
19.            $this->twidth = $twidth;
20.            $this->theight = $theigh;
21.            $this->extend = $extend;
22.            if ($type != '')
23.                $this->allow_type = $type;
24.        }
25.    function upload() {
26.            for($i = 0; $i < count ( $this->user_post_file ['name'] ); $i ++) {
27.            if ($this->user_post_file ['error'] [$i] == 0) {//取当前文件名、临时文件名、大小、扩
    展名，后面将用到
28.            $name = $this->user_post_file ['name'] [$i];
29.            $tmpname = $this->user_post_file ['tmp_name'] [$i];
30.            $size = $this->user_post_file ['size'] [$i];
31.            $mime_type = $this->user_post_file ['type'] [$i];
32.            $type = $this->getFileExt ( $this->user_post_file ['name'] [$i] );
33.            //检测当前上传文件是否非法提交
34.            if (! is_uploaded_file ( $tmpname )){
35.            $this->last_error = "非法上传文件";
36.            $this->halt ( $this->last_error );
37.                continue;
38.            }
39.            if (! $this->checkType ( $type )) {          //判断上传文件的扩展名是否合法
40.            $this->last_error = "上传文件不合法: ." . $type;
41.            $this->halt ( $this->last_error );
42.            continue;
43.            }
44.            if (! $this->checkSize ( $size )) {
45.            $this->last_error = "上传文件不得超过限定大小";
46.            $this->halt ( $this->last_error );
47.                continue;
48.            }
49.            //重新给上传的文件命名
50.            $basename = $this->getBaseName ( $name, "." . $type );
51.                $saveas = $basename . "-" . time () . "." . $type;        //移动后的文件名
52.            //组合新文件名再存到指定目录下，格式：存储路径 + 文件名 + 时间 + 扩展名
53.            if(!is_dir($this->save_file_path)){
54.                mkdir($this->save_file_path,0777);
55.            }
56.            $this->final_file_path = $this->save_file_path . "/" . $saveas;
57.            if (! move_uploaded_file ( $tmpname, $this->final_file_path )) {
```

```
58.          $this->last_error = $this->user_post_file ['error'] [$i];
59.          $this->halt ( $this->last_error );
60.          continue;
61.        }else{
62.              if($this->is_thumb==1){    //判断是否要生成缩略图
63.          $this->thumb($this->twidth,$this->theight,$this->final_file_path,$this->extend);
64.              }
65.  }                    //存储上传文件相关的信息，以便后面使用
66.          $this->save_info [] = array ("name" => $name, "type" => $type, "mime_type" =>
     $mime_type, "size" => $size, "saveas" => $saveas, "path" => $this->final_file_path );
67.      }
68.          }
69.          return count ( $this->save_info );      //返回上传成功的文件数目
70.      }
71.    function getSaveInfo() {          //上传文件最终保存的路径
72.          return $this->save_info;
73.    }
74.    function checkSize($size) {
75.        if ($size > $this->max_file_size) {
76.              return false;
77.        }else{
78.              return true;
79.        }
80.    }
81.    function checkType($extension) {     //判断用户上传的文件类型是否合法
82.        foreach ( $this->allow_type as $type ) {
83.        if (strcasecmp ( $extension, $type ) == 0)
84.              return true;
85.          }
86.          return false;
87.    }
88.    function halt($msg) {       //显示报错信息
89.              printf ( "<b><上传文件错误提示:></b> %s <br>\n", $msg );
90.    }
91.    function getFileExt($filename) {//获取上传文件扩展名
92.              $stuff = pathinfo ( $filename );
93.              return $stuff ['extension'];
94.    }
95.    function getBaseName($filename, $type) {        //获取上传文件名（不包括扩展名）
96.              $basename = basename ( $filename, $type );
97.              return $basename;
98.    }
99.    private function thumb($twidth,$theight,$patch,$type){        //生成缩略图
100.              switch ($type)
101.              {
102.              case ".jpg":
```

```
103.            $image2=imagecreatefromjpeg($patch);
104.            if(!function_exists("outputimg")){
105.            function outputimg($image,$path){
106.            imagejpeg($image,$path);
107.            }}
108.            break;
109.        case ".gif":
110.            $image2=imagecreatefromgif($patch);
111.            if(!function_exists("outputimg")){
112.            function outputimg($image,$path){
113.            imagegif($image,$path);
114.            }}
115.            break;
116.        case ".png":
117.            $image2=imagecreatefrompng($patch);
118.            if(!function_exists("outputimg")){
119.            function outputimg($image,$path){
120.            imagepng($image,$path);
121.            }}
122.            break;
123.            }
124.            $image2x=imagesx($image2);  //获取原图大小
125.            $image2y=imagesy($image2);
126.            $bs=$image2x/$this->twidth;
127.    if(($image2y/$bs)>$this->theigh) {          //等比例缩放缩略图
128.            $nbs=$image2y/$this->theigh;
129.            $width=$image2x/$nbs;
130.            $height=$this->theigh;
131.    }elseif (($image2y/$bs)<$height){
132.            $width=$this->twidth;
133.            $height=$image2y/$bs;
134.    }else{
135.            $width=$image2x/$bs;
136.            $height=$image2y/$bs;
137.            }
138.            $image=imagecreatetruecolor($width, $height);
139.    if($type==".png"){
140.            imagesavealpha($image2,true);       //设置 PNG 透明 alpha 通道开启
141.            imagealphablending($image,false);   //不合并 alpha 通道图层
142.            imagesavealpha($image,true);
143.            }
144.            $image2x=imagesx($image2);
145.            $image2y=imagesy($image2);
146. imagecopyresampled($image, $image2, 0, 0, 0, 0, $width, $height, $image2x, $image2y);
147.            outputimg($image,$patch);
148.            imagedestroy($image2);
```

```
149.                imagedestroy($image);
150.                return true;
151.            }
152. }
153. ?>
```

1. 代码分析

1～13 行：自定义成员属性，具体如表 15-4 所示。

表 15-4

成 员 属 性	描　　　述
$user_post_file	用户上传的文件
$save_file_path	保存用户文件上传的路径
$max_file_size	文件上传的最大尺寸
$last_error	记录上传出错信息
$allow_type	允许上传文件的类型
$final_file_path	上传文件最终保存的文件名
$save_info	存储当前文件的有关信息，以便其他程序调用
$is_thumb	生成缩略图，默认为关闭状态
$twidth	生成缩略图的长，默认状态下为 100
$theigh	生成缩略图的宽，默认状态下为 100
$extend	生成缩略图的扩展名，默认状态下为.jpg

14～24 行：构造函数，将上传的文件、上传文件的路径、上传文件的大小，以及上传文件的类型同 URL 地址传到类文件里。

25～32 行：判断当前上传文件是否非法提交。

33～38 行：判断上传文件的类型是否在$allow_type 范围内。

39～43 行：判断上传文件的扩展名是否在限制的范围内。

44～48 行：判断上传文件不得操作限制的大小。

49～52 行：重新为上传的文件命名，文件扩展名不改变，新文件名由原名+时间+原扩展名组成，并且把重新命名的文件移动到指定的目录下。

53～55 行：判断最终文件上传到的文件夹是否存在，若不存在，则自动创建。

56～64 行：把上传文件重新命名后，移动到指定的目录下。如果开启生成缩略图功能，则自动生成缩略图。

65～70 行：存储与上传文件相关的内容，以方便别处调用。

71～73 行：成员方法 getSaveInfo()，返回最终文件上传到的最终路径。

74～80 行：成员方法 checkSize()，用来判断用户上传文件的大小是否符合规定。如果符合，则返回 TRUE，否则返回 FALSE。

81～87 行：成员方法 checkType()，用来判断用户上传文件的类型是否符合要求。如果符合，则返回 TRUE，否则返回 FALSE。

88～90 行：成员方法 halt()，提示报错信息。

91～94 行：成员方法 getFileExt()，用来提取用户上传文件的扩展名。

95～98 行：成员方法 getBaseName()，用来提取用户上传文件的文件名（扩展名除外）。

99～123 行：成员方法 thumb()，判断是否要开启生成缩略图功能，并确定要生成缩略图的类型。

124～137 行：缩略图等比例缩放。

138～143 行：如果是 PNG 格式的图片，是否开启 alpha 通道。

144～153 行：图片输出。

2．应用举例

这里以示例 15-11 的类文件为例来实现批量上传的功能模块，代码参见示例 15-12。

示例 15-12：

```php
1.    <?php
2.        require_once 'Uploads.class.php';              //引入上传类文件
3.    if (isset ( $_POST ['sub'] )) {
4.        $type = array ('gif', 'jpg', 'png', 'zip', 'rar');        //设置上传文件类型
5.        $upload = new Uploads ( $_FILES ['up'], './up', 100000, $type，'1','200','200');
6.        $num = $upload->upload ();
7.        if ($num != 0) {
8.            echo $num . "个文件上传成功";
9.        } else {
10.            echo "上传失败<br>";
11.        }
12.   }
13.   ?>
14.   <html>
15.   <head>
16.   <title> 动态增加文件上传域</title>
17.   <body>
18.   <script type="text/javascript">
19.       function addfile(){
20.       var str='<input type="file" name="up[]" size="20"><br>';
21.       document.getElementById("myfile").insertAdjacentHTML("beforeEnd",str);
22.   }
23.   </script>
24.   <form enctype="multipart/form-data" action="" method="post">
25.   <input type="button"   value="增行"   onclick="addfile()"/><br/>
26.   <a id="myfile">
27.   <input type="file"   name="up[]"><br/></a>
28.   <input type="submit" name="sub" value="批量上传">
29.   </form>
30.   </body>
```

代码分析：

上述实例代码中，首先在第 2 行引入上传类文件，并在第 4 行设置允许上传文件的类型，然后在第 5、6 行实例化引入的类文件，并调用 upload()方法，最终得到图 15-9 所示的结果。第 14～30 行为 HTML 页面，其间添加了 JavaScript 脚本语言，可以动态地添加上传文件文本框，以方便更多的文件上传。

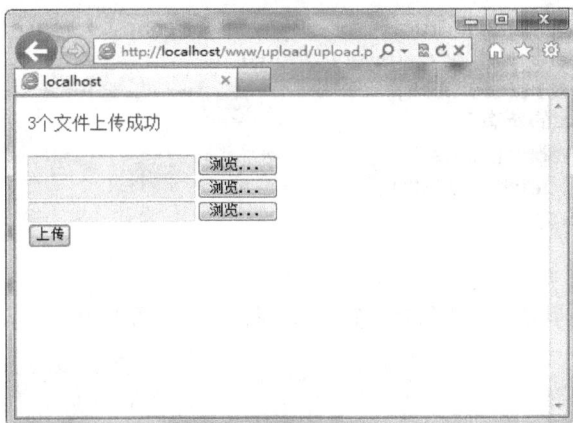

图 15-9

15.4　数据库备份模块开发

15.4.1　数据库备份模块的介绍

随着办公自动化和电子商务的飞速发展，企业对信息系统的依赖性越来越高，数据库作为信息系统的核心担当着重要的角色。尤其在一些对数据可靠性要求很高的行业如银行、证券、电信等，如果发生意外停机或数据丢失其损失会十分惨重。为此，数据库管理员应针对具体的业务要求制定详细的数据库备份与灾难恢复策略，并通过模拟故障对每种可能的情况进行严格测试，只有这样才能保证数据的高可用性。

在数据库表丢失或损坏的情况下，备份数据库是十分重要的。如果发生系统崩溃，那么肯定想将数据表尽可能丢失最少的数据恢复到崩溃发生时的状态。有时是 MySQL 管理员造成破坏，管理员知道数据库表已破坏，用诸如 vi 或 Emacs 等编辑器试图直接编辑它们，这对数据库表绝对不是件好事。下面介绍如何使用 PHP 备份 MySQL 数据库。

15.4.2　数据库备份模块的原理

数据库备份主要包括 4 个步骤。

1. 查询数据库中所有的数据表

作为第一步操作，首先需要知道备份的数据库名，根据数据库名来查询该数据库中的所有数据表，这里会用到一个数据库函数 mysql_list_tables()，该函数类似于 mysql_query()函数，返回所有的数据库表信息，参见示例 15-13。

示例 15-13：

```
1.    <?php
```

```
2.   mysql_connect("localhost","root","")or die(mysql_error());
3.   mysql_select_db("news")or die(mysql_error());
4.   mysql_query("set names 'gbk'");
5.   //查询当前数据库的所有表
6.   $tb=mysql_list_tables("news");
7.   while($rs=mysql_fetch_row($tb)){
8.   echo "表名：".$rs[0]."<br>";
9.   }
10.  ?>
```

该示例将输出 news 数据中的所有字段，其运行结果如图 15-10 所示。

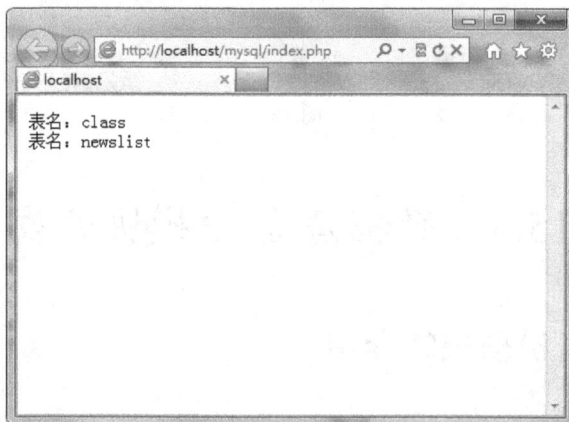

图 15-10

2. 查找数据表中的所有字段

第二步操作就是将表中的所有字段查询出来，并且将其生成 SQL 语句，如何将表中字段查询出来，这里使用另一个函数 mysql_fetch_field()，该函数返回当前数据表的所有字段的属性，如字段名 name，字段类型 type 等，具体如表 15-5 所示。

表 15-5

返回字段属性	描　　述
Name	字段的名称
Table	字段所属数据表的名称
Type	字段的类型
max_length	字段的最大长度
not_null	字段是否不能为空，是，则这一项的值为 1
primary_key	字段是否为主键，是，则这一项的值为 1
unique_key	字段是否为 unique 键，是，则这一项的值为 1
multiple_key	字段是否不为 unique 键，是，则这一项的值为 1
Numeric	字段是否为数字型，是，则这一项的值为 1
Blob	字段是否为 blob 型，是，则这一项的值为 1
Unsigned	数字型的字段是否为 unsigned 的，是，则这一项的值为 1
Zerofill	数字型的字段是否为 zerofilled 的，是，则这一项的值为 1

了解了 mysql_fetch_field()函数的返回值，下面通过一个简单的方法将数据表的字段显示出来并生成 SQL 语句，参见示例 15-14。

示例 15-14：

```php
1.    <?php
2.    //查询表中的所有字段，并将数据库表的 SQL 语句返回
3.    function get_table_fd($dbtable){
4.    $field="CREATE TABLE '$dbtable' (\n";              //显示插入数据表的 SQL 语句
5.    $query=mysql_query("select * from $dbtable");       //查询表中所有信息
6.    while ($row=mysql_fetch_field($query)){             //遍历数据表中的字段
7.    $field.= "'$row->name' $row->type($row->max_length),\n";
8.    //显示字段的部分属性
9.    }
10.   $field.=")";
11.   return $field;
12.   }
13.   ?>
```

该示例简单地将数据表中所有的字段名、字段类型、最大长度显示出来，这只是一个简单的方法，还需要将字段的其他属性一起显示出来，这里就不一一列举了。

3．查询数据库表中所有的数据

这里写成一个自定义的方法，参见示例 15-15。

示例 15-15：

```php
1.    <?php
2.    //查询表中的数据，并将插入数据的 SQL 语句返回
3.    function get_table_row($dbtable){
4.    $query=mysql_query("select * from $dbtable");
5.    while ($row=mysql_fetch_row($query)){
6.    $value="";
7.    foreach($row as $v){                               //显示所有字段的值
8.    $value.="'".$v."',";
9.    }
10.   $field.= "insert into $dbtable values($value)";
11.   }
12.   return $field;
13.   }
14.   ?>
```

该示例将一个表中所有字段的值全部用 insert 语句做了备份，下面只需要将这些 SQL 语句写入文件中即可。

4．将查询的结果生成 SQL 语句

将第 2 步和第 3 步中所有的 SQL 语句写入文件（参考本书 7.2 节），具体代码参见示例 15-16。

示例 15-16：

```php
1.  <?php
2.  mysql_connect("localhost","root","")or die(mysql_error());
3.  mysql_select_db("news")or die(mysql_error());
4.  mysql_query("set names 'gbk'");
5.  //查询当前数据库的所有表
6.  $tb=mysql_list_tables("news");
7.  while($rs=mysql_fetch_row($tb)){
8.  $str.= sql($rs[0]);
9.  }
10. function sql($dbtable){
11. return get_table_fd($dbtable)."\n".get_table_row($dbtable);
12. }
13. //生成一个新的文件 mysql.sql，来存放所有的备份信息
14. $fp=fopen("mysql.sql","w+");
15. fwrite($fp,$str);
16. fclose($fp);
```

该示例将表结构的 SQL 语句以及数据的语句一起写入了 mysql.sql 文件中，这样一个完整的数据备份就完成了。

提示

数据库备份注意事项：

（1）注意数据库的大小，过大或者过多的表分段处理。

（2）生成的 SQL 文件名或者存放位置不易被猜到。

（3）备份生成的文件可以是表或者自动为单位保存。

（4）可以使用 ZIP 组件压缩生成的文件，以便保存。

15.5　在线支付——支付宝开发

15.5.1　在线支付概述

自从有了淘宝网，人们就逐渐地养成了在网上淘东西的习惯。之前已经基本了解了如何将内容与用户进行交互，如何使网站产生价值。在线支付就成为了我们必不可少的一个选择，这里简单介绍一下在线支付的接口。

支付接口一般是第三方提供的代收款/付款的平台，可以通过支付接口帮助企业或个人利用

一切可以使用的支付方式（手机、银行卡、会员卡等）产生交易。常见的支付平台有支付宝、块钱、云网支付、贝宝、财付通（QQ）等。

　　用户使用支付宝支付的，一般首先通过流量网站访问到电子商城网站，选择商品，单击购买后进入支付平台进行支付，然后支付平台通过用户的支付信息将钱款转账至收款人（商家）账号中，转账成功后返回一个成功的数据给电子商务网站，最后由电子商务网站确认支付情况。具体流程如图 15-11 所示。

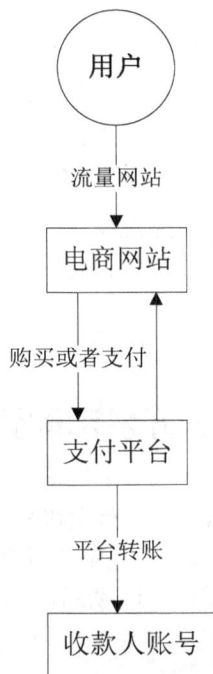

图 15-11

15.5.2　实现在线支付接口的原理和流程

　　了解了支付流程之后，下面介绍支付接口的原理以及使用支付接口的流程。首先需要 3 个页面，第一个是订单页面，在产生了订单之后，就需要将订单的信息传递给支付平台，传递的信息主要是订单号和价格，这是最重要的两个信息，其他信息如商品信息等也可以传递，作为辅助数据，以便显示出现问题以后的安全内容。传递给支付宝后，支付宝将会处理订单，将钱款转账到支付宝账户，而不是银行账户。第二个是状态页面，这个是我们接受的页面。不是所有的支付平台都有状态页面，支付宝提供了状态页面，会及时提供支付的状态，如支付成功或者支付失败等状态。最后一个是返回页面，这也是接受页面。在支付宝中支付了钱款，支付成功之后就会返回支付的结果，知道支付成功后，修改数据库中的某个字段表示用户已经付完款，就可以发货给买家了。

　　详细的流程如图 15-12 所示。

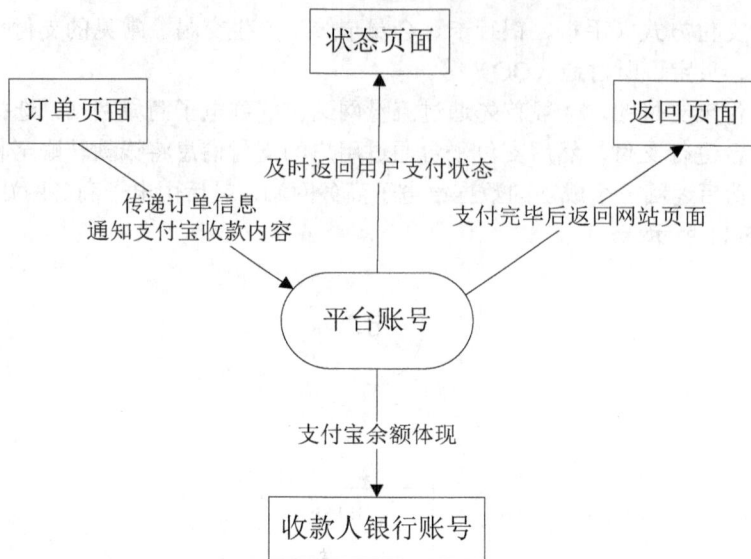

图 15-12

15.5.3 支付宝接口即时到账开发和配置

在开发支付宝接口之前，需要申请一个支付宝账号，具体流程如下：

（1）进入支付宝页面 www.alipay.com，登录支付宝，如图 15-13 所示。

（2）单击右上方的商家服务，如图 15-14 所示。

图 15-13

图 15-14

（3）选择即时到账收款选项（卖家最爱）后，单击"立即申请"按钮，如图 15-15 所示。

（4）申请完成之后，将进入正式申请页面，详细阅读接口的产品介绍，单击"在线申请"按钮，如图 15-16 所示。

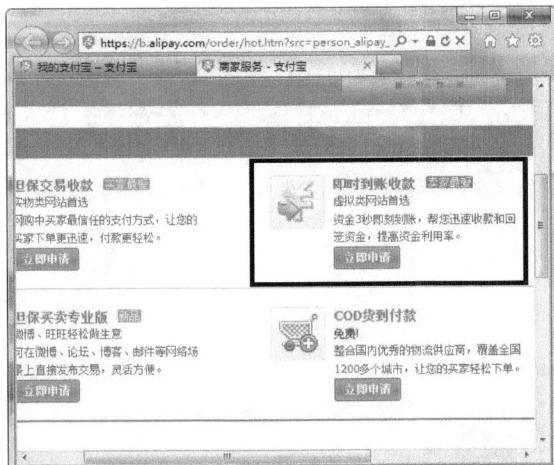

图 15-15

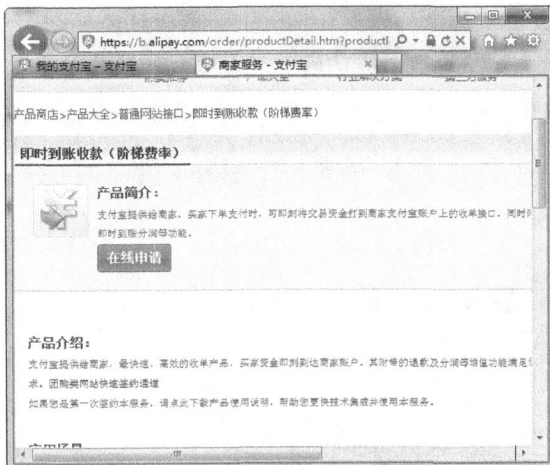

图 15-16

（5）申请完成之后，将进入个人信息填写页面，这时需要填写网站信息（见图 15-17）、申请人信息（见图 15-18）、企业信息（见图 15-19）等。

（6）内容填写结束后，需要单击"下一步"按钮确认信息，如图 15-20 所示。

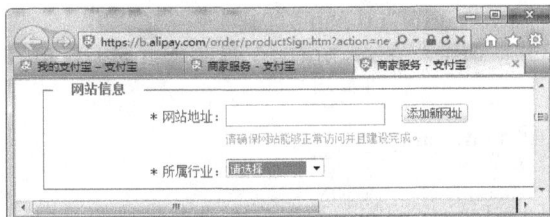

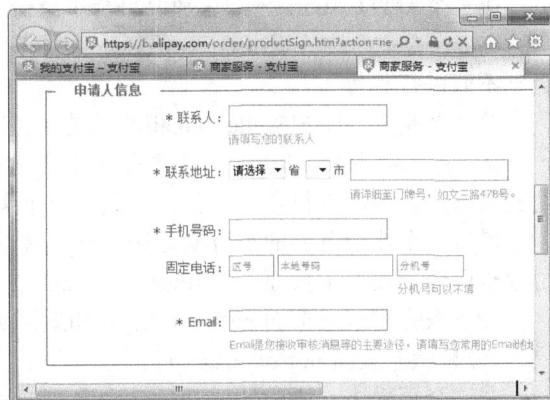

图 15-17

图 15-18

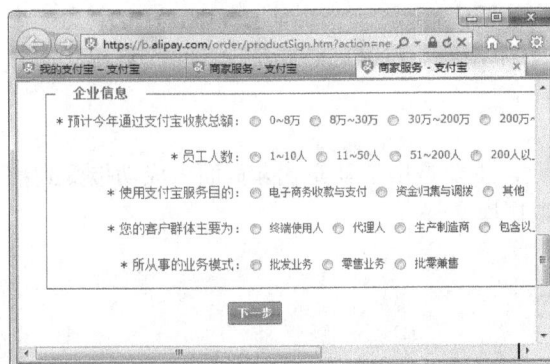

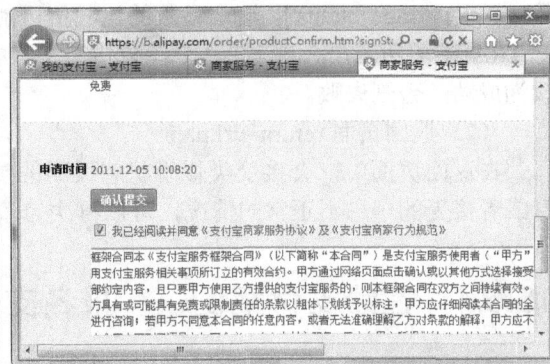

图 15-19

图 15-20

（7）确认完信息之后，也就完成了支付宝接口的申请，需要等待 1～3 个工作日的审核。

这里需要进行实名认证方可申请成功，如图 15-21 所示。

（8）申请成功后，进入"我的商家服务"，可以查询支付宝状态，如图 5-22 所示。

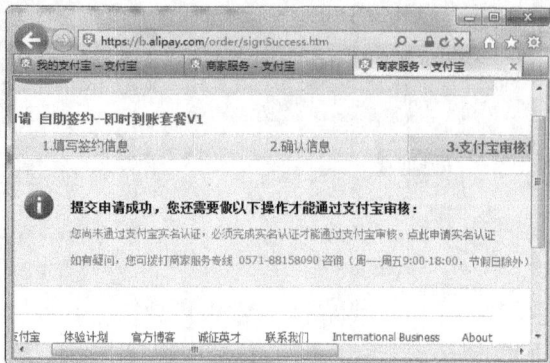

图 15-21

图 15-22

在完成了支付宝的申请之后介绍一下其中的开发文档。

首先将文档解压，然后逐个了解每个文档的作用，第一个是配置文件 alipay_config.php，该文件中有详细的解释，下面主要介绍配置文件中几个需要填写的参数。

第 1 个参数是$partner，它是填写合作身份者 ID，这个在下载文档页面中可以查看到。

第 2 个是安全校验码$security_code，同样可以在下载文档页面中查看，安全校验码是必填的，否则不能进行支付。

第 3 个是签约账户$seller_email，也是支付宝账户，这里填写申请的账户即可。

第 4 个参数是$notify_url，主要是用于交易过程中服务器通知使用的页面配置，也就是即时返回状态的页面，支付宝已经预先设置了一个页面，即 notify_url.php 页面。

最后一个比较重要的参数就是$return_url，主要是用于付款成功后用户跳转的页面，这里支付宝也已经预设好了页面，即 return_url.php。

接下来介绍状态页面 notify_url.php 和返回页面 return_url.php。

（1）状态页面 notify_url.php

在这个页面中，当验证成功后，会通过接受到支付宝返回的参数来判断当前是哪个订单，什么状态。例如，订单号$_POST['out_trade_no']，总价格$_POST['total_fee']，以及是否成功的参数$_POST['trade_status']，这个参数的返回值可能会有两个，一个是 TRADE_FINISHED；另一个是 TRADE_SUCCESS，只要两个参数传递了其中一个，表示付款已经成功，即可将订单状态修改为成功，否则失败。

（2）返回页面 return_url.php

在返回页面中，会接受类似于状态页面的参数，主要是用于补充状态页面未成功接受到信息或者接受的信息不正常的情况，可以再次修改数据库文件。

15.5.4　在线支付案例——报名支付

1. 创建数据库

sfid=>身份证号，remark=>备注，school=>所在院校，time=>报名时间，tjr=>推荐人，如

表 15-6 所示。

表 15-6

字　段　名	字　段　类　型
id	int(11)
name	varchar(50)
tell	varchar(50)
sfid	varchar(50)
remark	varchar(100)
school	varchar(50)
qmail	varchar(50)
time	datetime
pay	varchar(50)
out_trade_no	varchar(50)
tjr	varchar(50)

2．填写用户信息报名（参见示例 15-17）

示例 15-17：

报名信息表单 reg.html：

```
1.   <form action="pay_sq/alipayto.php" name="fm" method="post">
2.   <p class="row1">
3.   <label class="col1" for="user" >报名班制</label>
4.   <select name="aliorder"><option value="PHP100 创星园-暑期封闭式集训" selected=
     "selected" >PHP100 创星园-暑期封闭式集训</option></select>
5.   </p>
6.   <p class="row1">
7.   <label class="col1" for="user" >学费金额</label>
8.   <select name="alimoney"><option value="100" selected="selected">100 元报名费</option>
     </select>
9.   </p>
10.  <p class="row1">
11.  <label class="col1" for="user" >姓名</label><input class="inp_t" type="text" name="user"
     id="user" datatype="LimitB" min="1" max="20" msg="姓名不能为空" onblur="checkuser();"
     /><font id="users" color=red></font>
12.  </p>
13.  <p class="row1">
14.  <label class="col1" for="tell" >电话</label><input class="inp_t" type="text" name="phone"
     id="tell" datatype="Phone" msg="电话格式不正确,请输入手机号或座机号" onblur=
     "checkphone();"/><font id="phones" color=red ></font>
15.  </p>
16.  <p class="row1">
17.  <label class="col1" for="sfid" > 身份证号码 </label><input class="inp_t" type="text"
     name="sfid" id="sfid" datatype="LimitB" min="1" max="120" msg="身份证号不能为空"
     onblur="checksfid();" /><font id="sfids" color=red ></font>
18.  </p>
```

```
19.
20.   <p class="row1">
21.   <label class="col1" for="remark" >学生备注</label><TEXTAREA class="inp_t" name=remark
      rows=3 cols=40 wrap="physical" class="input_user"></TEXTAREA>
22.   </p>
23.
24.   <p class="row1">
25.   <label class="col1" for="school" >所在院校</label><input class="inp_t" type="text"
      name="school" id="school" datatype="LimitB" min="1" max="120" msg="所在院校不能为空"
      />
26.   </p>
27.   <p class="row1">
28.   <label class="col1" for="qmail" >Email/QQ</label><input class="inp_t" type="text"
      name="qmail" id="qmail" msg="email 格式不正确" datatype="Email" onblur="checkqmail();"
      /><font id="qmails" color=red></font>
29.   </p>
30.   <p class="row1">
31.   <label class="col1" for="tjr" >推荐人</label><input class="inp_t" type="text" name="tjr"
      id="tjr" />
32.   </p>
33.   <input type="hidden" value="0" id="userb">
34.   <input type="hidden" value="0" id="phoneb">
35.   <input type="hidden" value="0" id="sfidb">
36.   <input type="hidden" value="0" id="qmailb">
37.   <p class="row2 align_c">
38.   <input class="inp_s" type="submit" value="" name="sub"  id="submit"  />
39.   </p>
40.   </form>
```

具体运行结果如图 15-23 所示。

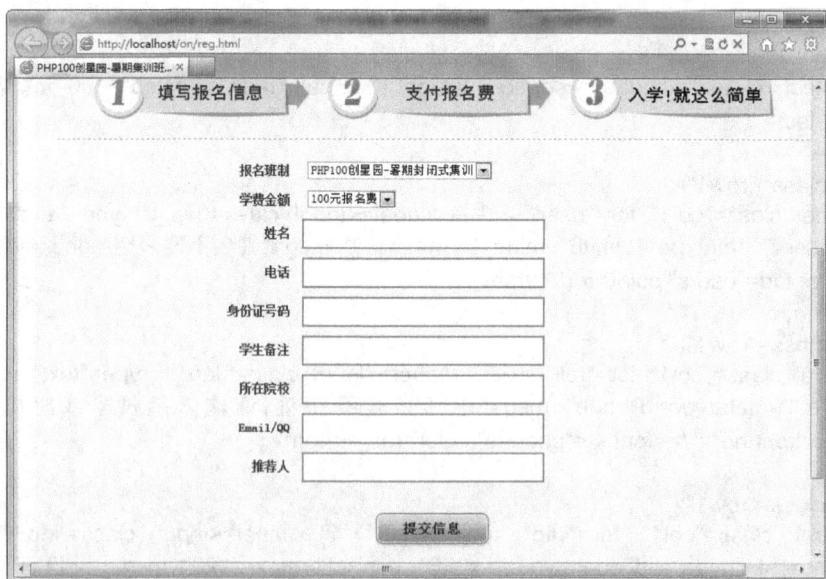

图 15-23

3. 支付报名费

在跳转支付页面之前需要进行支付宝配置 alipay_config.php，代码参见示例 15-18。

示例 15-18：

```php
1.    <?php
2.    /*
3.        *功能：设置账户有关信息及返回路径（基础配置页面）
4.        *版本：3.1
5.        *日期：2010-10-29
6.        '说明：
7.        '以下代码只是为了方便商户测试而提供的样例代码，商户可以根据自己网站的需要，按照
      技术文档编写，并非一定要使用该代码
8.        '该代码仅供学习和研究支付宝接口使用，只是提供一个参考
9.
10.   */
11.
12.   /**提示：如何获取安全校验码和合作身份者 ID
13.   （1）访问支付宝商户服务中心（b.alipay.com），然后用签约支付宝账号登录
14.   （2）访问"技术服务"→"下载技术集成文档"（https://b.alipay.com/support/helperApply.
      htm?action=selfIntegration）
15.   （3）在"自助集成帮助"中单击"合作者身份（Partner ID）查询"、"安全校验码（Key）
      查询"
16.
17.   安全校验码查看时输入支付密码，页面呈灰色，怎么办
18.   解决方法：
19.   （1）检查浏览器配置，不让浏览器做弹框屏蔽设置
20.   （2）更换浏览器或电脑，重新登录查询
21.   */
22.
23.   //↓↓↓↓↓↓↓↓↓↓↓请在这里配置基本信息↓↓↓↓↓↓↓↓↓↓↓↓↓↓
24.   //合作身份者 ID，以 2088 开头的 16 位纯数字
25.   $partner= "2088002009943531";
26.   //安全检验码，以数字和字母组成的 32 位字符
27.   $key= "7zzq9ehqu722qqcfny7j4zoosdfjkb09";
28.   //签约支付宝账号或卖家支付宝账户
29.   $seller_email   = "h500@qq.com";
30.   //交易过程中服务器通知的页面要用 http://格式的完整路径，不允许加?id=123 这类自定义参数
31.   $notify_url= "http://www.xxx.cn/js_php_gb/notify_url.php";
32.   //付完款后跳转的页面要用 http://格式的完整路径，不允许加?id=123 这类自定义参数
33.   //return_url 的域名不能写成 http://localhost/js_php_gb/return_url.php，否则会导致 return_url
      执行无效
34.   $return_url= "http://www.xxx.cn/js_php_gb/return_url.php";
35.   //网站商品的展示地址，不允许加?id=123 这类自定义参数
36.   $show_url= "http://edu.php100.com";
37.   //收款方名称，如公司名称、网站名称、收款人姓名等
38.   $mainname= "创恩 IT 教育(CCEIT)";
39.   //↑↑↑↑↑↑↑↑↑↑↑请在这里配置基本信息↑↑↑↑↑↑↑↑↑↑↑↑↑↑
40.   //签名方式不需修改
```

```php
41.    $sign_type= "MD5";
42.    //字符编码格式目前支持 GBK 或 utf-8
43.    $_input_charset= "GBK";
44.    //访问模式，根据自己的服务器是否支持 ssl 访问，若支持请选择 https，若不支持请选择 http
45.    $transport= "http";
46.    ?>
```

代码分析：

25～39 行：个人支付宝信息配置。

4. 跳转至支付宝页面（参见示例 15-19）

示例 15-19：

```php
1.    <?php
2.    session_start();
3.    ini_set("error_reporting","E_ALL & ~E_NOTICE");
4.    include '../conn.php';
5.    date_default_timezone_set('Etc/GMT-8');
6.    if (!empty($_POST['user']) && !empty($_POST['phone']) && !empty($_POST['sfid'])
       && !empty($_POST['qmail'])) {
7.    $sql = "INSERT INTO 'main' ('id', 'name', 'tell', 'sfid', 'remark', 'school', 'qmail', 'time', 'pay',
       'out_trade_no', 'tjr') VALUES (NULL, '" . $_POST['user'] . "', '" . $_POST['phone'] . "', '" .
       $_POST['sfid'] . "', '" . $_POST['remark'] . "', '" . $_POST['school'] . "', '" . $_POST['qmail'] . "',
       NOW(), ', '" .date('Ymdhs'). "', '" . $_POST['tjr'] . "')";
8.    mysql_query($sql);
9.    mysql_close();
10.   } else {
11.   echo '<script language="javascript">alert("提交失败！\n 姓名、电话、Email/QQ 不能为
       空......");javascript:history.go(-1);</script>';
12.        }
13.   /*
14.   *功能：设置商品有关信息（确认订单支付宝在线购买入口页）
15.   *详细：该页面是接口入口页面，生成支付时的 URL
16.   *版本：3.1
17.   *修改日期：2010-10-29
18.   '说明：
19.   '以下代码只是为了方便商户测试而提供的样例代码，商户可以根据自己网站的需要，按照技术
       文档编写，并非一定要使用该代码
20.   '该代码仅供学习和研究支付宝接口使用，只是提供一个参考
21.
22.   */
23.
24.   ///////////////////////注意///////////////////////
25.   //如果您在接口集成过程中遇到问题
26.   //可以到商户服务中心（https://b.alipay.com/support/helperApply.htm?action= consultationApply），
       提交申请集成协助，我们会有专业的技术工程师主动联系您协助解决
27.   //也可以到支付宝论坛（http://club.alipay.com/read-htm-tid-8681712.html）寻找相关解决方案
28.   //传递的参数要么不允许为空，要么就不要出现在数组与隐藏控件或 URL 链接里
29.   require_once("alipay_config.php");
30.   require_once("class/alipay_service.php");
```

```
31.    /*以下参数是通过下单时的订单数据传入进来获得的*/
32.    //必填参数
33.    $out_trade_no = date('Ymdhs');        //请与网站订单系统中的唯一订单号匹配
34.    $subject = $_POST['aliorder'];    //订单名称，显示在支付宝收银台里的"商品名称"里，显示在
       支付宝的交易管理的"商品名称"的列表里
35.    $body = $_POST['alibody'];        //订单描述、订单详细、订单备注，显示在支付宝收银台的"商
       品描述"里
36.    $total_fee = $_POST['alimoney'];      //订单总金额，显示在支付宝收银台的"应付总额"里
37.    //扩展功能参数——默认支付方式
38.    $pay_mode = $_POST['pay_bank'];
39.    if ($pay_mode == "directPay") {
40.        $paymethod = "directPay";       //默认支付方式，四个值可选：bankPay（网银）、cartoon
       （卡通）、directPay（余额）和 CASH（网点支付）
41.        $defaultbank = "";
42.    }
43.    else {
44.        $paymethod = "bankPay";         //默认支付方式，四个值可选：bankPay（网银）、cartoon
       （卡通）、directPay（余额）和 CASH（网点支付）
45.        $defaultbank = $pay_mode;
                                //默认网银代号，代号列表见 http://club.alipay.com/read.php?tid=8681379
46.    }
47.    //扩展功能参数——防钓鱼
48.    //请慎重选择是否开启防钓鱼功能
49.    //exter_invoke_ip、anti_phishing_key 一旦被设置过，它们就会成为必填参数
50.    //开启防钓鱼功能后，服务器、本机电脑必须支持远程 XML 解析，请配置好该环境
51.    //若要使用防钓鱼功能，请打开 class 文件夹中的 alipay_function.php 文件，找到该文件最下方
       的 query_timestamp 函数，根据注释对该函数进行修改
52.    //建议使用 POST 方式请求数据
53.    $anti_phishing_key = '';          //防钓鱼时间戳
54.    $exter_invoke_ip = '';              //获取客户端的 IP 地址，建议编写获取客户端 IP 地址的程序
55.    //如
56.    //$exter_invoke_ip = '202.1.1.1';
57.    //$anti_phishing_key = query_timestamp($partner);  //获取防钓鱼时间戳函数
58.    //扩展功能参数——其他
59.    $extra_common_param = '';       //自定义参数，可存放任何内容（除=、&等特殊字符外），不会
       显示在页面上
60.    $buyer_email = '';                //默认买家支付宝账号
61.    //扩展功能参数——分润（若要使用，请按照注释要求的格式赋值）
62.    $royalty_type = "";               //提成类型，该值为固定值 10，不需要修改
63.    $royalty_parameters = "";
64.    //提成信息集，以及需要结合商户网站自身情况动态获取每笔交易的各分润收款账号、各分润金
       额、各分润说明。最多只能设置 10 条
65.    //各分润金额的总和须小于等于 total_fee
66.    //提成信息集格式为：收款方 Email_1^金额 1^备注 1|收款方 Email_2^金额 2^备注 2
67.    //如
68.    //royalty_type = "10"
69.    //royalty_parameters = "111@126.com^0.01^分润备注一|222@126.com^0.01^分润备注二"
70.    //构造要请求的参数数组，无须改动
71.    $parameter = array(
72.            "service" => "create_direct_pay_by_user",       //接口名称，不需要修改
```

```
73.        "payment_type" => "1",                        //交易类型，不需要修改
74.
75.        //获取配置文件(alipay_config.php)中的值
76.        "partner" => $partner,
77.        "seller_email" => $seller_email,
78.        "return_url" => $return_url,
79.        "notify_url" => $notify_url,
80.        "_input_charset" => $_input_charset,
81.        "show_url" => $show_url,
82.        //从订单数据中动态获取到的必填参数
83.        "out_trade_no" => $out_trade_no,
84.        "subject" => $subject,
85.        "body" => $body,
86.        "total_fee" => $total_fee,
87.        //扩展功能参数——网银提现
88.        "paymethod" => $paymethod,
89.        "defaultbank" => $defaultbank,
90.        //扩展功能参数——防钓鱼
91.        "anti_phishing_key" => $anti_phishing_key,
92.        "exter_invoke_ip" => $exter_invoke_ip,
93.        //扩展功能参数——自定义参数
94.        "buyer_email" => $buyer_email,
95.        "extra_common_param"=> $extra_common_param,
96.        //扩展功能参数——分润
97.        "royalty_type" => $royalty_type,
98.        "royalty_parameters"=> $royalty_parameters
99.  );
100.
101. //构造请求函数
102. $alipay = new alipay_service($parameter,$key,$sign_type);
103. $sHtmlText = $alipay->build_form();
104. ?>
105. <html>
106.    <head>
107.        <meta http-equiv="Content-Type" content="text/html; charset=gb2312">
108.        <title>支付宝即时支付</title>
109.        <style type="text/css">
110.            .font_content{
111.                font-family:"宋体";
112.                font-size:14px;
113.                color:#FF6600;
114.            }
115.            .font_title{
116.                font-family:"宋体";
117.                font-size:16px;
118.                color:#FF0000;
119.                font-weight:bold;
120.            }
121.            table{
122.                border: 1px solid #CCCCCC;
```

```
123.                    }
124.            </style>
125.        </head>
126.        <body>
127.            <table align="center" width="350" cellpadding="5" cellspacing="0">
128.                <tr>
129.                    <td align="center" class="font_title" colspan="2">订单确认</td>
130.                </tr>
131.                <tr>
132.                    <td class="font_content" align="right">订单号：</td>
133.                    <td class="font_content" align="left"><?php echo $out_trade_no; ?></td>
134.                </tr>
135.                <tr>
136.                    <td class="font_content" align="right">付款总金额：</td>
137.                    <td class="font_content" align="left"><?php echo $total_fee; ?></td>
138.                </tr>
139.                <tr>
140.                    <td align="center" colspan="2"><?php echo $sHtmlText; ?></td>
141.                </tr>
142.            </table>
143.        </body>
144. </html>
```

代码分析：

1～12 行：根据填写的报名信息，将报名信息插入数据库中。

13～104 行：将订单信息传递给支付宝。

105～144 行：订单确认表单，提交后将进入支付宝进行付款。

运行结果如图 15-24 所示。

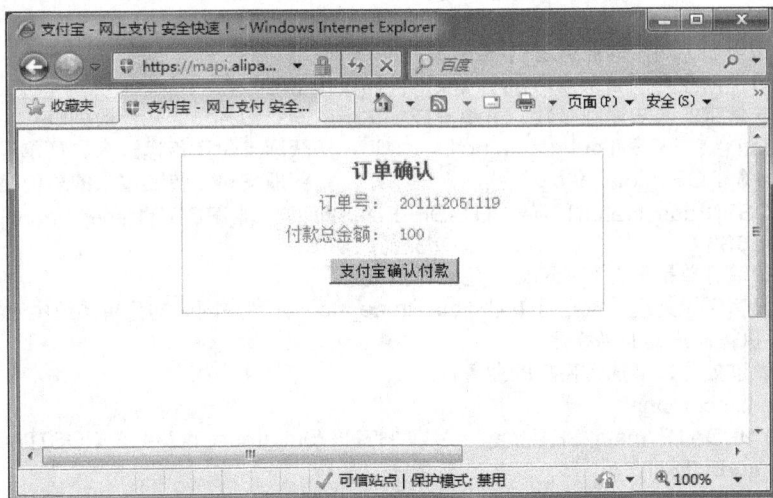

图 15-24

5．接受支付宝返回值

接受支付宝返回值，并且根据返回信息将缴费状态插入数据库，将结果显示出来，代码参见示例 15-20。

示例 15-20：

```php
1.  <?php
2.  /*
3.      *功能：支付宝主动通知调用的页面（服务器异步通知页面）
4.      *版本：3.1
5.      *日期：2010-10-29
6.      '说明：
7.      '以下代码只是为了方便商户测试而提供的样例代码，商户可以根据自己网站的需要，按照
    技术文档编写，并非一定要使用该代码
8.      '该代码仅供学习和研究支付宝接口使用，只是提供一个参考
9.  */
10. /////////页面功能说明//////////////
11. //创建该页面文件时，请留心该页面文件中无任何 HTML 代码及空格。
12. //该页面不能在本机电脑测试，请到服务器上做测试，并确保外部可以访问该页面。
13. //该页面调试工具请使用写文本函数 log_result()，该函数已被默认关闭，见 alipay_notify.php
    中的函数 notify_verify()
14. //TRADE_FINISHED(表示交易已经成功结束，通用即时到账反馈的交易状态成功标志)
15. //TRADE_SUCCESS(表示交易已经成功结束，高级即时到账反馈的交易状态成功标志)
16. //该服务器异步通知页面的主要功能是：对于返回页面（return_url.php）做补单处理。如果没有
    收到该页面返回的 success 信息，支付宝会在 24 小时内按一定的时间策略重发通知
17. ////////////////////////////////////
18. require_once("class/alipay_notify.php");
19. require_once("alipay_config.php");
20. $alipay = new alipay_notify($partner,$key,$sign_type,$_input_charset,$transport);
                                              //构造通知函数信息
21. $verify_result = $alipay->notify_verify();        //得出通知验证结果
22. if($verify_result) {                              //验证成功
23. //请在这里加上商户的业务逻辑程序
24. //──请根据业务逻辑来编写程序（以下代码仅作参考）──
25. //获取支付宝的通知返回参数，可参考技术文档中服务器异步通知参数列表
26. $dingdan = $_POST['out_trade_no'];              //获取支付宝传递过来的订单号
27. $total = $_POST['total_fee'];                   //获取支付宝传递过来的总价格
28. if($_POST['trade_status'] == 'TRADE_FINISHED' ||$_POST['trade_status'] == 'TRADE_
    SUCCESS') {                                //交易成功结束
29. //判断该笔订单是否在商户网站中已经做过处理
30. //如果没有做过处理，根据订单号（out_trade_no）在商户网站的订单系统中查找该笔订单的详
    细，并执行商户的业务程序
31. //如果做过处理，不执行商户的业务程序
32. include '../conn.php';
33. $sql = "UPDATE 'main' SET 'pay' = '1' WHERE 'out_trade_no' ="".$_POST['out_trade_no'].""";
34. mysql_query($sql);
35. mysql_close();
36. echo "success";                                 //请不要修改或删除
37. //调试用，写文本函数记录程序运行情况是否正常
38. //log_result("这里写入想要调试的代码变量值，或其他运行的结果记录");
39. }
40. else {
```

41.　echo "success";　　//其他状态判断。普通即时到账中，其他状态不用判断，直接打印 success
42.　//调试用，写文本函数记录程序运行情况是否正常
43.　//log_result ("这里写入想要调试的代码变量值，或其他运行的结果记录");
44.　}
45.　/——请根据业务逻辑来编写程序（以上代码仅作参考）——
46.　}
47.　else {
48.　//验证失败
49.　echo "fail";
50.　//调试用，写文本函数记录程序运行情况是否正常
51.　//log_result ("这里写入想要调试的代码变量值，或其他运行的结果记录");
52.　}
53.　?>

代码分析：

1～28 行：接受支付宝即时返回的状态。

29～53 行：当返回支付成功之后，将拍卖状态写入数据库，并且提示支付成功，否则提示支付失败。

具体运行结果如图 15-25 所示。

图 15-25

15.6　本 章 小 结

本章介绍了 5 个常用的开发实例，可能对于实际开发过程中遇到的问题远远不够，但至少给大家带来了一些开发思路，希望对大家在今后开发项目和模块中遇到的问题有所帮助。这里提供一个论坛与大家交流，共同研究开发更多实用例子（PHP100 中文论坛：bbs.php100.com）。

第 16 章　项目开发与设计

前面几章介绍了 PHP 的基础、函数甚至模块的开发。虽然已经可以解决日常遇到的相关问题，但是如果打算开发一个完整的项目和程序还是有些困难的。本章除了介绍如何设计一个完整的程序和开发规范以外，还介绍了即将要开始完整项目开发的准备工作，包括多人开发使用的版本控制器、Zend Debugger 调试器等。

16.1　项目开发与设计规范

一个好程序或者一段好代码，除了它的执行效率和安全外还有代码的可读性。无论是自己修改自己的代码，还是别人来修改自己的程序代码，如果书写的结构和注释一塌糊涂，相信没有多少人（包括自己）愿意继续去碰它。一个结构清晰、注释清楚、命名规范的程序代码将会受到人们的喜爱。

16.1.1　程序设计规范

1. 文件夹的命名与建立（如图 16-1 所示）

文件夹根据系统设计所规定的结构建立相应的文件夹，根据需要建立子文件夹。

文件夹的名称应尽量能够表达其意义，尽量使用英文命名，绝对不能用汉字。

文件夹的名称必须全部使用小写字母（如/example）

```
phpwind-87
  actions
    ajax
    job
    message
    pweditor
  admin
  api
  apps
  attachment
  connexion
  data
  hack
  hook
  html
  images
  ipdata
```

图 16-1

2．文件的命名与建立（如图 16-2 所示）

文件的名称应尽量能够表达其意义，尽量使用英文命名，绝对不能用汉字。

文件名称全部使用小写字母（确保平台兼容）。

文件名称一般采用 xxx_yyy.ext 格式，xxx（3～4 个字母）表示分类，yyy（字母数自定）表示操作（如/example/exp_edit.htm）

credit.php	2011/11/11 17:52	PHP 文件	11 KB
db_connects.php	2011/11/11 17:52	PHP 文件	5 KB
db_mysql.php	2011/11/11 17:52	PHP 文件	5 KB
db_mysql_error.php	2011/11/11 17:52	PHP 文件	3 KB
db_mysqli.php	2011/11/11 17:52	PHP 文件	4 KB
db_mysqli_error.php	2011/11/11 17:52	PHP 文件	3 KB
dirname.php	2011/11/11 17:52	PHP 文件	1 KB
forum.php	2011/11/11 17:52	PHP 文件	10 KB

图 16-2

3．变量名的命名（如图 16-3 所示）

变量在命名的过程中只有在语法规范的基础上单词命名才有意义（如$title、$age）。

变量在命名的过程中采用多个单词组合使用下划线或第二个单词开始首字母大写　原则。

变量在命名的过程中如果属于一类变量，尽量统一前缀命名（如$dbname、$dbpassword）。

```
$attachs[$aid] = array(
    'aid'       => $aid,
    'name'      => stripslashes($value['name']),
    'type'      => $value['type'],
    'attachurl' => $value['attachurl'],
    'needrvrc'  => $value['needrvrc'],
    'special'   => $value['special'],
    'ctype'     => $value['ctype'],
    'size'      => $value['size'],
    'hits'      => 0,
    'desc'      => str_replace('\\','',$value['descrip']),
    'ifthumb'   => $value['ifthumb']
```

图 16-3

4．代码的注释与缩进（如图 16-4 所示）

代码单行注释中，一般采用在注释的内容上方或者后方使用//或者#（统一注释符）；代码多行注释中，一般在其注释的内容上方或者文件的头部保证注释内容的整齐程度，采用 Tab 键（制表符）移动注释内容并对齐，Tab 键一般代表 4 个空格，并可以自动缩进。代码的缩进没有完整和标准的要求，一般采用起始符和结束符对应的方式。内嵌条件或变量自动缩进两个空格左右。

```php
1  <?php
2  session_start();
3  class Mysql{
4      private $hostname;          //服务器名称
5      private $username;          //服务器用户名
6      private $userpwd;           //服务器密码
7      private $databasename;      //数据库名称
8      private $dbCoding;          //数据库编码
9
10     /*
11        这是一个初始化方法
12        这个方法主要用来初始数据库
13     */
14     function __construct($hostname="localhost",$username="root",
15         $this->hostname  = $hostname;
16         $this->username  = $username;
17         $this->userpwd   = $userpwd;
18         $this->databasename = $databasename;
19         $this->dbCoding  = $dbCoding;
20         $this->Connect_Database();
21     }
22     //链接数据库函数
```

图 16-4

5. 运算符、小括号、空格、关键词和函数

每个运算符与两边参与运算的值或表达式中间要有一个空格，唯一的特例是字符连接运算符号两边不加空格；左括号"("应和函数关键词紧贴在一起，除此以外应当使用空格将"("同前面内容分开；右括号")"除后面是")"或者"."以外，其他一律用空格隔开；一般情况下，除字符串特别要求外，在程序以及 HTML 中不出现两个连续的空格；任何情况下，PHP 程序中不能出现空白的带有 Tab 或空格的行，即这类空白行应当不包含任何 Tab 或空格。同时，任何程序行尾也不能出现多余的 Tab 或空格。多数编辑器具有自动去除行尾空格的功能，如果习惯不好，可临时使用它，避免多余空格产生；每段较大的程序体，上下应当加入空白行，两个程序块之间只使用 1 个空行，禁止使用多行。程序块划分尽量合理，过大或者过小的分割都会影响他人对代码的阅读和理解。一般可以以较大函数定义、逻辑结构、功能结构来进行划分。少于 15 行的程序块，可不加上下空白行；说明或显示部分中，内容如含有中文、数字、英文单词混杂，应当在数字或者英文单词的前后加入空格。

6. 函数定义（如图 16-5 所示）

参数的名字和变量的命名规范一致。

函数定义中的左小括号与函数名紧挨，中间无需空格。

开始的左大括号另起一行或紧跟在函数后。

具有默认值的参数应该位于参数列表的后面。

函数调用与定义时的参数与参数之间加入一个空格。

必须仔细检查并切实杜绝函数起始缩进位置与结束缩进位置不同的现象。

```php
1  <?php
2
3  function authcode($string, $operation, $key = '')
4  {
5      if($flag)
6      {
7      //Statement
8      }//函数体
9  }
10
11
12  ?>
```

图 16-5

7. 关于引号

PHP 中单引号和双引号具有不同的含义，区别如下：

单引号中，任何变量（$var）、特殊转义字符（如\t、\r、\n 等）不会被解析，因此 PHP 的解析速度更快，转义字符仅仅支持 "\'" 和 "\\" 这样对单引号和反斜杠本身的转义。

双引号中，变量（$var）值会代入字符串中，特殊转义字符也会被解析成特定的单个字符，还有一些专门针对上述两项特性的特殊功能性转义，如 "\$" 和 "{$array['key']}"。

这样虽然程序编写更加方便，但同时 PHP 的解析也非常慢。

数组中，如果下标不是整型，而是字符串类型，请务必用单引号将下标括起，正确的写法为$array['key']，而不是$array[key]，因为不正确的写法会使 PHP 解析器认为 key 是一个常量，进而先判断常量是否存在，如果不存在以 key 作为下标带入表达式中，同时触发错误事件，产生一条 Notice 级错误。因此，在绝大多数可以使用单引号的场合，禁止使用双引号。依据上述分析，可以或必须使用单引号的情况包括但不限于下述内容：字符串为固定值，不包含 "\t" 等特殊转义字符；数组的固定下标，如$array['key']；表达式中不需要带入变量，如$string = 'test';，而非$string = "test$var";。

8. 关于面向对象的类

一个文件只书写一个类（避免在继承或者被继承时出现冲突）。

类文件中不做实例化操作（为了让类作为真正的模块化使用）。

类文件尽量统一命名（如类名.class.php 这样的文件可以方便使用函数调用）。

类的结构尽量只出现结构化内容而不是具体被赋值的数据变量。

对于类文件内出现的相同功能方法，尽量使用系统提供的魔术方法或系统关键字。

16.1.2　设计规范小结

当开发一个项目尝试遵守一致的开发规范时，可以使参与项目的开发人员更容易了解项目中的代码，弄清程序的逻辑状况；让新的参与开发者可以很快地适应开发环境，很快上手，防止部分参与者出于节省时间的需要，使用自己养成的习惯，让其他开发人员在阅读时浪费过多的时间和精力。而且在一致的环境下，也可以减少编码出错的机会。缺陷是由于每个人的标准不同，所以需要一段时间来适应和改变自己的编码风格，暂时性地降低了工作效率。从使项目长远健康的发展以及后期更高的团队工作效率来考虑，暂时的工作效率降低是值得的，也是必须要经过的一个过程。标准不是项目是否成功的关键，但可以帮助我们在团队协作中有更高的效率并且更加顺利地完成任务。

16.1.3　项目开发的一般流程

1. 项目需求设计

项目设计的主导思想可以理解为两种，一种是完全设计，另一种是简单设计。

（1）完全设计：是指在具体编写代码之前对软件的各方面都调查好，做好详细的需求分析、编写好全部的开发文档，设计出程序全部流程后再开始写代码。换句话说，就是全部都计划好了，能看到最终的样子，再开战。这好像也是很多"软件工程"书里要求的那样。起初笔者认为这种方法也不错。什么都计划好了，照着做就是了。不过这里有个明显的问题，就是谁来做这个完美的计划？估计只有 BT 的人了，但是大部分人想要完全设计，并且没有错误，或者已经有几种后备的容错方案，并能准确无误地推行，以达到最终目标。这样的境界，没有很多年的工作经验是不可能的。

（2）简单设计：一种可以接受的简单的设计，最起码是数据库已经定下来，基本流程已经确定的方案，来作为程序设计的开始，并随时根据实际情况的进展来修正具体的功能设计，但这种功能修改不能修改数据库结构。也就是说，数据库结构是在编程之前经过反复论证的。这种方法减少了前期设计的时间，把代码编写工作和部分设计工作放在了一起，实际缩短了项目开发的时间。如果说完全设计方法要求有很厉害的前期设计人员，那么简单设计要求有很有设计头脑的编程人员。编程人员不仅仅是 K 代码的人，而且要负责程序架构的设计。所以对程序员的要求就很高。简单设计的成功的一个基点是编程人员设计的逻辑结构简单，并能根据需要来调整其逻辑结构，就是代码结构灵活，简单设计带来的另外一个变化就是会议比较多，编程人员之间的交流就变得很重要。现在一般的中小型软件公司基本上都是采用简单设计的，除非那些大型的软件公司。

总地来说，简单设计考验的是开发人员的能力。完全设计考验的是前期设计人员和整个项目组的能力。

2．设计变化和需求变化

开发人员最怕的是什么呢？设计变化，还是需求变化？我觉得需求变化是最致命的。当一个项目数据库都定下来后，而且已经开发了若干个工作日，突然接到甲方公司提出，某个功能要改变，原先的需求分析要重新改，如果这个修改涉及数据库的表结构更改，那是最致命的。这就意味着项目的某些部分需要重新推倒重来，如果这个部分跟已完成的多个部分有牵连，那么后果就更可怕了。所以当碰到这种情况时，作为项目经理的你就应该考虑先查责任人，究竟是自己的需求分析做得不够好，还是客户在认同了需求分析后做出的修改，如果是后者，你完全可以要求客户对他的这个修改负责。那么，客户先生，对不起了，本次新增加的需求将归入另外一个版本。如果是改变前面某个需求的定义，那么说不定就要推倒重来，不过这时倒不用太在意，毕竟错的是客户（项目正式开始前没有说清楚其需求）。所以，在需求分析做好后或开工之前一定要让客户认可签字，并且在合同上要注明，当由客户原因引起的需求改变而造成开发成本的增加，客户要为此买单。

如果在需求不变的情况之下设计发生了变化，这个仅是内部之间的矛盾，经过商量就能解决。在简单设计中，因为前期的设计是不完整的，那么当进入任何一个新的模块开发时，都有可能引起设计的变化。开发人员水平的高低基本上决定了软件的好坏。

3．开发流程设计

开发流程设计可以分为概要设计和详细设计两个阶段。实际上软件设计的主要任务就是将软件分解成模块，是指能实现某个功能的数据和程序说明、可执行程序的程序单元。可以是一个函数、过程、子程序、一段带有程序说明的独立的程序和数据，也可以是可组合、可分解和可更换的功能单元。然后进行模块设计。概要设计就是结构设计，其主要目标就是给出软件的模块结构，用软件结构图表示。详细设计的首要任务就是设计模块的程序流程、算法和数据结构，次要任务就是设计数据库，常用方法还是结构化程序设计方法。这里给出来一个简单的设计概要流程图，如图 16-6 所示。

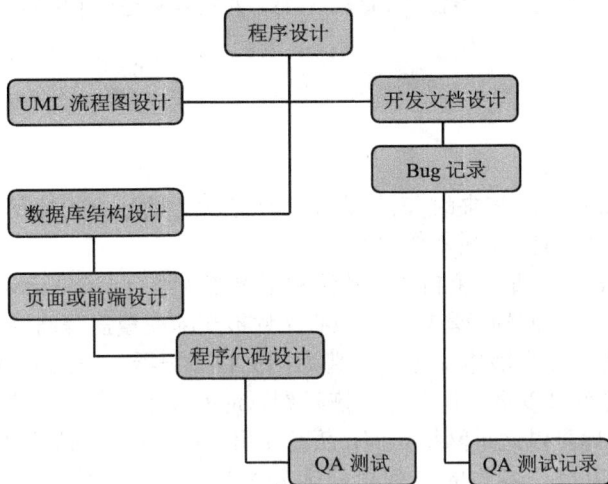

图 16-6

4. 程序的测试与维护

开发人员的测试是为了保证代码能正常运行，在开发时发现的错误往往比较容易修正。一旦软件到了测试小组那里出了问题，那么就需要花费很多时间来修正 BUG，如果到了客户那里才发现 BUG，那么时间就更长了，开发人员本身受到的压力也到了最大化。一般的受压力情况是：客户→公司→测试小组→开发人员。

软件测试的目的是以较小的代价发现尽可能多的错误。要实现这个目标的关键在于设计一套出色的测试用例（测试数据和预期的输出结果组成了测试用例）。如何才能设计出一套出色的测试用例，关键在于理解测试方法。不同的测试方法有不同的测试用例设计方法。两种常用的测试方法是白盒法和黑盒法，白盒法的测试对象是源程序，依据的是程序内部的逻辑结构来发现软件的编程错误、结构错误和数据错误，其中结构错误包括逻辑、数据流、初始化等错误。黑盒法用例设计的关键同样也是以较少的用例覆盖模块输出和输入接口。白盒法和黑盒法的依据都是软件的功能或软件行为描述，发现软件的接口、功能和结构错误。其中接口错误包括内部/外部接口、资源管理、集成化以及系统错误等。

维护是指在已完成对软件的研制（分析、设计、编码和测试）工作并交付使用以后，对软件产品所进行的一些软件工程的活动。即根据软件运行的情况，对软件进行适当修改，以适应新的要求，以及纠正运行中发现的错误，编写软件问题报告、软件修改报告。

一个中等规模的软件，如果研制阶段需要一年至两年的时间，在它投入使用以后，其运行或工作时间可能持续五年至十年。那么它的维护阶段也是运行的这五年至十年期间。在这段时间，人们几乎需要着手解决研制阶段所遇到的各种问题，同时还要解决某些维护工作本身特有的问题。做好软件维护工作，不仅能排除障碍，使软件能正常工作，而且还可以扩展功能，提高性能，为用户带来明显的经济效益。然而遗憾的是，对软件维护工作的重视往往远不如对软件研制工作的重视。而事实上，和软件研制工作相比，软件维护的工作量和成本都要大得多。

16.2　Subversion 版本控制器

16.2.1　SVN 介绍

SVN（Subversion）是近年来崛起的版本管理工具，是 cvs 的接班人。目前，绝大多数开源软件都使用 SVN 作为代码版本管理软件。

Subversion（简称 SVN）是一个自由、开源的版本控制系统。在 Subversion 管理下，通过文件和目录可以清楚地看到之前的版本，不必担心文件被删除或覆盖等问题。Subversion 将文件存放在服务器的版本库里，这个版本库像一个普通的文件服务器，不同的是，它可以记录文件和目录的修改情况。这样就可以将文件和目录恢复到以前的版本，并可以查看数据的更改细节。

Subversion 的版本库可以通过网络访问，从而使用户可以在不同的计算机上进行操作。从某种程度上来说，允许用户在各自的空间里修改和管理同一组数据，可以促进团队协作（见图 16-7）。因为修改不再是单线进行，开发进度会提高。此外，由于所有的工作都已版本化，也就不必担心由于错误的更改而影响软件的质量。

Subversion 分为客户端和服务端。Subversion 的客户端有两类，一类是 Websvn 等基于 Web 的；另一类是以 TortoiseSVN 为代表的客户端软件。前者需要 Web 服务器的支持，后者需要用户在本地安装客户端，两种都有免费开源软件供使用。Subversion 服务端支持 Linux 和 Windows，更多是安装在 Linux 下。SVN 服务器有两种运行方式，即独立服务器和借助 apache。这两种方式各有利弊。SVN 存储版本数据也有两种方式，即 BDB 和 FSFS。因为 BDB 方式在服务器中断时，有可能锁住数据，所以还是 FSFS 方式更安全一些。

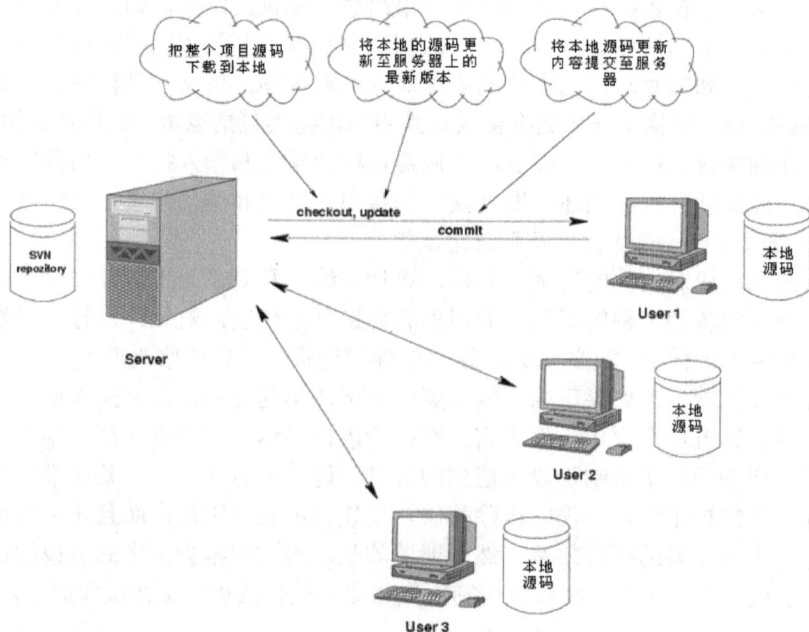

图 16-7

16.2.2　SVN 安装与配置

16.2.2.1　服务端的安装与配置

1. 下载 Subversion Windows 版本的服务器软件

下载地址为 http://subversion.tigris.org/servlets/ProjectDocumentList?folderID=91，文件为 svn-1.2.0-setup.exe，然后执行安装，安装完成后将 Subversion 的 bin 路径加入到系统的 path 中。

（1）运行服务端安装软件，弹出如图 16-8 所示的界面。

（2）单击 Next 按钮，进入如图 16-9 所示的界面。选中 I accep the agreement 单选按钮，进入下一步安装；选中 I do not accept the agreement 单选按钮取消安装。

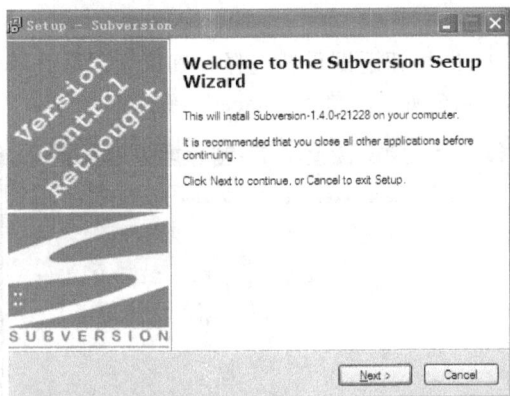

图 16-8

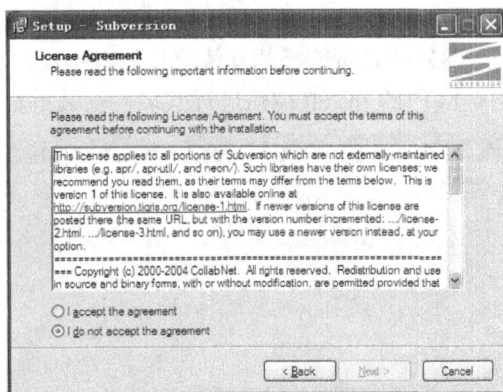

图 16-9

（3）单击 Next 按钮，进入如图 16-10 所示的界面。

（4）单击 Next 按钮，进入如图 16-11 所示的界面。路径默认安装在 C 盘，单击 Browse 按钮即可更改安装目录，一般情况下默认安装即可。

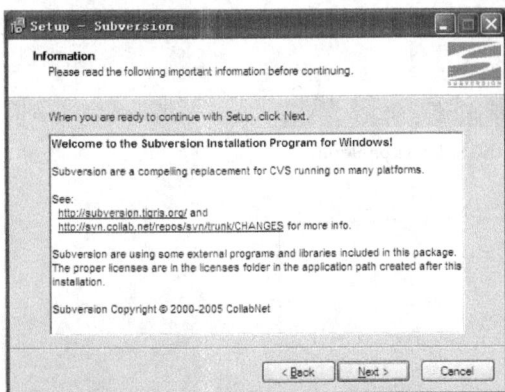

图 16-10

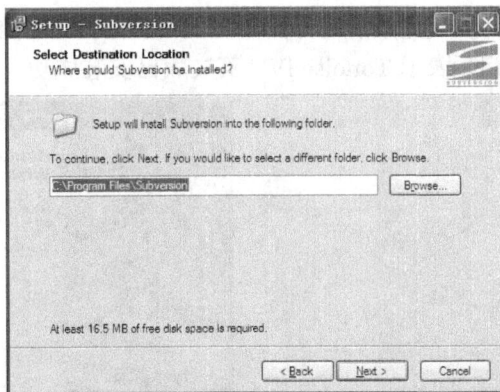

图 16-11

（5）单击 Next 按钮，进入如图 16-12 所示的界面，保持默认即可。

（6）单击 Next，进入如图 16-13 所示的界面，选择新建快捷方式（桌面图标和快捷启动）。

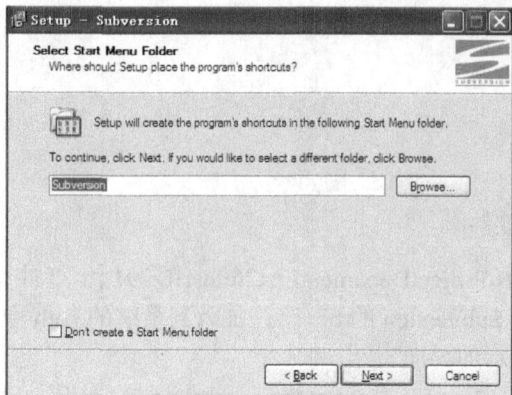

图 16-12

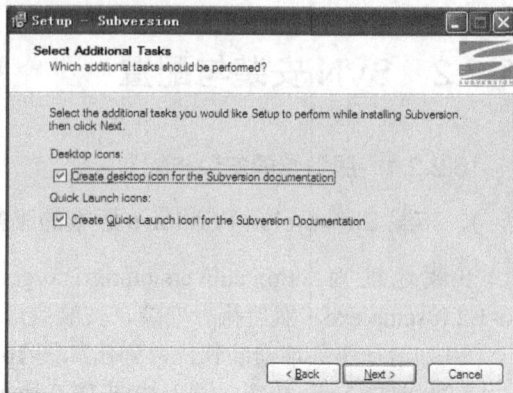

图 16-13

（7）单击 Next 按钮，进入如图 16-14 所示的界面。

（8）前几步选择的具体信息如有错误，单击 Back 按钮返回重新选择。确认无误后，单击图 16-14 中的 Install 按钮进行安装，安装过程如图 16-15 所示。单击 Cancel 按钮取消安装。

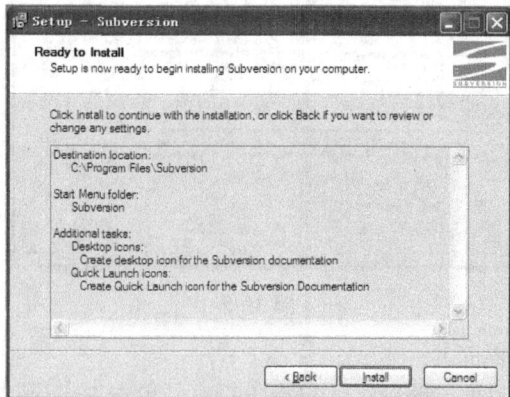

图 16-14

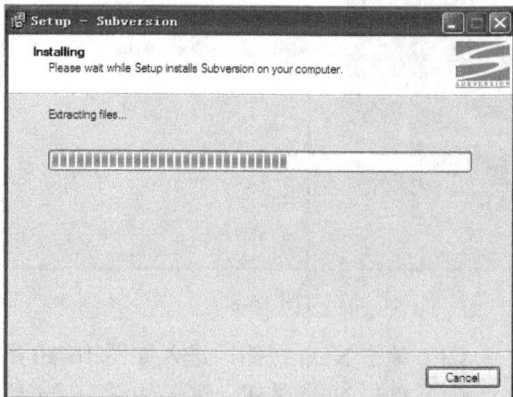

图 16-15

安装完成后的界面如图 16-16 所示。单击 Finish 按钮完成安装，安装完成后提示重启计算机，重启后表示 TortoiseSVN 英文版已安装成功。

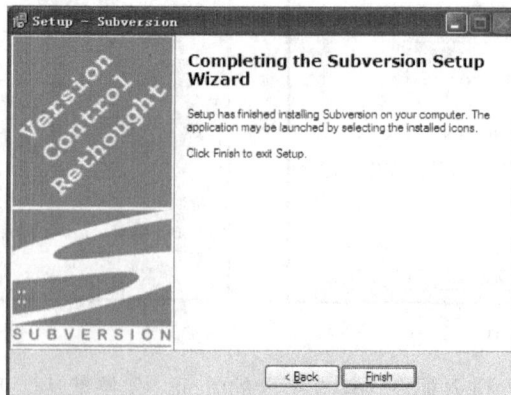

图 16-16

2．创建 Subersion 库

首先建立一个目录存放 Subversion 的库，在该库中存放所有的 Subversion 项目，如 D:\svn3 创建一个新的 Subversion 项目。

只需执行 svnadmin create C:\svn\myproject 即可。

3．设置项目的用户信息

打开 Subversion 项目 conf 目录下的 passwd 文件添加新的用户。例如：

```
[users]
admin = mypassword
```

接下来设置项目的一些其他信息，打开 conf 目录下的 svnserve.conf 文件，然后进行如下设置即可。

```
[general]
anon-access = read
auth-access = write
password-db = passwd
realm = myproject4
```

4．启动 Subversion

这里可以通过命令行启动，最好使用 SVN Service Wrapper。可以通过地址 http://dark.clansoft. dk/~mbn/svnservice 下载，将 SVNService.exe 复制到 Subversion 安装主目录的 bin 目录下，然后执行以下命令，即可将 Subversion 以 Windows 服务方式启动。

```
SVNService -install -d -r D:\subversion]
```

如果服务已经启动了，运行以下命令，停止它。

```
SVNService remove5
```

5．向 Subversion 中导入项目

现在需要将项目导入到 Subversion 的库中，执行以下命令：

```
svn import d:\localmyproject svn://localhost/myproject -m "initial import" --username admin --password mypassword
```

这样项目即可导入到 subversion 库中。

6．将项目导出

从 Subversion 项目中导出项目也很简单，只需执行以下操作：

```
svn co svn://localhost/myproject --username admin --password mypassword
```

16.2.3　客户端的安装

客户端的安装相对比较简单，没有复杂的配置。首先，下载客户端软件，其下载地址为 http://php100.com/tool/ser/2010/0830/5348.html。

（1）运行客户端安装软件，弹出如图 16-17 所示的界面。单击 Next 按钮进入下一步安装，单击 Cancel 按钮取消安装。

（2）单击 Next 按钮，进入如图 16-18 所示的界面。选中 I accept the terms in the License Agreement 单选按钮同意协议，选中 I do not accept the terms in the License Agreement 单选按钮取消安装。

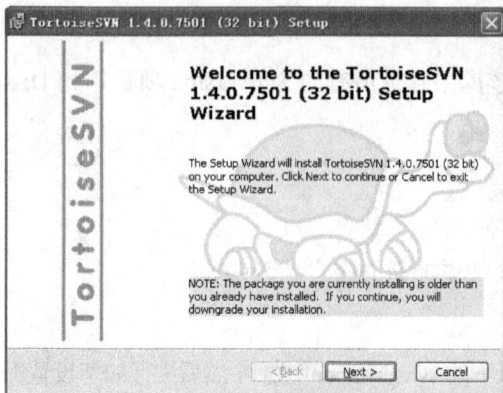

图 16-17

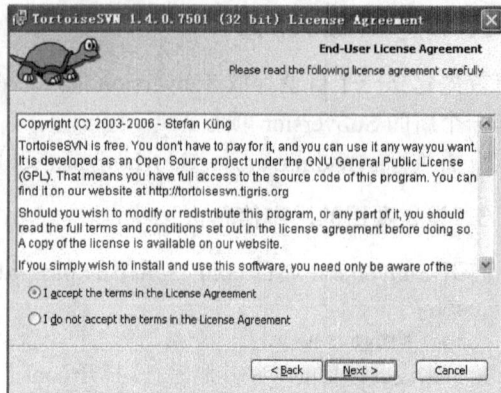

图 16-18

（3）单击 Next 按钮，进入如图 16-19 所示的界面。选择安装路径，默认安装在 C 盘，单击 Browse 按钮可以更改安装路径。一般安装在默认的路径即可。

（4）单击 Next 按钮，进入如图 16-20 所示的界面。

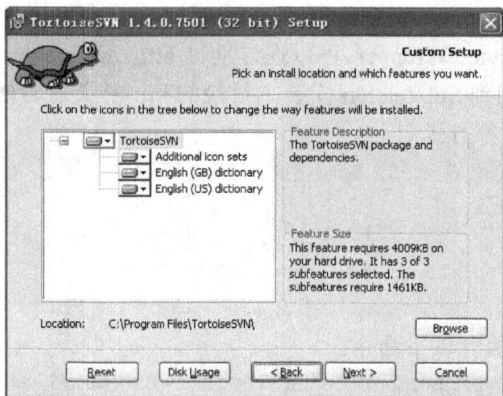

图 16-19

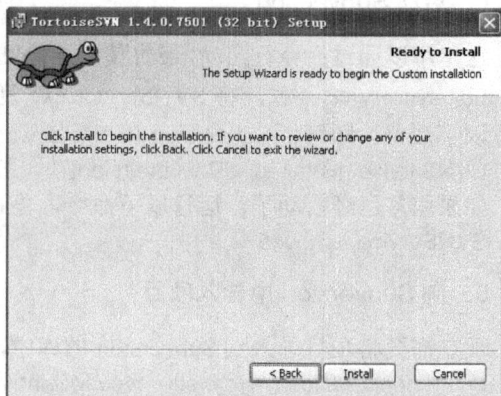

图 16-20

（5）单击 Install 按钮进行安装，进入如图 16-21 所示的界面。

（6）安装完成后的界面如图 16-22 所示。

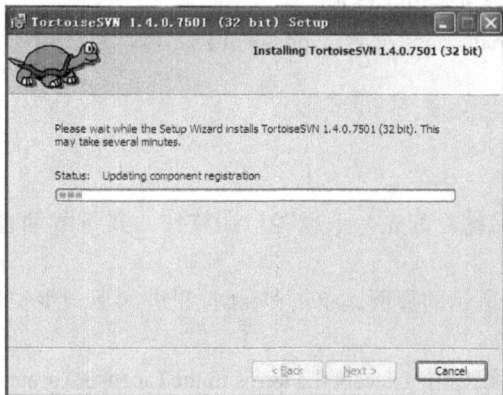

图 16-21

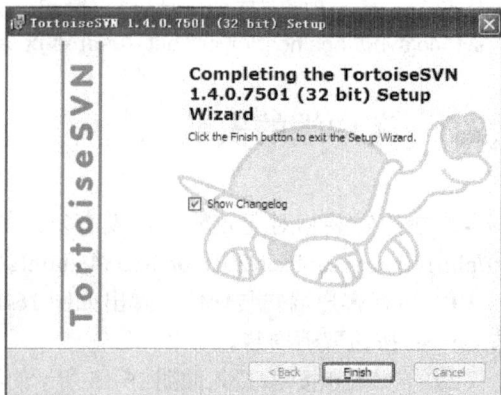

图 16-22

16.2.4　SVN 的基本操作

1.　基本操作

（1）建立工作区

在项目开始之前，在本地的电脑上创建一个文件夹，文件名自定义（如 php100），该文件夹就是软件开发者在项目开发过程中的工作区。

（2）下载版本库

假如现在开发一个项目，管理员会在服务端建立一个版本库 demo，在 php100 的文件夹上右击，在弹出的快捷菜单中选择 SVN checkout 命令，会弹出如图 16-23 所示的对话框。

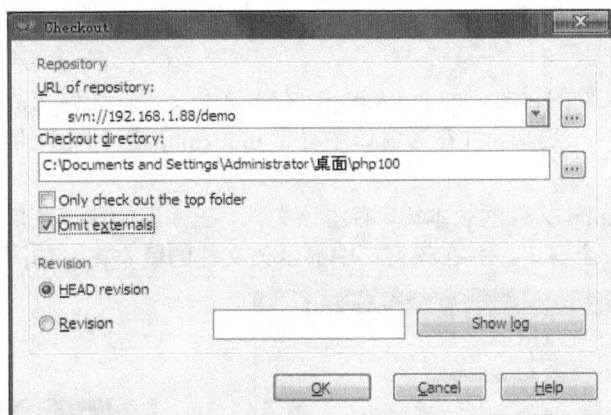

图 16-23

在 URL of repository 下拉列表框中输入版本库地址 svn://192.168.1.88/demo，在 Checkout directory 文本框中系统会自动添加第（2）步所创建的工作区目录。在 Revision 栏中选中 HEAD revision 单选按钮，这样将会下载到版本库的最新版本。单击 OK 按钮，输入用户名和密码后即可自动下载。

（3）修改版本库

对版本库的修改包括修改文件内容、添加删除文件和添加删除目录。

经过第（2）步的操作，本地的工作区文件夹和 php100 上会有绿色对勾出现，工作区下的文件也会带有绿色对勾，如图 16-24 所示。

如果对库中某一个文件进行了修改，系统会自动为这个文件和这个文件所在的各级父文件夹加上红色叹号，代表该文件或目录已经在本地被修改，如图 16-25 所示。

图 16-24　　　　　　　　　　　　　　　　图 16-25

当对版本库的所有修改操作完毕后，右击工作区文件夹，在弹出的快捷菜单中选择 commit 命令提交新版本，输入密码后系统将把修改后的版本库上传到服务端，即完成一次对版本库的更新。

注意

新版本提交之后，其他拥有写权限的用户也许会重复上面几步的操作，完成对版本库的再一次更新。所以，每次在工作区文件夹下修改本地版本库之前，必须首先对本地版本库执行一次更新（右击工作区，在弹出的快捷菜单中选择 SVN Updata 命令），将最新的版本下载到本地，然后再进行修改操作。

2. 其他操作

在项目的开发过程中，除了下载、提交和更新操作外，还有几个常用操作。

（1）查看日志

如果想查看一个文件的日志，如 index.php，右击这个文件，在弹出的快捷菜单中选择 show log 命令，系统会弹出一个窗口，并在该窗口中显示 index.php 各个版本的 log，如图 16-26 所示。

（2）查看版本树

如果想查看 index.php 文件的版本树，右击该文件，在弹出的快捷菜单中选择 Revision graph 命令，系统将会打开一个窗口，并在该窗口中显示该文件的版本树，如图 16-27 所示。

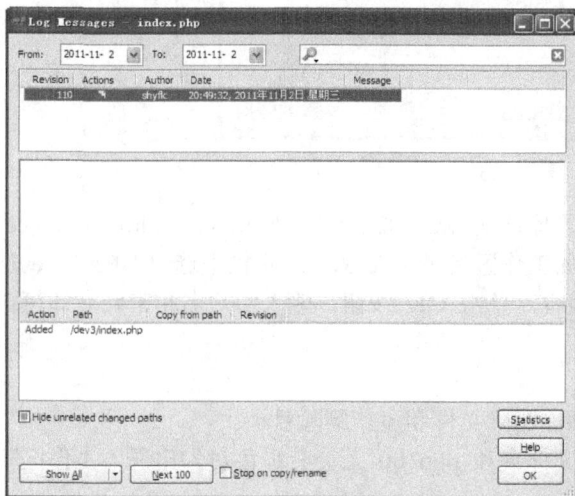

图 16-26

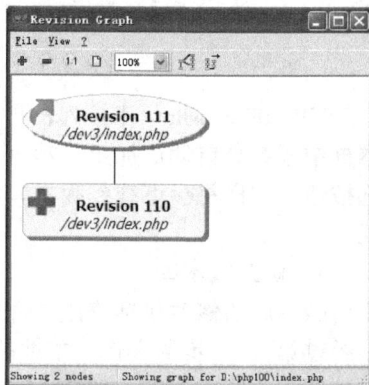

图 16-27

（3）撤销修改

当对一个文件进行了修改并保存后（注意此处并没有进行提交），如果对修改不满意，想要重新修改，可以右击修改过的文件（带红色叹号的那个），然后在弹出的快捷菜单中选择 revert 命令，前面的一系列修改便会被撤销，恢复到 Updata 之后的状态。如果一个文件被误删除，也可通过右击该文件所在的目录，在弹出的快捷菜单中选择 revert 命令来恢复。

（4）比较文件的不同之处

当对 soc_1 文件做了修改之后，该文件会出现红色叹号，表示已经修改，如果想查看修改后的 soc_1 文件与修改前有何不同，可以右击此文件，在弹出的快捷菜单中选择 diff 命令，系统弹出一个窗口，如图 16-28 所示。窗口分为两部分，左边为更改之前的版本，右边为更改之后的版本，并在不同之处作出标记和说明。

图 16-28

（5）异常处理

这里说的异常主要是指文件发生冲突。以用户 A 和用户 B 为例，当两个用户同时下载了最新的版本库，并对库中同一个文件 index.php 进行修改提交时，首先提交的用户 A 不会发生异常，第 2 个提交的用户 B 便会出现无法提交的现象。因为服务端的版本库已经被 A 更新，B 用户在上传时，系统会提示出错。在这种情况下，B 用户需要首先对修改的文件进行 Updata 文件操作。如果两个用户修改了文件 index.php 的同一个地方，则在 B 用户执行 Updata 后，系统会将本地的 index.php 与从服务端下载 index.php 合并到一个文件上，并在该文件图标上标上黄色叹号，表示文件冲突，在文件中通过 "<<<<<<<" 和 ">>>>>>>" 标识冲突位置和冲突内容。B 用户只有与 A 协商，处理该冲突，之后单击鼠标右键，在弹出的快捷菜单中选择 Resolve 命令，冲突标记消除，才能够再次提交，否则无法提交。

文件标记冲突的格式：

```
<<<<<<< .mine
Php100 工作区
=======
在此插入一段话，测试冲突：
>>>>>>> .r15
```

绿色部分表示本地文件的修改，蓝色部分表示服务端版本库中的最新版本与本地文件修改发生冲突的地方，紫色表示第 15 个版本发生了冲突。

16.3 Zend Debugger 调试器

调试技术是编程中不可或缺的重要部分，调试器是每个 IDE 环境都必备的组件。PHP 的程序可以直接在页面中显示出错误信息，但是如果是较大较复杂的程序，这种方式的开发效率会很低，那么在 IDE 中如何对程序进行单步调试呢？

16.3.1　Zend Debugger　安装与配置

1．准备工作

（1）计算机本机已经安装了 wamp 或者其他可以运行 PHP 的环境。

（2）计算机本机已经安装过 end studio。

（3）下载 Zend Debugger。

2．配置

（1）解压 Zend Debugger 压缩包，如图 16-29 所示。

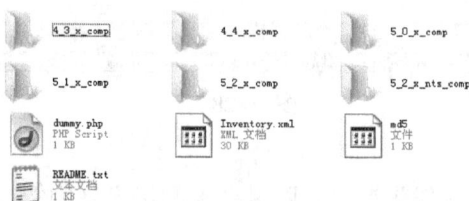

图 16-29

（2）解压后找出和当前 PHP 的版本对应的 Zend Debugger 版本。笔者的 PHP 版本是 5.2.6，因此就把 5_2_x_comp 里的 ZendDebugger.dll 移动到 PHP 的安装目录，如 C:\wamp\bin\php\php5.2.6。将压缩包中的 dummy.php 解压到 Web 根目录，这里是 wamp 默认的 DocumentRoot 设置在 c:/wamp/www。然后修改 php.ini，加入以下内容：

```
1.  zend_extension_ts= C:/wamp/bin/php/php5.2.6/ZendDebugger.dll
2.  zend_debugger.allow_hosts=127.0.0.1
3.  zend_debugger.expose_remotely=always
```

注意

下载的 Zend Debugger 一定要和自己的 PHP 版本一致，否则可能会出现兼容性问题。请将 5.2.12 修改为自己 PHP 对应的版本即可。

然后重启 wamp 中或 apache，在等待几秒之后，输入 phpinfo()查看是否成功。出现如图 16-30 所示的界面，说明配置成功。

Zend Debugger

Passive Mode Timeout		20 seconds

Directive	Local Value	Master Value
zend_debugger.allow_hosts	127.0.0.1	127.0.0.1
zend_debugger.allow_tunnel	no value	no value
zend_debugger.connect_password	no value	no value
zend_debugger.deny_hosts	no value	no value
zend_debugger.expose_remotely	allowed_hosts	allowed_hosts
zend_debugger.httpd_uid	-1	-1
zend_debugger.max_msg_size	2097152	2097152
zend_debugger.tunnel_max_port	65535	65535
zend_debugger.tunnel_min_port	1024	1024

图 16-30

（3）zend studio 设置 debug

打开 zend studio，选择工具（Tool）→首选项（Preference）→调试（Debugger）命令，在弹出的对话框中选择"调试"选项卡，设置调试方式为服务器，设置 Debug Server URL 为 Web 服务器的 URL，这里 apache 的端口是 8080，如果是默认 80 端口，即可以省略，单击 OK 按钮，设置完成，如图 16-31 所示。

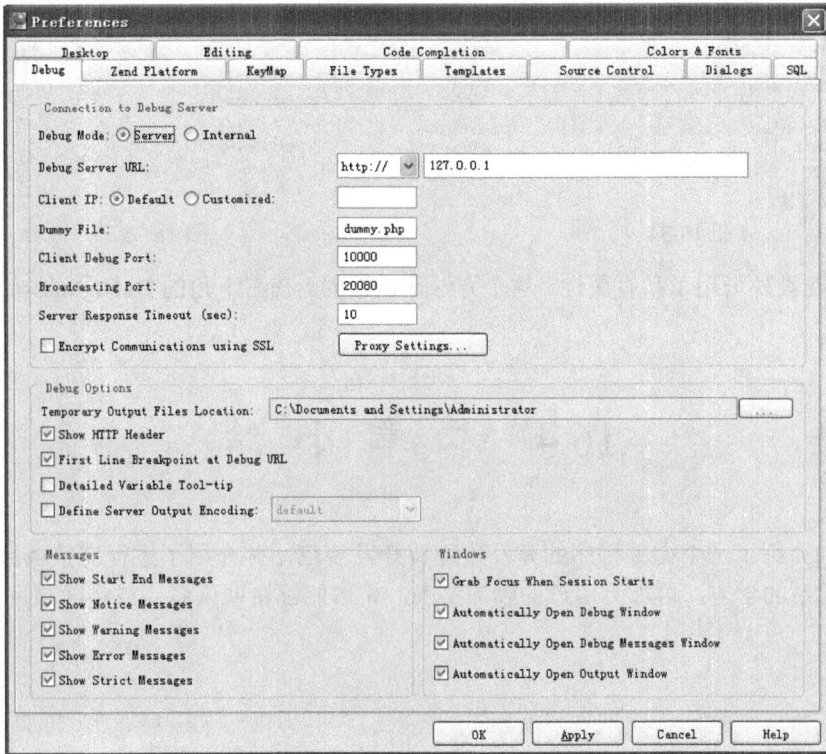

图 16-31

16.3.2　Zend Debugger 应用

首先设置调试方式，如图 16-32 所示。Zend Studio 将自动停止运行，光标停在 index.php 第一行，如图 16-33 所示。

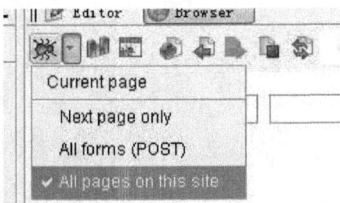

图 16-32

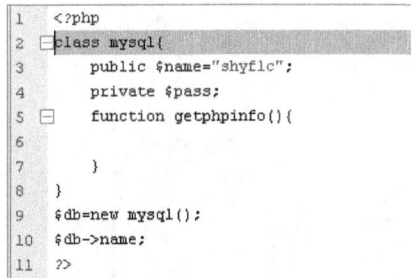

图 16-33

然后按 F10 键单步跳过，光标下移，变量窗口如图 16-34 所示。

最后按 F5 键执行下面所有代码，可以看到右边的调试输出内容，如图 16-35 所示。

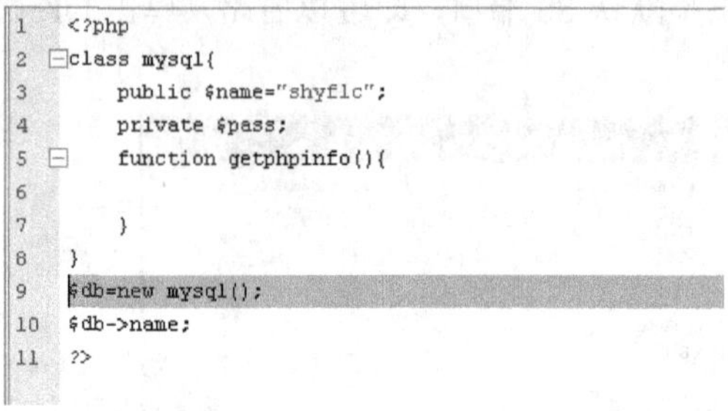

```php
1    <?php
2    class mysql{
3        public $name="shyflc";
4        private $pass;
5        function getphpinfo(){
6
7        }
8    }
9    $db=new mysql();
10   $db->name;
11   ?>
```

图 16-34

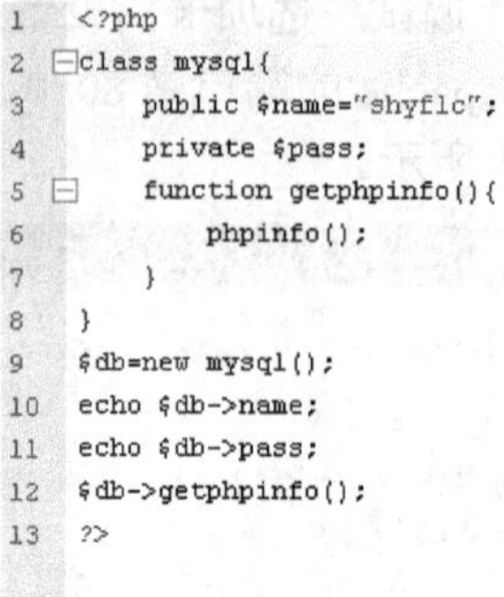

```php
1    <?php
2    class mysql{
3        public $name="shyflc";
4        private $pass;
5        function getphpinfo(){
6            phpinfo();
7        }
8    }
9    $db=new mysql();
10   echo $db->name;
11   echo $db->pass;
12   $db->getphpinfo();
13   ?>
```

图 16-35

第 11 行在类外调用了私有属性，这个方法是错误的。在右下角的 Debug messages 会出现错误信息。

16.4　本章小结

本章详细介绍了一个完整程序的开发流程和开发规范，并介绍了进行完整项目开发的准备工作。通过本章的学习，再加上用户的勤加实践，相信能够帮助读者完成实际项目的开发。

第 17 章　OA 管理系统开发

17.1　需求分析

随着计算机网络在日常办公中起到的作用越来越大，传统的办公管理已经无法满足我们的需要。就目前发展趋势来说，未来的日常办公管理方式将倾向于 B/S 结构，即浏览器和服务器结构。它是对 C/S 结构的一种变化或者改进的结构。在这种结构下，用户工作界面是通过 WWW 浏览器来实现的，极少部分事务逻辑在前端（Browser）实现，主要事务逻辑在服务器端（Server）实现，Server 端访问数据库，形成所谓三层 3-tier 结构。

本章将前面章节所学到的知识做一个汇总，并开发出一套属于我们自己的 OA 管理系统。最后的汇总还将使用项目流程图的制作，以让读者今后开发其他项目时能学以致用。

17.2　系统设计

17.2.1　系统目标

根据需求分析和今后扩展的方向，可列举出以下功能目标。

（1）会员系统。

（2）会员权限设置。

（3）工作计划。

（4）网站公告。

（5）消息中心。

（6）客户关系。

17.2.2　系统功能结构

OA 管理系统为前台登录界面，其余均为后台部分。图 17-1 列出了详细的系统功能结构图。

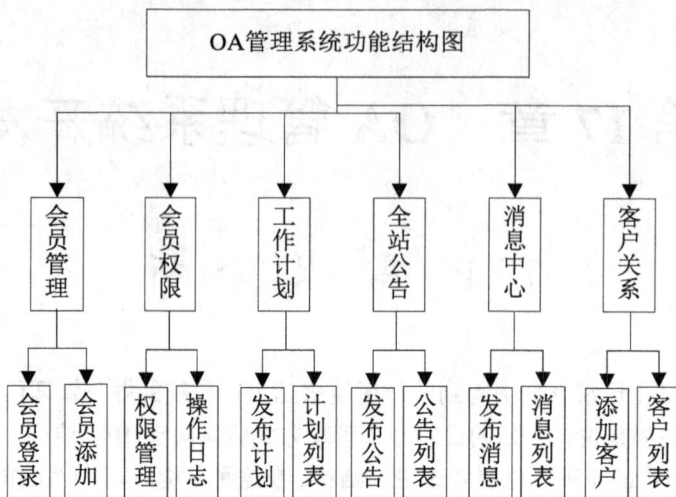

图 17-1

17.2.3 系统流程图

为了使程序更具可读性和今后的可扩展性，我们将设计一个目前版本完整的程序运行流程图，如图 17-2 所示。

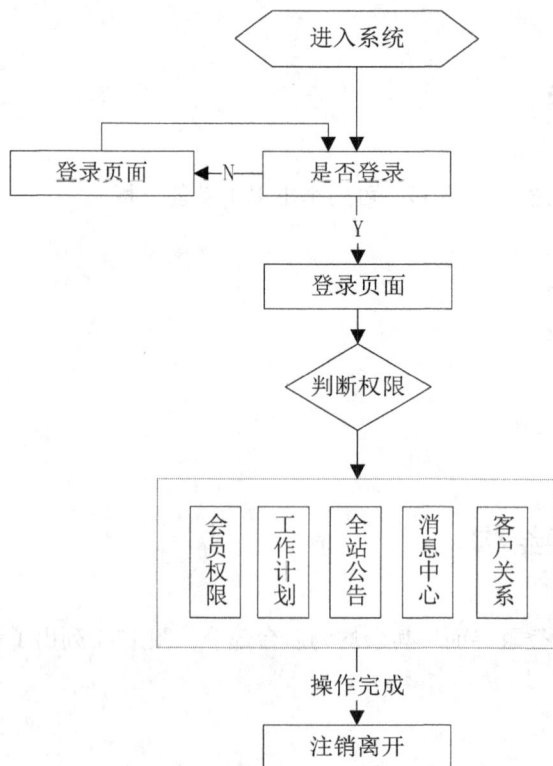

图 17-2

17.2.4　开发环境

在开发中推荐使用低版本的开发环境，这样兼容性会很好。因为在使用 B/S 结构开发程序所需要的环境软件都是向下兼容的，若使用过高的版本进行开发，低版本的用户可能在使用过程中出现一些不可预知的错误。OA 管理系统的开发环境如表 17-1 所示。

表 17-1

操 作 系 统	服 务 器	PHP	数 据 库
Windows 7	Apache 2.2.X	PHP 5.2.X	MySQL 5.5.X
数据库图形化	IDE	浏 览 器	模 板
PHPMyAdmin2.x	Dreamweaver8/Eclipse	IE7+	Ease Template

17.3　数据库与表的设计

任何 B/S 结构程序最基本的都是对数据的操作，从而需要一个存储数据的介质，这里就用到了 MySQL 数据库。在开发程序前需要根据需求分析来设计相应的数据库表结构，然后来实现对应的模块功能。

根据需求分析和系统流程图，可以在数据库中找出需要实现的存储数据类型，从而将它转化为实际可用的字段。下面使用 E-R 图来实现，最后将图转换为有关系的数据库结构。

（1）会员系统：该模块包含用户编号、权限、登录账号、密码、姓名。会员信息 E-R 图如图 17-3 所示。

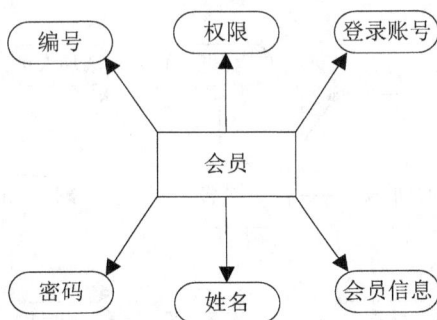

图 17-3

（2）客户关系：该模块包含客户编号、客户公司名、客户名、联系方式、针对业务、关系类型、添加人员、添加时间。客户关系 E-R 图如图 17-4 所示。

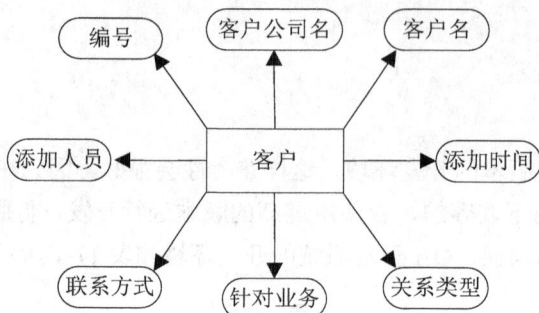

图 17-4

（3）工作计划：该模块包含任务编号、标题、目标人、结束时间、工作日、状态、添加时间、添加人员，将工作计划主要内容与表分离，查询时做关联的查询，这样有利于数据库的优化。主要内容分为内容编号和内容，查询时使用内容编号与任务编号做匹配关联。工作计划 E-R 图如图 17-5 所示。

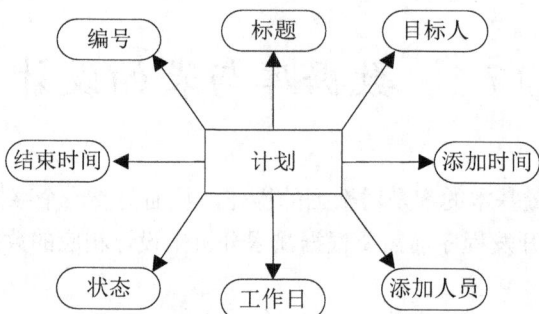

图 17-5

（4）公告中心（站内公共信息）：该模块包含公告编号、标题、添加人员、开始时间、结束时间、类型、状态、添加时间，公告主要内容与"工作计划"查询和分表方式相同。公告中心 E-R 图如图 17-6 所示。

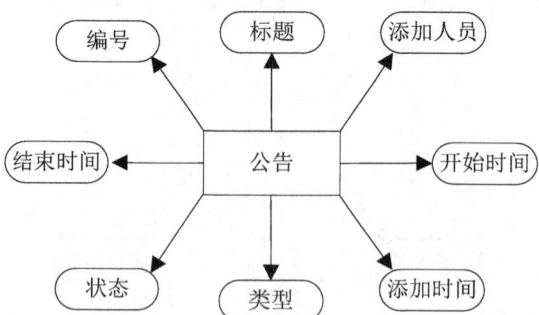

图 17-6

（5）消息中心（私信）：该模块包含消息编号、目标人、状态、添加人、添加时间，消息主要内容与"工作计划"查询和分表方式相同。消息中心 E-R 图如图 17-7 所示。

工作计划、公告中心和消息中心的主要内容存储都是与该对应表分开的，因为这样设计对数据库优化比较好，只需要关联相应编号即可查询。

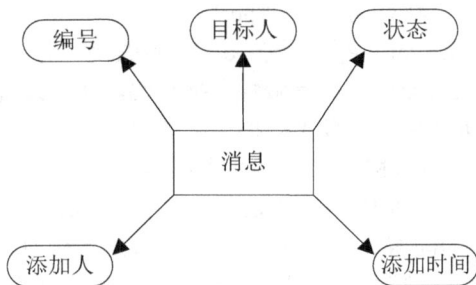

图 17-7

17.4　Ease Template 模板引擎简介

在此之前介绍过 Smarty 模板引擎，这里将介绍另一个轻量级但是功能非常强大的模板引擎——Ease Template（简称 ET 模板），它的用法、原理与 Smarty 相似，但是在某些地方却又更加灵活易用，是开发中小型项目的不错选择。

17.4.1　配置文件

ET 模板的配置非常简单，只需要设置几个主要属性即可完成。

ID：缓存 ID 设置。当网站拥有多个风格时这个功能非常有用，尤其在 cache 模式下。例如，默认风格为 1 的 ID，cache 首页的格式默认为 1_index.htm.default.php，在增加 red 风格目录后，用户来回切换风格时会造成 cache 数据混乱，但是当指定不为默认值的数字 1 时就可以解决此问题，例如，指定 ID 为 2（一般多风格都由后台管理，ID 采用数据库列表的 ID 即可）时 cache red 风格的首页文件就为 2_index.htm.default.php。

TplTyp：模板格式。每个人开发习惯不同，当用惯了 Smarty 或是 phplib 就会习惯用 index.tpl 这样的后缀模板，而 ET 默认的格式是 htm。

CacheDir：缓存目录（编译引擎）。如果为了提高网站性能可以建立一个有读写权限的缓存目录，不过根据不同的开发需求可以建立不同的缓存目录。ET 默认为当前程序目录下的 cache 目录，如果这个目录没有写入权限就视为缓存目录不存在，自动转为替换引擎，不会因为权限问题造成程序错误。

TemplateDir：模板存放目录。每个人开发习惯不同，可以设定不同的目录名，ET 默认为当前程序目录下的 template 目录。

AutoImage：自动解析图片目录开关。on 表示开放，off 表示关闭。如果开放设置模板中存在有 images 时将自动替换，如 index.htm 中<img src="images/logo.gif"> 执行的程序就会自动将图片的地址修改为<img src="template/images/logo.gif">。

LangDir：语言文件存放的目录。如果程序中存在语言标签，将会自动收集语言文字到这个目录下建立 default.php 的默认语言包，这部分详细内容请留意其他文章。

Language：语言的默认文件。由于用户需要个性设置，因此可以设置默认的文件为 cn，产生的文件就为 cn.php，默认为 default.php。

Copyright：版权保护开关。on 表示开放，off 表示关闭。开发环境在编译模式时才生效，当程序全部执行完成后即可生成受版权保护代码，没有 template 目录也可以执行，只要不提供 template 就可实现开源版权保护。

MemCache：Memcache 设置（MemCache 引擎）。当有 Memcache 服务器时，输入地址（如 127.0.0.1:11211），就可以开启高效快速的 Memcache 引擎。

通过了解以上主要属性的配置，可以根据默认自带配置信息来修改所需要的环境。如示例 17-1 所示，还可以将配置文件写在一个公共文件中，方便今后引用。

示例 17-1：

```
1.    <?php
2.    //引入 Ease Template 最新版本 template.ease.php，旧版本引入 template.php
3.    include "template.ease.php";
4.    //Ease Template 设置
5.    $tpl_set = array(
6.        'ID'           =>'1',              //缓存 ID
7.        'TplType'      =>'htm',            //模板格式
8.        'CacheDir'     =>'cache',          //缓存目录
9.        'TemplateDir'   =>'template',      //模板存放目录
10.       'AutoImage'    =>'on',            //自动解析图片目录开关，on 表示开放，off 表示关闭
11.       'LangDir'      =>'language',       //语言文件存放的目录
12.       'Language'     =>'default',        //语言的默认文件
13.       'Copyright'    =>'off',           //版权保护
14.    );
15.    //声明 Ease Template
16.    $tpl = new template($tpl_set);
17.    //对模板赋值
18.    $title= 'Ease tempate';
19.    //载入模板
20.    $tpl->set_file('test');
21.    //打印模板
22.    $tpl->p();
23.    ?>
```

ET 模板中变量名前后要加大括号，如程序中变量名$title 在模板中则为{title}。注意 PHP 有大小写之分，参见示例 17-2，该实例运行结果如图 17-8 所示。

示例 17-2：

```
1.    <HTML>
2.      <HEAD><TITLE>{title}</TITLE></HEAD>
3.      <BODY BGCOLOR=BLACK text character set utf8=WHITE>
4.        <H1>Hello World!</H1>
5.      </BODY>
6.    </HTML>
```

目录结构如图 17-9 所示。

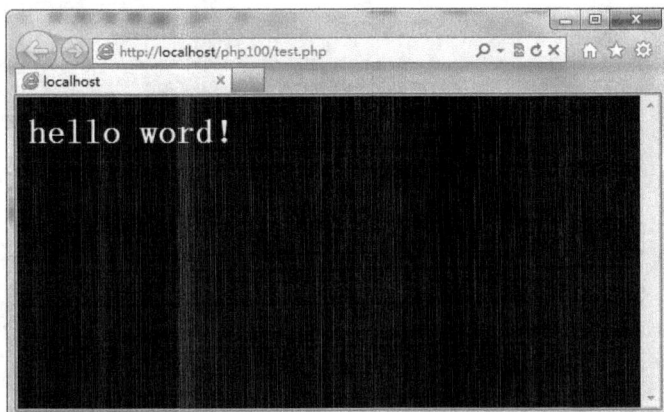

图 17-8

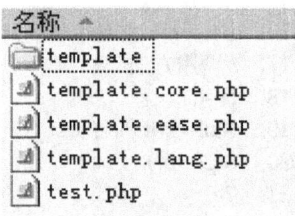

图 17-9

17.4.2　模板中的变量

每种模板都会有自己的语言标签，Ease Template 经过多种分析，在 html 中定义模板变量都为{test}，不可以使用中文，变量也可以使用数组形式{user['name']}。

为了方便开发，Ease Template 可以将数组、变量、对象转入 html 模板，如果要赋值一个变量组可以用方法$more = array(1=>'SYSTN',2=>'Ease',3=>'Template');，具体参见示例 17-3。

示例 17-3：

```
1.   $tpl->set_var(
2.   array(
3.     'test'=>'测试代码',
4.       'more'=>$more
5.     )
6.   );$tpl->set_var(
7.   array(
8.     'test'=>'测试代码',
9.       'more'=>$more
10.    )
11.  );
```

为了使读者更深入了解，下面提供方便实用的测试代码，参见示例 17-4。

示例 17-4：

```
1.   <?php
2.   include"./template.ease.php";
3.   $tpl    = new template();
4.   //方法内使用指定变量
5.   function test(){
6.     global $tpl;
7.     $more = array(1=>'SYSTN',2=>'Ease',3=>'Template');
```

```
8.      $tpl->set_var(
9.         array(
10.          'test'=>'测试代码',
11.          'more'=>$more
12.        )
13.      );
14.    }
15.    //常规变量
16.    $color = '红色';
17.    //调用方法
18.    test();
19.    $tpl->set_file('test_1');
20.    $tpl->p();
21.    ?>
```

对应的 test.html 模板文件可以输入示例 17-5 所示的代码来读取变量。

示例 17-5：

```
1.    <font color=red>这是一个{color}的{test}</font>
2.    <!-- $more AS $v -->
3.    {v}
4.    <!-- END -->
```

17.4.3　模板中的逻辑

在静态的.html/.htm 文件中将 PHP 程序的数据进行一些逻辑判断是非常方便的，ET 模板也提供了这个功能，并且极其简单。本节将介绍在静态模板文件中书写最常用的逻辑判断与循环语句。

1．逻辑判断

模板中的逻辑判断与 PHP 中的使用方法一样，而且可以使用()与[]混合编写，具体参见示例 17-6。

示例 17-6：

```
1.    <?php
2.        include "./template.ease.php";
3.        $tpl = new template();
4.        //方便逻辑判断变量
5.        $a = 1;
6.        $b = 2;
7.        $tpl->set_file('test');
8.        $tpl->p();
9.    ?>
```

对应的模板文件 test.html 可以用多种形式来书写 IF 逻辑判断，具体参见示例 17-7。

示例 17-7：

```
1.    <!-- 判断语句 -->
```

```
2.      <!-- IF[$a==1] -->
3.          变量 a 为{a}
4.      <!-- ELSE -->
5.          变量 a 为空
6.      <!-- END -->
7.  <!-- 判断结束 -->
8.
9.      <!-- if($a==1) -->
10.         变量 a 成立
11.     <!-- end -->
12.
13. <!-- 变量对比 -->
14.     <!-- IF($a==$b) -->
15.         变量 a 等于变量 b
16.     <!-- ELSEIF($a>$b) -->
17.         变量 a 大于变量 b
18.     <!-- ELSE -->
19.         变量 a 小于变量 b
20.     <!-- END -->
21. <!-- 比较结束 -->
```

2．循环

在模板文件中可以使用 foreach 和 while 这两种方式进行循环操作，首先来学习 foreach 在静态模板中的用法，参见示例 17-8。

示例 17-8：

```
1.  <?php
2.      include"./template.ease.php";
3.      $tpl = new template();
4.      //参与循环的数组
5.      $user_list = array(
6.      array(
7.      'name'   => 'fangs',
8.      'pass'   => '6284010k',
9.      ),
10.         array(
11.         'name'   => 'test',
12.         'pass'   => '123456',
13.         )
14.     );
15.     $tpl->set_file('test');
16.     $tpl->p();
17. ?>
```

对应的模板文件 test.html 中可以使用 foreach 来对 PHP 中的数组进行遍历，参见示例 17-9。

示例 17-9：

```
1.  循环代码:
2.  <!-- $user_list AS $user -->
```

```
3.        ID:{_i}
4.        账号：{user['name']}
5.        密码：{user['pass']}
6.    <!-- END -->
7.    无法得到循环数据代码:
8.    <!-- $user_list1 AS $users -->
9.        ID:{_i}
10.       账号：{users['name']}
11.       密码：{users['pass']}
12.   <!-- END -->
13.   <!-- 用于判断提示检测的方法$_i==0 -->
14.   <!-- IF[$_i==0] -->
15.   <font color="#800000">抱歉，没有得到循环数据!</font>
16.   <!-- END -->
```

若要更复杂的循环结构可以使用 while，如果将数据库对象引入模板，则不用在循环后得到数组再赋值给模板，节省了大量时间以及循环次数。

测试数据库内容：

```
[text character set utf8]
CREATE TABLE 'user' (
'uid' INT( 3 ) NOT NULL AUTO_INCREMENT PRIMARY KEY ,
'username' VARCHAR( 32 ) NOT NULL ,
'password' VARCHAR( 16 ) NOT NULL
) TYPE = MyISAM ;
INSERT INTO 'users' ('uid', 'username', 'password') VALUES (1, 'admin', '123456');
```

链接及执行 SQL 语句参见示例 17-10：

示例 17-10：

```php
1.    <?php
2.        include"./template.ease.php";
3.        //引入数据库类
4.        include"./mysql.php";
5.        $tpl = new template();
6.        //声明数据库
7.        $db = new Dirver();
8.        //连接数据库
9.        $db->DBLink('localhost','root','','test');
10.       //索引数据
11.       $query = $db->query("SELECT * FROM users");
12.       $tpl->set_file('test_5');
13.       $tpl->p();
14.   ?>
```

此次模板中与 foreach 循环一样，也提供了一个没有数据的循环，将会提示没有数据效果，参见示例 17-11。

示例 17-11：

```
1.    循环代码:
```

```
2.    <!-- while:$user = $db->fetch_array($query) -->
3.        ID:{_i}
4.        账号：{user['username']}
5.        密码：{user['password']}
6.    <!-- END -->
7.    无法得到循环数据代码:
8.    <!-- while:$users = $db->fetch_array($query1) -->
9.        ID:{_i}
10.       账号：{users['username']}
11.       密码：{users['password']}
12.   <!-- END -->
13.   <!-- 用于判断提示检测的方法$_i==0 -->
14.   <!-- IF[$_i==0] -->
15.   <font color="#800000">抱歉，没有得到循环数据!</font>
16.   <!-- END -->
```

ET 模板基础知识就简单地介绍到这里，在后面的章节中会使用 ET 模板开发出一套完整的 OA 管理系统，并且会发现使用 ET 模板来开发这套系统是非常容易的。

17.5　代码设计概述

在理解了系统的需求分析、数据库结构以及系统架构，下面根据模块的分类来编写代码。

17.5.1　公共文件的设计

公共文件是指将多个页面都可能使用的代码写进单独的文件，在使用时只要使用 include 或 require 语句将文件包含进来即可。如本系统的数据库连接文件、系统配置参数文件和 Easy Template 模板引擎配置文件等，这里都写在 admin_global.php 文件中。下面简单介绍主要的公共配置代码。

1. 系统常量的配置

系统常量主要用于定义一些常用目录，以及其他需要统一的数据，代码参见示例 17-12。

示例 17-12：

global.php
```
1.    define('APP_PATH', '../');                           //当前目录
2.    define('CONFIG_PATH', APP_PATH . 'config/');         //配置目录
3.    define('LIB_PATH', APP_PATH . 'libs/');              //类库目录
4.    define('COM_PATH', APP_PATH . 'common/');            //动作目录
5.    define('TEMP_PATH', APP_PATH . 'template/admin');    //模板目录
6.    define('TEMP_NAME', 'admin_');                       //模板前缀
```

2．系统配置参数引入（代码参见示例 17-13）

示例 17-13：

global.php
```
1.    include (CONFIG_PATH . "db.config.php");              //数据库数据参数
2.    include (CONFIG_PATH . "db.data.php");                //配置数据参数
3.    include (CONFIG_PATH . "db.safety.php");              //安全配置参数
```

db.copnfig.php 文件主要是用于对数据库的主机名、用户名、密码等基本数据的配置，db.data.php 主要是用于对系统中需要使用的一些常用数据进行整理归类（如，性别：男，女；管理员类型等），db.safty.php 文件是用于对网站安全方面的配置。

3．数据库连接文件

数据库连接文件，就是在读取或者存储数据时连接数据库所使用的函数。具体代码参见示例 17-14。

示例 17-14：

global.php
```
1.    include_once (LIB_PATH . "mysql.class.php");         //引入 mysql 类
2.    /*基础函数及数据库*/
3.    $db = new fun($db_config['dbhost'], $db_config['dbuser'], $db_config['dbpass'], $db_config
      ['dbname'], ALL_PS, $db_config['charset']);
```
代码分析：
首先引入 mysql 数据库操作类，根据上一步引入的数据库配置的参数连接数据库。

4．Easy Template 配置文件（参见示例 17-15）

示例 17-15：

global.php
```
1.    include_once (LIB_PATH . "template.ease.php");       //template 类
2.    define('TEMP_NAME', 'admin_');                       //模板前缀
3.    /*模板引擎*/
4.    $tp = new template(array (
5.        'TemplateDir' => TEMP_PATH
6.    ));
```
代码分析：
这里首先引入了 Easy Template 类库文件，然后配置模板的路径。基本配置的文件写完之后，开始各个模块的编写。

17.5.2 会员系统模块

会员管理是每个系统最重要的一个部分，尤其是 OA 管理系统。普通网站可以匿名访问页面，但是 OA 不同，它属于管理部分，需要实时监控每个用户的行为，这时会员管理就显得格外重要。会员系统简单地分为用户登录、用户添加、权限管理和操作日志。

1. 用户登录

用户登录模块是会员管理功能的窗口，会员可以通过登录系统，进行查看工作计划，查看短消息等操作。本页面具体代码参见示例 17-16。

示例 17-16：

admin_login.php

```php
1.   <?php
2.   $oa=1;
3.   include_once ("admin_global.php");
4.   if (!empty ($_POST[username]) && !empty ($_POST[password]) && !empty
     ($_POST[authcode])){
5.   if(md5($_POST[authcode])===$_SESSION[authcode])
6.   $acts->get_user_login($_POST[username], $_POST[password]);
7.   else
8.   $acts->get_admin_msg("index.php","验证码错误");
9.   }
10.  if($_GET[action]=='logout')$acts->get_user_out();
11.  //权限配置
12.  $tpname=$acts->get_user_shell($auid, $ashell)? 'index':'login';
13.  //模板调用
14.  $tp->set_file(TEMP_NAME.$tpname);
15.  $tp->p();
16.  ?>
```

代码分析：

2~3 行：首先定义一个$oa 变量为 1，当$oa=1 时，是不需要记录当前用户的行为的，当$oa=1 后，需要将用户查看页面的情况写进记录文件中。

4~9 行：判断用户名和密码是否正确。这里使用了两种方法：get_user_login()用于用户名和密码的验证，get_admin_msg()用于登录成功或者失败的提示。具体代码参见示例 17-17 和示例 17-18。

示例 17-17：

get_user_login()：

```php
1.   function get_user_login($username, $password,$url='index.php') {
2.   $username = str_replace(" ", "", $username);
3.   $query = $this->db->query("SELECT * FROM `".$this->def."admin_user' WHERE 'username'
     ='$username' limit 1");
4.   $us = is_array($row = $this->db->fetch_array($query));
5.   $ps = $us ? md5($password) == $row[password] : FALSE;
6.   if ($ps) {
7.   SetCookie("auid", $row[uid], time() + 80000, "/");
8.   SetCookie("ashell", md5($row[username] . $row[password] . $this->md), time() + 80000, "/");
9.   $this->get_admin_msg($url, '登录成功！ ');
10.  } else {
11.  $this->get_admin_msg($url, '密码或用户错误！ ');
12.  }
13.  }
```

示例 17-18：

get_user_msg()：

```
1.   public function get_admin_msg($url, $show = '操作已成功！') {
2.   $msg='<!DOCTYPE html PUBLIC "-//W3C//DTD XHTML 1.0 Transitional//EN" "http://www.
     w3.org/TR/xhtml1/DTD/xhtml1-transitional.dtd">
3.   <html xmlns="http://www.w3.org/1999/xhtml">
4.   <head>
5.   <meta http-equiv="Content-Type" content="text/html; charset={$charset}" />
6.   <meta http-equiv=\'Refresh\' content=\'2;URL=' . $url . '\'>
7.   <title>Yun.OA Control Panel</title>
8.   <link rel="stylesheet" href="../template/admin/images/main.css" type="text/css" media="all" />
9.   </head>
10.  <body><div id="append"></div>       <div class="container">
11.  <div class="ajax rtninfo">
12.  <div class="ajaxbg">
13.  <h4>系统提示：</h4>
14.  <present name="error" >
15.  <p>    <font color="red"> ' . $show . '</font></p>
16.  </present>
17.  <p><span style="color:blue;font-weight:bold">2</span> 秒后自动跳转,如果不想等待,直接单
     击 <A HREF=' . $url . '>这里跳转</A> </p>
18.  </div>
19.  </div>
20.  </div>';
21.  echo $msg;
22.  exit ();
23.  }
```

代码分析：

10～11 行：配置用户权限，这里使用到另外一个类库方法 get_user_shell()，用于判断用户的权限，具体见示例 17-19。

示例 17-19：

```
1.   /*用户权限*/
2.   function get_user_shell($uid, $shell) {
3.   $query = $this->db->query("SELECT * FROM '".$this->def."admin_user' WHERE 'uid'='$uid'
     limit 1");
4.   $us = is_array($row = $this->db->fetch_array($query));
5.   $shell = $us ? $shell == md5($row[username] . $row[password] . $this->md) : FALSE;
6.   return $shell ? $row : NULL;
7.   } //end shell
```

代码分析：

12～15 行：显示模板。

模板代码见光盘实例/template/admin/admin_login.html，运行结果如图 17-10 所示。

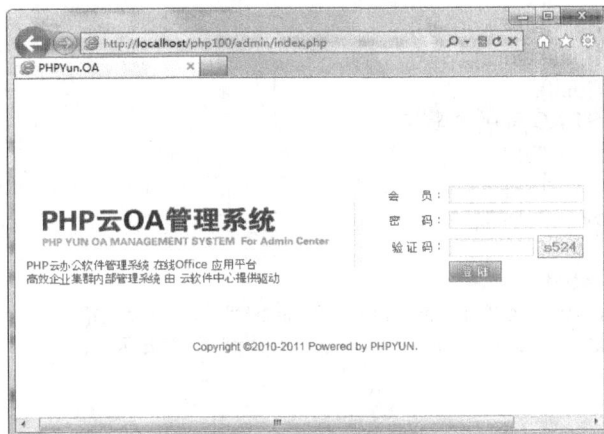

图 17-10

2．添加用户

OA 的用户与普通网站不同，普通网站需要用户自行注册，但是 OA 需要超级管理员进行添加用户，具体代码见示例 17-20。

示例 17-20：

admin_add_worker.php：

```
1.   <?php
2.   include_once ("admin_global.php");
3.   $r=$acts->get_user_shell_check($auid, $ashell,"0");
4.   if(isset($_POST[worker_user])){
5.   is_array($acts->DB_select_once("admin_user","'name'='$_POST[name]'"))?$acts->get_admin_msg("admin_add_worker.php","您已经添加该用户"):'';
6.   $name="'name'='$_POST[name]'";
7.   unset($_POST[worker_user]);
8.   unset($_POST[name]);
9.   foreach($_POST AS $key=>$v){
10.  if($key=="password"){
11.  $v=md5($v);}
12.  $value.="'".$key."'='".$v."'";
13.  $value.=",";
14.  }
15.  $value.=$name;
16.  if($acts->DB_insert_once("admin_user","$value")){
17.  $acts->get_admin_msg("admin_add_worker.php","添加成功");
18.  }}
19.  if(isset($_GET[update])){
20.  $worker_user=$acts->DB_select_once("admin_user","'uid'='$_GET[update]'");
21.  }
22.  if(isset($_POST[update_worker])){
23.  $password=!empty($_POST[password])?"'password'='".md5($_POST[password])."'":"'name'='$_POST[name]'";
24.  $uid=$_POST[uid];
```

```
25.   unset($_POST[update_worker]);
26.   unset($_POST[password]);
27.   unset($_POST[uid]);
28.   foreach($_POST AS $key=>$v){
29.   if($key=="password"){
30.   $v=md5($v);}
31.   $value.="'".$key."'='".$v."'";
32.   $value.=",";}
33.   $value.=$password;
34.   if($acts->DB_update_all("admin_user","$value","'uid'='$uid'")){
35.   $acts->get_admin_msg("admin_add_worker.php","添加成功");
36.   }
37.   }
38.   $tp->set_file('admin_add_worker');
39.   $tp->p();
40.   ?>
```

代码分析：

1～3 行：首先引入基础配置文件 global.php，然后使用类库中的 get_user_shell_check()方法判断用户的权限。

4～18 行：根据表单提交的用户名和密码，首先验证是否已经存在，验证成功后将其加入数据库。

19～21 行：查询当前需要编辑用户的信息，这里由于添加和编辑使用同一个页面，可以通过$_GET['update']的值判断需要编辑的是哪一个用户。

22～37 行：修改用户的信息，根据提交的数据对用户原始数据进行编辑。

38～40 行：显示模板。

运行结果如图 17-11 所示。

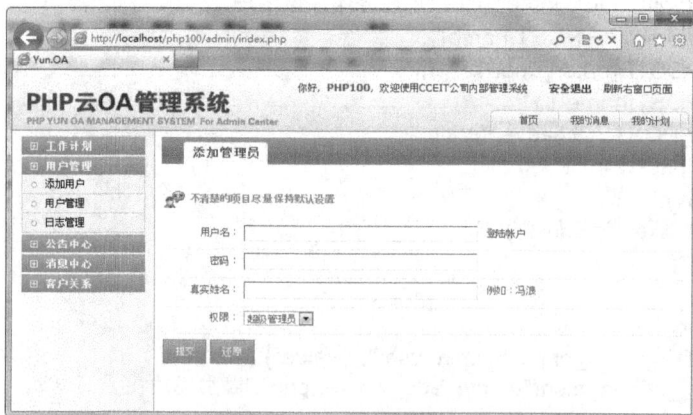

图 17-11

3．用户管理（代码参见示例 17-21）

示例 17-21：

admin_worker.php
```
1.   <?php
```

```
2.    include_once ("admin_global.php");
3.    $r=$acts->get_user_shell_check($auid, $ashell,"0");
4.    if(isset($_GET[delid])){
5.    $nbid=$acts->DB_delete_all("admin_user","'id'='$_GET[delid]'");
6.    isset($nbid)?$acts->get_admin_msg("admin_worker.php"," 删 除 成 功 "):$acts->get_admin_
      msg("admin_worker.php","删除失败");
7.    }
8.    $num=count($acts->DB_select_all("admin_user","1"));
9.    pageft($num,12,0,0,1,5);
10.   $firstcount = $firstcount<1 ? 0 : $firstcount;
11.   $worker_user=$acts->DB_select_all("admin_user","1 order by 'uid' desc limit $firstcount,
      $displaypg");
12.   $tp->set_file('admin_worker');
13.   $tp->p();
14.   ?>
```

代码分析：

1～3 行：首先引入基础配置文件 global.php，然后使用类库中的 get_user_shell_check()方法判断用户的权限。

4～7 行：删除用户列表，根据页面传递$_GET[delid]的值来判断删除哪一个用户。

8～11 行：查询用户的总数，调用分页方法，同时分页显示当前页面的用户。

12～14 行：显示模板。

具体运行结果如图 17-12 所示。

图 17-12

4．权限管理

权限管理主要是通过对用户的类型进行编辑，具体编辑用户的代码见示例 17-20 中的第 19～37 行，运行结果如图 17-13 所示。

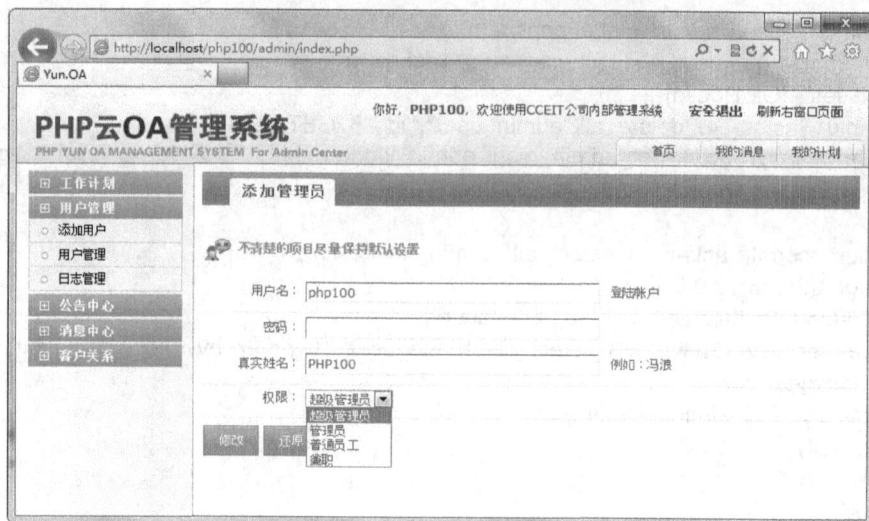

图 17-13

5．操作日志

操作日志主要是为了记录用户在 OA 中的行为，这对于公司的人员管理是非常重要的，具体代码参见示例 17-22。

示例 17-22：

admin_logs.php：

```
1.    <?php
2.    $oa=1;
3.    include_once ("admin_global.php");
4.    $r=$acts->get_user_shell_check($auid, $ashell,"0");
5.    if(isset($_GET[del_today])){
6.    $datetime=date("Y-m-d",mktime());
7.    $logs_a=unlink("../logs/".$datetime.".txt");
8.    }elseif(isset($_GET[del_all])){
9.    if ($dp = opendir("../logs")) {
10.   while (($file=readdir($dp)) != false) {
11.   if (!is_dir($file) && $file!='.' && $file!='..') {
12.   $logs_a=unlink("../logs/".$file);
13.   } } }}
14.   $logs_a?$acts->get_admin_msg("admin_logs.php","删除成功"):null;
15.   if(isset($_GET[seach])){
16.   $datetime=date("Y-m-d",strtotime($_GET[datetime]));
17.   }elseif(isset($_GET[today])){
18.   $datetime=date("Y-m-d",mktime());
19.   }elseif(isset($_GET[yesterday])){
20.   $datetime=date("Y-m-d",mktime()-86400);
21.   }else{
22.   $datetime=date("Y-m-d",mktime());
23.   }
24.   $files=file("../logs/".$datetime.".txt");
```

```
25.   $num=count($files);
26.   pageft($num,20,0,0,1,5);
27.   $aa=$firstcount+$displaypg;
28.   for($i=$firstcount;$i<=$aa;$i++){
29.   $logs[]=$files[$i];
30.   }
31.   $tp->set_file('admin_logs');
32.   $tp->p();
33.   ?>
```

代码分析：

1～4 行：首先设置变量$oa=1，表示查看当前页面不需要记录，然后引入基础配置文件 global.php，接着使用类库中的 get_user_shell_check()方法判断用户的权限。

5～14 行：删除记录。根据$_GET 判断是全部删除记录还是仅仅删除当天的记录，如果获取的是$_GET[del_today]，那么删除当天的所有记录；如果获取的是$_GET[del_all]，则删除所有的记录。

15～30 行：显示搜索结果，默认显示当天所有的记录。

31～33 行：显示模板。

具体运行结果如图 17-14 所示。

图 17-14

17.5.3　工作计划模块

1．发布计划（参见示例 17-23）

示例 17-23：

admin_add_mission.php

```
1.    <?php
2.    include_once ("admin_global.php");
3.    $r=$acts->get_user_shell_check($auid, $ashell);
```

```
4.    //添加
5.    if(isset($_POST[add_mission])){
6.    $content=$acts->GET_Web_key($_POST[content]);
7.    unset($_POST[add_mission]);
8.    unset($_POST[content]);
9.    foreach($_POST AS $key=>$v){
10.   if($key=="edate"){
11.   $v=strtotime($v);}
12.   $value.="'".$key." '='".$v."'";
13.   $value.=",";
14.   }
15.   $value.="'add_time'='".mktime()."'";
16.   if($id=$acts->DB_insert_once("mission","$value")){
17.   $acts->DB_insert_once("mission_cont","'mid'='$id','content'='$content'");
18.   $acts->get_admin_msg("admin_list_mission.php","添加成功");
19.   }}
20.   //更新信息
21.   if(isset($_POST[update_mission])){
22.   $id=$_POST[id];
23.   $url=$_POST[url_aa];
24.   $content=$acts->GET_Web_key($_POST[content]);
25.   unset($_POST[update_mission]);
26.   unset($_POST[id]);
27.   unset($_POST[content]);
28.   unset($_POST[url_aa]);
29.   foreach($_POST AS $key=>$v){
30.   if($key=="edate"){
31.   $v=strtotime($v);}
32.   $value.="'".$key."'='".$v."'";
33.   $value.=",";
34.   }
35.   $value.="'id'='$id'";
36.   if($acts->DB_update_all("mission","$value","'id'='".$id."'")){
37.   $acts->DB_update_all("mission_cont","'content'='$content'","'mid'='".$id."'");
38.   $acts->get_admin_msg($url,"修改成功");
39.   }}
40.   //查找
41.   if(isset($_GET[id])){
42.   $mission=$acts->DB_select_alls("mission","mission_cont","a.'id'=b.'mid' and a.id='$_GET[id]'");
43.   }
44.   $admin_user=$acts->DB_select_all("admin_user","1 order by 'uid' desc");
45.   $tp->set_file('admin_add_mission');
46.   $tp->p();
47.   ?>
```

代码分析：

1～3 行：首先引入基础配置文件 global.php，然后使用类库中的 get_user_shell_check()方法判断用户的权限。

4～19 行：根据提交表单的值添加计划。

20～39 行：根据提交表单的值修改计划。判断是添加还是修改，根据表单提交的$_POST[add_mission]还是$_POST[update_mission]决定。

41～44 行：显示当前需要编辑用户的信息，用户 ID 由$_GET[id]决定。

45～47 行：显示模板。

具体运行结果如图 17-15 所示。

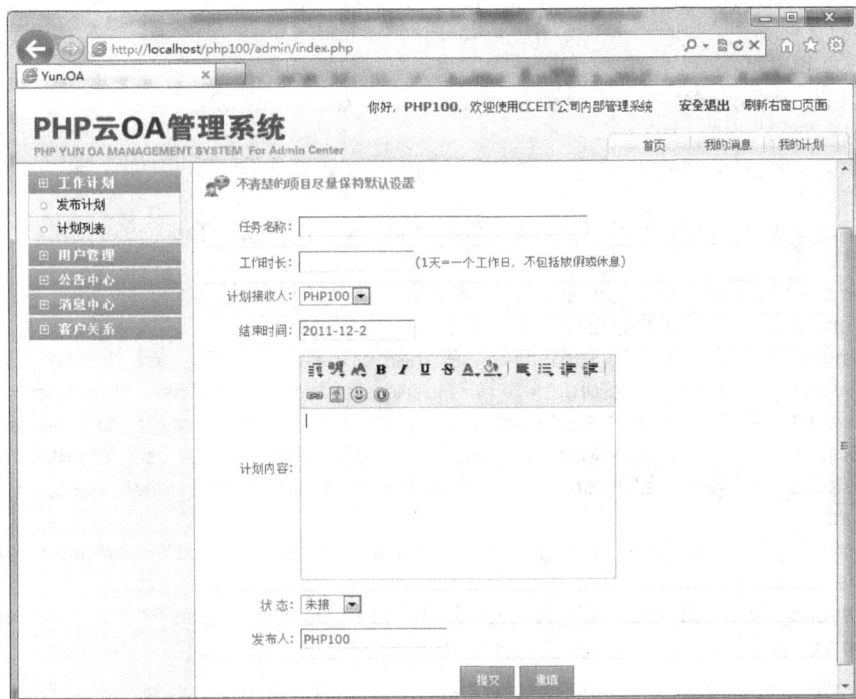

图 17-15

2．计划列表（参见示例 17-24）

示例 17-24：

admin_list_mission.php：

```php
1.    <?php
2.    include_once ("admin_global.php");
3.    $r=$acts->get_user_shell_check($auid, $ashell);
4.    if(isset($_GET[delid])){
5.    $nbid=$acts->DB_delete_all("mission","'id'='$_GET[delid]'");
6.    $mid=$acts->DB_delete_all("mission_cont","'mid'='$_GET[delid]'");
7.    isset($nbid)&&isset($mid)?$acts->get_admin_msg($_SERVER['HTTP_REFERER']," 删 除 成
      功"):$acts->get_admin_msg($_SERVER['HTTP_REFERER'],"删除失败");
8.    }
9.    if($_GET[search_news]){
10.   $where.=!empty($_GET[name])?"and 'title' like '%$_GET[name]%' ":null;
11.   $where.=$_GET[state]!=""?"and 'state'='$_GET[state]' ":null;
12.   $where.=$_GET[user]!=""?"and 'user'='$_GET[user]' ":null;
13.   $where.=$_GET[add_user]!=""?"and 'add_user'='$_GET[add_user]' ":null;
```

```
14.  $where.=!empty($_GET[edate])?"and 'edate'='".strtotime($_GET[edate])."'  ":null;
15.  }
16.  $url="?".$_SERVER["QUERY_STRING"];
17.  $url=str_replace("&&","&",$url);
18.  //标题排序
19.  $name_b=$acts->GET_url_user($url,"name_a",$_GET[name_a]);
20.  $user_b=$acts->GET_url_user($url,"user_a",$_GET[user_a]);
21.  $work_b=$acts->GET_url_user($url,"work_a",$_GET[work_a]);
22.  //状态排序
23.  $state_b=$acts->GET_url_user($url,"state_a",$_GET[state_a]);
24.  //发布时间
25.  $add_time_b=$acts->GET_url_user($url,"add_time_a",$_GET[add_time_a]);
26.  //发布人
27.  $add_user_b=$acts->GET_url_user($url,"add_user_a",$_GET[add_user_a]);
28.  //结束排序
29.  $edate_b=$acts->GET_url_user($url,"edate_a",$_GET[edate_a]);
30.  if(!empty($_SERVER["QUERY_STRING"])){
31.  if(isset($_GET[name_a])){$order.=$_GET[name_a]=="asc"?"title' asc, ":"'title' desc, ";}
32.  if(isset($_GET[user_a])){$order.=$_GET[user_a]=="asc"?"user' asc, ":"'user' desc, ";}
33.  if(isset($_GET[edate_a])){$order.=$_GET[edate_a]=="asc"?"edate' asc, ":"'edate' desc, ";}
34.  if(isset($_GET[state_a])){$order.=$_GET[state_a]=="asc"?"state' asc, ":"'state' desc, ";}
35.  if(isset($_GET[work_a])){$order.=$_GET[work_a]=="asc"?"date_time'  asc,  ":"'date_time'
     desc, ";}
36.  if(isset($_GET[add_time_a])){$order.=$_GET[add_time_a]=="asc"?"add_time' asc, ":"'add_
     time' desc, ";}
37.  if(isset($_GET[add_user_a])){$order.=$_GET[add_user_a]=="asc"?"add_user' asc, ":"'add_
     user' desc, ";}
38.  }
39.  if($r[m_id]=="0"){
40.  $m_id="1";
41.  }else{
42.  $m_id="'user'='$r[uid]' or 'add_user'='$r[name]'";
43.  }
44.  $num=count($acts->DB_select_all("mission","$m_id $where"));
45.  pageft($num,20,0,0,1,5);
46.  $firstcount = $firstcount<1 ? 0 : $firstcount;
47.  $mission=$acts->DB_select_all("mission","$m_id $where order by $order 'state' asc, id desc
     limit $firstcount,$displaypg");
48.  $admin_user=$acts->DB_select_all("admin_user","1 order by 'uid' desc");
49.  $tp->set_file('admin_list_mission');
50.  $tp->p();
51.  ?>
```

代码分析：

1～3 行：首先引入基础配置文件 global.php，然后使用类库中的 get_user_shell_check()方法
判断用户的权限。

4～8 行：根据提交的计划 id 删除计划。

9～15 行：根据搜索条件编写不同的 where 语句。

18～38 行：根据不同的类型进行排序。

39～48 行：分页显示查询的计划列表。

49～51 行：显示模板。

具体运行结果如图 17-16 所示。

图 17-16

17.5.4　公告管理模块

公告管理模块主要是对所有用户进行通知和信息群发，这样可以很方便地让所有用户看到最新的通知，具体功能如下。

1. 添加公告（参见示例 17-25）

示例 17-25：

admin_add_news.php：

```php
1.   <?php
2.   include_once ("admin_global.php");
3.   $r=$acts->get_user_shell_check($auid, $ashell);
4.   if(isset($_POST[add_news])){
5.   is_array($acts->DB_select_once("news",'"title'='$_POST[title]'"))?$acts->get_admin_msg("admin_add_news.php","您已经添加该班制"):'';
6.   $content=$_POST[content];
7.   unset($_POST[add_news]);
8.   unset($_POST[content]);
9.   foreach($_POST AS $key=>$v){
10.  if($key=="sdate" || $key=="edate"){
11.  $v=strtotime($v);}
12.  $value.="'".$key."'='".$v."'";
13.  $value.=",";
14.  }
15.  $value.="'add_time'='".mktime()."'";
16.  if($id=$acts->DB_insert_once("news","$value")){
17.  $acts->DB_insert_once("news_cont",'"nbid'='$id','content'='$content'");
18.  $acts->get_admin_msg("admin_list_news.php","添加成功");
19.  }}
```

```
20.  //更新信息
21.  if(isset($_POST[update_news])){
22.  $id=$_POST[id];
23.  $url=$_POST[url_aa];
24.  $content=$_POST[content];
25.  unset($_POST[update_news]);
26.  unset($_POST[id]);
27.  unset($_POST[content]);
28.  unset($_POST[url_aa]);
29.  foreach($_POST AS $key=>$v){
30.  if($key=="sdate" || $key=="edate"){
31.  $v=strtotime($v);}
32.  $value.="'".$key."'='".$v."'";
33.  $value.=",";
34.  }
35.  $value.="'id'='$id'";
36.  if($acts->DB_update_all("news","$value","'id'='".$id."'")){
37.  $acts->DB_update_all("news_cont","'content'='$content'","'nbid'='".$id."'");
38.  $acts->get_admin_msg($url,"修改成功");
39.  }}
40.  $news=$acts->DB_select_alls("news","news_cont","a.'id'=b.'nbid' and a.'id'='$_GET[id]'");
41.  $tp->set_file('admin_add_news');
42.  $tp->p();
43.  ?>
```

代码分析：

1～3 行：首先引入基础配置文件 global.php，然后使用类库中的 get_user_shell_check()方法判断用户的权限。

4～19 行：根据表单提交的公告信息添加公告。

20～39 行：根据表单提交的公告信息修改公告，原理与计划编辑功能类似。

40 行：显示当前需要编辑的公告信息。

41～43 行：显示模板。

具体运行结果如图 17-17 所示。

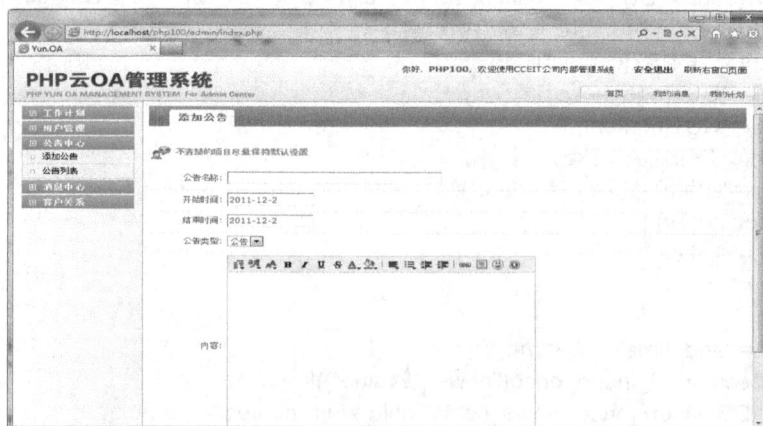

图 17-17

2．公告列表（参见示例 17-26）

示例 17-26：

admin_list_news.php

```php
1.  <?php
2.  include_once ("admin_global.php");
3.  $r=$acts->get_user_shell_check($auid, $ashell);
4.  if(isset($_GET[delid])){
5.  $nbid=$acts->DB_delete_all("news","'id'='$_GET[delid]'");
6.  isset($nbid)?$acts->get_admin_msg($_SERVER['HTTP_REFERER']," 删 除 成 功 "):$acts->get_admin_msg($_SERVER['HTTP_REFERER'],"删除失败");
7.  }
8.  $url="?".$_SERVER["QUERY_STRING"];
9.  $url=str_replace("&&","&",$url);
10. //标题排序
11. $name_b=$acts->GET_url_user($url,"name_a",$_GET[name_a]);
12. //公告类型排序
13. $type_b=$acts->GET_url_user($url,"type_a",$_GET[type_a]);
14. //状态排序
15. $state_b=$acts->GET_url_user($url,"state_a",$_GET[state_a]);
16. //开始时间排序
17. $sdate_b=$acts->GET_url_user($url,"sdate_a",$_GET[sdate_a]);
18. //结束排序
19. $edate_b=$acts->GET_url_user($url,"edate_a",$_GET[edate_a]);
20. //发布人
21. $user_b=$acts->GET_url_user($url,"user_a",$_GET[user_a]);
22. if(!empty($_SERVER["QUERY_STRING"])){
23. if(isset($_GET[name_a])){$order.=$_GET[name_a]=="asc"?"'title' asc, ":"'title' desc, ";}
24. if(isset($_GET[type_a])){$order.=$_GET[type_a]=="asc"?"'type' asc, ":"'type' desc, ";}
25. if(isset($_GET[state_a])){$order.=$_GET[state_a]=="asc"?"'state' asc, ":"'state' desc, ";}
26. if(isset($_GET[sdate_a])){$order.=$_GET[sdate_a]=="asc"?"'sdate' asc, ":"'sdate' desc, ";}
27. if(isset($_GET[edate_a])){$order.=$_GET[edate_a]=="asc"?"'edate' asc, ":"'edate' desc, ";}
28. if(isset($_GET[user_a])){$order.=$_GET[user_a]=="asc"?"'add_user' asc, ":"'add_user' desc, ";}
29. }
30. if($_GET[search_news]){
31. $where.=!empty($_GET[name])?"and 'title' like '%$_GET[name]%' ":null;
32. $where.=$_GET[state]!=""?"and 'state'='$_GET[state]' ":null;
33. $where.=$_GET[class_type]!=""?"and 'type'='$_GET[class_type]' ":null;
34. $where.=!empty($_GET[sdate])?"and 'sdate'='".strtotime($_GET[sdate])."' ":null;
35. $where.=!empty($_GET[edate])?"and 'edate'='".strtotime($_GET[edate])."' ":null;
36. }
37. $num=count($acts->DB_select_all("news","1 $where"));
38. pageft($num,12,0,0,1,5);
39. $firstcount = $firstcount<1 ? 0 : $firstcount;
40. $news=$acts->DB_select_all("news","1  $where  order  by  $order  'id'  desc  limit $firstcount,$displaypg");
41. $tp->set_file('admin_list_news');
42. $tp->p();
43. ?>
```

代码分析：

1～3 行：首先引入基础配置文件 global.php，然后使用类库中的 get_user_shell_check()方法判断用户的权限。

4～7 行：根据提交需要删除公告 id 和对应的公告。

8～29 行：根据提交的排序规则对信息进行排序。

30～40 行：查询所有信息，根据排序规则和条件进行分页显示。

41～43 行：显示模板。

具体运行结果如图 17-18 所示。

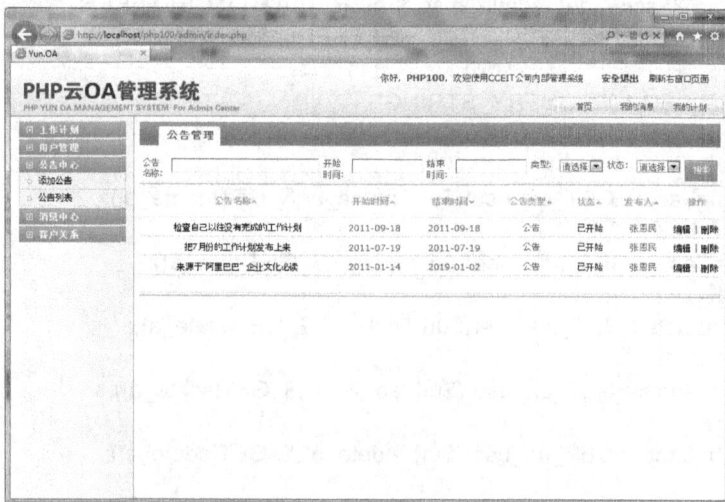

图 17-18

17.5.5 消息中心模块

消息中心的设置主要是对单独用户进行信息通知，与公告的功能一样，是 OA 不可缺少的一部分，具体功能如下。

1．发布消息（参见示例 17-27）

示例 17-27：

admin_add_shortmessage.php：

```
1.   <?php
2.   include_once ("admin_global.php");
3.   $r=$acts->get_user_shell_check($auid, $ashell);
4.   //添加
5.   if(isset($_POST[add_mission])){
6.   $content=$acts->GET_Web_key($_POST[content]);
7.   unset($_POST[add_mission]);
8.   unset($_POST[content]);
9.   foreach($_POST AS $key=>$v){
10.  if($key=="edate"){
```

```
11.    $v=strtotime($v);}
12.    $value.="'".$key."'='".$v."'";
13.    $value.=",";
14.    }
15.    $value.="'state'='0',";
16.    $value.="'add_time'='".mktime().'"';
17.    if($id=$acts->DB_insert_once("shortmessage","$value")){
18.    $acts->DB_insert_once("shortmessage_cont","'sid'='$id','content'='$content'");
19.    $acts->get_admin_msg("admin_list_shortmessage.php","添加成功");
20.    }}
21.    //更新信息
22.    if(isset($_POST[update_mission])){
23.    $id=$_POST[id];
24.    $url=$_POST[url_aa];
25.    $content=$acts->GET_Web_key($_POST[content]);
26.    unset($_POST[update_mission]);
27.    unset($_POST[id]);
28.    unset($_POST[content]);
29.    unset($_POST[url_aa]);
30.    foreach($_POST AS $key=>$v){
31.    if($key=="edate"){
32.    $v=strtotime($v);}
33.    $value.="'".$key."'='".$v."'";
34.    $value.=",";
35.    }
36.    $value.="'id'='$id'";
37.    if($acts->DB_update_all("shortmessage","$value","'id'='".$id."'")){
38.    $acts->DB_update_all("shortmessage_cont","'content'='$content'","'sid'='".$id."'");
39.    $acts->get_admin_msg($url,"修改成功");
40.    }}
41.    if(isset($_GET[id])){
42.    $mission=$acts->DB_select_alls("shortmessage","shortmessage_cont","a.'id'=b.'sid'        and
       a.id='$_GET[id]'");
43.    }
44.    $admin_user=$acts->DB_select_all("admin_user","1 order by 'uid' desc");
45.    $tp->set_file('admin_add_shortmessage');
46.    $tp->p();
47.    ?>
```

代码分析：

1～3 行：首先引入基础配置文件 global.php，然后使用类库中的 get_user_shell_check()方法判断用户的权限。

4～20 行：根据表单提交的信息添加消息。

21～40 行：根据表单提交的信息修改消息的内容，具体规则与计划添加类似。

41～43 行：显示当前需要编辑的短消息的内容。

44～47 行：显示模板。

具体运行结果如图 17-19 所示。

图 17-19

2. 消息列表（参见示例 17-28）

示例17-28：

admin_list_shortmessage.php：

```php
1.   <?php
2.   include_once ("admin_global.php");
3.   $r=$acts->get_user_shell_check($auid, $ashell);
4.   if(isset($_GET[delid])){
5.   $nbid=$acts->DB_delete_all("shortmessage","'id'='$_GET[delid]'");
6.   $mid=$acts->DB_delete_all("shortmessage_cont","'sid'='$_GET[delid]'");
7.   isset($nbid) && isset($mid)?$acts->get_admin_msg($_SERVER['HTTP_REFERER'],"删除成
     功"):$acts->get_admin_msg($_SERVER['HTTP_REFERER'],"删除失败");
8.   }
9.   if($_GET[search_news]){
10.  $where.=!empty($_GET[name])?"and 'title' like '%$_GET[name]%' ":null;
11.  $where.=$_GET[state]!=""?"and 'state'='$_GET[state]' ":null;
12.  $where.=$_GET[user]!=""?"and 'user'='$_GET[user]' ":null;
13.  $where.=$_GET[add_user]!=""?"and 'add_user'='$_GET[add_user]' ":null;
14.  $where.=!empty($_GET[edate])?"and 'edate'='".strtotime($_GET[edate])."' ":null;
15.  }
16.  $url="?".$_SERVER["QUERY_STRING"];
17.  $url=str_replace("&&","&",$url);
18.  //标题排序
19.  $name_b=$acts->GET_url_user($url,"name_a",$_GET[name_a]);
20.  $user_b=$acts->GET_url_user($url,"user_a",$_GET[user_a]);
21.  $work_b=$acts->GET_url_user($url,"work_a",$_GET[work_a]);
22.  //状态排序
23.  $state_b=$acts->GET_url_user($url,"state_a",$_GET[state_a]);
24.  //发布时间
25.  $add_time_b=$acts->GET_url_user($url,"add_time_a",$_GET[add_time_a]);
26.  //发布人
27.  $add_user_b=$acts->GET_url_user($url,"add_user_a",$_GET[add_user_a]);
28.  //结束排序
29.  $edate_b=$acts->GET_url_user($url,"edate_a",$_GET[edate_a]);
30.  if(!empty($_SERVER["QUERY_STRING"])){
```

```
31.   if(isset($_GET[name_a])){$order.=$_GET[name_a]=="asc"?"'title' asc, ":"'title' desc, ";}
32.   if(isset($_GET[user_a])){$order.=$_GET[user_a]=="asc"?"'user' asc, ":"'user' desc, ";}
33.   if(isset($_GET[edate_a])){$order.=$_GET[edate_a]=="asc"?"'edate' asc, ":"'edate' desc, ";}
34.   if(isset($_GET[state_a])){$order.=$_GET[state_a]=="asc"?"'state' asc, ":"'state' desc, ";}
35.   if(isset($_GET[work_a])){$order.=$_GET[work_a]=="asc"?"'date_time' asc, ":"'date_time' desc, ";}
36.   if(isset($_GET[add_time_a])){$order.=$_GET[add_time_a]=="asc"?"'add_time' asc, ":"'add_time'
      desc, ";}
37.   if(isset($_GET[add_user_a])){$order.=$_GET[add_user_a]=="asc"?"'add_user'  asc,  ":"'add_user'
      desc, ";}
38.   }
39.   $num=count($acts->DB_select_all("shortmessage","1 $where"));
40.   pageft($num,12,0,0,1,5);
41.   $firstcount = $firstcount<1 ? 0 : $firstcount;
42.   if($r[m_id]=="0"){
43.   $m_id="1";
44.   }else{
45.   $m_id="'user'='$r[uid]' or 'add_user'='$r[name]'";
46.   }
47.   $mission=$acts->DB_select_all("shortmessage","$m_id $where order by $order 'state' desc
      limit $firstcount,$displaypg");
48.   $admin_user=$acts->DB_select_all("admin_user","1 order by 'uid' desc");
49.   $tp->set_file('admin_list_shortmessage');
50.   $tp->p();
51.   ?>
```

代码分析：

1～3 行：首先引入基础配置文件 global.php，然后使用类库中的 get_user_shell_check()方法判断用户的权限。

4～8 行：根据提交需要删除消息 id 和对应的消息。

9～15 行：根据提交的条件编写对应的 where 语句。

16～38 行：对查询的信息根据不同的排序条件进行排序。

39～47 行：根据上述的 where 语句以及排序条件，查询所有的信息并分页显示。

48～51 行：显示模板。

具体运行结果如图 17-20 所示。

图 17-20

17.5.6　客户关系模块

客户关系模块是一些公司特有的模块，需要将所有合作的客户上传到 OA 中，便于以后的查询和修改，具体功能如下。

1．添加客户（参见示例 17-29）

示例 17-29：

admin_add_customer.php：

```php
1.   <?php
2.   include_once ("admin_global.php");
3.   $r=$acts->get_user_shell_check($auid, $ashell,1);
4.   //添加
5.   if(isset($_POST[add_customer])){
6.   unset($_POST[add_customer]);
7.   foreach($_POST AS $key=>$v){
8.   $value.="'".$key."'='".$v."'";
9.   $value.=",";
10.  }
11.  $value.="'date_time'='".mktime()."'";
12.  if($acts->DB_insert_once("customer","$value")){
13.  $acts->get_admin_msg("admin_list_customer.php","添加成功");
14.  }}
15.  //查找更新
16.  if(isset($_GET[id])){
17.  $adv=$acts->DB_select_once("customer","'id'='$_GET[id]'");
18.  }
19.  //更新信息
20.  if(isset($_POST[update_advertise])){
21.  $id=$_POST[id];
22.  $url=$_POST[url_aa];
23.  unset($_POST[update_advertise]);
24.  unset($_POST[id]);
25.  unset($_POST[url_aa]);
26.  foreach($_POST AS $key=>$v){
27.  if($key=="sdate" || $key=="edate"){
28.  $v=strtotime($v);}
29.  $value.="'".$key."'='".$v."'";
30.  $value.=",";
31.  }
32.  $value.="'id'='$id'";
33.  if($acts->DB_update_all("customer","$value","'id'='".$id."'")){
34.  $acts->get_admin_msg($url,"修改成功");
35.  }}
36.  $Web_type=$acts->DB_select_all("Web_type","1 order by id desc");
37.  $tp->set_file('admin_add_customer');
38.  $tp->p();
```

39.　?>

代码分析：

1～3 行：首先引入基础配置文件 global.php，然后使用类库中的 get_user_shell_check()方法判断用户的权限。

4～14 行：根据表单提交的信息添加客户资料。

15～18 行：显示当前需要编辑客户的资料。

19～35 行：根据表单提交的信息修改客户的资料，具体规则与计划添加类似。

36～38 行：显示模板。

具体运行结果如图 17-21 所示。

图 17-21

2．客户列表（参见示例 17-30）

示例 17-30：

admin_list_customer.php：

```php
1.    <?php
2.    include_once ("admin_global.php");
3.    $r=$acts->get_user_shell_check($auid, $ashell,1);
4.    //删除
5.    if(isset($_GET[delid])){
6.    $nbid=$acts->DB_delete_all("customer","'id'='$_GET[delid]'");
7.    isset($nbid)?$acts->get_admin_msg($_SERVER['HTTP_REFERER']," 删 除 成 功 "):$acts->get_admin_msg($_SERVER['HTTP_REFERER'],"删除失败");
8.    }
9.    if(isset($_GET[search_adv])){
10.   $where.=!empty($_GET[com_name])?"and 'com_name' like '%$_GET[com_name]%' ":null;
11.   $where.=!empty($_GET[com_user])?"and 'com_user' like '%$_GET[com_user]%' ":null;
12.   $where.=!empty($_GET[Web_type])?"and 'Web_type'='$_GET[Web_type]' ":null;
13.   $where.=!empty($_GET[cus_type])?"and 'cus_type'='$_GET[cus_type]' ":null;
14.   $where.=!empty($_GET[add_user])?"and 'add_user'='$_GET[add_user]' ":null;
15.   }
```

```
16.  $num=count($acts->DB_select_all("customer","1 $where"));
17.  pageft($num,12,0,0,1,5);
18.  $firstcount = $firstcount<1 ? 0 : $firstcount;
19.  $advertise=$acts->DB_select_all("customer","1 $where order by 'id' desc limit $firstcount,
     $displaypg");
20.  //调用模板
21.  $tp->set_file('admin_list_customer');
22.  $tp->p();
23.  ?>
```

代码分析：

1～3 行：首先引入基础配置文件 global.php，然后使用类库中的 get_user_shell_check()方法判断用户的权限。

4～8 行：根据提交需要删除消息 id 和对应的消息。

9～15 行：根据提交的条件编写对应的 where 语句。

16～19 行：对查询的信息根据不同的条件分页显示。

48～51 行：显示模板。

具体运行结果如图 17-22 所示。

图 17-22

17.6 程序的测试与发布

Web 网站系统制作完成以后，并不能直接投入运行，必须进行全面、完整的测试，包括本地测试、网络测试等多个环节。实际上在建站的过程中，就应该不断地对程序进行测试，并及时解决发现的问题，避免重复出错，同时也避免错误的连锁反应。一个完整的网站应该确保每个页面在浏览器中达到想要的结果，应该确保没有断开的链接。

17.6.1　程序的测试

程序的测试主要包含以下几个方面。

1．确保页面在浏览器中能达到所要的效果

所完成的各个页面不应该单纯地在一个浏览中能达到如期的效果，而应该在各种浏览器中都能正常地运行，所以在测试工作时应该在多浏览器和多平台下对程序进行测试。借此来区分布局、颜色和字体大小的不同。

2．链接检查

由于所做的程序在不断地重新设计、重新组织，所以所链接的页面可能会移动或删除，为此运行链接报告对链接进行测试，确保程序中没有断开的链接。

3．检查整个程序中是否存在其他问题

例如无标题文档、空标签，以及在程序中是否存在标签和语法错误等。

4．程序及数据库测试

针对 Web 网站系统中使用到的动态网页程序，在当前设计开发环境中建立服务器环境，并测试程序是否能正确执行和使用，以确保数据库使用的安全性。

5．服务器稳定性和安全性测试

对于多数用户而言，由于所使用的 Web 服务器是通过租用 ISP（Internet 服务提供商）的空间来实现的，因此必须在租用之前详细了解服务器空间的各项技术指标（包括空间大小、是否支持动态网页程序等），并对其进行稳定性和安全性的测试，以确保 Web 网站访问者能够顺利地浏览网站内容，同时保证 Web 网站系统本身的安全稳定。

6．不同浏览器进行兼容测试

Web 网站系统的设计开发人员通过使用不同的 Web 浏览器，使设计和制作完成的 Web 网站系统从主页开始，逐页地进行检查，以便保证所有的 Web 网页都有不错的外观，而且没有任何错误。有时候，在 Internet Explorer 系列浏览器、FireFox 浏览器、Opera 浏览器和 Maxthon 浏览器中显示的效果可能不一样，但只要能够做到兼容显示，不影响 Web 网页内容的表达，就可以认为通过了 Web 浏览器的测试。

17.6.2　程序的发布

测试完成之后，可以将程序发布到服务器上，以便所有用户浏览。程序的发布分为以下几个步骤。

1．申请空间和域名

申请空间的操作流程如下：

（1）在网络中找到提供空间的网站，并登录网站。

（2）进入空间申请的页面，首先阅读服务条款。服务条款要仔细阅读，单击同意后，填写注册信息页面。

（3）填写注册信息，为网站起域名。

（4）注册成功后，网站会给出空间的地址及在什么时间开通。

2．在 FrontPage 中发布站点

本地测试完成以后，就可以把 Web 网站系统的内容发布到事先准备好的资源空间中去。发布网站主要是将 Web 网站系统中的所有文件和文件夹移动或复制到某一个目的地（如 Web 服务器）上。Web 网站系统一旦在 Internet 上发布，所有 Internet 用户都能够进行访问。其中，发布的目的地既可以是当前计算机中已经构建的 Web 服务器，也可以是 Internet 上特定的 Web 服务器。

（1）通过 FTP 上载站点

如果准备发布的目的地服务器上没有安装 FrontPage 服务器扩展，那么用户就只能使用文件传输协议 FTP 发布站点。这种情况下，用户必须知道 FTP 服务器的名称和目录路径。这里所说的 FTP 服务器名称是指站点服务器的网络名称（如 ftp.php100.com），而目录路径则是指服务器中用于存放用户站点数据的文件夹（如/www/temp/php100）。这样，发布的目的地服务器位置就是 ftp.php100.com/www/temp/php100。

使用 FTP 协议发布站点的操作方法如下：

① 运行 FrontPage，打开一个站点。

② 选择"文件"菜单中的"发布站点"命令，在弹出对话框的"站点目标位置"文本框中输入或浏览得到目标位置。

③ 单击"确定"按钮。FrontPage 就会尝试连接前面指定的站点，一般要求用户输入用户名和密码。用户可以通过匿名方式登录 FTP，匿名登录方式的用户名为 anonymous。

④ 单击"确定"按钮。如果连接成功，则可以上载 Web 网页；如果有相同的文件名，系统会弹出"是否覆盖？"的提示对话框，由用户来决定。

（2）通过 HTTP 方式上载站点

如果准备发布的目的地服务器上已经安装了 FrontPage 服务器扩展，就可以使用 HTTP 超文本传输协议来发布站点。FrontPage 通过 HTTP 方式上载站点与通过 FTP 方式十分相似，只需在"站点目标位置"文本框中输入 HTTP 协议的 URL 地址即可。例如，如果用户已经在个人计算机上安装了 IIS，则可以利用 IIS 进行站点发布。首先运行 IIS，并在 IIS 中设置主目录，如 C:\www，再选中"启用默认文档"复选框，同时将当前站点的主页名称加入到"默认文档"文本框中。然后利用 FrontPage 打开一个站点，并打开"发布站点"对话框，在该对话框的"站点目标位置"文本框中输入站点 IP 地址或计算机名。最后单击"确定"按钮，站点内容即可上载到 IIS 设置的主目录中。打开浏览器，在地址栏中输入 IP 地址或计算机名，确认后，所发布站点的主页内容即可显示在浏览器中。

3．通过第三方 FTP 发布 Web 网站

通常情况下，用户都是通过使用相关的 FTP 软件进行 Web 网站的 FTP 发布，如 FXPflash 等。

（1）登录到 FTP 服务器

首先在 FTP 服务器地址栏中输入相应的 FTP 服务器地址，如 Google 公司的 DNS 服务器地址：8.8.8.8，同时输入已授权的用户名及其密码，端口为 21。然后单击"连接"按钮连接到相应的 FTP 服务器。

（2）传送文件

登录成功后，用户界面右边的窗口中就会显示服务器端的信息。用户进入服务器相应的子目录后，在左边的窗口中选择本地计算机中要上载的文件，并将文件拖到右边的窗口，这样就完成了一次上载文件的任务（每次均可以选择一个文件夹，或多个文件及文件夹）。

4．站点推广

（1）将站点资料放置到 Web 搜索引擎。

（2）互建友情链接。

（3）通过网络广告、BBS 宣传推广网站。

17.7　本 章 小 结

本章通过 PHP 开发了一个完整的 OA 管理系统，基本阐述了大中型 PHP 项目的开发流程，UML（流程图）让读者更加明了的、直观地了解该项目的开发思想。通过此项目的学习，读者可以在今后的项目开发中举一反三。

第18章 附 录

18.1 httpd.conf 配置文件说明

```
# 基于 NCSA 服务的配置文件
#
#这是 Apache 服务器主要配置文件
#它包含服务器和影响服务器运行的配置指令
# 参 见 <URL:<a href="http://httpd.apache.org/docs-2.0/" target="_blank">http://httpd.apache.org/
docs-2.0/</a>>以取得关于这些指令的详细信息
#
#不要只是简单地阅读这些指令信息而不去理解它们
#这里只是做了简单的说明，如果没有参考在线文件，就会被警告
#
#这些配置指令被分为下面 3 个部分：
#1. 控制整个 Apache 服务器行为的部分（即全局环境变量）
#2. 定义主要或者默认服务参数的指令，也为所有虚拟主机提供默认的设置参数
#3. 虚拟主机的设置参数
#
#配置日志文件名：如果指定的文件名以"/"开始（win32 以"dirver:/"开始）
#服务器将使用绝对路径，如果文件名不是以"/"开始的，那么它将把 ServerRoot
#的值附加在文件名的前面，如对"logs/foo.log"，如果 ServerRoot 的值
#为"/usr/local/apache2"，则该文件应为"/usr/local/apache2/logs/foo.log"
#
##第一区：全局环境参数
#
#这里设置的参数将影响整个 Apache 服务器的行为
#例如，Apache 能够处理的并发请求的数量等
#
#ServerRoot:指出服务器保存其配置、出错和日志文件等的根目录
#
#注意：如果想要将它指定为 NFS 或其他网络上的位置
#一定要阅读与 LockFile 有关的文档（如
#URL:<a href="http://httpd.apache.org/docs-2.0/mod/mpm_common.html#lockfile" target= "_blank"
http://httpd. apache.org/docs-2.0/mo...n.html#lockfile</a>> )
#这将能解决很多问题
#
#路径的结尾不要添加斜线
#
ServerRoot "/usr/loacl/apache2"
#
#串行访问的锁文件必须保存在本地磁盘上
#
```

```
<IfModule !mpm_winnt.c>
<IfModule !mpm_neware.c>
#LockFile logs/accept.lock
</IfModule>
</IfModule>
#ScoreBoardFile:用来保存内部服务进程信息的文件
#如果未指明（默认），记分板（Scoreboard）将被保存在一个匿名的共享内存段中
#并且它不能被第三方软件所使用
#如果指定了，要确保两个 Apache 不能使用同一个记分板文件
#这个记分板文件必须保存在本地磁盘上
#
<IfModule !mpm_netware.c>
<IfModule !perchild.c>
#ScoreBoardFile logs/apache_runtime_status
<IfModule>
<IfModule>
#
#PidFile:记录服务器启动进程号的文件
#
<IfModule !mpm_neware.c>
PidFile logs/httpd.pid
</IfModule>
#
#Timeout:接收和发送前超时秒数
#
Timeout 300
#
#KeepAlive:是否允许稳固的连接（每个连接有多个请求）
#设为 Off 则停用
#
KeepAlive On
#
#MaxKeepAliveRequests:在稳固连接期间允许的最大请求数
#设为 0 表示无限制接入
#推荐将其设为一个较大的值，以便提高性能
MaxKeepAliveRequests 100
#
#KeepAliveTimeout:在同一个连接上从同一台客户机上接收请求的秒数
#
KeepAliveTimeout 15
##
##Server-Pool 大小设定（针对 MPM 的）
##
# prefork MPM
# StartServers:启动时服务器启动的进程数
# MinSpareServers:保有的备用进程的最小数目
# MaxSpareServers:保有的备用进程的最大数目
# MaxClients:服务器允许启动的最大进程数
# MaxRequestsPerChild:一个服务进程允许的最大请求数
<IfModule prefork.c>
```

```
StartServers 5
MinSpareServers 5
MaxSpareServers 10
MaxClients 150
MaxRequestPerChild 0
</IfModule>
# worker MPM
# StartServers:服务器启动时的服务进程数目
# MaxClients:允许同时连接的最大用户数目
# MinSpareThreads:保有的最小工作线程数目
# MaxSpareThreads:允许保有的最大工作线程数目
# ThreadsPerChild:每个服务进程中的工作线程常数
# MaxRequestsPerChild:服务进程中允许的最大请求数目
<IfModule worker.c>
StartServers 2
MaxClients 150
MinSpareThreads 25
MaxSpareThreads 75
ThreadsPerChild 25
MaxRequestsPerChild 0
</IfModule>
# perchild MPM
# NumServers:服务进程数量
# StartThreads:每个服务进程中的起始线程数量
# MinSpareThreads:保有的最小线程数量
# MaxSpareThreads:保有的最大线程数量
# MaxThreadsPerChild:每个服务进程允许的最大线程数
# MaxRequestsPerChild:每个服务进程允许连接的最大数量
<IfModule perchild.c>
NumServers 5
StartThreads 5
MinSpareThreads 5
MaxSpareThreads 10
MaxThreadsPerChild 20
MaxRequestsPerChild 0
</IfModule>
# WinNT MPM
# ThreadsPerChild:服务进程中的工作线程常数
# MaxRequestsPerChild:服务进程允许的最大请求数
<IfModule mpm_winnt.c>
ThreadsPerChild 250
MaxRequestsPerChild 0
</IfModule>
# BeOS MPM
# StartThreads:服务器启动时启动的线程数
# MaxClients:可以启动的最大线程数（一个线程等于一个用户）
# MaxRequestsPerThread:每个线程允许的最大请求数
<IfModule beos.c>
StartThreads 10
MaxClients 50
```

```
MaxRequestsPerThread 10000
</IfModule>
# NetWare MPM
# ThreadStachSize:为每个工作线程分配的堆栈尺寸
# StartThreads:服务器启动时启动的线程数
# MinSpareThreads:用于处理实发请求的空闲线程数
# MaxSpareThreads:空闲线程的最大数量
# MaxThreads:在同一时间活动的最大线程数
# MaxRequestPerChild:一个线程服务请求的最大数量
# 推荐将其设置为 0, 以实现无限制地接入
<IfModule mpm_netware.c>
ThreadStackSize 65536
StartThreads 250
MinSpareThreads 25
MaxSpareThreads 250
MaxThreads 1000
MaxRequestPerChild 0
</IfModule>
# OS/2 MPM
# StartServers:启动的服务进程数量
# MinSpareThreads:每个进程允许的最小空闲线程
# MaxSpareThreads:每个进程允许的最大空闲线程
# MaxRequestsPerChild:每个服务进程允许的最大连接数
<IfModule mpmt_os2.c>
StartServers 2
MinSpareThreads 5
MaxSpareThreads 10
MaxRequestsPerChild 0
</IfModule>
#
# Listen:允许绑定 Apache 服务到指定的 IP 地址和端口上, 以取代默认值
# 参见<VirtualHost>指令
# 使用如下命令使 Apache 只在指定的 IP 地址上监听
# 以防止它在 IP 地址 0.0.0.0 上监听
#
# Listen 12.34.56.78:80
Listen 80
#
# 动态共享支持（DSO）
#
# 为了能够使用那些以 DSO 模式编译的模块中的函数, 必须有相应的 LoadModule 行
# 因此, 在这里包含了这些指令, 以便能在使用它之前激活
# 那些静态编译的模块不需要在这里列出（即以 httpd-1 列出的模块）
#
# 示例:
# LoadModule foo_module modules/mod_foo.so
#
#
# ExtendedStatus：当调用 server-status 时, 控制 Apache 是产生 "全" 状态
# 信息（ExtendedStatus On）, 还是产生基本信息（ExtendedStatus Off）
```

```
# 默认为 off
#
# ExtendedStatus On
### 第二区："主"服务配置
#
# 该区建立被"主"服务器用的指令值，以回应那些不被<VirtualHost>
# 定义处理的任何请求
# 这些数值也提供默认值给后面定义的<VirtualHost>容器
# 如果<VirtualHost>中有定义，那么这里定义的指令值将被
# <VirtualHost>中的定义所覆盖
#
<IfModule !mpm_winnt.c>
<IfModule !mpm_neware.c>
#
# 如果想使 httpd 以另外的用户或组来运行，必须在开始时以 root 方式启动，
# 然后再将它切换为想要使用的用户或组
#
# User/Group:运行 httpd 的用户和组
# 在 SCO (ODT3)上使用 User nouser 和 Group nogroup
# 在 HPUX 上，不能以 nobody 身份使用共享内存，建议创建一个 www 用户
# 注意一些核心（kernel）在组 ID 大于 60000 时拒绝 setgid(Group)或 semctl(IPC_SET),
# 在这些系统上不要使用"Group #-1"
#
User nobody
Group #-1
</IfModule>
</IfModule>
#
# ServerAdmin:邮件地址，当发生问题时 Apache 将向你发出邮件
# 作为一个出错文档，这个地址显示在 server-generated 页上
# 例如：admin@your-domain.com
#
ServerAdmin [email]kreny@sina.com[/email]
#
# ServerName 指定 Apache 用于识别自身的名字和端口号
# 通常这个值是自动指定的，但是推荐显式地指定它以防止启动时出错
#
# 如果为主机指定了一个无效的 DNS 名，server-generated 重定向将不能工作
# 参见 UseCanonicalName 指令
#
# 如果主机没有注册 DNS 名，在这里输入它的 IP 地址
# 无论如何，必须使用它的 IP 地址来提供服务
# 这里使用一种容易理解的方式重定向服务
ServerName <a href="http://www.dalouis.com:80" target="_blank">www.dalouis.com:80</a>
#
# UseCanonicalName:决定 Apache 如何构造 URLS 和 SERVER_NAME 和 SERVER_PORT 的指令
# 当设置为 Off 时，Apache 会使用用户端提供的主机名和端口号
# 当设置为 On 时，Apache 会使用 ServerName 指令的值
#
UseCanonicalName Off
```

```
#
# DocumentRoot:文档的根目录。默认情况下，所有的请求从这个目录进行应答
# 但是可以使用符号链接和别名来指向到其他的位置
#
DocumentRoot "/home/redhat/public_html"
#
# Apache 可以存取的每个目录都可以配置存取权限（包括它的子目录）
#
# 首先，配置一个高限制的特征
# 这将禁止访问文件系统所在的目录，并添加你希望允许访问的目录块
# 如下所示
<Directory />
Order Deny,Allow
Deny from all
</Directory>
#
# 注意从这里开始一定要明确地允许哪些特别的特征能够被使用
# 所以，如果 Apache 没有像你所期待的那样工作
# 请检查是否在下面明确地指定它可用
#
#
# 这将改变到你设置的 DocumentRoot
#
<Directory "/home/redhat/public_html">
#
# Options：这个指令的值可以是 None、All，或者下列选项的任意组合：
# Indexes Includes FollowSymLinks SymLinksifOwnerMatch ExecCGI MultiViews
#
# 注意，MultiViews 必须被显式地指定，Options All 不能提供这个特性
#
# 这个指令既复杂又重要，请参见
#<a href="http://httpd.apache.org/docs-2.0/mod/core.html#optioins 以取得更多的信息。"target="_blank">
http://httpd.apache.org/docs-2.0/mo.../a>
#
Options FollowSymLinks
#
# AllowOverride 控制那些被放置在.htaccess 文件中的指令
# 它可以是 All、None，或者下列指令的组合：
# Options FileInfo AuthConfig Limit
#
AllowOverride None
#
# 控制谁可以获得服务
#
Order allow,deny
Allow from all
</Directory>
#
# UserDir:指定在得到一个~user 请求时将会添加到用户 home 目录后的目录名
#
```

```
UserDir public_html
# 为防止在 UserDir 指令上的漏洞，对 root 用户设置
# 像 "./" 这样的 UserDir 是非常有用的
# 如果使用 Apache 1.3 或以上版本，强烈建议
# 在服务器配置文件中包含下面的行
UserDir disabled root
#
# 下面是一个使用 UserDir 指令使一个站点的目录具有只读属性的示例
#
# <Directory /home/*/public_html>
# AllowOverride FileInfo AuthConfig Limit Indexes
# Options MultiViews Indexes SymLinksIfOwnerMatch IncludeNoExec
# <Limit GET POST OPTIONS PROPFIND>
# Order allow,deny
# Allow from all
# </Limit>
# <LimitExcept GET POST OPTIONS PROPFIND>
# Order deny,allow
# Deny from all
# </LimitExcept>
# </Directory>
#
# DirectoryIndex:定义请求是一个目录时，Apache 向用户提供服务的文件名
#
# index.html.var 文件（一个类型映象文件）用于提供一个文档处理列表
# 出于同样的目的，也可以使用 MultiViews 选项，但是它会非常慢
#
DirectoryIndex index.php index.html index.html.var
#
# AccessFileName:在每个目录中查询为目录提供附加配置指令的文件的文件名
# 参见 AllowOverride 指令
#
AccessFileName .htaccess
#
# 下面的行防止.htaccess 和.htpasswd 文件被 Web 客户查看
#
<Files ~ "^.ht">
Order allow,deny
Deny from all
</Files>
#
# Typeconfig:定义在哪里查询 mime.types 文件
#
TypeConfig conf/mime.types
#
# DefaultType:定义当不能确定 MIME 类型时服务器提供的默认 MIME 类型
# 如果服务主要包含 text 或 HTML 文档，text/plain 是一个好的选择
# 如果大多是二进制文档，诸如软件或图像，应使用
# "application/octer-stream"来防止浏览器像显示文本那样显示二进制文件
#
```

```
DefaultType text/plain
#
# mod_mime_magic 允许服务器从自己定义类型的文件中使用不同的线索（hints），
# 这个 MIMEMagicFile 指令定义 hints 所在的文件
#
<IfModule mod_mime_magic.c>
MIMEMagicFile conf/magic
</IfModule>
#
# HostnameLookups：指定记录用户端的名字还是 IP 地址，例如，本指令为 on 时
# 记录主机名，如 <a href="http://www.apache.org；为 off 时记录 IP 地址，204.62.129.132。"
target="_blank">www.apache.org；为 off 时记录 IP 地址，204.62.129.132。</a>
# 默认值为 off，这要比设为 on 好得多，因为如果设为 on 则每个用户端请求都将会
# 至少造成对 nameserver 进行一次查询
#
HostnameLookups Off
#
# EnableMMAP:控制是否进行内存转储（如果操作系统支持）
# 默认为 on，如果服务器安装在网络文件系统上（NFS），请关闭它
# 在一些系统上，关闭它会提升系统性能（与文件系统类型无关）
# 具体情况请参阅 <a href="http://httpd.apache.org/docs-2.0/mod/core.html#enablemmap" target=
"_blank">http://httpd.apache.org/docs-2.0/mo...html#enablemmap</a>
#
# EnableMMAP off
#
# EnableSendfile:控制是否使用 sendfile kernel 支持发送文件
# （如果操作系统支持）。默认为 on，如果服务器安装在网络文件系统
# （NFS）上，请关闭
# 参见<a href="http://httpd.apache.org/docs-2.0/mod/core.html#enablesendfile" target= "_blank" >http://
httpd.apache.org/docs-2.0/mo...#enablesendfile</a>
#
# EnableSendfile off
#
# ErrorLog:错误日志文件定位
# 如果没有在<VirtualHost>内定义 ErrorLog 指令，这个虚拟主机的错误信息
# 将记录在这里。如果定义了 ErrorLog，这些错误信息将记录在所
# 定义的文件里，而不是这里定义的文件
#
ErrorLog logs/error_log
#
# LogLevel:控制记录在错误日志文件中的日志信息数量
# 可能的值包括 debug、info、notice、warn、error、crit、alert 和 emerg
#
LogLevel warn
#
# 下面的指令为 CustomLog 指令定义格式别名
#
LogFormat "%h %l %u %t \"%r\" %>s %b \"%{Referer}i\" \"%{User-Agent}i\"" combined
LogFormat "%h %l %u %t \"%r\" %>s %b" common
LogFormat "%{Referer}i -> %U" referer
```

```
LogFormat "%{User-agent}i" agent
# 需要安装了 mod_logio.c 模块才能使用%I 和%O
# LogFormat "%h %l %u %t \"%r\" %>s %b \"%{Referer}i\" \"%{User-Agent}i\" %I %O" combinedio
#
# 指定接入日志文件的定位和格式（一般日志格式）
# 如果没有在<VirtualHost>内定义这个指令，传输信息将记录在这里
# 如果定义了这个指令，则记录在指定的位置，而不是这里定义的位置
#
CustomLog logs/access_log common
#
# 如果想要记录 agent 和 referer 信息，可以使用下面的指令
#
# CustomLog logs/referer_log referer
# CustomLog logs/agent_log agent
#
# 如果想要使用一个文件记录 access、agent 和 referer 信息
# 可以按如下方式定义这个指令：
#
# CustomLog logs/access_log combined
#
# ServerTokens
# 这个指令定义包含在 HTTP 回应头中的信息类型。默认为 Full
# 这表示在回应头中将包含模块中的操作系统类型和编译信息
# 可以设为列值中的一个：
# Full | OS | Minor | Minimal | Major | Prod
# Full 传达的信息最多，而 Prod 最少
#
ServerTokens Full
#
# 随意地添加包含服务器版本和虚拟主机名字一行信息到 server-generated 中
# （如内部错误文档、FTP 目录列表、mod_status 和 mod_info 输出等，除了 CGI 错误
# 或自定义的错误文档以外）
# 设为 Email 将包含一个指向 ServerAdmin 的 mailto:连接
# 可以为如下值：On | Off | EMail
#
ServerSignature On
#
# Aliases:在这时添加需要的别名，格式如下：
# Alias 别名 真实名
#
# 注意，如果在别名的未尾包含了"/"，那么在 URL 中也需要包含"/"
# 因此，"/icons"不是这个示例中的别名
# 如果别名中以"/"结尾，那么真实名也必须以"/"结尾
# 如果别名中省略了结尾的"/"，那么真实名也必须省略
#
# 使用别名"/icons/"来表示 FancyIndexed 目录列表，如果不使用
# FancyIndexing, 可以注释掉它
#
# Alias /icons/ "/usr/local/apache2/icons/"
# <Directory "/usr/local/apache2/icons">
```

```
# Options Indexes MultiViews
# AllowOverride None
# Order allow,deny
## Allow from all
# </Directory>
#
# 这将改变 ServerRoot/manual。这个别名提供了手册页所在的位置,
# 即使改变了 DocumentRoot。如果对有无手册页并不在意,
# 可以注释掉它
#
Alias /manual "/usr/loacl/apache2/manual"
<Directory "/usr/local/apache2/manual">
Options Indexes FollowSymLinks MultiViews IncludesNoExec
AddOutputFilter Includes html
Order allow,deny
Allow from all
</Directory>
#
# ScriptAlias:指定包含服务脚本的目录
# ScriptAliases 本质上与 Aliases 一样,除了这里的文档在请求时作为程序处理以外
# 尾部的"/"规则与 Alias 一样
#
ScriptAlias /cgi-bin/ "/usr/loacl/apache2/cgi-bin/"
# 这里是添加 PHP 4 支持的指令
AddType application/x-httpd-php .php
LoadModule php4_module modules/libphp4.so
<IfModule mod_cgid.c>
#
# 添加 mod_cgid.c 设置,mod_cgid 提供使用 cgid 进行通信的 UNIX 套接字的
# 脚本接口路径
#
# Scriptsock logs/cgisock
</IfModule>
#
# 将"/usr/local/apache2/cgi-bin"改为 ScriptAliased 指定的 CGI 目录
# 如果已配置
#
<Directory "/usr/local/apache2/cgi-bin">
AllowOverride None
Options None
Order allow,deny
Allow from all
</Directory>
#
# Redirect 允许告诉客户端使用存在于服务器名字空间中的文档
# 而不是现在的,这帮助客户定位那些改变了位置的文档
# 例如:
# Redirect permanent /foo http://www.example.com/bar
#
```

```
# 控制 server-generated 目录列表显示的指令
#
#
# IndexOptions:控制 server-generated 目录列表显示特征
#
IndexOptions FancyIndexing VersionSort
#
# AddIcon*指令告诉服务器不同扩展名的图像文件如何显示
# 只适用于 FancyIndexed 指令
#
AddIconByEncoding (CMP,/icons/compressed.gif) x-compress x-gzip
AddIconByType (TXT,/icons/text.gif) text
```

18.2　php.ini 配置文件说明

```
;;;;;;;;;;;;
;;;;;;;;;;;;;;
;; 简介 ;;
;;;;;;;;;;;;;;
; 本文并非是对英文版 php.ini 的简单翻译，而是参考了众多资料以后，结合自己的理解，增加了许多内容
; 包括在原有 php.ini 基础上增加了一些实用模块的配置说明，同时对文件内容的安排进行了调整
; 这里删除了除 MySQL 和 PostgreSQL 以外的其他数据库模块配置选项。


;;;;;;;;;;;;;;;;;;
;; 关于 php.ini ;;
;;;;;;;;;;;;;;;;;;
; 这个文件必须命名为 php.ini，并放置在 httpd.conf 中的 PHPIniDir 指令指定的目录中
; 最新版本的 php.ini 可以在下面两个位置查看：
; http://cvs.php.net/viewvc.cgi/php-src/php.ini-recommended?view=co
; http://cvs.php.net/viewvc.cgi/php-src/php.ini-dist?view=co


;;;;;;;;;;;;
;; 语法 ;;
;;;;;;;;;;;;
; 该文件的语法非常简单。空白字符和以分号开始的行被简单地忽略
; 章节标题（如[php]）也被简单地忽略，即使将来它们可能有某种意义
;
; 设置指令的格式如下：
; directive = value
; 指令名（directive）是大小写敏感的，所以"foo=bar"不同于"FOO=bar"
; 值（value）可以是：
; 1. 用引号界定的字符串（如"foo"）
; 2. 一个数字（整数或浮点数，如 0、1、34、-1、33.55）
; 3. 一个 PHP 常量（如 E_ALL、M_PI）
; 4. 一个 INI 常量（On、Off、none）
; 5. 一个表达式（如 E_ALL & ~E_NOTICE）
;
; INI 文件中的表达式仅使用：位运算符、逻辑非、圆括号
```

```
; |位或
; &位与
; ~位非
; !逻辑非
;
; 布尔标志用 On 表示打开，用 Off 表示关闭
;
; 一个空字符串可以用在等号后不写任何东西表示，或者用 none 关键字：
; foo =; 将 foo 设为空字符串
; foo = none; 将 foo 设为空字符串
; foo = "none"; 将 foo 设为字符串'none'
;
; 如果在指令值中使用动态扩展（PHP 扩展或 Zend 扩展）中的常量，
; 那么只能在加载这些动态扩展的指令行之后使用这些常量


;;;;;;;;;;;;;;;;;;
;; httpd.conf ;;
;;;;;;;;;;;;;;;;;;
; 还可以在 httpd.conf 中覆盖 php.ini 的值，以进行更灵活的配置：
; php_value name value;设置非 bool 型的指令，将 value 设为 none 则清除先前的设定
; php_flag name on|off;仅用于设置 bool 型的指令
;
; PHP 常量（如 E_ALL）仅能在 php.ini 中使用，在 httpd.conf 中必须使用相应的掩码值
; 带 SYS 标志的指令只能在 httpd.conf 中的全局配置部分使用
; 带 ini 标志的指令不能在 httpd.conf 中使用，它们仅能用于 php.ini 中


; 以下每个指令的设定值都与 PHP-5.2 内建的默认值相同
; 也就是说，如果 php.ini 不存在，或者删除了某些行，默认值与之相同


;;;;;;;;;;;;;;
;; Apache ;;
;;;;;;;;;;;;;;
[Apache]
; 仅在将 PHP 作为 Apache 模块时才有效

engine = On
; 是否启用 PHP 解析引擎
; 可以在 httpd.conf 中基于目录或者虚拟主机来打开或者关闭 PHP 解析引擎

last_modified = Off
; 是否在 Last-Modified 应答头中放置该 PHP 脚本的最后修改时间

xbithack = Off
;不管文件结尾是什么，都作为 PHP 可执行位组来解析

child_terminate = Off
; PHP 脚本在请求结束后是否允许使用 apache_child_terminate()函数终止子进程
; 该指令仅在 UNIX 平台上将 PHP 安装为 Apache1.3 的模块时可用。其他情况下皆不存在
;;;;;;;;;;;;;;
;; PHP 核心 ;;
```

427

,,,,,,,,,,,,,,,
,,,,,,,,,,,,,,,

[PHP-Core-DateTime]
; 前 4 个配置选项目前仅用于 date_sunrise()和 date_sunset()函数

date.default_latitude = 31.7667
; 默认纬度

date.default_longitude = 35.2333
; 默认经度

date.sunrise_zenith = 90.583333
; 默认日出天顶

date.sunset_zenith = 90.583333
; 默认日落天顶

date.timezone =
; 未设定 TZ 环境变量时用于所有日期和时间函数的默认时区
; 中国大陆应当使用 PRC
; 应用时区的优先顺序为：
; 1. 用 date_default_timezone_set()函数设定的时区（如果设定了）
; 2. TZ 环境变量（如果非空）
; 3. 该指令的值（如果设定了）
; 4. PHP 自己推测（如果操作系统支持）
; 5. 如果以上都不成功，则使用 UTC

[PHP-Core-Assert]

assert.active = On
; 是否启用 assert()断言评估

assert.bail = Off
; 是否在发生失败断言时中止脚本的执行

assert.callback =
; 发生失败断言时执行的回调函数

assert.quiet_eval = Off
; 是否使用安静评估（不显示任何错误信息，相当于 error_reporting=0）
; 若关闭则在评估断言表达式时使用当前的 error_reporting 指令值

assert.warning = On
; 是否对每个失败断言都发出警告

[PHP-Core-SafeMode]
; 安全模式是为了解决共享服务器的安全问题而设立的
; 但试图在 PHP 层解决这个问题在结构上是不合理的
; 正确的做法应当是修改 Web 服务器层和操作系统层
; 因此在 PHP 6 中废除了安全模式，并打算使用 open_basedir 指令取代之

```
safe_mode = Off
; SYS
; 是否启用安全模式
; 打开时，PHP 将检查当前脚本的拥有者是否和被操作的文件的拥有者相同
; 相同则允许操作，不同则拒绝操作

safe_mode_gid = Off
; SYS
; 在安全模式下，默认在访问文件时会做 UID 比较检查
; 但某些情况下严格的 UID 检查反而是不适合的，宽松的 GID 检查已经足够
; 如果想将其放宽到仅做 GID 比较，可以打开这个参数

safe_mode_allowed_env_vars = "PHP_"
; SYS
; 在安全模式下，用户仅可以更改的环境变量的前缀列表（逗号分隔）
; 允许用户设置某些环境变量，可能会导致潜在的安全漏洞
; 注意：如果这一参数值为空，PHP 将允许用户更改任意环境变量

safe_mode_protected_env_vars = "LD_LIBRARY_PATH"
; SYS
; 在安全模式下，用户不能更改的环境变量列表（逗号分隔）
; 这些变量即使在 safe_mode_allowed_env_vars 指令设置为允许的情况下也会得到保护

safe_mode_exec_dir = "/usr/local/php/bin"
;SYS
; 在安全模式下，只有该目录下的可执行程序才允许被执行系统程序的函数执行
; 这些函数是：system、escapeshellarg、escapeshellcmd、exec、passthru、
; proc_close、proc_get_status、proc_nice、proc_open、proc_terminate、shell_exec

safe_mode_include_dir =
;SYS
; 在安全模式下，该组目录和其子目录下的文件被包含时，将跳过 UID/GID 检查
; 换句话说，如果此处的值为空，任何 UID/GID 不符合的文件都不允许被包含
; 这里设置的目录必须已经存在于 include_path 指令中或者用完整路径来包含
; 多个目录之间用冒号（Win 下为分号）隔开
; 指定的限制实际上是一个前缀，而非一个目录名
; 也就是说 "/dir/incl" 将允许访问 "/dir/include" 和 "/dir/incls"
; 如果希望将访问控制在一个指定的目录，那么请在结尾加上斜线

sql.safe_mode = Off
;SYS
; 是否使用 SQL 安全模式
; 如果打开，指定默认值的数据库连接函数将会使用这些默认值代替支持的参数
; 对于每个不同数据库的连接函数，其默认值请参考相应的手册页面

[PHP-Core-Safe]

allow_url_fopen = On
;ini
```

; 是否允许打开远程文件

allow_url_include = Off
;SYS
; 是否允许 include/require 远程文件

disable_classes =
;ini
; 该指令接受一个用逗号分隔的类名列表，以禁用特定的类

disable_functions =
;ini
; 该指令接受一个用逗号分隔的函数名列表，以禁用特定的函数

enable_dl = On
;SYS
; 是否允许使用 dl()函数。dl()函数仅在将 PHP 作为 Apache 模块安装时才有效
; 禁用 dl()函数主要是出于安全考虑，因为它可以绕过 open_basedir 指令的限制
; 在安全模式下始终禁用 dl()函数，而不管此处如何设置

expose_php = On
;ini
; 是否暴露 PHP 被安装在服务器上的事实（在 http 头中加上其签名）
; 它不会有安全上的直接威胁，但它使得客户端知道服务器上安装了 PHP

open_basedir =
;SYS
; 将 PHP 允许操作的所有文件（包括文件自身）都限制在此组目录列表下
; 当一个脚本试图打开一个指定目录树之外的文件时，将遭到拒绝
; 所有的符号连接都会被解析，所以不可能通过符号连接来避开此限制
; 特殊值'.'指定了存放该脚本的目录将被当做基准目录
; 但这有些危险，因为脚本的工作目录可以轻易被 chdir()改变
; 对于共享服务器，在 httpd.conf 中灵活设置该指令将变得非常有用
; 在 Windows 中用分号分隔目录，UNIX 系统中用冒号分隔目录
; 作为 Apache 模块时，父目录中的 open_basedir 路径将自动被继承
; 指定的限制实际上是一个前缀，而非一个目录名，
; 也就是说 "/dir/incl" 将允许访问 "/dir/include" 和 "/dir/incls"
; 如果希望将访问控制在一个指定的目录，请在结尾加上一个斜线
; 默认允许打开所有文件
[PHP-Core-Error]

error_reporting = E_ALL & ~E_NOTICE
; 错误报告级别是位字段的叠加，推荐使用 E_ALL | E_STRICT
; 1 E_ERROR：致命的运行时错误
; 2 E_WARNING：运行时警告（非致命性错误）
; 4 E_PARSE：编译时解析错误
; 8 E_NOTICE：运行时提醒（经常是 bug，也可能是有意的）
; 16 E_CORE_ERROR PHP：启动时初始化过程中的致命错误
; 32 E_CORE_WARNING PHP：启动时初始化过程中的警告（非致命性错误）
; 64 E_COMPILE_ERROR：编译时致命性错误

; 128 E_COMPILE_WARNING：编译时警告（非致命性错误）
; 256 E_USER_ERROR：用户自定义的致命性错误
; 512 E_USER_WARNING：用户自定义的警告（非致命性错误）
; 1024 E_USER_NOTICE：用户自定义的提醒（经常是 BUG，也可能是有意的）
; 2048 E_STRICT：编码标准化警告（建议修改以向前兼容）
; 4096 E_RECOVERABLE_ERROR：接近致命的运行时错误，若未被捕获则视同 E_ERROR
; 6143 E_ALL：除 E_STRICT 外的所有错误（PHP6 中为 8191，即包含所有）

track_errors = Off
; 是否在变量$php_errormsg 中保存最近一个错误或警告消息

display_errors = On
; 是否将错误信息作为输出的一部分显示
; 在最终发布的 Web 站点上，强烈建议关掉这个特性，并使用错误日志代替（参看下面）
; 在最终发布的 Web 站点打开这个特性可能暴露一些安全信息
; 例如 Web 服务上的文件路径、数据库规划或其他信息

display_startup_errors = Off
; 是否显示 PHP 启动时的错误
; 即使 display_errors 指令被打开，关闭此参数也将不显示 PHP 启动时的错误
; 建议关掉这个特性，除非必须要用于调试中

report_memleaks = On
; 是否报告内存泄漏。这个参数只在以调试方式编译的 PHP 中起作用
; 并且必须在 error_reporting 指令中包含 E_WARNING

report_zend_debug = On
; 尚无说明文档

html_errors = On
; 是否在出错信息中使用 HTML 标记
; 注意：不要在发布的站点上使用这个特性

docref_root = ;"http://localhost/phpmanual/"
docref_ext = ;".html"
; 如果打开了 html_errors 指令，PHP 将会在出错信息上显示超链接
; 直接链接到一个说明这个错误或者导致这个错误的函数的页面
; 可以从 http://www.php.net/docs.php 下载 PHP 手册
; 并将 docref_root 指令指向本地的手册所在的 URL 目录
; 还必须设置 docref_ext 指令来指定文件的扩展名（必须含有'.'）
; 注意：不要在发布的站点上使用这个特性

error_prepend_string = ;""
; 用于错误信息前输出的字符串
error_append_string = ;""
; 用于错误信息后输出的字符串

xmlrpc_errors = Off
xmlrpc_error_number = 0
; 尚无文档

[PHP-Core-Logging]

define_syslog_variables = Off
; 是否定义各种系统日志变量，如$LOG_PID、$LOG_CRON 等
; 关掉它以提高效率
; 可以在运行时调用 define_syslog_variables()函数来定义这些变量

error_log =
; 将错误日志记录到文件中。该文件必须对 Web 服务器用户可写
; syslog 表示记录到系统日志中（NT 下的事件日志，UNIX 下的 syslog(3)）
; 如果此处未设置任何值，则错误将被记录到 Web 服务器的错误日志中

log_errors = Off
; 是否在日志文件里记录错误，具体在哪里记录取决于 error_log 指令
; 强烈建议在最终发布的 Web 站点中使用日志记录错误而不是直接输出
; 这样可以既知道哪里出了问题，又不会暴露敏感信息

log_errors_max_len = 1024
; 设置错误日志中附加的与错误信息相关联的错误源的最大长度
; 这里设置的值对显示的和记录的错误以及$php_errormsg 都有效
; 设为 0 可以允许无限长度

ignore_repeated_errors = Off
; 记录错误日志时是否忽略重复的错误信息
; 错误信息必须出现在同一文件的同一行才被视为重复

ignore_repeated_source = Off
; 是否在忽略重复的错误信息时忽略重复的错误源

[PHP-Core-Mail]
; 要使邮件函数可用，PHP 必须在编译时能够访问 sendmail 程序
; 如果使用其他的邮件程序，如 qmail 或 postfix，则确保使用相应的 sendmail 包装
; PHP 首先会在系统的 PATH 环境变量中搜索 sendmail，接着按以下顺序搜索：
; /usr/bin:/usr/sbin:/usr/etc:/etc:/usr/ucblib:/usr/lib
; 强烈建议在 PATH 中能够找到 sendmail
; 另外，编译 PHP 的用户必须能够访问 sendmail 程序

SMTP = "localhost"
; mail()函数中用来发送邮件的 SMTP 服务器的主机名称或者 IP 地址。仅用于 win32

smtp_port = 25
; SMTP 服务器的端口号。仅用于 win32

sendmail_from =
; 发送邮件时使用的 From:头中的邮件地址。仅用于 win32
; 该选项还同时设置了 Return-Path:头

sendmail_path = "-t –I"
;SYS

; 仅用于 UNIX，也可支持参数（默认的是 sendmail -t -i）
; sendmail 程序的路径，通常为 "/usr/sbin/sendmail 或/usr/lib/sendmail"
; configure 脚本会尝试找到该程序并设定为默认值，但是如果失败，可以在这里设定
; 不使用 sendmail 的系统应将此指令设定为 sendmail 替代程序（如果有）
; 例如，qmail 用户通常可以设为 "/var/qmail/bin/sendmail" 或 "/var/qmail/bin/qmail-inject"
; qmail-inject 不需要任何选项就能正确处理邮件

mail.force_extra_parameters =
; 作为额外的参数传递给 sendmail 库的强制指定的参数附加值
; 这些参数最终会替换掉 mail() 的第 5 个参数，即使在安全模式下也是如此

[PHP-Core-ResourceLimit]

default_socket_timeout = 60
; 默认 socket 超时（秒）

max_execution_time = 30
; 每个脚本最大允许执行时间（秒），0 表示没有限制
; 这个参数有助于阻止劣质脚本无休止地占用服务器资源
; 该指令仅影响脚本本身的运行时间，包括任何其他花费在脚本运行之外的时间
; 如用 system()/sleep() 函数的使用、数据库查询、文件上传等，都不包括在内
; 在安全模式下，不能用 ini_set() 在运行时改变这个设置

memory_limit = 16M
; 一个脚本所能够申请到的最大内存字节数（可以使用 K 和 M 作为单位）
; 这有助于防止劣质脚本消耗完服务器上的所有内存
; 要能够使用该指令必须在编译时使用–enable-memory-limit 配置选项
; 如果要取消内存限制，则必须将其设为-1
; 设置了该指令后，memory_get_usage() 函数将变为可用

max_input_time = -1
; 每个脚本解析输入数据（POST, GET, upload）的最大允许时间（秒）
; -1 表示不限制

post_max_size = 8M
; 允许的 POST 数据最大字节长度。此设定也影响到文件上传
; 如果 POST 数据超出限制，那么___FCKpd___0 POST 和___FCKpd___0 FILES 将会为空
; 要上传大文件，该值必须大于 upload_max_filesize 指令的值
; 如果启用了内存限制，那么该值应当小于 memory_limit 指令的值

realpath_cache_size = 16K
;SYS
; 指定 PHP 使用的 realpath（规范化的绝对路径名）缓冲区大小
; 在 PHP 打开大量文件的系统上，应当增大该值以提高性能

realpath_cache_ttl = 120
;SYS
; realpath 缓冲区中信息的有效期（秒）
; 对文件很少变动的系统，可以增大该值以提高性能

```
[PHP-Core-FileUpLoad]

file_uploads = On
;SYS
; 是否允许 HTTP 文件上传
; 参见 upload_max_filesize、upload_tmp_dir 和 post_max_size 指令

upload_max_filesize = 2M
; 允许上传的文件的最大尺寸

upload_tmp_dir =
;SYS
; 文件上传时存放文件的临时目录（必须是 PHP 进程用户可写的目录）
; 如果未指定则 PHP 使用系统默认的临时目录

[PHP-Core-MagicQuotes]
; PHP6 将取消魔术引号，相当于下列指令全部为 Off

magic_quotes_gpc = On
; 是否对输入的 GET/POST/Cookie 数据使用自动字符串转义（ ' " \ NULL）
; 这里的设置将自动影响___FCKpd___0 GET,___FCKpd___0 POST,___FCKpd___0 COOKIE 数组的值
; 若将本指令与 magic_quotes_sybase 指令同时打开，则仅将单引号（'）转义为（"）
; 其他特殊字符将不被转义，即（" \ NULL）将保持原样
; 建议关闭此特性，并使用自定义的过滤函数

magic_quotes_runtime = Off
; 是否对运行时从外部资源产生的数据使用自动字符串转义（' " \ NULL）
; 若打开本指令，则大多数函数从外部资源（数据库、文本文件等）返回的数据都将被转义
; 例如：用 SQL 查询得到的数据，用 exec()函数得到的数据等
; 若将本指令与 magic_quotes_sybase 指令同时打开，则仅将单引号（'）转义为（"）
; 其他特殊字符将不被转义，即（" \ NULL）将保持原样
; 建议关闭此特性，并视具体情况使用自定义的过滤函数

magic_quotes_Sybase = Off
; 是否采用 Sybase 形式的自动字符串转义（用"表示'）

[PHP-Core-HighLight]

highlight.bg = "#FFFFFF""
highlight.comment = "#FF8000"
highlight.default = "#0000BB"
highlight.html = "#000000"
highlight.keyword = "#007700"
highlight.string = "#DD0000"
; 语法高亮模式的色彩（通常用于显示.phps 文件）
; 只要能被接受的东西就能正常工作

[PHP-Core-Langue]

short_open_tag = On
```

; 是否允许使用< ? ?>短标识，否则必须使用< ?php ?>长标识
; 除非 PHP 程序仅在受控环境下运行，且只供自己使用，否则请不要使用短标记
; 如果要和 XML 结合使用 PHP，可以选择关闭此选项以方便直接嵌入< ?xml ... ?>
; 否则必须用 PHP 来输出：< ? echo '
; 本指令也会影响到缩写形式"< ?="，它和"

asp_tags = Off
; 是否允许 ASP 风格的标记""，这也会影响到缩写形式"< %="
; PHP6 中将删除此指令

arg_separator.output = "&"
; PHP 所产生的 URL 中用来分隔参数的分隔符
; 另外还可以用"&"或","等

arg_separator.input = "&"
; PHP 解析 URL 中的变量时使用的分隔符列表
; 字符串中的每一个字符都会被当作分割符
; 另外还可以用",&"等

allow_call_time_pass_reference = On
; 是否强迫在函数调用时按引用传递参数（每次使用此特性都会收到一条警告）
; PHP 反对这种做法，并在将来的版本里不再支持，因为它影响到了代码的整洁
; 解决方法是在函数声明里明确指定哪些参数按引用传递
; 建议关闭这一选项，以保证脚本在将来版本的语言里仍能正常工作

auto_globals_jit = On
; 是否仅使用到___FCKpd___0 SERVER 和 ___FCKpd___0
ENV 变量时才创建（而不是在脚本一启动时就自动创建）
; 如果并未在脚本中使用这两个数组，打开该指令将会获得性能上的提升
; 要想该指令生效，必须关闭 register_globals 和 register_long_arrays 指令

auto_prepend_file =
auto_append_file =
; 指定在主文件之前/后自动解析的文件名。为空表示禁用该特性
; 该文件就像调用了 include()函数被包含进来一样，因此会使用 include_path 指令的值
; 注意：如果脚本通过 exit()终止，那么自动后缀将不会发生

variables_order = "EGPCS"
; PHP 注册 Environment、GET、POST、Cookie 和 Server 变量的顺序
; 分别用 E、G、P、C、S 表示，按从左到右注册，新值覆盖旧值
; 例如，设为"GP"将会导致用 POST 变量覆盖同名的 GET 变量
; 并完全忽略 Environment、Cookie 和 Server 变量
; 推荐使用"GPC"或"GPCS"，并使用 getenv()函数访问环境变量

register_globals = Off
; 是否将 E、G、P、C 和 S 变量注册为全局变量
; 打开该指令可能会导致严重的安全问题，除非脚本经过非常仔细的检查
; 推荐使用预定义的超全局变量：___FCKpd___0 ENV, ___FCKpd___0 GET, ___FCKpd___0 POST,
___FCKpd___0 COOKIE, ___FCKpd___0 SERVER
; 该指令受 variables_order 指令的影响

435

```
; PHP 6 中已经删除此指令

register_argc_argv = On
; 是否声明$argv 和$argc 全局变量（包含用 GET 方法的信息）
; 建议不要使用这两个变量，并关掉该指令以提高性能

register_long_arrays = On
; 是否启用旧式的长式数组（HTTP_*_VARS）
; 建议使用短式的预定义超全局数组，并关闭该特性以获得更好的性能
; PHP 6 中已经删除此指令

always_populate_raw_post_data = Off
; 是否总是生成$HTTP_RAW_POST_DATA 变量（原始 POST 数据）
; 此变量仅在遇到不能识别的 MIME 类型的数据时才产生
; 访问原始 POST 数据的更好方法是 php://input
; $HTTP_RAW_POST_DATA 对于 enctype="multipart/form-data"的表单数据不可用

unserialize_callback_func =
; 如果解序列化处理器需要实例化一个未定义的类
; 这里指定的回调函数将以该未定义类的名字作为参数被 unserialize()调用
; 以免得到不完整的"__PHP_Incomplete_Class"对象
; 如果这里没有指定函数，或指定的函数不包含（或实现）那个未定义的类，将会显示警告信息
; 所以仅在确实需要实现这样的回调函数时才设置该指令
; 若要禁止这个特性，只需置空即可

y2k_compliance = On
; 是否强制打开 2000 年适应（可能在非 Y2K 适应的浏览器中导致问题）

zend.ze1_compatibility_mode = Off
; 是否使用兼容 Zend 引擎 I（PHP 4.x）的模式
; 这将影响对象的复制、构造（无属性的对象会产生 FALSE 或 0）、比较
; 兼容模式下，对象将按值传递，而不是默认的按引用传递

precision = 14
; 浮点型数据显示的有效位数

serialize_precision = 100
; 将浮点型和双精度型数据序列化存储时的精度（有效位数）
; 默认值能够确保浮点型数据被序列化程序解码时不会丢失数据

[PHP-Core-OutputControl]
; 输出控制函数很有用，特别是在已经输出了信息之后再发送 HTTP 头的情况下
; 输出控制函数不会作用于 header()或 setcookie()等函数发送的 HTTP 头
; 而只会影响类似于 echo()函数输出的信息和嵌入在 PHP 代码之间的信息

implicit_flush = Off
; 是否要求 PHP 输出层在每个输出块之后自动刷新数据
; 这等效于在每个 print()、echo()、HTML 块之后自动调用 flush()函数
; 打开这个选项对程序执行的性能有严重的影响，通常只推荐在调试时使用
; 在 CLI SAPI 的执行模式下，该指令默认为 On
```

output_buffering = 0
; 输出缓冲区大小（字节）。建议值为 4096~8192
; 输出缓冲允许在输出正文内容之后再发送 HTTP 头（包括 cookies）
; 其代价是输出层减慢速度
; 设置输出缓冲可以减少写入，有时还能减少网络数据包的发送
; 这个参数的实际收益很大程度上取决于使用的是什么 Web 服务器以及什么样的脚本

output_handler =
; 将所有脚本的输出重定向到一个输出处理函数
; 比如，重定向到 mb_output_handler()函数时，字符编码将被透明地转换为指定的编码
; 一旦在这里指定了输出处理程序，输出缓冲将被自动打开（output_buffering=4096）
; 注意 0：此处仅能使用 PHP 内置的函数，自定义函数应在脚本中使用 ob_start()指定
; 注意 1：可移植脚本不能依赖该指令，而应使用 ob_start()函数明确指定输出处理函数
; 使用这个指令可能会导致某些不熟悉的脚本出错
; 注意 2：不能同时使用"mb_output_handler"和"ob_iconv_handler"两个输出处理函数
; 也不能同时使用"ob_gzhandler"输出处理函数和 zlib.output_compression 指令
; 注意 3：如果使用 zlib.output_handler 指令开启 zlib 输出压缩，该指令必须为空

[PHP-Core-Directory]

doc_root =
;SYS
; PHP 的"根目录"。仅在非空时有效
; 如果 safe_mode=On，则此目录之外的文件一概被拒绝
; 如果编译 PHP 时没有指定 FORCE_REDIRECT，并且在非 IIS 服务器上以 CGI 方式运行
; 则必须设置此指令（参见手册中的安全部分）
; 替代方案是使用 cgi.force_redirect 指令

include_path = ".:/path/to/php/pear"
; 指定一组目录用于 require()、include()和 fopen_with_path()函数寻找文件
; 格式和系统的 PATH 环境变量类似（UNIX 下用冒号分隔，Windows 下用分号分隔）：
; UNIX: "/path1:/path2"
; Windows: "\path1;\path2"
; 在包含路径中使用'.'可以允许相对路径，它代表当前目录

user_dir =
;SYS
; 告诉 PHP 在使用/~username 打开脚本时到哪个目录下去找，仅在非空时有效
; 也就是在用户目录之下使用 PHP 文件的基本目录名，如"public_html"

extension_dir = "/path/to/php"
;SYS
; 存放扩展库（模块）的目录，也就是 PHP 用来寻找动态扩展模块的目录
; Windows 下默认为"C:/php5"

[PHP-Core-HTTP]

default_mimetype = "text/html"
default_charset = ;"gb2312"

```
; PHP 默认会自动输出"Content-Type: text/html" HTTP 头
; 如果将 default_charset 指令设为"gb2312"
; 那么将会自动输出"Content-Type: text/html; charset=gb2312"

[PHP-Core-Unicode]

detect_unicode = On
; 尚无文档

[PHP-Core-Misc]

auto_detect_line_endings = Off
; 是否让 PHP 自动侦测行结束符（EOL）
; 如果脚本必须处理 Macintosh 文件
; 或者运行在 Macintosh 上，同时又要处理 UNIX 或 win32 文件
; 打开这个指令可以让 PHP 自动侦测 EOL，以便 fgets()和 file()函数可以正常工作
; 但同时也会导致在 UNIX 系统下使用回车符（CR）作为项目分隔符的人遭遇不兼容行为
; 另外，在检测第一行的 EOL 时会有很小的性能损失

browscap = ;"c:/windows/system32/inetsrv/browscap.ini"
;SYS
; 只有 PWS 和 IIS 需要这个设置
; 可以从 http://www.garykeith.com/browsers/downloads.asp
; 得到一个 browscap.ini 文件

ignore_user_abort = Off
; 即使在用户中止请求后也坚持完成整个请求
; 在执行一个长请求时应当考虑打开该它
; 因为长请求可能会导致用户中途中止或浏览器超时

user_agent = ;"PHP"
; 定义"User-Agent"字符串

;url_rewriter.tags = "a=href,area=href,frame=src,form=,fieldset="
; 虽然此指令属于 PHP 核心部分，但是却用于 Session 模块的配置

extension
; 在 PHP 启动时加载动态扩展。如 extension=mysqli.so
; "="之后只能使用模块文件的名字，而不能含有路径信息
; 路径信息应当只由 extension_dir 指令提供
; 注意，在 Windows 上，下列扩展已经内置：
; bcmath ; calendar ; com_dotnet ; ctype ; session ; filter ; ftp ; hash
; iconv ; json ; odbc ; pcre ; Reflection ; date ; libxml ; standard
; tokenizer ; zlib ; SimpleXML ; dom ; SPL ; wddx ; xml ; xmlreader ; xmlwriter

[PHP-Core-CGI]
; 这些指令只有在将 PHP 运行在 CGI 模式下时才有效

cgi.discard_path = Off
; 尚无文档
```

cgi.fix_pathinfo = On/Off
; 是否为 CGI 提供真正的 PATH_INFO/PATH_TRANSLATED 支持（遵守 CGI 规范）
; 先前的行为是将 PATH_TRANSLATED 设为 SCRIPT_FILENAME，而不管 PATH_INFO 是什么
; 打开此选项将使 PHP 修正其路径以遵守 CGI 规范，否则仍将使用旧式的不合规范的行为
; 建议打开此指令，并修正脚本以使用 SCRIPT_FILENAME 代替 PATH_TRANSLATED
; 有关 PATH_INFO 的更多信息请参见 CGI 规范

cgi.force_redirect = On
; 是否打开 CGI 强制重定向。强烈建议打开它以为 CGI 方式运行的 PHP 提供安全保护
; 若关闭了它，后果自负
; 注意：在 IIS/OmniHTTPD/Xitami 上则必须关闭它

cgi.redirect_status_env =
; 如果 cgi.force_redirect=On，并且在 Apache 与 Netscape 之外的服务器上运行 PHP
; 可能需要设定一个 CGI 重定向环境变量名，PHP 将去寻找它来知道是否可以继续执行下去
; 设置这个变量会导致安全漏洞，请务必在设置前搞清楚自己在做什么

cgi.rfc2616_headers = 0
; 指定 PHP 在发送 HTTP 响应代码时使用何种报头
; 0 表示发送一个"Status: "报头，Apache 和其他 Web 服务器都支持
; 若设为 1，则 PHP 使用 RFC2616 标准的头
; 除非知道自己在做什么，否则保持其默认值为 0

cgi.nph = Off
; 在 CGI 模式下是否强制对所有请求都发送"Status: 200"状态码

fastcgi.impersonate = Off
; IIS 中的 FastCGI 支持模仿客户端安全令牌的能力
; 这使得 IIS 能够定义运行时所基于的请求的安全上下文
; Apache 中的 mod_fastcgi 不支持此特性（03/17/2002）
; 如果在 IIS 中运行则设为 On，默认为 Off

fastcgi.logging = On
; 是否记录通过 FastCGI 进行的连接

[PHP-Core-Weirdy]
; 这些选项仅存在于文档中，不存在于 phpinfo()函数的输出中

async_send = Off
; 是否异步发送

from = ;"john@doe.com"
; 定义匿名 ftp 的密码（一个 Email 地址）

....
;;;;;;;;;;;;;;;;;
;; 近核心模块 ;;
....
;;;;;;;;;;;;;;;;;

[Pcre]

```
;Perl 兼容正则表达式模块

pcre.backtrack_limit = 100000
; PCRE 的最大回溯（backtracking）步数


pcre.recursion_limit = 100000
; PCRE 的最大递归（recursion）深度
; 如果将该值设得非常高，将可能耗尽进程的栈空间，导致 PHP 崩溃


[Session]
; 除非使用 session_register()或___FCKpd___0
Session 注册了一个变量
; 否则不管是否使用了 session_start()，都不会自动添加任何 Session 记录
; 包括 resource 变量或有循环引用的对象包含指向自身的引用的对象，不能保存在会话中
; register_globals 指令会影响到会话变量的存储和恢复


session.save_handler = "files"
; 存储和检索与会话关联的数据的处理器名字。默认为文件("files")
; 如果想要使用自定义的处理器（如基于数据库的处理器），可用"user"
; 有一个使用 PostgreSQL 的处理器：http://sourceforge.net/projects/phpform-ext/


session.save_path = "/tmp"
; 传递给存储处理器的参数。对于 files 处理器，该值是创建会话数据文件的路径
; Windows 下默认为临时文件夹路径
; 可以使用"N;[MODE;]/path"这样的模式定义该路径（N 是一个整数）
; N 表示使用 N 层深度的子目录，而不是将所有数据文件都保存在一个目录下
; [MODE;]可选，必须使用八进制数，默认为 600（=384），表示每个目录下最多保存的会话文件数量
; 这是一个提高大量会话性能的好主意
; 注意 0："N;[MODE;]/path"两边的双引号不能省略
; 注意 1：[MODE;]并不会改写进程的 umask
; 注意 2：PHP 不会自动创建这些文件夹结构。请使用 ext/session 目录下的 mod_files.sh 脚本创建
; 注意 3：如果该文件夹可以被不安全的用户访问（如默认的"/tmp"），那么将会带来安全漏洞
; 注意 4：当 N>0 时自动垃圾回收将会失效，具体参见下面有关垃圾搜集的部分


session.name ="PHPSESSID"
;用在 Cookie 中的会话 ID 标识名，只能包含字母和数字


session.auto_start = Off
; 在客户访问任何页面时都自动初始化会话，默认禁止
; 因为类定义必须在会话启动之前被载入，所以若打开这个选项，就不能在会话中存放对象


session.serialize_handler = "php"
; 用来序列化/解序列化数据的处理器，PHP 是标准序列化/解序列化处理器
; 另外，还可以使用 php_binary。当启用了 WDDX 支持以后，将只能使用 wddx


session.gc_probability = 1
session.gc_divisor = 100
; 定义在每次初始化会话时，启动垃圾回收程序的概率
; 这个收集概率计算公式如下：session.gc_probability/session.gc_divisor
; 对会话页面访问越频繁，概率就越小。建议值为 1/1000～5000
```

```
session.gc_maxlifetime = 1440
; 超过此参数所指的秒数后，保存的数据将被视为"垃圾"并由垃圾回收程序清理
; 判断标准是最后访问数据的时间（对于 FAT 文件系统是最后刷新数据的时间）
; 如果多个脚本共享同一个 session.save_path 目录但 session.gc_maxlifetime 不同
; 那么将以所有 session.gc_maxlifetime 指令中的最小值为准
; 如果使用多层子目录来存储数据文件，垃圾回收程序不会自动启动
; 必须使用一个自己编写的 shell 脚本、cron 项或者其他办法来执行垃圾搜集
; 比如，下面的脚本相当于设置了"session.gc_maxlifetime=1440"（24 分钟）。
; cd /path/to/sessions; find -cmin +24 | xargs rm


session.referer_check =
; 如果请求头中的 Referer 字段不包含此处指定的字符串，则会话 ID 将被视为无效
; 注意：如果请求头中根本不存在 Referer 字段，会话 ID 仍将被视为有效
; 默认为空，即不做检查（全部视为有效）


session.entropy_file = ;"/dev/urandom"
; 附加的用于创建会话 ID 的外部高熵值资源（文件）
; 如 UNIX 系统上的 "/dev/random" 或 "/dev/urandom"


session.entropy_length = 0
; 从高熵值资源中读取的字节数（建议值为 16）


session.use_cookies = On
; 是否使用 Cookie 在客户端保存会话 ID


session.use_only_cookies = Off
; 是否仅仅使用 Cookie 在客户端保存会话 ID
; 打开这个选项可以避免使用 URL 传递会话带来的安全问题
; 但是禁用 Cookie 的客户端将使会话无法工作


session.cookie_lifetime = 0
; 传递会话 ID 的 Cookie 有效期（秒），0 表示仅在浏览器打开期间有效


session.cookie_path ="/"
; 传递会话 ID 的 Cookie 作用路径


session.cookie_domain =
; 传递会话 ID 的 Cookie 作用域
; 默认为空表示根据 Cookie 规范生成的主机名


session.cookie_secure = Off
; 是否仅仅通过安全连接（https）发送 Cookie


session.cookie_httponly = Off
; 是否在 Cookie 中添加 httpOnly 标志（仅允许 HTTP 协议访问）
; 这将导致客户端脚本（JavaScript 等）无法访问该 Cookie
; 打开该指令可以有效预防通过 XSS 攻击劫持会话 ID


session.cache_limiter = "nocache"
```

; 设为{nocache|private|public}以指定会话页面的缓存控制模式
; 或者设为空以阻止在 HTTP 应答头中发送禁用缓存的命令

session.cache_expire = 180
; 指定会话页面在客户端 cache 中的有效期限（分钟）
; session.cache_limiter=nocache 时，此处设置无效

session.use_trans_sid = Off
; 是否使用明码在 URL 中显示 SID（会话 ID）
; 默认是禁止的，因为它会给用户带来安全危险：
; 1-用户可能将包含有效 sid 的 URL 通过 Email/irc/QQ/MSN…途径告诉给其他人
; 2-包含有效 sid 的 URL 可能会被保存在公用电脑上
; 3-用户可能保存带有固定不变 sid 的 URL 在收藏夹或者浏览历史纪录里面
; 基于 URL 的会话管理总是比基于 Cookie 的会话管理有更多的风险，所以应当禁用

session.bug_compat_42 = On
session.bug_compat_warn = On
; PHP 4.2 之前的版本有一个未注明的 BUG：
; 即使在 register_globals=Off 的情况下也允许初始化全局 Session 变量
; 如果在 PHP 4.3 之后的版本中使用这个特性，会显示一条警告
; 建议关闭该 BUG 并显示警告。

session.hash_function = 0
; 生成 SID 的散列算法。SHA-1 的安全性更高一些
; 0: MD5 (128 bits)
; 1: SHA-1 (160 bits)
; 建议使用 SHA-1

session.hash_bits_per_character = 4
; 指定在 SID 字符串中的每个字符内保存多少 bit
; 这些二进制数是 hash()函数的运算结果
; 4: 0-9, a-f
; 5: 0-9, a-v
; 6: 0-9, a-z, A-Z, "-", ","
; 建议值为 5

url_rewriter.tags = "a=href,area=href,frame=src,form=,fieldset="
; 此指令属于 PHP 核心部分，并不属于 Session 模块
; 指定重写哪些 HTML 标签来包含 SID（仅当 session.use_trans_sid=On 时有效）
; form 和 fieldset 比较特殊：
; 如果包含它们，URL 重写器将添加一个隐藏的" "，它包含了本应当额外追加到 URL 上的信息
; 如果要符合 XHTML 标准，请删除 form 项并在表单字段前后加上标记